Knaur

Über die Autoren:

Frank Drake ist Professor für Astronomie und Astrophysik an der Universität von Kalifornien, Santa Cruz, wo er auch Dekan für Naturwissenschaften war. Er ist ehemaliger Präsident der Astronomical Society of the Pacific, einer der führenden astronomischen Organisationen der Welt, und Präsident des SETI-Instituts.

Dava Sobel war früher Wissenschaftsjournalistin für die »New York Times« und schreibt jetzt unter anderem für »Omni«, »Good Housekeeping« und die »New York Times Review of Books« über wissenschaftliche und medizinische Themen. Sie ist außerdem Autorin des Bestsellers »Längengrad«.

Prof. Frank Drake
Dava Sobel

Signale von anderen Welten

Die wissenschaftliche Suche nach außerirdischer Intelligenz

Aus dem Amerikanischen
von Birgit Schweigler

Knaur

Die amerikanische Originalausgabe erschien 1992 unter dem Titel
»Is Anyone Out There? The Scientific Search for Extraterrestrial Life«
bei Delacorte Press, New York

Vollständige Taschenbuchausgabe August 1998
Droemersche Verlagsanstalt Th. Knaur Nachf., München

Umschlaggestaltung: Agentur ZERO, München
Umschlagillustration: Bavaria Bildagentur, Gauting
Satz: Ventura Publisher im Verlag
Druck und Bindung: Elsnerdruck, Berlin
Printed in Germany
ISBN 3-426-77351-1

2 4 5 3 1

Zum Gedenken an meine Eltern, Winifred Thompson und Richard Carvel Drake, die mich als Kind ermutigt haben, Wissenschaft und Technik zu erforschen

F. D.

Für meine Eltern, Betty Gruber und Samuel Hillel Sobel, die mich zum Schreiben ermutigten und die das Buch mit großem Vergnügen gelesen haben.

D. S.

Inhalt

Geleitwort

Exakt am 500. Jahrestag der Entdeckung Amerikas durch Christoph Kolumbus, am 12. Oktober 1992, machten sich die Vereinigten Staaten auf zur Entdeckung neuer Welten. Nicht nur, daß einige Tage zuvor, am 25. September, eine neue Sonde zum Roten Planeten geschickt wurde – der MARS OBSERVER, der unerklärlicherweise kurz vor seinem Eintritt in den Marsorbit am 21. August 1993 plötzlich und für immer verstummte – es begann auch die bisher größte Suche nach Leben im All.

»S.E.T.I.«, Search for Extraterrestrial Intelligence (Suche nach außerirdischer Intelligenz), ist der Name des 100-Millionen-Dollar-Projektes, das vielleicht die bisher größte Herausforderung für die Menschheit ist. Denn SETI stellt die Menschheitsfrage: Sind wir allein in den Weiten des Weltalls? Oder gibt es andere Zivilisationen dort draußen an den unendlichen Gestaden des kosmischen Ozeans? Bisher gab es zwar eine ganze Reihe von Indizien – so die mysteriösen Strukturen in der Cydonia-Region des Mars, die der MARS OBSERVER gründlicher untersuchen sollte –, aber keinerlei wissenschaftlich akzeptierten Beweise für außerirdisches Leben.

Letztendliches Ziel des SETI-Projektes ist nicht nur das Aufspüren, sondern die Kommunikation mit außerirdischen Intelligenzen. Hinter SETI steht »der Traum, die Erde zum Teil eines interstellaren Kommunikationsnetzes zu machen«, wie es Dr. Ichtiaque Rasool von der amerikanischen Raumfahrtbehörde NASA erklärte. »Wenn wir in Kontakt kommen, wäre dies der größte Durchbruch in der Geschichte der Menschheit. Diese fortgeschrittenen Zivilisationen könnten uns helfen, Probleme wie Krankheiten, Umweltverschmutzung, Nahrungsmittel- und Energieknappheit und Naturkatastrophen zu lösen.«

Dieser Traum bewegte Millionen Menschen, als die Astrophysikerin Jill Tarter im Auftrag der NASA an jenem 12. Oktober 1992 per Knopfdruck das größte Radioteleskop der Welt in Gang setzte, Startschuß für das auf zehn Jahre angelegte Projekt. Als erstes nahm das Riesenteleskop von Arecibo im Dschungel von Puerto Rico mit seiner 305-Meter-Antennenschüssel die Suche auf, es folgte die Goldstone-Tracking-Station in Kalifornien, acht weitere »Deep-Space-Radioteleskope« in Argentinien, West Virginia, Rußland und Indien sollen in den nächsten Jahren folgen. Ihre Aufgabe: mit Hilfe neuartiger Detektoren, der »Multi-Channel Spectral Analysers« (MCSA: Vielkanal-Spektralanalysatoren), die an die Radioteleskope angeschlossen sind, gleichzeitig Millionen verschiedener Funkfrequenzen zu erfassen und auszuwerten. Sie sind von so hoher Empfindlichkeit, daß sie selbst Signale von Planeten am anderen Ende der Milchstraße empfangen können. Zudem sind sie in der Lage, aus dem kosmischen »Wellensalat« von Hintergrundstrahlung, Gaswolken und Pulsarsignalen jene Signale herauszufiltern, die möglicherweise künstlichen Ursprungs sind.

Dieses ganze Mammutprojekt geht auf die Vision des amerikanischen Astronomen Professor Frank Drake zurück, der sich seit 35 Jahren mit Wegen und Möglichkeiten der Kontaktaufnahme mit außerirdischen Intelligenzen befaßt. Drake ist ein amerikanischer Wissenschaftler, der die volle Rückendeckung der »Scientific community« hat, seit er am 8. April 1960 das »Projekt Ozma«, den SETI-Vorläufer, mit dem 28-Meter-Radioteleskop des Green-Bank-Observatoriums in den Wäldern des Appalachengebirges in West Virginia startete. Projekt Ozma war benannt nach der schönen Prinzessin des Zauberlandes aus dem amerikanischen Märchen »The Wizard of Oz« (Ozma von Oz), zu deren Untertanen Wesen mit ellenlangen Ohren gehörten, die bis Tausende von Kilometern jeden Laut hören konnten. Die Radioastronomen von Green Bank hatten sich zum Ziel gesetzt, die Sterne Tau Ceti und Epsilon Eridani – beste Kandidaten für Leben im Umkreis von 15 Lichtjahren – anzupeilen. Doch schon bald erwiesen sich die Lauscher des Green-Bank-Teleskopes als unzureichend, wurde das Projekt nach 150 Horchstunden im Juli abgebrochen. Statt dessen untersuchten Drake und seine Kollegen die mathematische Wahrscheinlichkeit von außerirdischem Leben. Das Ergebnis war vielversprechend. Die sogenannte »Drakesche Formel«,

$$N = R\, F_p\, N_e\, Fl\, F_i\, F_C\, L$$

(N = die Anzahl intelligenter Zivilisationen in der Galaxis [ist gleich Planeten ii-i der Milchstraße]; R = mittlere Sternentstehungsrate; F_p = Anteil der Sterne mit Planeten in der Milchstraße; N_e = Anzahl der Planeten pro Sonnensystem, die Leben tragen könnten; F_i = Anteil der bewohnbaren Planeten mit Leben; F_i = Anteil der Planeten mit intelligenten Zivilisationen; F_c = Anzahl der Planeten mit intelligenten Zivilisationen, die Wege und Möglichkeiten interstellarer Kommunikation entwickelt haben; L = die Lebensdauer dieser Zivilisationen), geht jedenfalls davon aus, daß es zwischen 40 und 50 Millionen intelligente außerirdische Zivilisationen geben könnte. So wurde Ozma von 1972 bis 1976 fortgesetzt, gefolgt von rund 50 weiteren Projekten, von denen einige tatsächlich ungewöhnliche Radiosignale empfingen.

Heute leitet Professor Drake das SETI-Institut in Mountain View, Kalifornien, nur wenige Kilometer südlich von San Francisco, wo ich ihn im Juni 1992 im Rahmen meiner Recherchen für mein Buch »Die Wächter von Eden« und dessen Verfilmung interviewte. Ich war fasziniert von dem sympathischen Wissenschaftler, der heute von »mindestens zehntausend hochentwickelten extraterrestrischen Zivilisationen allein in der Milchstraße« ausgeht, als sei es das Selbstverständlichste auf der Welt. Er widmete mir ein Exemplar seines Buches »Signale von anderen Welten«, das parallel zum SETI-Projekt in den USA erschienen ist. Mittlerweile, so vertraute Drake mir an, würden über 160 »ungewöhnliche« Signale empfangen – doch keines hat sich wiederholt, was nach dem Kodex der SETI-Forscher, der »Gemeinsamen Erklärung über die Prinzipien bezüglich der Vorgangsweise nach der Entdeckung außerirdischer Intelligenzen«, Grundvoraussetzung ist, um ein Signal als außerirdisch anzuerkennen.
Drakes Buch ist ein leidenschaftliches Plädoyer für *jede* Suche nach außerirdischem Leben, dessen Stimme lauter wird in einer Zeit, in der die Clinton-Administration droht, SETI weitere Regierungsgelder zu streichen. Es legt Zeugnis ab von einem großen Wissenschaftler, der seinem Traum, seiner Vision folgte und den sicheren Hafen des etablierten Weltbildes verließ, um in das Ungewisse zu segeln. Mehr noch, es ist ein historisches Dokument vom ersten Versuch der Menschheit, die gerade einmal ihren Heimatplaneten verlassen hat, Teil jenes »interstellaren Kommunikationsnetzes« zu werden, über das Dr. Rasool theoretisierte. Sollte Frank Drakes Traum wahr werden, heute, morgen oder in ferner Zukunft, könnte jener Startschuß am Kolumbus-Tag 1992 weiterreichende Konsequenzen für die Menschheit haben als die Entdeckung Amerikas durch den Visionär aus Genua.

Um das immens wichtige Forschungsprogramm von Frank Drake zu unterstützen, habe ich das »International Collegium for Extraterrestrial Communication« - ICOFEC - gegründet.
ICOFEC soll durch internationale Koordination und Forschung dazu beitragen, die Suche nach und Kommunikation mit außerirdischen Zivilisationen zu fördern.
Im übrigen entsteht unter der Regie des Grimme-Preisträgers Christian Bauer zur Zeit ein großer Dokumentarfilm mit dem Titel »SETI – das größte Abenteuer der Menschheit«, unter Mitwirkung von Frank Drake und Johannes von Buttlar.

Bartenstein, im Januar 1994
Johannes Freiherr von Buttlar-Brandenfels

Vorwort

Aus einer Entfernung von 100 Metern in der Dämmerung könnte man sie fast für Menschen halten. Sie würden ihren Kopf sicherlich am oberen Ende des Körpers tragen, wie ich vermute, und ihre Augen befänden sich im Kopf, unweit vom Mund. Ich denke, daß sie – wie wir auch – auf zwei Beinen gehen. Allerdings nehme ich immer öfter an, daß intelligente Außerirdische vier statt zwei Arme haben. Meiner Meinung nach sind zwei Arme einfach nicht genug, und vier ergeben außerdem eine ansprechendere Optik.

Zwar ziehen meine wissenschaftlichen Kollegen bei meinen Spekulationen über das Erscheinen von Außerirdischen die Augenbrauen hoch, aber 99,9 Prozent von ihnen sind voll und ganz von der Existenz anderer, intelligenter Lebensformen überzeugt, ja sogar davon, daß es überall in unserer Galaxis und auch jenseits von ihr eine große Anzahl dieser Lebensformen geben kann.

Ich persönlich finde nichts reizvoller als den Gedanken, daß Botschaften via Radio, die von außerirdischen Zivilisationen aus dem All gesendet werden, hier und jetzt durch unsere Büros und Wohnungen schweben, vergleichbar mit einem weit entfernten Flüstern, das wir nicht richtig hören können. Heute verfügen wir in der Tat über die erforderliche Technologie, um solche Signale wahrzunehmen; was uns fehlt, ist die Antwort darauf, wohin wir unsere Radioteleskope richten und auf welcher Frequenz wir auf Empfang gehen sollen.

Über dreißig Jahre lang habe ich die Sterne auf der Suche nach extraterrestrischer Intelligenz (ein Projekt, das abgekürzt weltweit als SETI bezeichnet wird) regelrecht abgetastet. Den ersten Versuch in dieser Richtung unternahm ich 1959 am National Radio Astronomy Observatorium in Green Bank, West Virginia, USA. Ich gab ihm den Namen *Projekt Ozma,* nach einem weit entfernten und schwer erreichbaren Land, dessen Bewohner fremdartig und exotisch waren. Mit einer technischen Ausrüstung, die man heute wohl als primitiv bezeichnen würde, wollte ich Signale von zwei nahegelegenen, sonnenähnlichen Sternen empfangen. Damals benötigte ich zwei Monate für diese Forschungsarbeit. Dank der technologischen Fortschritte, die wir in den dazwischenliegenden Jahren auf diesem Gebiet gemacht haben, könnte man heute das gesamte Projekt Ozma im Bruchteil einer Sekunde wiederholen und dabei gleichzeitig nach Signalen von über einer Million Sterne suchen, die eine Entfernung von mehr als 1000 Lichtjahren von der Erde haben.
Nach detaillierter Vorbereitung hat die Suche nach intelligenten Signalen von anderen Welten im Jahre 1993 begonnen. Bereits in den ersten Tagen der Durchführung des SETI-Projektes der NASA hat dieses alle vorangegangenen Bemühungen auf diesem Forschungssektor übertroffen.
Bis in die späten achtziger Jahre erklärte man sich die Tatsache, daß wir bislang – trotz intensiverer Bemühungen und verbesserter Ausrüstung – noch keine andere Zivilisation ausfindig machen konnten, ganz einfach damit, daß wir vermutlich nicht lange und nicht gründlich genug danach geforscht hätten. Kein Mensch, der über ein umfassendes Wissen verfügt, war von unserer Unfähigkeit, außerirdische Intelligenzen aufzuspüren, enttäuscht, da dies noch keineswegs bewies, daß Außerirdische nicht existieren. Unser Scheitern bestätigte doch einfach eher, daß unsere bisherigen Anstren-

gungen in Anbetracht des enormen Aufgabengebietes kläglich waren. Irgendwie schien es, als würden wir eine Nadel in einem kosmischen Heuhaufen von unvorstellbarer Größe suchen. Und so wie wir mit unseren klein angelegten Versuchen an diese Aufgabe herangingen, war es, als suchten wir die besagte Nadel, indem wir ab und zu im Heuhaufen herumspazierten. Mit dieser Methode hatte unsere Suche keine realen Erfolgschancen.

Dann begannen viele Leute, Sinn und Umfang dieser Herausforderung zu begreifen; sie erkannten das konsequente Streben nach Erfolg und die immense Bedeutung dieses Erfolges für die ganze Menschheit. Unerbittlich drängte man auf eine ernsthafte Suche.

Mit Erfolg. Die nationale Luft- und Raumfahrtbehörde der USA, NASA, stellte 100 Millionen Dollar für das offizielle SETI-Projekt zur Verfügung, dessen Dauer sich über die neunziger Jahre erstrecken soll. Dadurch erhielt dieses Projekt eine Priorität, die zuließ, daß hierfür die äußerst begehrte Teleskopbeobachtungszeit in Anspruch genommen werden durfte.

Nach all unseren Bemühungen im Laufe der letzten drei Jahrzehnte stehe ich nun mit meinen Kollegen endlich unmittelbar vor einer Entdeckung. Dieses Buch soll einen Blick hinter die Kulissen meiner Forschungen nach außerirdischer Intelligenz ermöglichen, so wie ich sie erlebt habe, mit all den Erinnerungen und Eindrücken an die Ereignisse und besonders an die beteiligten Menschen. Es ist jedoch nicht nur einfach die Chronik eines interessanten Kapitels in der Geschichte der Wissenschaft. Ich erzähle meine Geschichte, weil ich es für dringend notwendig erachte, denkfähige, erwachsene Menschen auf die Ergebnisse der heutigen Forschungsaktivitäten vorzubereiten – nämlich die unmittelbar bevorstehende Entdeckung von Signalen außerirdischer Zivilisationen. Diese Entdeckung wird sich meiner Überzeugung nach noch vor dem Jahr 2000 bestätigen und die Welt maßgeblich verändern.

Der zentrale Gedanke dieses Buches – und auch meines Lebenswerkes – ist meine Überzeugung, daß interstellare Kontakte unser menschliches Leben auf unermeßliche Weise beeinflussen werden. Aller Wahrscheinlichkeit nach wird jegliche Zivilisation, die wir entdecken können, höher entwickelt sein als unsere eigene und uns einen Ausblick auf die mögliche Zukunft unserer Erde geben. Zum ersten Mal werden wir zu Zeugen der zukünftigen Geschichte und nicht nur der Vergangenheit.

Ich möchte die sehnsüchtige menschliche Neugierde nach den Wesen schüren, die zweifellos Kontakt mit uns aufnehmen werden. Gleichzeitig möchte ich bestehende, irreführende Mythen über Außerirdische ausräumen, die vom Irrglauben, daß Außerirdische uns bereits in der Vergangenheit »besucht« haben, bis hin zu der entsetzlichen Vorstellung reichen, daß sie uns die Zukunft aus den Händen reißen wollen.

Ich möchte zeigen, daß wir uns vor außerirdischen Kontakten nicht fürchten müssen, denn im Gegensatz zu den primitiven irdischen Zivilisationen, die von einer technologisch höherentwickelten Industriegesellschaft überrannt wurden, laufen wir nicht Gefahr, ausgebeutet oder versklavt zu werden. Die Außerirdischen werden nicht kommen und uns auffressen; um eine Gefahr für uns darzustellen, sind sie einfach viel zu weit von uns entfernt. Selbst ein Hin und Her eines Dialoges mit ihnen halte ich für höchst unwahrscheinlich, da Radiosignale mit Lichtgeschwindigkeit gesendet werden und Jahre benötigen, um die nächstgelegenen Sterne zu erreichen, und mehrere tausend Jahre, um zu den entferntesten zu gelangen, wo sich höherentwickelte Zivilisationen befinden können. Ganz anders hingegen verhält es sich mit einer einseitigen Kommunikation. So wie unsere Radio- und Fernsehsendungen in den Weltraum durchsickern und damit die Nachricht von unserer Existenz weit im Kosmos verbreiten, sind zweifelsohne auf der Erde, still und heimlich, vergleichbare Informationen von Planeten anderer Sterne angekommen.

Möglicherweise geschieht das schon seit Millionen von Jahren. Noch aufregender ist die Wahrscheinlichkeit, daß gezielte Nachrichten, zu unserem speziellen Nutzen, auf die Erde gebeamt werden. Wir wissen durch unsere eigenen Bemühungen bei der Zusammenstellung von Unmengen an Informationen über Kultur, Geschichte und Technologie unseres Planeten (insgesamt ein 37bändiges Werk, sozusagen eine »Galaktische Enzyklopädie«) für ein pangalaktisches Publikum, daß diese problemlos und preiswert übermittelt (und empfangen) werden könnten.

Als Wissenschaftler leitet mich natürlich meine Wißbegierde. Ich will wissen, was da draußen im All vor sich geht. Als Mensch halte ich unermüdlich an der Suche fest, weil SETI uns Antworten auf unsere elementarsten Fragen verspricht, also darauf, wer wir sind und welchen Stellenwert wir im Universum einnehmen.

SETI ist gleichzeitig das technisierteste, aber auch das menschlichste wissenschaftliche Thema, das ich mir vorstellen kann. Jedes taktische Problem bei der Forschung stützt sich auf das jahrhundertealte philosophische Rätsel »Woher kommen wir? Sind wir einzigartig? Was bedeutet es, ein Mensch zu sein?«

SETI reflektiert unser Erstaunen über den Sternenhimmel. In diesem Buch, wie auch im Projekt selbst, widmen wir uns ausgesprochen emotionalen Fragen mit weitreichenden Verzweigungen.

- Welche Anhaltspunkte gibt es, daß intelligente Lebensformen im Universum verbreitet sind?
- Wo können wir nach außerirdischen Zivilisationen suchen, die weiter entwickelt sind als wir selbst?
- Inwieweit würden wir von interstellarem Kontakt profitieren?
- Welche Informationen über uns selbst wollen wir an Außerirdische weiterleiten?
- Wer von uns sollte die Forschungsaufgaben übernehmen, wer den Informationsaustausch?
- Werden Außerirdische versuchen, Kontakt mit uns aufzunehmen? Wie? Und wann?
- Gehen wir ein Risiko ein?
- Was würde es für uns bedeuten, wenn wir keine Außerirdischen finden können?
- Wie sollen wir auf ein Zeichen einer außerirdischen Zivilisation antworten?

Diese Gedanken führten dazu, daß ich mich 1959 an dem bereits erwähnten Projekt Ozma versuchte. Als ich die Versuchsreihe einleitete und vorschlug, die neuesten und größten Radioteleskope eines führenden amerikanischen Forschungsinstituts zur Suche nach intelligenten Signalen aus dem Weltraum einzusetzen, riskierte ich zweifellos nicht nur mein berufliches Ansehen, ich lief auch Gefahr, später ohne Arbeit dazustehen – von dem öffentlichen Spott ganz zu schweigen. Zu jenem Zeitpunkt sprach kein Wissenschaftler ernsthaft über außerirdisches Leben. Percival Lowells Spekulationen über den Mars hatten dem Thema einen üblen Beigeschmack verliehen, und ich selbst hatte gerade erst damit begonnen, mich als Wissenschaftler zu etablieren. Ich hatte den Van-Allen-Gürtel des Jupiter entdeckt, fertigte Radiokarten des galaktischen Zentrums an und machte Beobachtungen über das Radiospektrum der Venus. Diese bewiesen, daß die extrem hohen atmosphärischen Temperaturen unseres Schwesterplaneten tatsächlich auf einer großen Hitzeentwicklung beruhen und nicht etwa auf ein unbekanntes Phänomen oder gar auf Ungenauigkeiten bei den Messungen zurückzuführen waren. Immer noch war ich ein Novize, und bis zu einem auch nur annähernd sicheren beruflichen Status lag noch ein langer Weg vor mir.

War das Projekt Ozma auch bei der Suche nach einem Signal außerirdischer Intelligenz gescheitert, so führte es doch in Green Bank zu dem Erfolg, daß sich dort eine Gruppe von Wissenschaftlern zusammenfand, die sich stark für das SETI-Projekt engagierten. Dadurch wiederum wurde SETI auch anderen Wissenschaftlern und der Weltöffentlichkeit nähergebracht und erstmals als legitimer und erfüllbarer wissenschaftlicher Versuch präsentiert. Unser Projekt ließ nun auch andere aktiv werden, die zwar unser Interesse an der Thematik teilten, aber bisher keine Courage zu eigener Initiative entwickelt hatten, oder denen es einfach an der erforderlichen technischen Ausrüstung fehlte.

Heute arbeite ich mit der Sicherheit und Anerkennung eines etablierten Wissenschaftlers. SETI ist wissenschaftlich anerkannt. Ich kann also durchaus einiges riskieren, ohne berufliche Konsequenzen fürchten zu müssen. Jemand, der so lange wie ich an einem Thema gearbeitet hat, tendiert dazu, größere Risiken einzugehen und ein bißchen mehr zu spekulieren als beispielsweise meine SETI-Kollegen. So behaupte ich auch, daß es – gemäß der Drakeschen Gleichung, die ich im Anschluß an Ozma entwickelte – ungefähr zehntausend höherentwickelte außerirdische Zivilisationen in unserer Galaxis gibt. Ich glaube außerdem, daß das, was sie uns mitzuteilen haben, von enormer Wichtigkeit ist. Ich bin sicher, daß wir sie jetzt finden können, und zwar mit einem

Kostenaufwand, der diese Entdeckung zu einem ausgesprochenen Sonderangebot in der Geschichte der Wissenschaft machen würde. Und darum halte ich an meiner Überzeugung fest, daß wir alles in unserer Macht Stehende tun müssen, um zu gewährleisten, daß wir diese Signale zum frühestmöglichen Zeitpunkt empfangen.

Frank Drake
University of California, Santa Cruz

Anhaltspunkte für ein unermeßlich bewohntes Universum

Die Erde als einzig bewohnte Welt
im unendlichen Weltraum zu betrachten
ist so absurd wie die Behauptung,
in einem ganzen Hirsefeld wüchse
nur ein einziges Korn.

Metrodorus, griechischer Philosoph
(4. Jahrhundert v. Chr.)

Vierzig Jahre Berufspraxis als Astronom haben meinem Enthusiasmus, mit dem ich noch immer die Sterne am nächtlichen Himmel bestaune, keinen Abbruch getan. Dabei fesselt mich nicht nur die Schönheit des Sternenhimmels. Es ist mehr mein Gefühl, daß einige dieser Lichtpunkte – welche vermag ich nicht einmal zu ahnen – Wesen beheimaten, die sich nicht sonderlich von uns und unseren täglichen Belangen unterscheiden und die genau wie wir staunend ins All blicken.

Viele meiner Vorgänger auf dem Gebiet der Sternenbetrachtung bildeten sich ein, Tiere und Heldenfiguren in den Sternstrukturen zu erkennen. Solch himmlische Charaktere wie Cygnus, Großer Bär und Herkules finden sich in den Namen der gängigen Konstellationen wieder. Für mich steht jedoch fest, daß die Sterne mehr wahrhaftiges Leben als Legenden in sich bergen.

Direkt über mir sehe ich gerade Orion, den Himmelsjäger. Orion ist mein ganz spezieller Favorit mit seinen drei Gürtelsternen, seinem Schwert und einem roten Riesen als linken Schulterstern. Alle Orion-Sterne sind jung und strahlend. Jeder von ihnen entstand während der letzten 500 000 Jahre aus dem grünen Nebel des Orion. Mit einem kleinen Teleskop, ja selbst mit einem guten Fernglas, kann man diesen grünen Nebel beobachten, aus dem selbst jetzt noch immer neue Sterne entstehen.
Neben Orion habe ich noch einen weiteren, sehr speziellen »himmlischen Liebling«, obwohl ich seinen Standort nicht definieren kann. Es ist ein alter, fast schon verglühter Stern, der, nachdem er eine Ewigkeit gestrahlt hat, nun undurchsichtig und mit bloßem Auge nicht mehr zu erkennen ist. In seiner Glanzzeit war er allerdings ein Gigant. Und eines Tages – vor etwa fünf Millionen Jahren – explodierte er, und ein unvorstellbares Feuerwerk entlud sich. Brennendes Gas und Staub schossen in die Himmel, wo sie sich mit den Rückständen aus vorangegangenen stellaren Explosionen vermischten. Langsam verband sich dieser ganze Schutt zu einem nebulösen Gebilde, ähnlich dem, was wir heute in Orions Schwert erkennen können. So entstand eine Anzahl kleinerer Sterne und deren Begleiter. Unter ihnen war unsere Sonne, umgeben von den Planeten unseres Sonnensystems. Durch die damalige Explosion wurde ein neuartiger Nebel verbreitet, dessen chemische Elemente heute in jeder Pflanze und jedem Tier auf dem Erdboden vorhanden sind.
»Ich glaube, daß ein Grashalm nichts weiter als das Tagwerk der Sterne ist«, schrieb Walt Whitman, und er hatte recht. Wir sind die Kinder der Sterne, und unsere Wurzeln liegen in den Sonnen der Urzeit. Und obwohl die Astronomie uns zu der Einsicht gebracht hat, daß wir nicht das Zentrum des Universums oder gar des ganzen Sonnensystems sind, hilft

uns jetzt dieselbe Wissenschaft, durch eine gigantische Leere hindurch zu Verwandten zu finden, von denen wir nicht einmal wußten, daß wir sie haben.
Auf diesen Moment habe ich fast mein ganzes Leben lang gewartet, denn wenn es etwas Ungewöhnliches in meiner ansonsten moderat verlaufenen Kindheit gab, dann war es die Tatsache, daß ich bereits mit acht Jahren erste »Beziehungen« zu außerirdischen Zivilisationen intelligenter Lebensformen knüpfte. Ich tat dies trotz des religiösen Glaubens meiner Eltern und trotz ihrer Verachtung für alles Phantastische. Zwar hielt diese elterliche Einstellung meine im Weltraum umherschweifenden Gedanken nicht auf, jedoch erreichte man damit immerhin, daß ich mich als Kind ihnen gegenüber zu diesem Thema nie äußerte.
Die übrigen Daten meiner Jugend waren sicherlich recht gewöhnlich. Am 28. Mai 1930 wurde ich in Chicago geboren. Die Gegend, in der ich aufwuchs, hieß South Shore; dort lebten wir im Erdgeschoß eines Zweifamilienhauses, das meinen Eltern gehörte. Die obere Etage war vermietet.
Mein Vater, Richard Carvel Drake, war sein ganzes Berufsleben lang als chemischer Ingenieur für die Stadt Chicago tätig und verantwortlich für ein Labor, in dem alles untersucht und getestet wurde, was von der Stadt gekauft werden sollte – von Beton und Asphalt für Straßenbeläge bis hin zu Feuerhydranten und Feuerwehrautos. Ich erinnere mich noch daran, wie er Parkuhren prüfte, indem er die zur Auswahl stehenden, verschiedenen Modelle zunächst für die Dauer eines Jahres auf dem Dach seines Büros aufstellte, wo sie der Witterung ausgesetzt wurden. Anschließend verteilte er Hammer an eine Gruppe von Jugendlichen und schickte sie auf das Dach, wo ihre Aufgabe darin bestand, die Parkuhren aufzubrechen. Die letzte Parkuhr, die auf diese Weise geknackt wurde, fand seine Zustimmung. Als ein anderes

Mal »grüne Minnas« für die Polizei angeschafft werden sollten, trommelte Vater eine Bande wirklich düsterer Typen zusammen, die gerade im städtischen Gefängnis einsaßen, und ließ sie auf die angebotenen Wagen los. Das Fahrzeug, das erst mit der maximalen Insassenzahl umkippte, machte das Rennen. Ich lache immer leise in mich hinein, wenn ich an einige von Vaters Methoden denke, die er jedoch völlig humorlos und ohne jegliche Ironie durchzuführen pflegte. Er war einer der ernsthaftesten Menschen, die ich kannte. Weder er noch meine Mutter hatten auch nur die leiseste Ahnung davon, wie man sich amüsierte – zumindest erweckten sie in mir diesen Eindruck.
Mein Vater lernte meine Mutter, Winifred Pearl Thompson, während ihrer gemeinsamen Studienzeit an der Universität von Illinois kennen. Nach ihrer Heirat wurde sie Hausfrau und Mutter. Sie spielte hervorragend Klavier, tat dies allerdings nie öffentlich oder gar beruflich. Ihre Lieblingsbeschäftigung bestand in Handarbeiten für wohltätige Zwecke. Von Puppenkleidern, Spitzendeckchen, Stepp- und Bettdecken sowie anderen Ziergegenständen konnte sie enorme Mengen anfertigen, sobald Bedarf in Form eines Wohltätigkeitsfonds angemeldet wurde.
Als ich drei Jahre alt war, wurde meine Schwester Alma geboren. Alma schaffte es, in die Fußstapfen beider Elternteile zu treten; zunächst in die des Vaters, als sie den Beruf der Biochemikerin ergriff und für DuPont an toxikologischen Versuchsreihen arbeitete. Danach folgte sie Mutters Beispiel, indem sie ihren Beruf zugunsten ihrer Ehe und Familie aufgab.
Ich wuchs heran und verließ mein Elternhaus, noch ehe mein 12 Jahre jüngerer Bruder Robert in die höhere Schule kam. Er arbeitet heute als leitender Wirtschaftswissenschaftler am National Laboratory von Los Alamos in Neu-Mexiko, und ich kenne ihn heute sehr viel besser als damals.

In meiner Kindheit pflegte meine Familie jeden Sonntag einen großen Ausflug zu unserer Kirche zu machen. Die Hyde-Park-Baptistenkirche, die unser Ziel war, befand sich auf dem Gelände der Chicagoer Universität. Die Entfernung von unserem Haus bis zur Kirche betrug etwa sechs Kilometer. Die Fahrt dorthin war der eigentliche Hauptbestandteil unseres familiären Zusammenseins. Sobald wir dort angekommen waren, ließ Vater uns aussteigen und fuhr weg. In die Kirche ging er nie; er mochte es nicht. Mein Vater war kein übertrieben religiöser Mensch, aber er hielt sich streng an die Regeln der Baptistenmoral, die Alkohol- und Tabakkonsum, Tanzvergnügungen und Parties verbot. Das alles nahm er sich sehr zu Herzen. Den Entschluß, eine Kirche zu betreten, faßte er aber nur selten. Also besuchte er an den meisten Sonntagen einige seiner alten Freunde, die in der Nähe wohnten, um uns nach etwa zwei Stunden wieder abzuholen. Auch meine Mutter konnte man nicht als frömmelnd bezeichnen, obwohl sie gläubig war. Am besten gefielen ihr beim Kirchgang wohl die sozialen Aspekte und die Möglichkeit zu kreativen Tätigkeiten für gute Zwecke. Alma und ich (und später auch Robert) gingen auf elterliche Initiative hin zur Kirche, wo wir die Sonntagsschule besuchten.

Zu jener Zeit – Mitte bis Ende der dreißiger Jahre – stand die von Baptisten gegründete Chicagoer Universität noch stark unter dem Einfluß dieser Glaubensrichtung. In späteren Jahren hielt man diesen Ursprung allerdings für einen so negativen Aspekt, daß die Universitätsleitung von allen Zeichen religiöser Zugehörigkeit Abstand nahm. Auf meine Sonntagsschulzeit aber hatte das besondere Verhältnis zwischen Kirche und Universität noch einen starken Einfluß. Tatsächlich wurde der Religionsunterricht von Universitätsprofessoren des berühmten Instituts für Orientalistik abgehalten.

Unter meinen damaligen Lehrern befanden sich auch Walter Havighurst sowie weitere angesehene Ägyptologen der Universität. Einige dieser Männer zählten zu den damals führenden Archäologen des Nahen Ostens. Ihre Vorträge über die Hethiter und das altertümliche Damaskus waren gespickt mit archäologischer Beweisführung, die zeigen sollte, daß die Bibel sachlich korrekt war. Sie schleppten sogar die fünfzehn Achtjährigen meiner Sonntagsschulklasse mit zu einem Besuch des orientalistischen Instituts, das sich in einem riesigen Gebäude, nur einen Häuserblock von der Kirche entfernt, befand, und gaben uns die Gelegenheit zur Betrachtung der Mumien sowie weiterer aufregender Relikte, die dort untergebracht waren. Kein Versuch dieser Professoren konnte mich jedoch von der Richtigkeit fundamentalistischer Glaubenssätze überzeugen. Wenn überhaupt, dann hatten die damaligen Stunden genau den gegenteiligen Effekt. Mit meinem Weltverständnis des 20. Jahrhunderts hatten sie nicht im entferntesten etwas zu tun, da sie nur wenig Aufschluß über die elementaren Dinge des Lebens gaben, die mich berührten, nämlich Lebensqualität, Moral und Ethik. Ich war übrigens nicht das einzige Kind in meiner Klasse, das infolge dieser sonntäglichen Veranstaltungen der organisierten Religion den Rücken kehrte.

Rückblickend denke ich, daß die Lehrer überzeugt waren, das Richtige zu tun, indem sie uns mehr religiöse Erziehung angedeihen ließen, als die meisten Kinder sie bekamen. Wir sollten darauf vorbereitet werden, die wirklichen Grundlagen des Glaubens zu verstehen. Meiner Meinung nach haben sie dieses Ziel bei mir auch erreicht, obwohl ich davon ausgehe, daß mein Fall, aus Sicht der Lehrer, als glatter Fehlschlag bezeichnet würde. Tatsache ist, daß ich durch den Unterricht die Grundlage des Glaubens sehr wohl verstand: Ich erkannte, daß die Glaubensgeschichte, so wie sie uns beigebracht wurde, von der ganz speziellen Geschichte einer kleinen Region handelte und von den Schlußfolgerungen gewisser Leute und deren mutmaßlichem Verständnis. Es war eine künstlich beschränkte Geschichte, da sie die vielen unterschiedlichen Lebens- und Glaubensrichtungen, die in der Welt existieren, ignorierte. Unser Weg wurde natürlich als der richtige dargestellt, unsere Wertvorstellungen und Maßstäbe als korrekt. Aber diese Sicht empfand ich als ziemlich willkürlich. Die wöchentlichen Unterrichtsstunden, die weit davon entfernt waren, die einzige Quelle der Wahrheit zu sein, wurden immer mehr zu Dogmen, die man uns letztlich als die Wahrheit aufoktroyierte. Zu diesem Zeitpunkt, in diesem jungen Alter, begann in mir eine stumme Rebellion gegen die Kirche.

Wenn Religion willkürlich war – wovon ich überzeugt war –, dann war Menschlichkeit vielleicht auch willkürlich – so lautete eine von vielen möglichen Wahrheiten. Es gab für mich keinen Grund anzunehmen, daß die Menschheit das einzige Beispiel für Zivilisation und einzigartig im ganzen Universum sein sollte. Ich stellte mir vor, daß irgendwo durchaus andere Formen intelligenten Lebens existierten, aber ich hütete mich davor, darüber auch nur ein Sterbenswörtchen in meiner Familie verlauten zu lassen, aus Angst davor, wie ein vorlautes Kind dazustehen. Auch in der Kirche und in der Schule gab es niemanden, der mich in meinen Gedanken unterstützte. Trotzdem gelang es mir, sie weiterzuentwickeln und mit Hilfe einer anderen großen Institution auszubauen, die nur ein paar Häuserblocks vom Universitätsgelände entfernt lag. Es war das Museum für Wissenschaft und Industrie. Für einen kleinen Jungen wie mich bedeutete dieses Museum das Tor zu allen Wundern, die Wissenschaft und Technik hervorgebracht hatten. Ein Ort, zu dem ich mich immer wieder hingezogen fühlte.

Während meiner ganzen Schulzeit fuhr ich oft mit dem Fahrrad dorthin; mein bester Freund, Ralph Bransky, begleitete mich dabei. Wir interessierten uns beide sehr für die Wissenschaft, bauten kleine elektrische Motoren und winzige Radios und machten mit unseren Spielzeug-Chemiebaukästen eine Reihe dilettantischer Experimente. (Später, als Teenager, bastelten wir gemeinsam an Autos herum und interessierten uns für Mädchen. Ralph ging sogar eine Zeitlang mit meiner Schwester, kränkte sie dann allerdings, als er eine andere heiratete.) In der Schule bekamen wir eine gute wissenschaftliche Grundausbildung, die wir mit Hilfe der Ausstellungsstücke im Museum vertieften. Dort verbrachten wir ausgesprochen viel Zeit und erkundeten immer wieder jeden Quadratzentimeter dieses Ortes.
Da es in der Schule keinen Lehrplan für Astronomie gab, machte ich im Museum die Entdeckung, daß die Sonne nur einer unter Millionen von Sternen der Milchstraße war. Sie war aber nicht nur einer von vielen, sondern darüber hinaus auch völlig unspektakulär. Mit anderen Worten: ein durch und durch gewöhnlicher Stern. Auch die große Milchstraße selbst, deren leuchtenden, weißen Dunstschleier ich durch die Kuppel des Adler-Planetariums in Lake Michigan beobachtete, war nur eine unter Millionen Galaxien, die das gewaltige und ehrfurchtgebietende Universum schmückten. Damals erschien es mir mehr als nur wahrscheinlich, daß viele Sterne, neben der Sonne, eigene Sonnensysteme und gastliche Planeten, die von verschiedenen Spezies intelligenter Wesen bewohnt wurden, haben könnten. Immer ernsthafter dachte ich über Außerirdische nach und fragte mich, wie »sie« wohl aussähen. Für mich bedeutete der Gedanke an fremde Intelligenzen nur eine andersartige Daseinsform in der realen Welt oder dem realen Universum, wie ich wohl besser sagen sollte.

Während meiner Oberschulzeit, die mir einige hervorragende Lehrer bescherte, wuchs mein wissenschaftliches Interesse kontinuierlich. Obwohl die Schule leider keine nennenswerte Studien- oder Berufsberatung vermittelte, setzte ich es mir in den Kopf, Karriere im Flugzeugbau zu machen. Zwar wußte ich rein gar nichts über diesen Beruf, aber der Gedanke erschien mir attraktiv. So beschloß ich, ein College zu besuchen, wo ich lernen könnte, wie man Flugzeuge baut. Außerdem wollte ich unbedingt auf ein »Ivy-League«-College. Was das genau bedeutete, wußte ich nicht, aber ich hatte irgendwo gehört, daß diese Art von Colleges wirklich gut waren.

1947 galt »Ivy League« in Chicago im allgemeinen und an meiner Oberschule im speziellen noch als unbekanntes Konzept. Die meisten Jugendlichen, die ich kannte, gingen auf das staatliche College, die Universität von Illinois, wo auch meine Eltern ihren akademischen Abschluß erlangt hatten, oder nach Purdue. Aber ich machte es mir zur Aufgabe, herauszufinden, wo es »Ivy-League«-Colleges gab und ließ mir ihre Informationsbroschüren schicken, um zu erfahren, an welchen dieser Hochschulen Flugzeugbau gelehrt wurde. Damals betrug die jährliche Studiengebühr nur 600 Dollar; darüber hinaus erhielt ich ein Stipendium vom Marinetrainingscorps für Offiziere (NROTC), das die Kosten für Unterricht und Lebenshaltung deckte; so war Geld kein Thema.

Als ich das Informationsmaterial erhielt, fiel mir gleich auf, daß die meisten »Ivy-League«-Colleges keine Mädchen aufnahmen, was mich ärgerte, und daß nur zwei Studienzweige angeboten wurden, die dem Flugzeugbau entsprachen. Ich bewarb mich für beide: in Princeton, wo nur Jungen zugelassen wurden und das ein offizielles Lehrprogramm für Flugzeugingenieurwesen anbot, und in Cornell, mit einem weni-

ger flugzeugspezifischen Ingenieurstudium, dafür aber mit Koedukationsmethode. Von Princeton erhielt ich nicht einmal eine Antwort auf meine Bewerbung, aber meine Wahl fiel sowieso auf Cornell, weil es dort auch Mädchen gab.
Zur Vorbereitung auf meine Zukunft als Flugzeugbauer nahm ich damals einen Ferienjob bei der TWA als Gepäckbeförderer am Chicagoer Midway-Flughafen an. Es erwies sich als vorteilhaft, daß ich erst 17 Jahre alt war, denn die Arbeit war ein reines Kraft- und Ausdauertraining. Gabelstapler gab es keine. So mußten wir als Gepäckbeförderer den ganzen Tag lang Leitern rauf- und runterklettern, um aus den Frachträumen der Maschinen vom Typ DC 3 und Constellation Koffer ein- und auszuladen. Dennoch bekam ich engeren Kontakt mit der Chefetage des Unternehmens, als meine Stellenbeschreibung vermuten ließe. Ich hatte nämlich eine – sagen wir – »Begegnung« mit dem Inhaber der Firma, Howard Hughes, der von der amerikanischen Bundesbehörde wegen einer Antitrust-Affäre verfolgt wurde.
Hughes' Strategie bestand darin, möglichst immer in der Luft zu bleiben und sich nur so lange am Boden aufzuhalten, wie er für das Umsteigen benötigte; dies machte es schier unmöglich, ihm eine gerichtliche Vorladung zuzustellen. Es war fast unvermeidbar, daß er eines Nachmittags in Midway ankam. Ich hatte Anweisungen, einen dieser weißen Overalls, wie auch ich ihn trug, an Bord seiner ankommenden Maschine zu bringen, den Hughes zur Tarnung anziehen sollte. Ich begleitete ihn aus dem Flugzeug heraus zu dem Umkleideraum der Gepäckbeförderer, wo wir ungefähr eine halbe Stunde zusammen verbrachten – natürlich schweigend –, bevor er die nächste Maschine nahm.
Im darauffolgenden Herbst – ich war mittlerweile Cornell-Student in Ithaca, New York – wurde mir bald bewußt, daß Flugzeugbau nicht gerade das darstellte, was ich eigentlich

wollte. Ich fand es nicht einmal interessant. Diese Feststellung hätte mich niederschmettern können, hätte ich nicht gleichzeitig meine aufrichtige Begeisterung für ein anderes Gebiet der Technik entdeckt: die Elektronik. Also wechselte ich voll Enthusiasmus zur wohl härtesten Fachrichtung am College, dem Physikstudium; meine Klasse bestand aus lediglich 28 Studenten.

Als Student mit dem Hauptfach Physik mußte ich einen Elektronik-Grundkurs bei dem legendären Alexander Barry Credle absolvieren, der den Ruf hatte, ein rücksichtsloses und extrem forderndes Monster zu sein. Dieser am College berüchtigte Kurs galt wegen der exzessiven Hausarbeiten und der harten Prüfungen als äußerst schwierig. Die Studenten betrachteten ihn als eines der größten Hindernisse auf dem Weg zum Collegeabschluß. Allerdings beendete ich den Kurs mit der Note »sehr gut«. Es war das erste Mal, daß jemand dieses Ergebnis erzielt hatte. Professor Credle würdigte allerdings weder mich noch mein Resultat in irgendeiner Weise. Dessenungeachtet inspirierte mich meine eigene Neigung zu diesem Thema, und so vollzog sich der Wechsel vom Flugzeugbau zur Elektronik.

Während dieser ganzen Zeit dachte ich immer noch über außerirdisches Leben und über die Beschaffenheit des Universums nach und fragte mich, ob die Erde wohl einzigartig sei oder ob es irgendwo anders auch Möglichkeiten für Leben gäbe. Natürlich behielt ich meine langgehegten, geheimen Gedanken nach wie vor für mich. In meinem zweiten Collegejahr bekamen diese Gedanken durch einen Anfängerkurs in Astronomie neue Nahrung.

Auch heute noch fühle ich mich meinem ersten Astronomieprofessor, R. William Shaw, zu großem Dank verpflichtet. Zum einen für seine mitreißenden Vorlesungen, zum anderen für die Gelegenheit, die er übrigens allen Studenten gab, praktische astronomische Beobachtungen machen zu können. In seiner Obhut befand sich ein altes, knapp 40 cm großes Teleskop, das sich in einem Gebäude unweit des Campus befand, wo auch einige seiner Vorlesungen stattfanden. Ich werde nie vergessen, wie ich nach Einbruch der Dunkelheit einmal dorthin ging und durch dieses Teleskop den Jupiter sah – es war wie eine Offenbarung für mich. Zum ersten Mal glaubte ich, in ihm eine andere Welt zu sehen, mit sagenhaft schönen Farben und Wolken, umgeben von seinen vier großen Monden, den sogenannten Galileischen Satelliten. Plötzlich wurde alles, was ich je über Astronomie gelesen hatte, dreidimensional. In jenem Moment war ich völlig hingerissen. In mir spürte ich das gleiche Erschaudern, das vermutlich auch Galilei fühlte, als er durch sein kleines Teleskop sah und so Berge auf dem Mond, Flecken auf der Sonne, Ringe um den Saturn und Monde um Jupiter erkannte.

Bis heute versuche ich, in meinen Vorlesungen an der Universität von Kalifornien in Santa Cruz für meine Studenten diesen Moment zu wiederholen. Ich organisiere Studienfahrten an das Lick-Observatorium, und zwar möglichst dann, wenn Jupiter zu sehen ist.

Für unsere Beobachtungen benutzen wir ein Teleskop, das vor hundert Jahren als das größte der Welt galt. Nacheinander schauen die Studenten zum Jupiter hinauf, und ungefähr die Hälfte von ihnen verliert spontan ihr gekünsteltes und blasiertes Gehabe, das sie sonst an den Tag legen. »Wow« oder »cool« ist in dem Moment meist alles, was sie sagen können. Und ich schweige glücklich, weil ich weiß, was sie fühlen und wie wichtig dieser Augenblick auch für sie sein kann.

Als ich nach meinem ersten Semester in den Sommerferien nach Hause fuhr, nahm ich in unserem Keller in Chicago die Konstruktion eines 15-cm-Teleskops in Angriff. Den Spiegel schliff ich selbst, und ich genoß jede Minute dieser Arbeit. Natürlich besitze ich noch heute dieses Teleskop; es steht in einem Abstellraum außerhalb meines Hauses in Aptos in Kalifornien, wo ich jetzt lebe. Bevor ich das College beendete, baute ich noch ein weiteres, besseres Instrument und ein Teleskopgestell. Von meinem ersten Teleskop aber konnte ich mich einfach nicht trennen und auch nicht vergessen, was es für mich bedeutete.

Weder schnitt Professor Shaw das Thema »außerirdisches Leben« an, noch wurde es in den weiter fortgeschrittenen Astronomievorlesungen, die ich besuchte, angesprochen. Mein Gefühl, meine Gedanken besser nicht zu äußern, hielt an. Es war einfach kein Thema für seriöse Astronomen. So zumindest schien es bis 1951, als im Herbst meines vorletzten Studienjahres der berühmte Astrophysiker Otto Struve unser College besuchte, um dort eine Reihe begnadeter Vorträge zu halten, die er »Messenger Lectures« nannte.

Struve, damals 54 Jahre alt, war ein hochgewachsener Mann und eine tadellose Erscheinung. Während viele Astronomen jener Zeit nur von ihrem äußeren Erscheinungsbild her den Eindruck eines eleganten Herrn erweckten, war Struve in der Tat ein Gentleman. Er stammte aus einer deutschen Aristokratenfamilie, einer regelrechten Dynastie distinguierter Astronomen. Sein Urgroßvater war mit der Familie nach St. Petersburg gezogen, wo er so etwas wie der Hofastronom von Zar Nikolaus I. war. Struves Großvater, Vater und Onkel – allesamt Astronomen – waren international anerkannte Direktoren an einigen der berühmtesten Observatorien der Welt, wie zum Beispiel dem Observatorium in Berlin und dem Pulkova-Observatorium in St. Petersburg. Mit Otto Struve kam 1951 ein Vertreter der vierten Generation dieser sagenhaften Familie nach Cornell. Als Direktor der

Yakes- und McDonald-Observatorien der Universität von Chicago hatte er bereits berufliche Reputation gewonnen und den Vorsitz der Chicagoer Astronomiefakultät abgegeben, um Astrophysik an der Universität von Kalifornien in Berkeley zu unterrichten.

Struves Entdeckungen waren sogar noch beeindruckender als seine Referenzen und seine Herkunft. Mit denselben Daten und Fakten, die auch jedem anderen Astronomen zur Verfügung standen, konnte er eine völlig neue Dimension an Erkenntnissen aufzeigen. Er besaß eine unglaubliche Fähigkeit, kühne, neue Theorien zu entwickeln und dann auch noch die Beweise zu finden, die diese belegten. Er galt als Vater der modernen Astrophysik und als einer der größten Astronomen des 20. Jahrhunderts.

Ich besuchte jeden seiner drei Vorträge, die im Laufe einer Woche ein über den anderen Tag stattfanden. Seine Genialität faszinierte mich und flößte mir große Ehrfurcht ein. Nie hätte ich damals zu hoffen gewagt, was acht Jahre später Wirklichkeit wurde, daß Struve nämlich bei meiner Suche nach außerirdischen Intelligenzen eine entscheidende Rolle spielen würde.

Struves Fachgebiet waren die Evolution und die Struktur der Sterne, die er mit Hilfe von Spektralanalysen studierte. Das Spektrum eines Sternes – so hatte ich gelernt – ist so etwas wie seine Visitenkarte. Alles, was wir aus unserer irdischen Betrachtungsweise von einem Stern zu wissen glauben, leiten wir von dem bißchen Sternenlicht ab, das uns durch ein Teleskop erreicht. Mit einem weiteren Instrument, einem Spektrographen, fällt das vom Teleskop gesammelte Sternenlicht auf ein Prisma, wo es in die einzelnen Farbbereiche zerlegt wird. Dieses sogenannte Spektrum kann dann mit Hilfe einer Fotoplatte festgehalten werden. Das Ergebnis sind lange, schmale Streifen, die der Länge nach von hellen und dunklen Linien durchzogen werden. Einige sind breiter, andere schmaler, vergleichbar mit den Streifen eines Strichcodes auf einem Supermarktartikel. Astronomen können diese Linienmuster lesen und deren Bedeutung verstehen und sind so in der Lage, daraus grundlegende Eigenschaften eines Sterns abzuleiten.

Eines der ersten Rätsel, das mit Hilfe der Photospektroskopie gelöst wurde, lag inhaltlich schon in dem Kindervers »Funkle, funkle, kleiner Stern – wer du bist, wüßt' ich so gern.« Die Antwort, daß ein Stern ein heißer, leuchtender Ball ist, der aus gasartigen Elementen besteht, erhielt man, indem man die Strichcodemuster aus dem Weltraum mit Strichcodes aus den Spektren der in irdischen Laboratorien hergestellten Gase verglich. Die charakteristischen Muster etwa der Wasserstofflinien oder der Helium- und Kohlenstofflinien erwiesen sich als identifizierbar im stellaren Spektrum.

Jede dieser Linien oder Liniengruppen, die Astronomen seit dem 19. Jahrhundert, als der Spektrograph erfunden wurde, entdeckt hatten, entspricht einem bekannten Element oder einer Kombination aus verschiedenen Elementen, die auf unserer Erde existieren. Es gab nicht ein einziges Element, das nicht identifiziert werden konnte, obwohl einige unter ihnen, speziell das Helium (griech. helios = Sonne), zunächst auf der Sonne und später erst auf der Erde entdeckt wurden. Das bedeutete, daß selbst gigantische Sterne, in riesiger Entfernung von uns, aus vertrauten Stoffen bestehen. In den Worten »im Himmel wie auf Erden« liegt tatsächlich schon eine gewisse physikalische Wahrheit. Die Sterne unterscheiden sich substantiell nicht von unserem irdischen Reich, wie man noch im Altertum glaubte. Sie bestehen aber auch nicht aus fremdartigen Substanzen, wie einige Science-fiction-Autoren annehmen. Nein. Sterne, Planeten und jedes lebende

und nichtlebende Ding auf der Erde, sie alle haben, wie sich herausstellte, die gleichen Elemente. Für mich bedeutete diese Entdeckung eine zusätzliche Gewißheit, daß das Leben, wie das Vorhandensein der Elemente an sich, eines Tages als selbstverständlich im ganzen Universum nachgewiesen würde.
Allerdings gibt es einen erkennbaren Unterschied zwischen Spektrallinien aus irdischen Quellen und denen aus Himmelsquellen. Und dieser hat nichts mit der chemischen Zusammensetzung zu tun. Durch die große Geschwindigkeit, mit der sich alle Sterne bewegen, ergibt sich der sogenannte Dopplereffekt. Optisch sichtbares Licht verschiebt sich durch Bewegung entweder zu den roten oder den blauen Farbtönen des Regenbogenspektrums hin, so wie das Ertönen eines Martinshorns, das lauter klingt, wenn sich der Krankenwagen uns nähert, und leiser wird, wenn er sich wieder entfernt.
Bis Struve mit seiner Pionierarbeit begann, nutzten Astronomen die Spektroskopie vorwiegend zur Ermittlung einer präzisen Bestandteilliste eines bestimmten Sternes, womit sie seine Temperatur, sein Alter und seine chemische Vielfalt ableiten konnten. Helle Sterne mit dünnen Spektrallinien, die aus fast purem Wasserstoff und Helium bestanden, waren alt und zu Beginn der galaktischen Zeitrechnung entstanden. Auf der anderen Seite waren Sterne wie die Sonne relativ jung. Ihre Spektren enthielten Tausende dicht aneinandergedrängter Linien, die auf das Vorhandensein von Kohlenstoff, Eisen und anderen schweren Elementen hinwiesen, Substanzen, die die jungen Sterne bei ihrer Entstehung von stellaren Trümmern eines immer komplexer werdenden Universums »geerbt« hatten. Als Student mußte ich die Standard-Spektralklassen der Sterne auswendig lernen, die in Buchstaben des Alphabets aufgeteilt waren, und zwar in

absteigender Ordnung nach ihrer stellaren Temperatur: O, B, A, F, G, K, M, R, N, S. (Es mag heute sexistisch klingen, aber die Astronomiestudenten bedienten sich damals einer Eselsbrücke, die im Englischen lautete: »Oh, be a fine girl, kiss me right now, Sweetheart« und zu deutsch soviel bedeutet wie: »Oh, sei ein feines Mädchen, küß mich jetzt sofort, Süße«.)

Dann kam Struve. Er erhob die Praktiken der stellaren Spektroskopie zu einer wahren Kunst. Es schien, als würden die Spektren zu ihm sprechen. Er erkannte neue Bedeutungen in der Leuchtkraft der breiten Spektrallinien und in der Größe der engen Linien. Jede einzelne Nuance enthüllte ein Geheimnis über das Universum. Diese Einblicke waren Gegenstand seiner beiden ersten »Messenger«-Vorträge.

Ich erinnere mich daran, wie er von Sternen mit zwei oder mehr Gruppen von Spektrallinien sprach, wobei einige Gruppen Blauverschiebungen aufwiesen, obwohl der Stern auf uns zukam, anstatt sich von uns zu entfernen. (In unserem expandierenden Kosmos entfernen sich die Sterne in der Regel von uns, und dadurch ergibt sich eine Rotverschiebung.) Daraus schloß Struve, daß solche Sterne große, gasgefüllte Nebelhüllen verströmten, die sich im All ausdehnten. Der Anteil der ausgestoßenen Nebelhüllen, der sich auf uns zubewegte, verursachte die Blauverschiebung.

Struve entdeckte ebenfalls die Doppelsterne im Orbit, die, durch das Teleskop betrachtet, wie einzelne Sterne aussahen. Für Struves Auge signalisierten jedoch die diffusen Rot- und Blauverschiebungen, daß das Spektrum auf zwei stellare Lichtquellen schließen ließ. Obschon Begleitsterne in unmittelbarer Nähe zueinander den Astronomen bereits bekannt waren, entdeckte Struve viele neue Beispiele dieser Doppelsterne ausschließlich mit Hilfe ihrer Spektren. Solch binäre Anordnungen nennt man spektroskopische Doppelsterne;

sie verraten sich auf spektroskopischem Weg, da sie oft auch mit größeren Fernrohren nicht mehr zu trennen sind. Aus einigen seiner Doppelsternsysteme folgerte Struve, daß Materie aus dem einen Stern durch die Anziehungskraft des zweiten herausgerissen wurde. Diese Folgerung erforderte eine geradezu heroische Ausdauer bei der Beobachtung sowie interpretative Fähigkeiten, da sich das Spektrum solcher Sternensysteme stündlich ändern konnte. Struve wurde also abverlangt, mit einer plausiblen Erklärung die vielen verschiedenen Aspekte ausreichend zu begründen. Seine Forschungen stellten für die Astronomie eine wesentliche Bereicherung dar.

Im letzten seiner drei Vorträge präsentierte Struve die wohl spektakulärste aller Entdeckungen, die mit der Rotation der Sterne zusammenhing. So wie sich die Erde auf ihrer Umlaufbahn um die Sonne um ihre eigene Achse dreht und uns auf diese Weise Tag und Nacht beschert, so drehen sich auch die Sterne. Ihre Drehgeschwindigkeit kann, wie Struve zeigte, von der Dichte ihrer Spektrallinien, die durch die Rotation frei wurden, abgeleitet werden. Die Erklärung lag darin, daß ein rotierender Stern – aus der Ferne betrachtet – in gewisser Weise sowohl herankam als sich auch entfernte. Ein Teil des Sterns näherte sich uns, während ein anderer Teil sich von uns wegbewegte. Das Ergebnis war eine gleichzeitige Rot- und Blauverschiebung des Spektrums, das heißt, die Spektrallinien waren ganz charakteristisch verbreitert. Struve sah darin ein Maß für die Rotationsgeschwindigkeit. Er zeigte uns eindrucksvolle Listen mit seinen Meßwerten. Erstaunlicherweise drehen sich alle massiven, heißen Sterne der O-, B-, A- und F-Typen wie Derwische, während sich alle anderen, etwa sonnengroßen Sterne, aber auch die kleineren vom häufigeren »Solartyp« G, K und M, langsamer drehen. Es besteht eine klare Trennung zwischen diesen beiden

Gruppen, wie die Schaubilder verdeutlichten. Offenbar gibt es zwei Gangarten auf dem stellaren Karussell: die halsbrecherische und die gemütliche. Dazwischen gab es allerdings nichts. Und Struve glaubte zu wissen, warum das so ist.

Die massiven, heißen Sterne drehen sich schnell, weil sie sich alleine bewegen, folgerte er. Die Sterne des Solartyps drehen sich langsamer, weil sie unsichtbare Begleiter wie etwa verglühte Sterne oder Planeten haben, die ihrerseits ebenfalls rotieren. Würde die Sonne nicht von ihrem Sonnensystem begleitet, so zeigte Struve in sorgfältig aufgestellten mathematischen Gleichungen, würde sie viel schneller rotieren. Seine numerischen Ergebnisse waren korrekt und sogar von zwingender Logik.

Innerhalb weniger Momente erhöhte Struve im Vortragsraum die damals bekannten neun Planeten der Galaxis auf mehr als 99 Millionen. Aber selbst an diesem Punkt machte er noch nicht halt. Er ging noch einen Schritt weiter mit der Bemerkung, daß die Existenz all jener Planeten ein deutlicher Hinweis auf mögliches Leben überall im Kosmos sein könnte.

Ich fühlte mich wie elektrisiert. Plötzlich stand ich mit meiner Theorie nicht mehr alleine da. In der Person dieses genialen Astronomen hatte ich einen Verbündeten gefunden, der auszusprechen wagte, wovon ich nur träumte. Da stand er nun vor einigen der weltbesten Wissenschaftler und erklärte diesem öffentlichen Forum in aller Ernsthaftigkeit, daß das Universum voll von planetarischen Systemen und lebenden Dingen sei. Und niemand lachte ihn aus.

Damals verspürte ich nur den sehnlichen Wunsch, mit Struve über diese Vorstellungen zu sprechen, die wir beide teilten. Aber er erschien mir so imposant dort oben auf dem Podium, von wo aus er auf sein großes und teilweise sehr hochkarätiges Publikum blickte. Ich war nur ein unbedeutender

Student und viel zu schüchtern, um auf diesen Mann zuzugehen. Nachdem der Beifall verstummt war, kehrte Struve nach Berkeley und ich zu meinen Studien zurück.

1952 schloß ich mein Physikstudium in Cornell mit Auszeichnung ab. Obwohl ich ganz versessen auf ein Astronomiestudium war, mußte ich ein Versprechen einlösen: Die Marine hatte meine Collegeausbildung finanziert; dafür mußte ich im Gegenzug nun einen dreijährigen Dienst leisten. Ich wurde der technischen Abteilung der *U.S.S. Albany* zugewiesen, einem schweren Kreuzer in Norfolk, Virginia. Der Elektronikoffizier des Schiffes sollte pensioniert werden, und aufgrund meines Backgrounds war es naheliegend, mich zu seinem Nachfolger zu machen. Man schickte mich sofort auf die Marineschule für Elektrotechnik nach Treasure Island, mitten in der Bucht von San Francisco.

Während der folgenden vier Monate lebte und arbeitete ich auf Treasure Island, völlig versunken in ein konzentriertes Trainingsprogramm. Die Elektronikausbildung bei der Marine war wunderbar und besser als die, die ich in Cornell erhalten hatte. Nach Kursende kam ich als Elektronikoffizier auf die *Albany* zurück. Meine Aufgabe bestand in der Instandhaltung der gesamten Bordelektronik. Das war an sich schon ein großes Abenteuer, da wir zahlreiche Prototypen der neuesten technischen Erfindungen an Bord hatten. Darunter war sogar ein Farbfernseher, der erste überhaupt. Und niemand auf dem ganzen Schiff – außer mir – konnte mit dem Gerät umgehen.

Als die *Albany* im Mittelmeer kreuzte, war sie Flaggschiff der 6. Flotte, und das bedeutete, daß wir Admiral Wooldridge und seine Leute für ungefähr drei Monate an Bord hatten. Es war derselbe Admiral Wooldridge, der das Marineförderungsprogramm initiierte und der damals ein berühmter Mann war. Richard Colbert, Erster Offizier der *Albany*, woll-

te beim Admiral auf keinen Fall den Eindruck entstehen lassen, daß es an Bord der Albany irgendwelche technischen Mängel gab, besonders nicht bei dem Farbfernseher oder bei den elektronischen Apparaturen. Also wurde ich zu jeder erdenklichen Tages- und Nachtzeit losgeschickt, um zu reparieren, was zu reparieren war. Mein Leben gestaltete sich dermaßen hektisch, daß ich zur Selbstverteidigung quasi ein altes, ausgedientes Magnetron mit mir herumschleppte. Dieser sperrige und schwere Apparat war damals der Urvater der Radarmeßgeräte. Ich sorgte dafür, daß man mich auch sah, wenn ich mit meinem Magnetron die Korridore entlangging, wobei ich meinem Gesicht einen konstant besorgten Ausdruck verlieh. Dies erweckte den Anschein, als sei ich gerade mit etwas sehr Wichtigem beschäftigt, und bremste zumindest etwas den Eifer der Adjutanten, die Kommandant Colbert auf mich hetzte, um mich herbeizuzitieren. Einer der Offiziere gab mir den Spitznamen »Freund Holmir«, weil jedesmal, wenn sich ein Problem elektronischer Natur anbahnte, der Kapitän oder der Zweite Offizier zu sagen pflegten: »Hol mir Drake!«
Ich erinnere mich daran, wie beim Einlaufen in Gibraltar am Dock plötzlich ein nagelneuer Austin-Sportwagen auftauchte. Es erging Order, den Wagen mit Hilfe eines Kranes in den Hangar des Schiffes zu laden, längsseits des Hubschraubers, der sich ebenfalls an Bord befand. Ich hoffte, daß ich vielleicht auch an dem Sportwagen arbeiten sollte, aber er blieb einfach im Hangar stehen, bis wir nach Norfolk zurückkehrten. Einer der Schiffsoffiziere holte ihn dann still und heimlich von Bord und fuhr mit dem Auto im Schutze der Dunkelheit davon. Die Zollbehörden erfuhren natürlich nichts von diesem Wagen.
Wegen meiner bevorstehenden Entlassung aus den Diensten der Marine, im Juni 1955, bewarb ich mich an verschiede-

nen Universitäten. Nach Harvard wäre ich am liebsten gegangen, da dies die Universität mit dem umfassendsten Angebot in Astronomie war. Selbstverständlich wurde dort optische Astronomie gelehrt, die ja meine Leidenschaft war, aber es gab darüber hinaus auch die Wahlfächer planetarische und theoretische Astronomie und etwas, das man als Radioastronomie bezeichnete. Die meisten Studiengänge in Astronomie an den anderen Hochschulen wiesen ein weitaus weniger diversifiziertes Lehrangebot auf.

Da ich nur wenig Geld zur Verfügung hatte, bewarb ich mich gleichzeitig um eine Assistentenstelle. Vorsitzender der Astronomieabteilung war damals Barton J. Bok, ein überragender Wissenschaftler und eine hoheitsvolle Persönlichkeit. Seinen Studenten gegenüber verhielt er sich ausgesprochen freundlich und hilfsbereit, immer darum besorgt, daß sie über genügend Geld verfügten, anständig leben konnten und gute Jobs bekamen. Bok akzeptierte mich nicht nur als Studenten, sondern versprach mir freundlicherweise auch einen Ferienjob für den Sommer, der mich bis zum Studienbeginn im Herbst über Wasser halten sollte.

Wie sich herausstellte, sollte ich meine Ferienarbeit nicht im optischen Observatorium, sondern bei einem Radioastronomieprojekt leisten. Die Elektronikkenntnisse, die ich während meiner Marinezeit erworben hatte, qualifizierten mich in einzigartiger Weise für diese Aufgabe. Entscheidend war allerdings wohl, daß dies die einzige freie Stelle war. Auch wenn mir damals nicht bewußt war, was dort genau passierte, besiegelte dieser Ferienjob mein Schicksal. Offenbar sollte ich mein Leben nicht damit verbringen, durch ein optisches Teleskop auf die Jupitermonde oder andere hübsche Aussichtspunkte am nächtlichen Himmel zu schauen; vielmehr wurde ich durch diese Fügung dazu berufen, mich der Radioastronomie zu widmen.

Die Aufgabe der Radioastronomen besteht nicht darin, sich mit dem sichtbaren Licht der Sterne zu beschäftigen, sondern mit den von ihnen emittierten Radiosignalen. Sichtbares Licht ist trotz seiner Bedeutung für den Menschen nur eine Form von magnetischer Energieausstrahlung, so wie eine Oktave auf der ganzen Klaviertastatur. Sterne senden Radiowellen, Infrarot-, Röntgen- und Gammastrahlen aus. Ein Großteil dieser Strahlungen wird durch die Erdatmosphäre gefiltert; Ausnahmen bilden ein winziges »Fenster« zum Universum für die sichtbaren sowie die Infrarotregionen und ein viel größeres Fenster für den Radiowellenbereich. Die Röntgen- und Gammastrahlenastronomie, die bei meinem Studienbeginn in Harvard noch gar nicht existierten, müssen von Satelliten aus betrieben werden, die sich weit über der Erdoberfläche befinden.
Radioastronomen können Planeten studieren, indem sie Radiosignale auf deren Oberflächen senden und beobachten, was zurückkommt. So wie die Marine mit Radar operiert, um feindliche Schiffe im Nebel zu orten, so benutzen es Astronomen, um zum Beispiel die Oberflächenstruktur der Venus durch ihre dichte Atmosphäre hindurch kartographisch darzustellen.*
Ein Radioteleskop sieht in etwa so aus wie eine Fernsehsatellitenschüssel, nur ist es sehr viel größer. Mit einem optischen Röhrenteleskop, das mit Linsen ausgestattet ist, hat es nichts gemeinsam. Ein Radioteleskop zeigt ein Schauspiel, welches auch für das geübte Auge fast nicht wahrnehmbar ist.

---

* Als 1976 mit Viking I die erste Raumsonde auf dem Mars landete, tat sie es auf der Marsseite, die zuvor von auf der Erde stationierten Radioteleskopen ausgewählt worden war.

Der Mond und andere Planeten sind kaum sichtbar, selbst ihre Silhouetten können nur schwer erkannt werden an diesem hell strahlenden Radiohimmel. Alle vertrauten Sterne und Konstellationen verschwinden, und an ihre Stelle treten eine Unmenge brillanter, neuer Radioquellen und strahlende, heiße Wolken mit interstellarem Staub. Sie teilen sich in die immerwährende Nacht der Radioastronomie und die strahlungsintensive Milchstraße, die im Radiolicht weitaus blendender als im normalen Licht erscheint.

Die »immerwährende Nacht« bedeutet in der Radioastronomie, daß Radioastronomen ihre Beobachtungen nicht erst nach Einbruch der Dunkelheit machen können. Radiosignale können bei Tag und Nacht untersucht werden, sogar durch dichte Wolken und Staubschichten hindurch. Tatsächlich haben sich einige Radioastronomen so sehr an die Tagschicht bei ihrer Arbeit gewöhnt, daß sie in arge Bedrängnis gerieten, wenn sie gewisse Konstellationen bei Nacht identifizieren sollten.

Radioteleskope benötigen große Schüsselantennen, da kosmische Radioquellen sehr wenig Energie aussenden; selbst die stärksten derartigen Quellen im Himmel strahlen nur mit einer geringen Wattleistung. Erstaunlicherweise kann die in der gesamten Radioastronomie gesammelte Energie kaum die Energie kompensieren, die freigesetzt wird, wenn einige Schneeflocken auf den Boden fallen. Sie werden jetzt vermuten, daß das die beim Aufkommen auf den Boden freiwerdende Energie ist; die verlorene Energie beim Schmelzen der Schneeflocken ist jedoch viel größer.

Meine Einführung in die Radioastronomie verdanke ich einem Zufall, genauso wie die Entdeckung dieser Disziplin selbst ein Zufall war. 1931 beauftragte das Bell Telephone Laboratorium in Holmdel, New Jersey, einen jungen Physiker namens Karl Jansky mit der Untersuchung atmosphärischer Störungen, die den Funkverkehr beeinträchtigen könnten. Jansky, damals ungefähr 25 Jahre alt, baute einen Apparat, der einem der frühen Fluggeräte der Gebrüder Wright nicht unähnlich sah. Er bestand aus einer stattlichen Anzahl von Drahtantennen mit hölzernen Stützpfeilern, die kreuz und quer, wie die Verstrebung an einem Doppeldecker, verliefen und sich alle zwanzig Minuten auf den Rädern eines Ford-T-Modells drehte. Janskys »Karussell«, wie es genannt wurde, empfing auch gleich ein regelmäßiges, zischendes Geräusch unbekannter Herkunft. Über seinen Kopfhörer konnte Jansky ganz normale Störgeräusche hören, etwa so wie Dampf, der durch ein winziges Loch entweicht. Jansky begriff allerdings, daß dieses Geräusch eine tiefere Bedeutung hatte. Als er versuchte, die Quelle zu orten, sah es zunächst so aus, als käme der Lärm von der Sonne. Nach einem Jahr sorgfältiger Beobachtungen zeigte sich allerdings, daß die Geräusche von entfernten Sternen stammten. In der Tat lag die stärkste Radioquelle in Zentrumsnähe der Milchstraße, in der Sagittarius-Konstellation. Jansky war in die Welt der Sphärenmusik eingetaucht. Das von ihm entdeckte Zischen kam aus Überresten des vorzeitlichen Feuerballs, aus dem das Universum einst hervorgegangen ist. Schwach, wie sie ist, erreicht uns diese Radiostrahlung aus allen Richtungen des Weltraums über ein äußerst breites Frequenzband.

Ungeachtet der von Jansky erzielten Ergebnisse entzog das Bell-Laboratorium ihm bald darauf weitere Arbeiten, da die Radioastronomie nicht wirklich relevant für die Interessenlage des Auftraggebers zu sein schien. Weitere Investitionen in den Bau größerer Antennen, wie Jansky sie vorgeschlagen hatte, wären nach Meinung der Verantwortlichen unrentabel gewesen.

Die Aufgabe, aus Janskys Zufallsentdeckung ein wissenschaftliches Forschungsgebiet zu machen, fiel Grote Reber zu, einem jungen Radioingenieur aus Wheaton, Illinois. Reber war ein ausgesprochener Radiofanatiker, der bereits im Alter von 15 Jahren mit selbstgebastelten Amateurgeräten Kontakte in die ganze Welt pflegte. Als ich ihn Jahre später in Green Bank traf, war aus ihm bereits der berühmte Grote Reber geworden, der allerdings noch immer seine gesamte Ausrüstung selbst konstruierte und baute. Er bestand sogar darauf, das Blech für das Chassis selbst zurechtzuschneiden, also die Metallkästen, die die Empfangsgeräte hielten, und die Teile dann passend zu biegen oder zu hämmern. Reber war dermaßen schwerhörig, daß ihn das Getöse bei dieser Art von Arbeit nicht störte; unsere Ohren hingegen dröhnten oft noch Stunden später.

In seinem Hinterhof in Wheaton, wo Reber seinem ausnahmslos selbstfinanzierten Hobby nachging, baute er auch eigenhändig von Juni bis September 1937 das erste richtige Radioteleskop. Heutzutage zieren kleine Repliken die Vorgärten überall in der Nachbarschaft, weil viele Leute damit ihren Fernsehempfang verbessern wollen. Zu der Zeit allerdings, als Rebers »Schüssel« Anlaß nachbarschaftlichen Klatsches war, diente diese Vorrichtung als Wasserkollektor und Wetterbeobachtungsstation. Mit seiner »Schüssel« konnte Reber kosmische Radiostrahlen aufspüren und so die erste Radiokarte vom Himmel erstellen. Obwohl er völlig unbekannt war, weder über eine adäquate Ausbildung noch über das notwendige Hintergrundwissen verfügte, legte er seine Entdeckungen zur Veröffentlichung dem angesehenen *Astrophysical Journal* vor. Herausgeber jenes Journals war 1940 niemand anderer als Otto Struve, der einfach nicht wußte, was er mit Rebers Unterlagen anfangen sollte. Reber besaß keinerlei Empfehlungsschreiben, und so etwas wie seine Entdeckungen hatte es noch nie gegeben. Außerdem waren sie unerklärbar, da die Strahlungsstärke, die er aufgezeichnet

hatte, das konventionelle Wissen und voraussagbare Theorien weit übertraf.
Jahre später stellte sich heraus, daß Rebers Beobachtungen vollkommen korrekt waren, aber 1940 mußten sie als unbewiesen betrachtet werden. Struve schickte Rebers Aufzeichnungen zur Prüfung an mehrere bedeutende Astronomen. Sie waren von ihnen allerdings genauso verwirrt wie Struve selbst. Außerdem herrschte Krieg, und so gab es nur wenige verfügbare Manuskripte. Schließlich veröffentlichte Struve Rebers Unterlagen aus einem Zweckdienlichkeitsprinzip doch noch. Denn solange er der Herausgeber des Journals war, würde es nicht als dünnes Blättchen erscheinen müssen.
Als ich 1955 in Harvard ankam, bestand die große Herausforderung auf dem Gebiet der Radioastronomie darin, das Funktionieren der technischen Ausrüstung zu gewährleisten. In jenen frühen Tagen dieser Wissenschaft war der sachgerechte Umgang mit den Apparaturen mindestens genauso wichtig wie Kenntnisse in Maschinenbau und Astrophysik. Es wimmelte von Vakuumröhren, Empfängern und Verstärkern, die pausenlos Defekte aufwiesen. Aber da ich gerade meinen Dienst als Marine-Elektronikoffizier beendet hatte, war mir das Reparieren von defekter Elektronikausrüstung quasi zur zweiten Natur geworden.
Innerhalb kürzester Zeit avancierte ich durch meine Fähigkeit, die Maschinen in Betrieb zu halten, zu einer Schlüsselperson innerhalb der Abteilung. Ich muß zugeben, daß ich es schon sehr aufregend fand, der Neue in Harvard zu sein, der so schnell unentbehrlich geworden war.
Außerdem war die Radioastronomie äußerst interessant. Dieses Forschungsgebiet steckte noch in den Kinderschuhen, und Nachrichten über erstaunliche Entdeckungen erreichten uns alle paar Tage aus der ganzen Welt. Ich beschloß, bei dieser Disziplin zu bleiben.

In jenem Winter bot sich mir die Gelegenheit zu einigen optischen Beobachtungen. Mit dem neuen Radioteleskop im Universitätsobservatorium in Oak Ridge konnte ich eine Radioquelle orten; nun wollte ich herausfinden, ob ich sie auch optisch identifizieren könnte. Eine sehr starke Radioquelle kann im normalen Licht wie ein eher trüber Stern aussehen, allerdings kann man durch den Vergleich dieser beiden Betrachtungsweisen lernen, ein Gesamtbild der Quelle zu erhalten. Ein großer Augenblick für mich, denn es war die erste Gelegenheit seit meiner Ankunft in Harvard im vorangegangenen Sommer, optische Beobachtungen durchzuführen.

Ich fuhr also ins Stadtzentrum von Harvard, wo sich das Observatorium befand (gute 40 km von Bostons Innenstadt und von der Harvard-Universität in Cambridge entfernt). Damals hieß es noch »George R. Agassiz Station«, später wurde es allerdings in »Oak-Ridge-Observatorium« umbenannt.

Ich legte eine Fotoplatte in das Teleskop ein und kletterte in den Einstellungskasten. Um dieses große, alte Spiegelteleskop zu bedienen, mußte der beobachtende Astronom wie ein Jockey auf das Instrument steigen, um in luftiger Höhe die Teleskopbewegungen ständig anzupassen, wollte er dem Zielstern auf der Spur bleiben. Das war ein erheiternder, aber auch anstrengender kalter Ritt von mindestens fünfstündiger Dauer. So viel Zeit war damals nötig, um die Fotoplatten mit dem schwachen Sternenlicht zu belichten. Am nächsten Morgen war ich völlig verausgabt und zudem noch halb erfroren. Die Kuppel des Observatoriums blieb nämlich die ganze Zeit über geöffnet, so auch in jener neuenglischen Novembernacht. Zu diesem Zeitpunkt erschien mir die Radioastronomie attraktiver denn je, da sie vergleichsweise doch ausgesprochen komfortabel ausgeübt wurde. Zum Glück oder zum Unglück haben sich mittlerweile die

Bedingungen der optischen Beobachtungen durch moderne Technologie geändert. In den meisten Observatorien sitzt der Beobachter heutzutage in einem hübschen, warmen Zimmer und schaut auf den Monitor seines Computers. Das Teleskop selbst sieht man überhaupt nicht mehr. Und draußen in der Kälte ist man auch nicht mehr. Optische Astronomie bietet heute also die gleichen Annehmlichkeiten wie die Radioastronomie.

Abgesehen von dem Reiz, am Anfang einer neuen Wissenschaftsrichtung zu stehen und von der persönlichen Befriedigung, ein wesentliches Mitglied eines Forschungsteams zu sein, brachte mich in jenen ersten Jahren in Harvard eine ganz bestimmte Idee richtig »auf Touren«. Mir wurde klar, daß ein Radioteleskop ein vorzügliches Instrument darstellte, um außerirdische Wesen aufzuspüren und sogar mit ihnen zu kommunizieren. Es bedeutete, daß ein Radioteleskop mit Radarvorrichtungen dazu benutzt werden konnte, Nachrichten enthaltende Signale in den Weltraum zu senden, wenn man es auf ganz spezifische Sterne richtete, und sollten im Planetensystem dieser Zielsterne Wesen existieren, die auch über Radioteleskope verfügten, hätten sie die Nachrichten empfangen können. Im Laufe meiner weiteren Studien über Theorie und Leistungsvermögen von Radioteleskopen begann ich abzuschätzen, welche Signale aus welcher Entfernung die einzelnen Teleskope aufzufangen vermochten.

Oft trug ich mich mit solchen Gedanken, wenn ich nachts alleine in der »Agassiz Station« war. Damals war es durchaus üblich, das ganze Observatorium ohne die Unterstützung irgendwelcher Assistenten zu bedienen, so wie ich es während der Arbeit an meiner Dissertation tat.

Mit dem 18-m-Teleskop beobachtete ich den Plejaden-Sternenhaufen und maß sein Radiospektrum.

Meine Plejaden-Beobachtungen waren schon fast zur Routine geworden bis zu jener Nacht, in der ich ein offenbar intelligentes Signal einer außerirdischen Zivilisation zu empfangen glaubte. Es handelte sich um ein verblüffend regelmäßiges Signal, wirklich zu regelmäßig, um einen natürlichen Ursprung zu haben. Nie zuvor hatte ich es bemerkt, obwohl ich die Spektrumsmessungen unzählige Male wiederholt hatte. Nun, aus heiterem Himmel, hatte das Spektrum dieses deutliche Signal hervorgebracht, das nicht nur ungewöhnlich aussah, sondern mit Sicherheit auch eine intelligente »Handschrift« trug.
Damals war ich 26 Jahre alt. Heute bin ich über sechzig, und noch immer fehlen mir die passenden Worte, um meine Gefühle von damals zu beschreiben. Vor lauter Aufregung konnte ich kaum atmen, und schon bald nach diesem Ereignis begann mein Haar grau zu werden. (Möglicherweise lag das auch daran, daß man in meiner Familie dazu tendierte, sehr früh graue Haare zu bekommen, auf jeden Fall aber hätte der Schock genausogut die Ursache für mein Ergrauen sein können, da bin ich mir sicher. Wie dem auch sei, mit dreißig war ich bereits ganz grau.)
Es handelte sich damals um keine normale Gefühlsregung, die ich verspürte, sondern wohl eher um das, was Menschen fühlen, wenn sie ein Wunder zu erkennen glauben: Man weiß, daß die Welt fortan ganz anders ist und daß man der einzige Mensch ist, der das weiß.
Auf dem elektromagnetischen Spektrum lag das Signal im Bereich der Wasserstoff-Strahlungslinien (was eine logische Wahl der Fremdlinge wäre, durch Nachrichtenübermittlungen Aufmerksamkeit zu erregen). In meinen Augen ergab das einen Sinn, weil Wasserstoff das am reichlichsten vorhandene Element im Universum ist. Jede Zivilisation mit wissenschaftlichem »Köpfchen« würde das wissen und er-

warten, daß andere es ebenfalls wissen; ergo könnten sie den Wasserstoffkanal als gemeinsame interplanetarische Grundlage nutzen. Darüber hinaus war die Frequenz der Signale so gelagert, daß sie exakt mit der hohen Geschwindigkeit der Plejaden übereinstimmte. Sie wies die gleiche hohe Geschwindigkeit und den gleichen Dopplereffekt auf. Die Plejaden mußten also ihr Ursprung sein.

Meine Aufregung wuchs weiter, wenn eine Steigerung überhaupt noch möglich war. Ich wußte, daß das Wasserstofflinienspektrum für irdische Sender aufgrund seiner Bedeutung für die Radioastronomie tabu war. Nirgendwo auf der Welt gab es eine Funklizenz für diese Frequenz. Wer also sollte dann auf ihr senden? Ich glaubte, die Antwort zu kennen, aber ich mußte es auch beweisen.

Ich untersuchte das Signal auf seinen außerirdischen Ursprung hin, indem ich das Teleskop vom Sternenhaufen wegbewegte. Zu meiner großen Enttäuschung konnte ich das Signal weiterhin laut und deutlich empfangen, auch, als ich das Teleskop in eine völlig andere Richtung lenkte. Eines war klar: Das Signal stammte nicht von einem Punkt im Himmel. Es mußte sich um eine Art irdischer Störquelle handeln, möglicherweise um einen Militärsender. Ich setzte mich erst einmal hin, schwitzte und schüttelte mich angesichts des berauschenden Moments, in dem ich fast schon glaubte, Kontakt zu einem entfernten und fremdartigen geistigen Wesen zu haben.

Von da an wollte ich mir bei jedem Blick durch ein Teleskop selbst ganz leise die Frage stellen: »Könnte es dazu dienen, nach fremden Lebensformen zu suchen?« Die Antwort lautete stets »nein«, bis ich ans National Radio-Astronomy-Observatorium in Green Bank, West Virginia, ging, wo ich fortan zum Stab der Astronomen gehören und als Leiter des Teleskopbetriebs und des wissenschaftlichen Dienstes tätig werden sollte. Schon bald nach meiner Ankunft bauten wir 1958 ein Radioteleskop, dessen Empfangsschüssel einen Durchmesser von 26 m hatte, was mit Sicherheit groß genug für eine ernsthafte Forschung war.

Verlorene Schlüssel unter einer Straßenlaterne

Das Universum ist unendlich groß. Seine Weite birgt unzählbare Atome … Darum muß es unvorstellbar sein, daß unser Himmel und unsere runde Welt kostbar und einmalig sind. Jenseits unserer Welt gibt es irgendwo andere Vereinigungen mit Materien, die andere Welten schaffen. Die unsere ist nicht die einzige, die von der Luft umarmt wird.

Lucretius, römischer Philosoph
des 1. Jahrhunderts v. Chr.

Im April 1958 verließ ich Cambridge und ging als Radioastronom nach Green Bank. Mein weißer 53er Ford war mit allen meinen Habseligkeiten beladen. Vor meinem Arbeitsbeginn hatte ich mir die Stadt nicht einmal angesehen, da das Auswahlverfahren und die Jobvergabe telefonisch erfolgten. Ich nutzte die Gelegenheit, obwohl diese Stelle finanziell nicht ganz so lukrativ war wie einige der anderen Angebote, die ich bekommen hatte. Aber nichts schien so vielversprechend wie ein Job beim National Radio Astronomy Observatory (NRAO).

Als ich es dann zum ersten Mal sah, beeindruckte mich die sagenhafte Schönheit der Landschaft. Green Bank liegt in einem Bilderbuchtal der Allegheny-Berge in West Virginia,

umgeben von Hügeln voller ausladender Bäume und Wildblumen, die überall dort wuchsen.
Blickte man in dieses etwa 10 Quadratkilometer große Tal hinab, sah man nichts weiter als zwei winzige Dörfchen und einige verlassene Farmen. Mehr gab es dort wirklich nicht. Aber als ich das Tal in der Üppigkeit des appalachischen Frühlings vor mir sah, entstand für mich nicht der Eindruck einer Gegend, die ihre Blütezeit längst schon hinter sich hatte. Es spiegelte eher den Beginn eines völlig neuen und anderen Daseins wider, ähnlich einer unberührten Farbpalette und umgeben von einer Aura, die mich glauben ließ, daß dort alles möglich sein müßte.
Durch die Satzung des sich großzügig erweisenden NRAO wurde alles für Pionierarbeiten vorbereitet. Nur die besten Geräte der Welt sollten hier den amerikanischen Astronomen zur Verfügung stehen. Dieses Vorhaben wurde letztendlich auch so realisiert. Zu dem Zeitpunkt aber, als ich in Green Bank ankam, gab es mehr aktuale manuelle Basisarbeit als das, was man Basisarbeit in der Forschung nennen würde. Alles befand sich im Planungsstadium. Der Bau der beiden Riesenteleskope – Herz und Seele eines jeden Observatoriums – hatte noch nicht einmal begonnen. Die einzigen fertigen Gebäude des Observatoriumsgeländes waren das gute Dutzend alter Farmhäuser, die die Regierung zusammen mit dem Areal erworben hatte und die für das Personal bescheiden renoviert worden waren. Ich mietete eines der kleineren Häuser, in dem ich wohnen wollte. Die Büros befanden sich in einem anderen, wirklich winzigen Häuschen. Alle Forschungs- und Bauaktivitäten gingen in einem größeren, zweistöckigen Gebäude vor sich, wo ich mit meinen beiden Kollegen, David Heeschen und John Findlay, arbeitete. Wir drei bildeten zunächst den ganzen wissenschaftlichen Stab. Wir hatten nicht einmal einen Direktor, der uns Anweisungen erteilte.

Findlay war ungefähr vierzig Jahre alt und ein distinguierter englischer Ionosphärenphysiker, der zur Radioastronomie konvertiert war. Damals konvertierten die meisten Radioastronomen von irgendeiner anderen Fachrichtung, weil dieses ungewöhnliche und verheißungsvolle Forschungsgebiet sie reizte. Andere, wie Heeschen und ich, beide in den Zwanzigern, waren jung genug, um eine anerkannte Radioastronomieausbildung genossen zu haben. Heeschen war der erste Absolvent von Harvards Promotionsstudiengang in Radioastronomie; ich wahrscheinlich der fünfte oder sechste. Heeschen kannte mich von Harvard und mochte mich, und er war es auch, der mich anrief, um mich für Green Bank zu interessieren. Viele Jahre später wurde er ein sehr erfolgreicher NRAO-Direktor, der das Observatorium zu einem der bedeutendsten in der Welt machte. Auch heute noch ist er mit dem Observatorium eng verbunden.

Nicht nur Heeschen und ich, sondern auch unsere Teleskope waren aus Harvard-Holz geschnitzt. Es handelte sich dabei um Nachbildungen der in Cambridge von unserem geliebten Mentor Bart Bok konstruierten Teleskope. Bok selbst war ein konvertierter optischer Astronom. Beide Instrumente, die er für das Harvard-Radioastronomieprojekt konstruierte, ähnelten den traditionellen optischen Teleskopen in einem Punkt: Sie hatten polare Träger. Mit anderen Worten: Sie waren mit komplizierten Stützstrukturen ausgestattet, die sich mit Erdgeschwindigkeit drehten, allerdings in die entgegengesetzte Richtung. Auf diese Weise konnte ein Teleskop den Sternen folgen.

Die polaren oder äquatorialen Träger, wie man sie auch nannte, hatten bei optischen Teleskopen über ein Jahrhundert lang gute Dienste geleistet; sie waren die Basis der enorm großen Instrumente von Mount Wilson und Palomar

Mountain in Kalifornien, die über einen 2,5 m und einen 5 m großen Spiegel verfügten.
Mit Radioteleskopen verhielt es sich allerdings ganz anders. Sie mußten wesentlich größer sein als optische Teleskope, um einerseits scharfe Bilder zu liefern, und um andererseits genügend Energie aus Radioquellen sammeln zu können, die sehr schwach und weit entfernt waren. Die frühesten Modelle, zu denen auch Grote Rebers Teleskop zählte, konnten die Sterne nicht verfolgen. Sie nutzten die Rotation der Erde, um so den Himmel »abzutasten«. Das erste Teleskop mit Äquatorialträgern, das Bok in Harvard baute, wies einen Durchmesser von 7,6 m auf und wurde augenblicklich zu einem internationalen Kuriosum. Bok entwarf ein weiteres Gerät mit einer 18-m-Schüssel. Die Sensibilität der Beobachtungen wurde durch die Vergrößerung der Antenne erhöht.
Die beiden für Green Bank geplanten Instrumente sollten riesige Schüsselantennen bekommen; gute 42,5 m und knappe 183 m im Durchmesser. Allerdings wies die Montage der Antennen mit solch gigantischen Ausmaßen auf polare Träger niederschmetternde Konstruktionsprobleme auf, die den Bau stark zu verzögern drohten, während die Kosten immer weiter anstiegen. Bei meiner Ankunft existierte das kleinere der beiden Teleskope erst auf dem Zeichenbrett, und dort drohte es auch zu bleiben. Da wir bereits mit den Problemen bei der kleineren Antenne regelrecht in der Tinte saßen, konnten wir uns nur schwerlich mit der Herausforderung anfreunden, die in Form der 183-m-Antenne auf uns zukam. Da standen wir nun – das nagelneue und hochgelobte National Radio-Astronomy-Observatorium, das das beste der Welt werden sollte – ohne Teleskop und ohne die Hoffnung, innerhalb der nächsten fünf bis sechs Jahre eines zu bekommen. Eine unhaltbare Situation, sowohl wissenschaftlich als auch politisch.

Es war klar, daß wir ein weniger grandioses Handwerkszeug benötigten, um mit der Arbeit beginnen zu können, etwa in der Größenordnung eines 26-m-Teleskops (das zu einem vernünftigen Preis innerhalb eines einzigen Jahres gebaut werden konnte, wenn man bereits anderweitig vorhandene Konstruktionspläne heranzog). Auf diese Weise wäre es uns möglich gewesen, mit unseren Beobachtungen zu beginnen und darüber hinaus die Ausrüstung zu testen sowie Erfahrungen zu sammeln, während wir – wer konnte schon wissen, wie lange – auf die großen Teleskope warteten.

Die Idee gefiel unserer Dachorganisation, der Associated Universities Inc. (AUI, übrigens dasselbe Konsortium, das auch das Brookhaven National Laboratory in New York leitete) und erhielt ihre Zustimmung mit voller finanzieller Absicherung durch die National-Science-Stiftung.

Bald darauf konnten wir von unseren Bürofenstern aus die Baufortschritte an unserem 26-m-Teleskop verfolgen, einem blankpolierten, silbernen und eindrucksvollen Anachronismus in den grünen, primitiven Bergen von Green Bank.

Unmittelbar nach seiner Fertigstellung entdeckte ich außerirdische Muster durch das Teleskop. Als Ergebnis meiner »intimen Begegnung« mit den Plejaden in Harvard machte ich mir oft darüber Gedanken, wie erfolgreich man mit diesem oder jenem Instrument nach außerirdischen Zivilisationen suchen könnte. Und da Radioteleskope sowohl senden als auch empfangen, müßten sie theoretisch auch untereinander kommunizieren können (quer durch das All).

»Stell dir vor«, sagte ich nun zu mir selbst, »irgendeine fremde Zivilisation besitzt genau so ein Radioteleskop wie wir. Wie nahe müßte sie uns sein, damit wir ihre Signale empfangen können?« Ich setzte voraus, daß ihre Sender nicht stärker waren als unsere besten. Ich denke, ich hätte den Fremdlingen durchaus höherentwickelte Systeme zutrauen können, die so starke Signale aussenden, daß selbst die kleinsten Teleskope sie über interstellare Entfernungen hinweg wahrnehmen könnten, aber das erschien mir höchst spekulativ.

Das 7,6-m-Teleskop, das ich zuerst in Harvard benutzte, und auch das neuere 18-m-Instrument hätten ihre vermuteten »Brüder« in der Galaxis über ein paar Lichtjahre hinaus nicht entdeckt. Aber unser 26-m-Teleskop in Green Bank führte uns nach meiner Berechnung über die kritische Grenze hinweg.

Es war nicht nur das größere Maß des Teleskops, das diese Sensibilitätssteigerung für Radiosignale ergab. In den USA hatte man zudem gerade zwei neue Radioempfängertypen erfunden, und beide boten im Vergleich zu den bisher genutzten Geräten große Verbesserungen. Einer war der Solid State Maser, den Nicolas Bloembergen in Harvard erfand und dem dafür später der Nobelpreis in Physik verliehen wurde. Dieser Apparat verbesserte die Empfindlichkeit tausendfach, zumindest theoretisch; praktisch bedeutete es, daß seine Verstärker auf die Temperatur flüssigen Heliums heruntergekühlt werden mußten, etwas, das man damals nicht ohne weiteres erreichen konnte und erst recht nicht in Green Bank. Der andere neue Empfängertyp war der sogenannte parametrische Verstärker, der mit Halbleiter-Vorrichtungen Signale enorm verstärkte und dabei sehr geräuscharm arbeitete. Eine Kombination aus diesem Verstärker und unserem 26-m-Teleskop würde unseren Sensibilitätsfaktor um mehr als 100 erhöhen. Mit einer derartigen Unterstützung hätten wir ein identisches Radioteleskop bis zu einer Entfernung von zwölf Lichtjahren aufspüren können. Das war eine bemerkenswerte Entfernung. Außerdem gab es in diesem Bereich mehrere sonnenähnliche Sterne. Das Unwahrscheinliche war auf einmal möglich geworden.

Allerdings behielt ich diese Gedanken noch für mich. So viele Schallmessungen konventioneller Art warteten darauf, mit unserem aufregenden neuen Instrument durchgeführt zu werden. Also beobachtete ich fleißig und wartete auf meine Stunde.

Die Anfänge in Green Bank sind mir in lebhafter Erinnerung geblieben; die geplanten Experimente wirkten inspirierend auf uns, und alle Mitarbeiter standen in enger Beziehung zueinander. Wir waren ebenso Freunde wie Kollegen und verbrachten buchstäblich jede Minute miteinander, ob bei der Arbeit oder in der Freizeit, und es ließ sich schwer beurteilen, was uns mehr Spaß machte. Wir taten genau das, was uns am meisten interessierte, an dem besten erdenklichen Ort, zur richtigen Zeit in der Geschichte – und das wußten wir auch.

Zunächst bekamen wir einen Direktor, der sich von diesem Amt allerdings distanzierte. Es handelte sich um Lloyd Berkner, einen Ionosphärenphysiker mit politischem Savoir-faire, der als Leiter der Vereinigten Universitäten die treibende Kraft beim Aufbau des Observatoriums war. Er besuchte uns regelmäßig, während er nach einem offiziellen Direktor Ausschau hielt, der das Amt dann endgültig übernehmen sollte.

Den perfekten Kandidaten fand Berkner schließlich in Joseph Pawsey, einem hochgewachsenen, hageren Mann und einem brillanten Physiker aus Australien. Pawsey, damals Ende Fünfzig, gehörte zum Führungsstab der CSIRO (Commonwealth Scientific and Industrial Research Organisation) für Radiophysik in Sydney, bei der interessante Forschungen im Bereich der Radioastronomie betrieben wurden. Pawsey hatte zusammen mit Ronald Bracewell das erste Lehrbuch über Radioastronomie geschrieben, das 1955 veröffentlicht wurde.

Natürlich kannten wir dieses Buch, da wir es unzählige Male gelesen hatten, und hielten Pawsey und Bracewell daher für die Quelle aller Weisheit. (Meine Originalfassung ist mittlerweile so abgegriffen, daß man kaum noch den Titel »Radioastronomie« auf dem Einband entziffern kann.)

Pawsey war dafür bekannt, eine enorm kreative Persönlichkeit bei der CSIRO gewesen zu sein, der immer wieder Ideen hervorbrachte, die zu maßgeblichen Entwicklungen auf diesem Gebiet führten. Man sagte ihm nach, daß er nie versuchte, mit seinen Kenntnissen Anerkennung zu erlangen. Es gefiel ihm, sich Gedanken über ein Thema zu machen und seine Ideen an andere weiterzugeben, damit sie daran weiterforschten, wobei er ihnen die volle Anerkennung zugestand. Egoismus schien für ihn ein Fremdwort zu sein. Er wollte ganz einfach, daß die Arbeit erfolgreich abgeschlossen wurde, von wem, war ihm egal.

Zunächst kam Pawsey allein für einen Monat nach Green Bank, um die Mitarbeiter kennenzulernen, um Planungsunterlagen und Budgetentwürfe vorzubereiten. Er beabsichtigte, bald nach seinem Besuch bei uns nach Australien zurückzufliegen, um dann zusammen mit seiner Frau in die USA überzusiedeln.

Zu einer Zeit, als sich etablierte Astronomen elegant zu kleiden pflegten und deutlichen Abstand selbst zu ihresgleichen hielten, begegnete Pawsey uns wie ein ganz normaler Mensch. Er hatte vielleicht ein bißchen mehr Noblesse als die meisten, war jedoch äußerst freundlich und ein guter Zuhörer. Wir alle empfanden eine spontane Sympathie für ihn und freuten uns auf unsere tägliche Zusammenarbeit.

Eines Morgens, als ich zu ihm kam, sah ich ihn mit einem sonderbaren Ausdruck des Unwohlseins in seinem Sessel sitzen.

»Hallo Joe«, sagte ich, »wie geht's?«

»Weißt du, Frank, es ist seltsam«, antwortete er langsam, »ich fühle mich heute irgendwie asymmetrisch. Meine linke und meine rechte Hälfte passen nicht zusammen.«
Ich ging zu ihm hinüber, um ihm zu helfen, und sah, daß er tatsächlich teilweise halbseitig gelähmt zu sein schien. Er hatte Schwierigkeiten, sein rechtes Bein und seinen rechten Arm zu bewegen. Am Nachmittag machte er zwar schon wieder einen etwas lebhafteren Eindruck, aber die Lähmungserscheinungen kehrten einen Tag später zurück. Wir riefen Lloyd Berkner an, der veranlaßte, daß Pawsey zur Untersuchung nach Washington D.C. geflogen wurde. Das Resultat war schrecklich. Pawsey litt an einem extrem schnell wachsenden bösartigen Gehirntumor.
Es folgte eine große Operation in New York. Dort versuchte einer der weltbesten Neurochirurgen (einer der AUI-Treuhänder, den Berkner kannte) in einem fünfstündigen Eingriff, auch die letzte kleinste Spur des Tumors zu entfernen. Der Arzt erklärte uns ganz offen, daß bisher noch niemand ein Glioblastom überlebt hatte, die Tumorart, an der Pawsey erkrankt war. Er tat jedoch alles, damit diese Operation die erste erfolgreiche ihrer Art werden sollte.
Trotz allem sprach keiner der Ärzte mit Joe darüber, wie gering seine Chancen waren. Ich denke, sie wollten ihm die unterstützende Kraft seiner eigenen Hoffnung lassen, während sie alles in ihrer Macht Stehende taten, um ihm zu helfen. Soweit wir es beurteilen konnten, glaubten wir daran, daß er wieder völlig gesund würde und zu seiner Arbeit im Observatorium zurückkehrte. Vom Krankenhaus aus schrieb er uns lange Briefe und Memos, in denen er uns über seine neuen Ideen auf dem laufenden hielt und uns Anweisungen für die Arbeit gab. Selbst als seine Frau aus Australien anreiste, um während seiner Genesungszeit bei ihm zu sein, erhielten wir von ihm eine Flut

von Weisungen, die das Observatorium betrafen. Die Pawseys bereiteten gerade ihren Umzug in die Staaten vor, als zwei Monate später erneut Krebs auftrat. Joe Pawsey starb wenige Wochen darauf.

Pawseys Tod bedeutete einen schrecklichen Schlag für uns. Er war ein guter Mensch und der beste Observatoriumsleiter, den wir uns vorstellen konnten. Wir glaubten nicht daran, daß er zu ersetzen war. Berkner kam nach Green Bank zurück, um uns während der Übergangszeit sorgsam im Auge zu behalten.

Er fand uns in einem desolaten Zustand vor. Monatelang hatten wir gewußt, daß Pawsey sterben müßte und auch, daß er selbst dies nicht wußte. Wir hatten seine schriftlichen Anweisungen erhalten, konnten aber mit nichts beginnen, das wie ein Langzeitprojekt aussah. All das mußten wir zurückstellen und konnten nichts weiter tun, als Pawsey die Daumen zu drücken, während wir mit der dringlichsten Aufgabe, dem Bau unseres Teleskops, weitermachten.

Halb verzweifelt, halb hoffend, auf diese Weise die allgemein herrschende depressive Stimmung heben zu können, beschloß ich, mit Berkner über meine Vorstellungen von außerirdischem Leben zu sprechen.

Berkner, Findlay, Heeschen und ich aßen oft mittags zusammen in einer kleinen Kneipe an einer Landstraße, die wir sarkastisch »bei Pierre« oder »bei Antoine« nannten und die sich im nahe gelegenen Dörfchen Boyer befand. Dort machte ich – zwischen Hamburgern und fettigen Pommes frites – den Vorschlag, unser neues Teleskop für die Suche nach intelligenten Radiosignalen von einigen nahe gelegenen, sonnenähnlichen Sternen einzusetzen.

Heeschen und Findlay sagten überhaupt nichts. Sie saßen einfach sprachlos da. Normalerweise bedeutete ein Lunch

»bei Antoine« eine diskussionsfreudige Zeit für alle Beteiligten, in der über neueste Entdeckungen, über »wer-tat-was-und-wo« und über die Möglichkeiten, unsere Rivalen in Caltech zu übertrumpfen, geredet wurde. Aber jetzt saßen die beiden nur da und lauschten. Zu der Zeit fühlte ich mich besonders Dave Heeschen eng verbunden, der einen Rennwagen in der Garage des Observatoriums untergestellt hatte. Ich half ihm dabei, den Wagen zu tunen und ihn zu verschiedenen Rennen zu transportieren. Außerdem hatten wir beide schon buchstäblich das Leben des anderen in den Händen gehalten, wenn wir uns bei unseren Höhlenerkundungen in den nahe gelegenen Bergen abseilten und uns gegenseitig sicherten. Aber in dieses Abenteuer wollte er mir offenbar nicht folgen.

Während Heeschen und Findlay überhaupt nichts mit meiner Bemerkung anfangen konnten, verblüffte mich Berkner mit seiner enthusiastischen Reaktion. Unter Wissenschaftlern genoß er den Ruf eines optimistischen Spielers, und er zeigte sich von meiner Idee begeistert. Noch bevor die Kellnerin uns die Rechnung brachte, gab er mir grünes Licht für mein Vorhaben.

Nun hatte ich also mein Projekt und wollte ihm einen Namen geben. Ich nannte es Ozma, nach der Prinzessin in L. Frank Baums Kindergeschichte *Ozma von Oz*. Dieses Buch ist Teil einer ganzen Serie, die mit der Geschichte *Der wunderbare Zauberer von Oz* begonnen und die ich als Kind so gemocht hatte. Wie Baum träumte auch ich von einem Land, das weit entfernt von uns lag und in dem fremdartige, exotische Wesen lebten.

In Relation zu meinen romantisch-extravaganten Vorstellungen sah mein technischer Aktionsplan ziemlich vernünftig aus; er berücksichtigte wirtschaftliche Gegebenheiten und wissenschaftliche Öffentlichkeitsarbeit. Ganz bewußt gestaltete ich den Empfänger so, daß er auch für zahlreiche andere am Observatorium geplante Arbeiten genutzt werden konnte.

Ich beschloß, daß wir unsere Suche nach Signalen aus den Tiefen des Kosmos auf der 21-cm-Wellenlänge durchführen sollten, dem Teil des elektromagnetischen Spektrums, in dem das Wasserstoffatom eine universelle Strahlung besitzt. Dieser Wellenlängenbereich schien geeignet wie kein anderer, denn es war der perfekte Ort, um den Zeemaneffekt zu beobachten.*

Dies galt als eines der großen Ziele der Radioastronomie. Es in Green Bank zu erreichen, wäre für das Observatorium eine ehrende Auszeichnung gewesen. Niemand konnte den Bau technischer Vorrichtungen anzweifeln, mit denen eines der atemberaubendsten Experimente durchgeführt werden sollte. Und wenn dasselbe technische Gerät auch noch anderen Zwecken diente, war das sogar noch besser. Sozusagen ein gutes Geschäft. Niemand konnte uns vorwerfen, staatliche Gelder für zweifelhafte Zwecke zu verschleudern, wenn man bedenkt, daß das Unternehmen Ozma vom Anfang bis

---

* Der Zeemaneffekt, der damals theoretisch vertreten wurde und auch durch optische Beobachtungen nachgewiesen war, wurde allerdings noch nicht direkt im Radiospektrum bestätigt. Er galt als der erwartete Effekt von Magnetfeldern im All auf Radiospektren. Niemand wußte genau, ob solche Felder existieren, aber es wurde angenommen, daß sie die Emission verschiedener Elemente, speziell von Wasserstoff, in zwei nahe beieinander liegende Linien aufspalteten. Wären z. B. Wasserstoffatome in einem Magnetfeld vorhanden, würde ihre Strahlung nicht als eine einzige Linie im 21-cm-Wellenlängenbereich auftreten, sondern als Linienaufspaltung in zwei Komponenten: eine mit einer etwas kürzeren und eine mit einer etwas längeren Wellenlänge. Der Nachweis eines solchen Zeemaneffekts würde beweisen, daß interstellare Magnetfelder existieren, und ihre Messung ermöglichen.

zum Ende nicht mehr als 2000 Dollar kostete, was selbst damals nicht viel Geld war für eine Forschungsarbeit.

Ich hatte noch nicht mit dem Bau des Verstärkers begonnen, als etwas Außergewöhnliches geschah: Otto Struve wurde der neue Observatoriumsdirektor. Struve, dessen Gastvorlesungen in Cornell mein Interesse an außeridischem Leben wiederentflammt hatten, sollte nun mein direkter Vorgesetzter werden. Diese Nachricht verblüffte mich gänzlich. Natürlich war ich beseelt von dem Gedanken an eine enge Zusammenarbeit mit dem Mann, der – wie ich gesagt hatte – weithin als einer der besten Astronomen des 20. Jahrhunderts galt. Konnte ich einen besseren Fürsprecher für das Ozma-Projekt gewinnen als ihn? Gleichzeitig war ich aber befremdet, denn soweit Heeschen, Findlay und ich es beurteilen konnten, besaß Struve weder Erfahrung noch Kenntnisse in Radioastronomie und auch kein Interesse daran.

Diese Vermutung sollte sich bewahrheiten. Struve hatte der Universität von Kalifornien in Berkeley den Rücken gekehrt, um den Direktorenposten am NRAO anzunehmen. Wie es nun einmal so geht, fungierte Struve als Mitglied des Vorstandes der *Associated Universities,* unserem Dachverband, und Berkner hatte ihn dazu überredet, zumindest temporär Pawseys Position nach dessen Tod zu übernehmen.

»Tue es zum Wohl der Astronomie«, drängte Berkner ihn. Und in diesem Sinne – quasi aus Pflichtbewußtsein für die Wissenschaft – akzeptierte Struve das Angebot in Green Bank. Seine Loyalität gegenüber seiner geliebten Wissenschaft war so groß, daß er bereit war, für die Astronomie jedes Opfer auf sich zu nehmen. Sein Wechsel nach Green Bank bewies in der Tat seine große persönliche Opferbereitschaft, da ja seine ganze Leidenschaft der optischen Astronomie galt, dem Gebiet, auf dem er so großen Ruhm erlangt hatte. Im Vergleich dazu fand er die Radioastronomie primitiv. »Seicht« war das Wort, das er dafür gebrauchte, und er sagte ihr ein baldiges Ende voraus.

Struve hatte Berkners Aufforderung, das Observatorium zu leiten, als seine Pflicht akzeptiert. Ich bezweifle allerdings, daß er ahnen konnte, wie unglücklich er mit seinem neuen Aufgabengebiet sein würde. Sein erster Tag in Green Bank war für ihn eine einzige Entmutigung, als er sah, daß er die Leitung einer Baustelle übernommen hatte. Die Fertigstellung unseres 26-m-Teleskops und der Beginn unserer Beobachtungen mußte für ihn gleichbedeutend mit einer knappen Rettung aus höchster Not gewesen sein. Eine meiner ersten Aufgaben mit dem Gerät bestand in der Anfertigung einer Radiokarte des Zentrums der Milchstraße, die zeigte, daß dieses Zentrum aus vielen verschiedenen Objekten bestand, unter ihnen auch seltsam aussehende Ringe aus ionisierter Materie. (Damals feierten mich die Sowjets in ihrer wissenschaftlichen Literatur, indem sie diese Strukturen »Drakesche Ringe« tauften, allerdings wurde dieser Name in keiner anderen Sprache und keinem anderen Land jemals populär.)

Struve zeigte sich begeistert, das galaktische Zentrum endlich sehen zu können, noch dazu derartig detailliert. Optische Astronomen sehen nämlich niemals das Zentrum der Galaxis, weil es über und über in Staub gehüllt ist. Radiowellenlängen jedoch machen den Staub transparent, so daß man freie Sicht bis zum Zentrum hat. Struve konnte es einfach nicht fassen. Ein Leben lang wurde er durch Staub behindert, der genau das verdeckte, was er unbedingt sehen wollte, und nun hielt er ein Bild dieses Wolkenkuckucksheims in seinen Händen.

»Was mich betrifft«, sagte mir Struve, »hat sich der ganze Bau des Teleskops mit dieser einen Beobachtung schon bezahlt gemacht.«

Leider war seine Begeisterung nur von kurzer Dauer. Bald schon begann er darüber zu lamentieren, wie beschränkt unsere Möglichkeiten individueller Sternenbetrachtung doch seien. Er konnte sich auch an unseren Fachjargon nicht gewöhnen, und unsere Forschungsgeräte fand er genauso unverständlich wie UFOs.
Er dachte, er könnte die Zukunft der Radioastronomie vorhersagen, und die sah für ihn ziemlich düster aus. Struve prophezeite uns, daß wir in einem Jahr nichts mehr zu beobachten hätten und dann alle arbeitslos wären, wenn wir nicht etwas wirklich Spektakuläres fänden, wie zum Beispiel eine variable Radioquelle, die wir permanent beobachten könnten. (Mittlerweile war unsere Belegschaft auf zehn Wissenschaftler plus Elektrotechniker, Teleskopführer, Sekretärinnen, Bürokräfte und Wartungsmechaniker angewachsen.)
Bedauerlicherweise teilte Struve nie unsere Begeisterung für die Sache, auch erkannte er nicht, wie das Aufgabengebiet wachsen und sich entwickeln könnte, selbst ohne variable Radioquellen (die übrigens 1967 wirklich entdeckt wurden). Dies hätte seinen Aufenthalt in Green Bank sehr viel angenehmer gestaltet.
Struve stellte zwei Astronomen ein, die er von Berkeley kannte und mochte; das Ehepaar Roger und Beverley Lynds. Beide waren absolute Profis der optischen Astronomie, was sicherlich einen Teil ihrer Anziehungskraft auf Struve ausmachte. Er konnte sie in endlose Gespräche über optische Studien an anderen Observatorien verwickeln. Trotzdem waren die Lynds von der Radioastronomie fasziniert und stürzten sich begeistert auf die neue Aufgabe.
Eigentlich war es Struve wichtiger, Beverley Lynds nach Green Bank zu holen, als ihren Mann Roger, da er sie für den besseren Astronomen hielt. Bei dem damals herrschenden männlichen Chauvinismus mußte Struve allerdings ih-

rem Mann die Stelle als Wissenschaftler anbieten. Beverley erhielt die Aufgabe, die Observatoriumsbibliothek aufzubauen. Anfänglich tat Beverley genau dies, aber bald schon begann sie mit ihren eigenen Beobachtungen und erstellte den mittlerweile klassischen Lynds-Katalog, eine Aufstellung dunkler Nebel. Auch Roger erzielte beachtenswerte Erfolge mit Beobachtungen und Entdeckungen und ist heute standesgemäßes Mitglied der National Academy of Sciences.

Die Gesellschaft der Lynds und die Gespräche mit ihnen konnten Struves Stimmung heben. Eine weitere Abwechslung bestand in gelegentlichen Flügen nach New York City, wo Struve drei ganze Tage damit verbrachte, sich einen Kinofilm nach dem anderen anzusehen.

Zwar lernte ich Struve etwas besser kennen, aber nie kannte ich ihn wirklich gut. Genauso ging es auch den anderen in Green Bank. Obwohl er mich freundlich behandelte, war ihm Zwanglosigkeit zuwider. Struve gab sich immer sehr formell und höflich. Bei allen Begegnungen zelebrierte er rituelles Händeschütteln. Stets kleidete er sich einwandfrei; Jackett und Krawatte waren obligatorisch. Nie sah man ihn in Hemdsärmeln oder in einem Pullover. Er sah eben ausgesprochen aristokratisch aus, und das spiegelte sich in seiner Haltung wider, seinem Benehmen und seiner Einstellung. Mit über 1,80 m war er eine imposante Erscheinung, und sein Gang war fast militärisch. Schließlich hatte er in seiner Jugend als russischer Artillerieoffizier im 1. Weltkrieg auf der Seite der weißrussischen Armee, den Verlierern der russischen Revolution, gedient. Er floh in die Türkei, wo er in Gefangenschaft geriet und sich in einem türkischen Gefangenenlager mit Hepatitis infizierte. In Green Bank litt er immer noch an den Folgen dieser Krankheit. Häufig fühlte er sich schlecht und müde, und sein Gesicht wirkte aufgedunsen.

Struves graue Augen blickten in unterschiedliche Richtungen, so daß weder ich noch sonst jemand wußte, welches von beiden wir fixieren sollten, wenn wir mit ihm redeten. Wie dem auch sei, meine Unterhaltungen mit ihm gestalteten sich naturgemäß kurz und beschränkten sich auf wissenschaftliche und geschäftliche Fragen des Observatoriumsbetriebes. Nie konnte ich seine Mauer aus eleganter Reserviertheit durchbrechen, um ihm zu gestehen, wie sehr mich seine Vorlesungen in Cornell persönlich beeinflußt hatten, weil Struve keinen Zweifel daran ließ, daß er nicht über private Angelegenheiten zu sprechen wünschte. Er stellte auch keinen von uns seiner Frau vor, Mary Lanning Struve, obwohl sie zusammen mit ihm in Green Bank lebte. Nur ab und zu sahen wir sie aus der Ferne bei ihren Spaziergängen im hinteren Observatoriumsgelände. Sie trug einen langen, lilafarbenen Mantel wie eine mystische Figur aus einem Fellini-Film.
Nach der Radiokarte des galaktischen Zentrums war das Projekt Ozma so ziemlich die einzige Sache in Green Bank, die Struves Enthusiasmus weckte. Allerdings beteiligte er sich nie direkt an der Planung oder der Ausführung des Projekts. Er fand nur die Idee gut.
Ich hatte beschlossen, das Projekt Ozma vom Anfang bis zum Ende geheimzuhalten, um eine Veröffentlichung und Einmischung durch die Presse zu vermeiden. Soweit ich wußte, war mein Forschungsvorhaben bisher ohne Beispiel und so ungewöhnlich, daß andere Astronomen darüber vielleicht gespottet hätten. Aber im September 1959, einige Monate nachdem ich grünes Licht für mein Projekt erhalten und mit dem Bau meiner Ausrüstung begonnen hatte, erschien eine spektakuläre Abhandlung in der Zeitschrift *Nature*. Der Titel lautete *Suche nach interstellarer Kommunikation*. Autoren waren die beiden Cornell-Physikprofessoren Giuseppe Cocconi und Philip Morrison, die zufällig dieselben

Überlegungen angestellt hatten wie ich. Zum ersten Mal erklärten sie öffentlich, daß verfügbare Radioteleskope sensibel genug seien, um Radiosignale von entlegenen Sternen aufzufangen, Signale gleichen Typs und gleicher Stärke, wie sie auch von der Erde aus gesendet werden könnten.
Struve, Lloyd Berkner und ich waren davon überzeugt, daß Menschen nicht die einzigen intelligenten Lebewesen im Universum sind. Nun wußten wir, daß wir nicht die einzigen Wissenschaftler waren, die die Ansicht vertraten, diese Überzeugung zu verifizieren.
In ihrem Artikel räumten Cocconi und Morrison ein, daß die Suche nach den Signalen extrem mühsam und zeitraubend sein würde. »Die Wahrscheinlichkeit eines Erfolges ist schwer abzuschätzen«, schrieben sie, »aber wenn wir niemals suchen, ist die Erfolgsaussicht gleich Null.« Ich konnte es kaum erwarten, ihnen mitzuteilen, daß wir gerade im Begriff waren, diese Chance zu steigern.
Der einzigartige Artikel löste einen regelrechten Wirbelsturm aus. Alle Zeitungen berichteten darüber, daß bekannte Wissenschaftler eine Suche nach außerirdischer Intelligenz anstrebten. Es ermutigte mich, mit welch reger Anteilnahme die Idee aufgenommen wurde.
Zu meiner Überraschung war Struve wütend. Er war lange genug Observatoriumsdirektor gewesen, um zu wissen, daß es in der Wissenschaft als wichtig galt, Ruhm und Anerkennung zu erlangen. In dieser Beziehung war er das Gegenteil von Pawsey. Ich erinnere mich, wie Struve durch die Hallen des neuen Verwaltungsgebäudes hetzte und schimpfte, daß diese Idee fast ein Jahr vorher bereits in Green Bank geboren wurde, und daß nun Cornell der ganze Ruhm zufallen würde. Wir hatten die Chance vertan, das Observatorium berühmt zu machen.
Plötzlich hielt er inne, er sah einen Weg, die Situation zu un-

seren Gunsten zu beeinflussen. Wie er uns mitteilte, wollte er in einigen Wochen Vorlesungen beim MIT halten, und Struve gelobte, diese Gelegenheit wahrzunehmen, um unser Projekt an die Öffentlichkeit zu bringen. Er plante, seine Vorträge zu überarbeiten und ein ganzes Referat dem Thema »Suche nach außerirdischer Intelligenz am National Radio Astronomy Observatory in Green Bank, West Virginia« zu widmen.

Natürlich würde ich mit einer Menge Arbeit in Green Bank zurückbleiben, und Struve übte starken Druck aus, um das Projekt Ozma voranzutreiben. Auch Heeschen, der den Zwang des öffentlichen Interesses spürte, drängte mich weiterzumachen, obwohl er selbst das Projekt nicht stärker als zu Anfang unterstützte.

Im *Nature*-Artikel war nicht nur auf das hingewiesen worden, was ich ja bereits tat, auch hatten die Verfasser empfohlen, auf der gleichen Frequenz zu suchen, die ich ebenfalls ausgewählt hatte: die Langwelle im Bereich der Wasserstofflinie. Ich hatte mir diesen Bereich ausgesucht, weil wir eine technische Ausrüstung benötigten, um diesen Ausschnitt zu untersuchen, die auch zu anderen astronomischen Zwecken genutzt werden konnte. Ich war eben ein sehr sparsamer Mensch. Cocconi und Morrison allerdings nannten theoretische Beweggründe für ihre Frequenzwahl, die Tatsache nämlich, daß Wasserstoffatome, die häufigsten und fundamentalsten des Universums, in diesem Bereich emittierten und daß darüber hinaus die Suche dort mit einem niedrigen Störungsfaktor belastet wäre.

Ihr logisches Grundprinzip beruhigte und ermutigte mich, besonders angesichts des wachsenden öffentlichen Interesses für das Projekt, von Heeschens und Findlays konstanter Gelassenheit einmal abgesehen. Zwar opponierten sie nicht tatkräftig gegen meine Suche nach außerirdischer Intelligenz,

aber sie zeigten auch keine rechte Begeisterung. Findlay nörgelte an mir noch aus einem anderen Grund herum: Mir fiel die Aufgabe zu, am Observatorium ein Sommerprogramm für Collegestudenten zu leiten, zu dem ich auch zwei Frauen zuließ. Gerade zwei der insgesamt zwölf ausgewählten Studenten waren weiblichen Geschlechts, und die beiden brachten zweifelsohne die notwendigen Empfehlungen für die Arbeit mit. Findlay war trotzdem wütend.
»Was fällt dir eigentlich ein, Drake, so einen Unsinn anzustellen?« brüllte er. Wie üblich nannte Findlay mich bei meinem Nachnamen. »Das ist eine kolossale Verschwendung von Geldmitteln und völlig gegen alle Traditionen!« Ich setzte mich dennoch durch. Aus eigener Erfahrung wußte ich, daß Frauen hervorragende Astronomen sein können, und ich mußte mich einfach aus dem chauvinistischen Fahrwasser herausbegeben, das Frauen den Zutritt zu diesem Forschungsgebiet verweigerte.
Mein »Doktorvater« in Harvard war Cecilia Payne-Geposchkin, die erste große Astrophysikerin und auch die erste Frau, die eine respektable Position an der Harvard-Fakultät erlangt hatte. Ich bewunderte ihre Zähigkeit und ihren Mut, Attribute, die ihr eine große Karriere in der Erforschung der Natur der Sterne ermöglichten. Für all ihre Studenten war diese Frau eine Inspiration. (Eine der beiden von mir ausgewählten Studentinnen, Ellen Gundermann, rechtfertigte meine Wahl, als sie später ihren Doktortitel in Astronomie in Harvard absolvierte. Anschließend war sie an der Entdeckung des ersten Moleküls, das im interstellaren Weltraum gefunden wurde, beteiligt, und sie verhalf der molekularen Linienastronomie zur Anerkennung. Schließlich aber tat sie leider genau das, was Findlay prophezeit hatte: Sie heiratete und widmete sich fortan nur noch der Familie.)
Trotz meiner revolutionären Handlungsweise war mir Find-

lays und Heeschens Freundschaft sicher, und auch die Zahl meiner Helfer und Gefährten wuchs.
Der erste war Ross Meadows, ein Elektronikingenieur aus Slough in England, der während seines Ferienjahres zu Besuch an unser Observatorium kam. Schnell schob ich ihm die unangenehme Aufgabe zu, den Ozma-Empfänger zusammenzusetzen. Seine Struktur war ziemlich einfach. Er besaß nur einen einzigen Signalkanal, durch den Meadows und ich hofften, unsere Pendants von anderen Planeten zu hören. Wir mußten sicherstellen, daß der Empfängeroutput nicht aus eigenem Antrieb die Spannung erhöhte und senkte, wie es die damaligen Empfänger zu tun pflegten, denn sonst wären wir niemals in der Lage gewesen, zwischen einem echten Signal und Zufallsabweichungen durch ungewollte Empfängerverstärkung zu differenzieren. Wir wählten eine Standardtechnik zur kontinuierlichen Überwachung des Empfängers: Der Signalkanal, der an die eigentliche Antenne angeschlossen war, sollte mit einem Referenzkanal, der mit einer weiteren Antenne verbunden war, die allerdings keine gezielte Ausrichtung hatte, verglichen werden. Jede Spannungsänderung, die über beide Antennen aufgefangen wurde, wäre als Fehlermeldung nicht weiter ausgewertet worden. Eine Spannungsänderung, die nur mit der Hauptantenne gemessen wurde, mußte dagegen ein echtes Signal sein.
Bald nach Meadows kam Kochu Menon, den Heeschen und ich während unserer Ausbildung in Radioastronomie in Harvard kennengelernt hatten. Menon bekundete ein rechtmäßiges Interesse an dem Bau der Ausrüstung; schließlich war er derjenige, der nach Beendigung des Ozma-Projekts damit arbeiten sollte, um den Zeemaneffekt zu untersuchen. Sobald er in Betrieb war, würde sich der Empfänger selbst langsam auf eine bestimmte Wellenlänge einstellen, wobei

er die Frequenz um etwa 100 Hertz pro Minute (Perioden pro Sekunde) verschob und so automatisch den Bereich um die Wasserstofflinie (1420 Megahertz) absuchte. Das würde es mir ermöglichen, außerirdische Nachrichten aufzufangen, die auf der Wasserstofflinienfrequenz gesendet wurden oder aus deren näherer Umgebung, und Menon konnte so auf leichte, durch den Zeemaneffekt verursachte Abweichungen Jagd machen. Da wir ein derart dichtes Frequenzband untersuchten, brauchte unser Empfänger äußerst stabile Oszillatoren, um eine präzise Einstellung zu garantieren. Damals kamen gerade solche stabilen Oszillatoren in Form von Quarzkristallen auf den Markt. (Menon führte schließlich sein Experiment wie geplant fort, aber das Teleskop erwies sich als zu klein für den Versuch, und so blieb der Zeemaneffekt für weitere zehn Jahre unentdeckt.)

Struves öffentliche Ankündigungen über Ozma beim MIT brachten uns die Unterstützung von Dana Atchley jr. ein, dem damaligen Präsidenten der Microwaves Associated, einer noblen Elektronikfirma nahe Boston. Atchley, ein begeisterter Radioamateur, rief mich eines Tages einfach an und bot mir einen der besten parametrischen Verstärker an, die damals existierten.*

Dabei handelte es sich um einen Prototypen, eine Laborkuriosität, die niemals in einem richtigen Radioteleskop zum Einsatz gekommen war. Atchleys Beschreibung nach mußte es ein besseres Bauteil sein, als wir es je hätten bekommen können. Damit wären wir in der Lage, die Empfangssensibilität unserer Radioantennen entscheidend zu erhöhen. Ich

---

* Der parametrische Verstärker nutzte die Eigenschaften eines neu entwickelten Halbleiterteiles aus, das »Varactor« hieß und Signale ohne große Nebengeräusche verstärken konnte.

konnte mein Glück kaum fassen und fand nur schwer die richtigen Worte, um ihm zu danken. Atchley aber war ganz einfach überglücklich, uns seinen Verstärker zu geben. Er bestand darauf. Als alter Radioamateur konnte er es kaum abwarten, im Nahfrequenzband Signale aus dem Weltraum zu empfangen.

Das Gerät war so einmalig und wertvoll, daß Atchley es von seinem Chefingenieur, Sam Harris, in seinem Privatwagen zu uns bringen ließ. Harris bekam die Anweisung, so lange in Green Bank zu bleiben, bis er den Verstärker erfolgreich installiert und mich in der Handhabung unterwiesen hatte. Harris' Name war mir geläufig; er hatte den Ruf eines Elektronikgenies und eines Pionieramateurs, der regelmäßig hochinteressante Artikel für die einschlägigen Magazine schrieb.

Natürlich hätte sich Harris tatsächliche Ankunft, nach dem großzügigen Angebot und der vielversprechenden Unterhaltung mit Atchley, als Enttäuschung herausstellen können, was sie aber in keinster Weise war. Harris fuhr mit einem alten Morgan mit heruntergelassenem Verdeck vor dem Observatorium vor. Er trug einen roten Bart und eine noch rötere Baskenmütze. Neben ihm auf dem Beifahrersitz thronte der Verstärker. Harris hatte ihn selbst gebaut, und er war der einzige Mensch auf der ganzen Welt, der ihn bedienen konnte. Er erwies sich zudem als fähiger Lehrer, und als er überzeugt war, daß ich mich mit dem Gerät auskannte, ließ er es in meiner Obhut zurück und fuhr wieder weg. Nun gab es zwei Menschen, die in der Lage waren, es zu bedienen. (Als ich 1966 nach Puerto Rico ging, um Chef des dortigen Arecibo-Observatoriums zu werden, war ich geradezu entzückt, Sam Harris wiederzusehen, der sich als Erster Ingenieur für Radioempfänger im Kontrollraum niedergelassen hatte.)

Nachdem Harris abgereist war, holte ich mir mehr Unterstützung vom Team, das die Teleskope bediente, sowie von den beiden Studentinnen Ellen Gundermann und Margaret Hurley, die sich für die Ozma-Idee begeisterten und mir gerne assistierten. Heeschen und Findlay hielten sich nach wie vor vom Projekt fern. Sie waren auch nicht im Kontrollraum, als am 8. April 1960 die Beobachtungen hochoffiziell begannen.
In jener Nacht klingelte mein Wecker um 3 Uhr morgens. Ich lief durch die Kälte und den Morgennebel, um die Vorbereitungen zu treffen. Meine beiden Assistentinnen hatten Wort gehalten und standen schon am Teleskop bereit. Sie kicherten etwas verlegen in der Dunkelheit. Wir wußten, daß dies ein historischer Augenblick war, und dennoch kicherten wir, weil wir dachten, daß wir uns mit diesem Gedanken am Ende vielleicht selbst etwas vorgaukelten.
Zunächst einmal mußte ich den parametrischen Verstärker einstellen. Das erforderte etwas Arbeit, weil sich das Gerät in einem Metallkasten befand, der, von Stahlstreben unterstützt, aus der 26-m-Antenne ragte. Obwohl die Antennenschüssel auf der Seite lag, befand sich der Zylinder mit dem Verstärker noch gut fünf Stockwerke über dem Boden. Mit dem Teleskopturm (so etwas ähnlichem wie einem Kirschenpflücker, der ständig rauf und runter geht) beförderte ich mich nach oben, öffnete den Kasten und kletterte hinein. Mindestens 45 Minuten brachte ich in dieser gepriesenen Mülltonne zu, wo ich wie die Schüssel im gleichen unbequemen Winkel auf einer Seite lag und mühsam an den Kontrollknöpfen drehte, während Gundermann und Hurley ungeduldig zu mir hinaufriefen, um von mir Kommentare über meine Fortschritte zu bekommen.
Das alles nahm sehr viel Zeit in Anspruch, da der Verstärker mit vier Schaltknöpfen versehen war, die in Wechselwirkung zueinander standen. Jedesmal, wenn ich einen von ihnen

einstellte, mußten auch die anderen drei erneut justiert werden. Obwohl ich mich konzentrierte, sah ich schon vor meinem geistigen Auge, wie ich diese mühsame Prozedur mehrmals täglich wiederholte, da der Sonnenaufgang und die erhöhte Mittagstemperatur die Einstellung durcheinanderbringen würden. Im Moment war es allerdings fürchterlich kalt, und offenbar wollte es die Ironie des Schicksals, daß ich erneut in der Dunkelheit einzufrieren drohte wie einst als optischer Astronom in meinem Aussichtskasten.

Gegen 5 Uhr morgens befand ich mich im Kontrollraum, freute mich über einen heißen Kaffee und schaltete den Ozma-Empfänger ein, der noch eine denkbar einfache Outputvorrichtung besaß: ein Aufzeichnungsgerät mit einer Schreibfeder, die sich bei jedem Ton aus dem All hin- und herbewegte und diese Töne in Schnörkel auf einem laufenden Papierstreifen niederschrieb.

Was wir da taten, war natürlich echte Pionierarbeit, und so wußte auch niemand, was wir konkret erwarten sollten. Selbst ich mit meinem fieberhaften Enthusiasmus konnte nicht annehmen, daß wir wahrhaftig gleich auf ein intelligentes Signal stoßen würden. Zusätzlich zum Aufzeichnungsgerät schloß ich noch ein ganz normales Tonbandgerät und einen Lautsprecher an. Wenn also irgend etwas ankäme, wäre es uns vergönnt, es sowohl auf dem Papier zu sehen als auch gemeinsam zu hören.

Alles war nunmehr bereit. Wir richteten das Teleskop auf Tau Ceti.*

---

* Helle Sterne in allen Konstellationen werden entsprechend ihrer Helligkeit durch die Buchstaben des griechischen Alphabets gekennzeichnet. Demzufolge ist Tau Ceti der neunzehnthellste Stern von Cetus, dem Wal, und unser zweites Beobachtungsziel, Epsilon Eridani, ist der fünfthellste Stern von Eridanus, dem Fluß.

Danach konnten wir nichts weiter tun, als abzuwarten. Wir warteten in atemloser Hoffnung. Es war, als erwarteten wir jeden Moment ein außerirdisches Zeichen. Wir hofften dermaßen intensiv, daß es an Nervenkitzel grenzte. Menon und ich klebten förmlich am Aufzeichnungsgerät, überzeugt davon, daß jedesmal, wenn sich die Feder zu bewegen begann, wir sagen könnten »Das ist ES!« Aber ES war es nicht, und so beruhigten wir uns wieder. Hätte das Aufzeichnungsgerät unsere Herztöne aufgenommen, wären wir mit exzentrischen Signalen überhäuft worden.

Wir folgten Tau Ceti – und ich sollte hinzufügen, daß dies eine ereignislose Angelegenheit war – bis er mittags im Westen verschwand. Danach richteten wir das Teleskop auf unser zweites Ziel, Epsilon Eridani. Wieder schalteten wir die Aufzeichnungsgeräte ein und machten uns bereit für ein langes Warten. Dieses Mal vergingen gerade fünf Minuten, bis das ganze System schlagartig losbrach. Wumm! Ein explosionsartiges Geräusch schoß aus dem Lautsprecher, das Aufzeichnungsgerät fing an, über alle Skalen hinwegzuschnellen, und wir tanzten in wilder Aufregung durch den Kontrollraum.

Jetzt hatten wir wirklich ein Signal – ein starkes, einzigartiges, impulsweise ausstrahlendes Signal. Genau das, was man von einer außerirdischen Intelligenz erwartet, die versucht, auf sich aufmerksam zu machen, und genau so, als hätten sie nur darauf gewartet, daß wir sie anpeilten. Achtmal pro Sekunde dröhnten die kreischenden Töne aus dem Lautsprecher, und die Feder des Aufzeichnungsgerätes versuchte, mit diesem Tempo Schritt zu halten. Keiner von uns hatte jemals etwas Vergleichbares erlebt. Wir starrten einander mit weitaufgerissenen Augen an. Ich hatte das Gefühl, meine Begegnung mit den Plejaden noch einmal zu erleben, nur war ich dieses Mal nicht allein, und ich suchte ja auch ganz gezielt. Sollte es so einfach sein, eine derartige Entdeckung zu machen?

Plötzlich redeten alle durcheinander und gaben Kommentare wie »Was sollen wir jetzt machen?« und »Am besten überprüfen wir die Geräte« von sich. Wir machten das, was ich auch in Harvard getan hatte, nämlich das Teleskop vom Stern wegzubewegen. Sofort verschwand das Geräusch, und damit schien es noch wahrscheinlicher, daß Epsilon Eridani seine Quelle war. Aber als wir wenige Augenblicke später das Teleskop erneut auf den Stern richteten, kam das Geräusch nicht zurück. Wir konnten nicht feststellen, ob es vom Stern gekommen war oder ob es eine Art irdischer Störung gewesen ist, die gerade zufällig auftauchte und just in dem Moment verschwand, als wir das Teleskop bewegten. Es gab keinen Weg, dies herauszufinden, und es gab auch keinen Weg, unseren Adrenalinspiegel unter Kontrolle zu bringen. Den Rest des Tages verbrachten wir mit Hoffen und Justieren der Geräte, aber die Signale kamen nicht wieder.

Als unsere Beobachtungsperiode abgeschlossen war, rief einer der Teleskoptechniker kurzerhand einen Freund in Ohio an, um diesem über die Ereignisse zu berichten. Der Mann hatte gute Verbindungen zu seiner örtlichen Zeitung, und noch bevor wir davon erfuhren, hatte sich die Presse bereits auf die Geschichte gestürzt. Man überschwemmte uns mit Fragen über das mysteriöse Signal. Natürlich versuchten wir, sie zu beantworten, aber wir wußten selbst so wenig über das, was passiert war, daß unsere vagen Auskünfte sich wie Ausflüchte anhörten.

»Glauben Sie, daß Sie wirklich eine fremde Zivilisation entdeckt haben?«

»Wir sind nicht sicher. Es gibt keinen Weg, das zu überprüfen.«

»Aber Sie haben doch eine Nachricht empfangen?«

»Wir haben ein Signal gehört. Wir wissen nicht, was es war.«

»Wann werden Sie es denn wissen?«
»Das können wir nicht sagen. Es ist sehr schwer, darüber etwas zu sagen.« Und so weiter.
Die neugierigen Journalisten gelangten zu der Überzeugung, daß wir etwas verbergen wollten, vermutlich mit Kenntnis und Billigung der Regierung. (Die Vorstellung, daß wir eine geheime Entdeckung am ersten Tag unseres Ozma-Projektes gemacht haben, hat sich hartnäckig gehalten, und selbst heute werde ich von UFO-Fans immer noch danach gefragt oder falsch zitiert.)
Unser kurzlebiges Signal lockte uns nun wie der Gesang der Sirenen. Jeden Tag versuchten wir, es wiederzufinden. Sobald Epsilon Eridani aufging, stellten wir den Empfänger auf die gleiche Frequenz, auf der wir das Signal zuerst gehört hatten. Auf dieser Frequenz hielten wir ihn eine halbe Stunde lang, bevor wir den Empfänger auf seinen regulären Tastmodus zurückschalteten. Unserer Konstruktion fügten wir ein neues Umwandlungsteil hinzu. Es war ein gewöhnlicher Schalltrichter, einer, der irdische Störungen auffing, die zum Beispiel durch einen Radioamateur verursacht werden konnten, der in eine geschützte Frequenz geraten war, oder durch militärische Fluggeräte oder Radar. Wir ließen ihn aus dem Fenster des Kontrollraums ragen und verbanden ihn drinnen mit seinem eigenen Aufzeichnungsgerät. Das bedeutete, daß ein außerirdisches Signal nun ausschließlich von dem Ozma-Empfänger geortet würde. Irdische Signale würden von beiden Geräten empfangen werden. So wollten wir das Signal testen, wenn – d. h. falls – es zurückkam.
Nach etwa fünf Tagen flaute unsere hitzige Unruhe ab. Wir saßen ganz ruhig im Kontrollraum, während der Lautsprecher zischte. Die Tonbänder drehten sich, und die Feder des Aufzeichnungsgerätes schob sich langsam rauf und runter. Die ganze Sache fing an, ziemlich langweilig zu werden. Ei-

nige Leute gähnten. Dabei lagen noch einige Tage vor uns. Fast wehmütig dachte ich an die Gelegenheiten, den parametrischen Verstärker einzustellen, was mir zumindest die Möglichkeit gab, nach draußen zu kommen und etwas zu tun.

Nach weiteren fünf Tagen – wir waren wie üblich mit unseren Routinebeobachtungen beschäftigt – hörten wir ES erneut. Und »Hurra!«, es war wie beim ersten Mal: Explosionsartiger Lärm ertönte wieder im 8-Sekunden-Rhythmus. Nur empfingen wir ihn dieses Mal in Stereo. Das Tonband, das an den Schalltrichter draußen am Fenster angeschlossen war, fing die Geräusche ebenfalls auf. Damit stand fest, daß es sich keineswegs um eine außerirdische Nachricht handelte. Ernüchtert durch die zunichte gemachten Hoffnungen, prüften wir dann die Anlage und bemerkten, wie die Lärmphasen allmählich anschwollen und dann wieder abklangen. Zweifellos kamen sie von einem vorbeifliegenden Flugzeug.

Die Projektplanung sah vor, daß Tau Ceti und Epsilon Eridani noch weitere zwei Wochen lang beobachtet werden sollten, bevor eine einmonatige Pause folgte, die anderweitige Beobachtungen mit dem Teleskop ermöglichen würde. Im Anschluß daran sollte das Projekt Ozma für weitere vier Wochen wieder einsetzen, was einer Gesamtbeobachtungszeit von 200 Stunden entsprach. In der Zwischenzeit unterhielten wir fleißig die Besucher, die, von dem Projekt Ozma angelockt, zu unserem Observatorium pilgerten.

John Lear, wissenschaftlicher Chefredakteur der *Saturday Review*, ließ sich in einer Ecke unseres Kontrollraumes häuslich nieder und erwartete, mitansehen zu können, wie Geschichte gemacht wurde. Anfangs gab er uns das Gefühl, als ob wir Wissenschaft in einem Goldfischglas machten, später gehörte er quasi zum Inventar, so daß wir ihn völlig vergaßen.

Gleichzeitig war Lear in unser Lager gewechselt und berichtete inbrünstig von der Bedeutung dessen, was wir taten.
Theodore M. Hesburgh, der gerade den Vorsitz der Universität von Notre Dame übernommen hatte, besuchte uns, um über die religiöse Bedeutung des Projekts Ozma nachzudenken. Unsere Mission stand in keinerlei Widerspruch zu der seinigen. Hesburgh vertraute mir an, daß der Gott, an den er glaubte, sicher mächtig genug war, um unendlich viele Welten zu erschaffen, wenn dies SEIN Wille wäre. Als Priester und Theologe interpretierte Hesburgh die Erforschung des Universums als einen Weg zum besseren Verständnis Gottes. Wir kamen gut miteinander aus, und er blieb mehrere Tage unser Gast.
Bernard M. Oliver, Vizepräsident für Forschung bei Hewlett-Packard in Silicon Valley, rief an, nachdem er im *Time Magazine* über uns gelesen hatte. Er hielt sich gerade geschäftlich in Washington D.C. auf und wollte den freien Tag zwischen diversen Besprechungen nutzen, um uns zu besuchen und sich so selbst ein Bild über unsere Aktivitäten zu machen. Ich sagte ihm, daß ich ihn wirklich sehr gerne bei uns hätte, daß allerdings keine Möglichkeit bestünde, innerhalb eines einzigen Tages von Washington nach Green Bank und zurück zu kommen.
»Sie unterschätzen mich«, bellte er ins Telefon, in einer Art, die charakteristisch für ihn war, wie ich später feststellte. Oliver besaß ein Privatflugzeug, und so verging nicht viel Zeit, bis wir es im Landeanflug über Green Bank sahen. »Barney« Oliver hatte fast sein ganzes Leben auf so etwas wie unser Ozma-Projekt gewartet. Er begeisterte sich für gute Sciencefiction, besonders für Hugo Gernsbach, und war darüber hinaus bereits ein sehr erfolgreicher Erfinder mit umfangreichen Kenntnissen im Bereich Physik und Elektronik. Diese Kombination aus Interesse und Können zeichnete seinen

Weg vor. Er schien dafür prädestiniert zu sein, sich an der Suche nach außerirdischer Intelligenz zu beteiligen. Mehr denn je wurde unsere Suche nun zu einem klar definierten Ziel, an dem eine Gemeinschaft interessierter Förderer arbeitete.

Das Projekt Ozma machte Fortschritte und näherte sich ohne weitere Zwischenfälle seinem Ende. Wir fingen kein weiteres starkes Signal auf. Etliche Kilometer Aufzeichnungsbelege – auf Papier und Tonbändern – häuften sich an. Die Sichtung des Materials ergab, daß wir keine Spur eines intelligenten Signals daraus ableiten konnten und auch keine beabsichtigten Signale außerirdischer Herkunft. Pessimisten hätten zu dem Zeitpunkt daraus geschlossen, daß das Experiment ein Fehlschlag war und daß es dort draußen im All keine fremdartigen Wesen zu entdecken gab. Das wäre allerdings eine unsinnige und voreilige Schlußfolgerung gewesen. Unsere Suche war ja keine abschließende.

Wie ein Betrunkener nach verlorenen Schlüsseln sucht, so hatten wir Ausschau nach höherentwickelten fremden Zivilisationen gehalten: im Licht einer Straßenlaterne, wo es wenig Mühe kostete, statt an den dunklen Plätzen. Außerhalb des Lichtkegels und weit außerhalb des Wirkungskreises eines 26-m-Teleskops lagen Millionen anderer Sterne, die erforscht werden mußten, bevor diese Frage letztendlich beantwortet werden konnte.

Sollten wir es je fertigstellen, besäße das 42,6-m-Teleskop aufgrund seiner Größe eine viel höhere Sensibilität und würde es uns ermöglichen, Signale zu empfangen, die nur halb so stark sein mußten wie die, die wir während des Ozma-Projekts aufzufangen in der Lage waren. Was wäre, wenn wir ständig Signale von Tau Ceti oder Epsilon Eridani erhalten hätten, nur minimal über der Grenze unserer Empfangskapazität? Wenn sich das bewahrheitete, könnten wir sie eines Tages sehr wohl hören, indem wir den Versuch mit dem

42,6-m-Teleskop wiederholten. Und die Aussicht auf noch größere Teleskope lud geradezu zu grandiosen Plänen für künftige Projekte ein.*

Auch die negativen Ergebnisse des Ozma-Projekts konnten die Existenz von Lebensformen in der Umgebung von Tau

---

* Die Idee, ein 183-m-Teleskop zu bauen, verwarfen wir schon bald. Abgesehen von andauernden Konstruktionsproblemen bei dem 42,6-m-Teleskop sahen wir, daß die US-Marine am Bau eines 183-m-Gerätes in der Nähe von Sugar Grove scheiterte. Die Marine wollte das Instrument für nachrichtendienstliche Zwecke einsetzen, als Abhörgerät, mit dem die sowjetische Radiokommunikation, die von der Mondoberfläche reflektiert wurde, unauffällig überwacht werden sollte. Das Teleskop besaß einen Azimutalträger, der eine computergesteuerte Peilung der Sterne ermöglichte und der im Vergleich zum alten Äquatorialträger viel stabiler war. Jedenfalls schraubten schließlich unvorhersehbare Schwierigkeiten den Konstruktionspreis auf die astronomische Summe von 300 Millionen Dollar, was hierfür einfach zuviel war, besonders seit Satelliten eine vielversprechendere Alternative für derartige Aufklärungsarbeiten boten. 200 Millionen Dollar hatte die Marine bereits investiert, als das 183-m-Teleskop zugunsten eines 45,7 m großen Gerätes verschrottet wurde. In Green Banks waren wir heilfroh, unser 183-m-Projekt über Bord geworfen zu haben, bevor der Bau letztendlich begann. Statt dessen entwarfen wir einen Plan für ein 91,5-m-Teleskop, ein sog. Transitinstrument. Sein sehr einfacher Träger konnte keine Sterne aufspüren, dafür nutzte er aber die Erdrotation, um den Himmel abzusuchen. Es wurde eine Sparversion für nur eine Million Dollar und 1963 fertiggestellt – ein ganzes Jahr, bevor das 42,6-m-Gerät endlich einsatzbereit war. So konnte unser 26-m-Teleskop, das vom NRAO im Grunde genommen gar nicht eingeplant war, von 1959 bis 1963 als das Arbeitspferd des Observatoriums hinhalten. Es existiert heute noch, flankiert von zwei gleich großen Schüsselantennen. Gemeinschaftlich versehen die drei ihren Dienst, als ob sie eine gigantische Antenne mit einem Durchmesser von mehreren Kilometern wären. 1989, in einer stillen Nacht, brach das 91,5-m-Teleskop mit einem großen Donnerschlag wie ein Kartenhaus zusammen. Und so wird – zu meinem großen Vergnügen – das 42,6-m-Teleskop bald das einzige Gerät an einem staatlichen Forschungszentrum sein, das ausschließlich der Suche nach außerirdischer Intelligenz dienen wird.

Ceti oder Epsilon Eridani nicht ausschließen. War es nicht zumindest denkbar, daß wir die richtigen Sterne beobachtet hatten und auf der richtigen Frequenz suchten, aber zum falschen Zeitpunkt? Vielleicht waren *ihre* Sender gerade während jener zwei Monate wegen Reparaturarbeiten ausgeschaltet oder standen einfach in einer anderen Richtung, weil sie mit anderen Aufgaben beschäftigt waren. Wenn wir unser Projekt nur um einen Tag verlängerten, könnten wir sie bereits finden. Diesen Gedanken verwarf ich allerdings wieder. Die mir zugestandene Teleskopzeit hatte ich voll ausgenutzt. Und es gab eine Fülle normaler Astronomieaufgaben, die meine Aufmerksamkeit forderten. Das Projekt Ozma war beendet.

Es ist wahr, daß es uns nicht geglückt war, ein geniales, fremdartiges Signal zu entdecken, aber es war uns gelungen, zu demonstrieren, daß eine Suche danach ein praktikables und sogar vernünftiges Unterfangen ist. So lautete nicht etwa nur meine persönliche Schlußfolgerung, sondern auch die Reaktion der Weltöffentlichkeit im großen und ganzen. Obwohl ich anfänglich innerhalb des Observatoriums nicht sonderlich viel Unterstützung bekommen hatte, hörte ich niemals auch nur eine kritische Bemerkung über das Projekt. Kein Wissenschaftler lehnte es rundweg ab, und kein Laie hatte genug dagegen einzuwenden, daß er es mir gesagt hätte. Im Gegenteil. Ich bekam dutzendweise Briefe von interessierten, sich ereifernden Menschen, bei denen das Projekt Abenteuergeist und Hoffnung für die Zukunft geweckt hatte. (Seither erhalte ich immer wieder Briefe, und ihre Zahl steigt ständig.) Meine »Briefpartner« schienen alle darin übereinzustimmen, daß das faszinierendste Phänomen, welches wir im Universum entdecken könnten, nicht eine andere Art von Sternen oder Galaxien wäre, sondern eine andere Lebensform.

Als erster Versuch seiner Art lehrte Ozma uns verschiedene wichtige Dinge und schaffte Präzedenzfälle, an die man sich noch heute hält. Als ich beispielsweise den zusätzlichen Schalltrichter aus dem Fenster des Kontrollraumes steckte, zeigte ich, wie sinnvoll es war, zwei Schallaufhänger einzusetzen, um auf diese Weise solide Signale von irdischen Störungen zu unterscheiden. Zunächst war der Empfänger darauf eingestellt, in regelmäßigen Abständen von einem Signalkanal auf einen Referenzkanal umzuschalten, um die Präzision des Empfängers zu überprüfen. Nachdem wir unser Überraschungssignal empfangen hatten, schalteten wir den Empfänger zusätzlich zwischen zwei Signalkanälen hin und her, um festzustellen, ob die ankommenden Signale aus den Tiefen des Weltraumes oder praktisch aus der irdischen Nachbarschaft stammten. Fast alle nachfolgenden Forschungsprojekte beinhalteten irgendeine Variation dieses Basisaufbaus.

Ozma bewies ferner, daß Forschungsarbeit auch ohne Unsummen von Geldern geleistet werden und sogar mit anderen Projekten und Zielsetzungen koordiniert werden kann. Zweifellos mußten Forschungsaktivitäten mit anderen Studien kombiniert werden, nicht nur aus ökonomischen Gründen, sondern auch, um das Wohl der Forscher zu gewährleisten. Als eines der wichtigsten Ergebnisse des Ozma-Projektes betrachtete ich den Umstand, daß die anfängliche Sucheuphorie sehr schnell nachläßt. Während der gesamten Projektplanung, einer Zeit der echten Herausforderung, in der man seine Ziele absteckt und die Ausrüstung baut, wird man durch die Hoffnung auf Erfolg und die große Vision von den Auswirkungen dieses Erfolges getragen. Diese ersten Stunden oder Tage im Kontrollraum sind ungemein peinigend. Bald schon wird diese Phase abgelöst von der Langeweile täglicher Routinearbeiten. Bei der Gelegenheit wurde mir klar, daß jede ernsthafte Suche nach außerirdischer Intelligenz unbedingt mit anderen, parallellaufenden Aufgaben verbunden werden muß. Aufgaben, die meßbare Resultate erbringen und den Wissenschaftler davor bewahren, allzu enttäuscht zu sein, denn sie verlangen ihm auch andere Ergebnisse ab.

Vor, während und nach dem Ozma-Projekt nahmen mich Beobachtungen des Sonnensystems mit dem 26-m-Teleskop in Anspruch. Hein Hvatum, ein norwegischer Wissenschaftler, der in Green Bank zu Gast war, und ich entdeckten dabei Strahlungsgürtel um den Planeten Jupiter, die mit dem Van-Allen-Strahlungsgürtel der Erde vergleichbar waren. Darüber hinaus stellte ich allein Untersuchungen über die außergewöhnlich hohe Oberflächentemperatur der Venus an, die ungefähr 475° Celsius beträgt. Diese Messung erfolgte auf der Nachtseite des Sterns (der zur Erde gekehrten Seite, wenn die beiden Schwesterplaneten einander nahe sind). Um die Tagestemperatur zu ermitteln, mußte ich die Venus beobachten, wenn sie sich von der Sonne abwandte. Achtzig Beobachtungsstunden durch das Teleskop waren notwendig, um diese Messung durchzuführen, und das dürfte, soweit ich weiß, die längste Messung sein, die je gemacht wurde. Wie sich herausstellte, war die Temperatur bei Tag und Nacht nahezu gleich hoch, was darauf hindeutete, daß die Venusatmosphäre ungefähr so dicht ist wie ein Ozean, so daß eine Art Treibhauseffekt entsteht und relativ niedrige Windgeschwindigkeiten von nur wenigen Kilometern pro Stunde herrschen. (Beobachtungen durch Raumsonden bestätigten später diese Ergebnisse.)

Ein Resultat meiner Venus-Forschung war der Brief eines Studenten einer Chicagoer Universität, der mir mitteilte, daß er seine Doktorarbeit über die Venusatmosphäre schrieb. Carl Sagan hieß dieser Student. Zwischen uns entstand ein Briefwechsel, und bald schon ereigneten sich Dinge, die uns zu lebenslänglichen Kollegen machten.

Ein weiterer, wichtiger Präzedenzfall war, daß sowohl das Ozma-Projekt als auch die Cocconi-Morrison-Abhandlung den Bereich um die Wasserstofflinie als bevorzugtes Forschungsareal für interstellare Signale bestätigten. Auch heute noch bearbeiten wir das gleiche Gebiet. Dieser Bereich wurde als das »Wasserloch« bekannt, weil es an einem Ende durch das Wasserstoffatom H begrenzt wird, das ein natürliches Radiosignal mit einer Wellenlänge von 21 cm ausstrahlt, und am anderen Ende durch Hydroxyl, d. h. das OH-Molekül, welches ein Signal mit 18 cm Wellenlänge emittiert. In der Chemie ergibt H plus OH = H_2O, also Wasser. Wasser ist eine Schlüsselkomponente allen irdischen Lebens. Auch wenn H und OH in diesem Teil des elektromagnetischen Spektrums nicht zu Wasser vereint werden, so blieb die Bezeichnung »Wasserloch« dennoch bestehen.

Der Gedanke, mit fremdartigen Wesen an einem interstellaren Wasserloch zu kommunizieren, besitzt sicher eine gewisse ästhetische Wirkung; immerhin fanden sich nach altem Brauch schon viele Spezies von Tieren an den Wasserlöchern dieser Erde zusammen, um den Lebensquell zu teilen. Wir halten es für wahrscheinlich, daß dem Wasser auch an anderen Stellen des Universums große Bedeutung zufällt. Außerdem liegt das elektromagnetische Wasserloch in einem sehr ruhigen Bereich mit den geringsten Außengeräuschen der Galaxis (und der Erdatmosphäre). Dadurch wird diese Frequenz zur logischen Wahl für die Übertragung von Signalen über große Entfernungen. Uns erscheint dies logisch. Die Zeit wird zeigen, ob diese Logik wirklich universelle Gültigkeit besitzt.

Ein letztes Element des Ozma-Projektes besteht in modernen Forschungsaufgaben weiter, und zwar ist es der Zielstern Epsilon Eridani, von dem zunächst Signale zu kommen schienen. Unserer Sonne in Größe, Alter und Temperatur entsprechend, scheint Epsilon Eridani nach wie vor ein geeignetes Forschungsobjekt zu sein. Sein Name befindet sich auf der aktuellen Liste der tausend Sterne, die höchstwahrscheinlich bewohnte Welten beherbergen können. 1960 nahmen wir an, daß Epsilon Eridani ein einziger Stern war. Neuere Erkenntnisse zeigten jedoch, daß er verschiedene kleine Begleiter hat. Vielleicht wird sich herausstellen, daß einige von ihnen Planeten sind, und vielleicht wird eine Zivilisation, damals unsichtbar für uns, heute möglicherweise erkennbar, auf einem von ihnen gedeihen.

Epsilon Eridani liegt in der Konstellation des Eridanus, dem Fluß. (Noch ein Wassersymbol!) Gemäß der griechischen Mythologie ist das der Fluß der Unterwelt, auf dem Jason und die Besatzung der Argo auf ihrer Suche nach dem Goldenen Vlies fuhren. Dort fanden sie, wonach sie suchten. Und vielleicht wird es uns eines Tages ebenso ergehen.

Ein Kompositum von Unsicherheiten

Himmel und Erde sind groß, dennoch sind sie
in dem ganzen Weltall nur so klein wie ein
Reiskorn ... wie unvernünftig wäre es,
anzunehmen, daß es außer dem Himmel
und der Erde, die wir sehen können,
keine anderen Himmel und Erden gibt.

Teng Mu, chinesischer Philosoph
des 13. Jahrhunderts

In Gedenken an das Projekt Ozma nahm ich mir die Freiheit, ein Schild mit der Frage »Gibt es intelligentes Leben auf der Erde?« an meine Bürotür zu hängen. Natürlich blieben die Vorbeigehenden stehen, um es zu lesen, und sie lächelten über die Art und Weise, wie die »außerirdische Frage« hier gestellt wurde. Häufig steckte jemand den Kopf zur Tür hinein, um einen originellen Kommentar abzugeben, wie »Unten steht ein kleines grünes Männchen und sagt, es wartet auf dich« oder »Wollte nur mal nachsehen, ob es in diesem Zimmer eine intelligente Lebensform gibt«.

Man könnte sagen, daß das Schild so etwas wie meine Visitenkarte an der Tür war. Möglicherweise war es auch nur ein friedliches Graffiti. Auf alle Fälle manifestierte es, daß ich meine langgehegten, geheimen Gedanken und Träume endlich offenbart, aktiv etwas daraus gemacht und nun die Kraft hatte, mich zu ihnen zu bekennen. Sicherlich jeder im Observatorium und vielleicht auch jeder, der sich mit Radioastronomie beschäftigte, kannte mich nun als einen Forscher mit ernstzunehmendem Interesse an fremdartigen Lebensformen. Dennoch war mein Türschild wunderlich und ein fast zaghaftes Bekenntnis. Wunderlich und zaghaft war auch immer noch die Einstellung vieler zu diesem Thema. Sicher konnte man jetzt laut darüber reden – dank Ozma und der Cocconi-Morrison-Abhandlung in *Nature* –, aber nicht, ohne sich umzudrehen, um zu sehen, wer da womöglich lachte.

Mehr als ein Jahr war in diesem Dämmerzustand vergangen, als ich 1961 eines Sommertags erneut von einem Mann angerufen wurde, den ich bis dahin nicht persönlich kannte. Sein Name war J. Peter Pearman, der Verwaltungsoffizier des Weltraumforschungsvorstands der National Academy of Sciences. Schon nach wenigen Worten stellte sich heraus, daß Pearman ein welt- und redegewandter Engländer war, der mit einem beneidenswerten Oxford-Akzent sprach. Seine geschliffene Ausdrucksweise verlieh seinen Worten irgendwie noch mehr Glaubwürdigkeit. Er teilte mir mit, daß er das Projekt Ozma eingehend verfolgt und seither versucht habe, innerhalb der Regierung Befürworter für ein Projekt zu gewinnen, das die Suche nach Leben in anderen Welten zum Ziel hatte.

»Ich halte es für notwendig, so schnell wie möglich eine Konferenz einzuberufen, um zu klären, wie groß das Forschungspotential ist«, sagte Pearman und fuhr fort: »Nun würde ich gerne wissen, ob ich mit Ihrer Hilfe rechnen kann.«

»Ja, natürlich«, antwortete ich, ohne auch nur einen Augenblick lang überlegen zu müssen. »Was kann ich tun?«

Pearman wollte zwei Dinge, die er mit meiner Hilfe zu bekommen glaubte: die Zustimmung, daß die Konferenz in Green Bank stattfinden würde, dem Ort, an dem das Projekt

Ozma durchgeführt worden war, und die Namen der Fachleute, die zu der Konferenz eingeladen werden sollten.
Ohne uns jemals persönlich begegnet zu sein, begannen wir sofort mit der Planung des Konferenzdatums sowie weiterer Einzelheiten. Gemeinsam überlegten wir uns eine Liste mit allen Wissenschaftlern, die wir kannten und von denen wir wußten, daß sie zumindest über die Suche nach außerirdischem Leben nachdachten. Alles in allem fanden wir zehn Namen, Pearman und mich inbegriffen.
Die Gästeliste stellte sich praktisch durch den Verlauf des Projektes Ozma automatisch zusammen. Die beiden ersten Gäste hießen daher auch Giuseppe Cocconi und Philip Morrison, die Verfasser der innovativen Abhandlung in *Nature*. Beide hatten während meiner Studienzeit in Cornell unterrichtet, aber keinen von ihnen kannte ich persönlich.
Außerdem schlug ich Dana Atchley vor, den Radioamateur und Elektronik-Unternehmer, dem das Projekt Ozma den parametrischen Verstärker verdankte. Und Barney Oliver, Erfinder und Forschungsmagnat von Hewlett-Packard, der eigens mit seinem Flugzeug angereist war, um das Projekt in Aktion zu sehen. Allerdings beschlossen wir, den Theologen Theodore Hesburgh nicht in die Gästeliste aufzunehmen, da die Konferenz einen rein wissenschaftlichen Charakter haben sollte.
Ich weiß nicht mehr, wer von uns zuerst den Namen von Carl Sagan nannte; jedenfalls wollten wir beide ihn als Teilnehmer. Seit der Zeit vor zwei Jahren, als uns die Oberflächentemperatur der Venus zusammenbrachte, hatte ich erfahren, daß Sagans Wunsch zu wissen, ob Leben auf anderen Planeten überhaupt existieren kann, sein Interesse für Außerirdische deutlich verstärkte. Er wußte mehr über die Biologie als jeder andere Astronom, dem ich bisher begegnet war, und wurde schnell zu einem namhaften und bisher

einzigartigen »Exobiologen« – ein Forscher, der das Leben anderer Welten studiert. Pearman, selbst Biologe, erzählte mir, daß Sagan Mitglied des Space Science Board's Committee on Exobiology (eines Weltraumforschungsausschusses über Exobiologie) sowie Mitglied einer unabhängigen wissenschaftlichen Akademie sei, die sich »Forum für außerirdisches Leben« nannte.

Die Tatsache, daß überhaupt ein derartiger Ausschuß und ein derartiges Forum existierten – was völlig neu für mich war –, bedeutete einen weiteren Hinweis darauf, daß der Gedanke an fremdartige Lebensformen in wissenschaftlichen Kreisen einen gewissen Stellenwert als legitimes Forschungsthema einnahm. Pearman berichtete, daß Joshua Lederberg, ein hervorragender Stanford-Professor für Genetik und Exmentor Carl Sagans, diesem Forum vorsaß. Obschon Lederberg kein Verfechter der These von intelligentem oder kommunikativem Leben auf anderen Planeten war, glaubte er doch daran, daß außerirdisches Leben in gewisser Form eine unvermeidliche Schlußfolgerung sei. Daher ermutigte er Sagan in dessen exobiologischen Studien. Als Lederberg 1958 den Ausschuß über Exobiologie gründete, bat er Sagan selbstverständlich, diesem beizutreten. (Carl erzählte die Geschichte wie folgt: »… ein irgendwie müheloses Hinübergleiten von der Rolle des Teilnehmers an nächtlichen Männergesellschaften in Lederbergs Haus, wo wir über Exobiologie sprachen, in die Rolle des Regierungsberaters über dieses Thema.«)

Sagan hielt sich gerade in Berkeley auf; er hatte ein Stipendium für Weltraumforschung an der Universität von Kalifornien erhalten. Zusammen mit einem bekannten Chemiker, Melvin Calvin, arbeitete er an Experimenten, die verdeutlichen sollten, wie das irdische Leben begonnen hatte. In einer früheren Arbeit konnte Calvin den Prozeß der Photosynthese enträtseln und erläutern, wonach grüne Pflanzen das Sonnenlicht dazu nutzen, Wasser und Kohlendioxyd in Nahrung umzuwandeln. Wir setzten Calvin ebenfalls auf die Gästeliste.

»Mal sehen«, sagte ich, »wir haben Astrophysiker, Astronomen, Elektronikgenies und Exobiologieexperten. Was uns jetzt noch fehlt, ist jemand, der schon einmal mit einem Außerirdischen gesprochen hat.«

Natürlich sollte das ein Scherz sein, aber Pearman überraschte mich damit, daß er im Ernst mit einer solchen Person aufwartete.

»John C. Lilly«, antwortete er, ohne mit der Wimper zu zucken. Lilly war Neurowissenschaftler, ein Dr. med., berühmt für seine experimentellen Arbeiten über das Bewußtsein und die Kommunikation. Und obwohl es ihm noch nicht ganz gelungen war, außerirdischen Kontakt herzustellen, engagierte er sich stark in Versuchen, mit Delphinen zu kommunizieren, die man damals für ausgezeichnete Beispiele nichtmenschlicher, intelligenter Wesen hielt.

»Und Otto Struve, Ihr Direktor, sollte als Gastgeber und Vorsitzender der Konferenz fungieren«, fügte Pearman hinzu.

»Ja«, erwiderte ich, »und ich sollte nun umgehend den ganzen Plan mit ihm besprechen.«

Gleich nach dem Telefonat eilte ich zu Struve. Jetzt, wo Pearmans und meine Idee schon soweit gediehen war, daß die Zusammenkunft sich in unserer Vorstellung bereits zu einer dreitägigen Konferenz entwickelt hatte, mißfiel mir der Gedanke, daß Struve ablehnen könnte. Was wäre, wenn er seine Zustimmung verweigerte, die Konferenz in Green Bank stattfinden zu lassen? Mein Gefühl sagte mir, daß ich mich vielleicht zu eigenmächtig in die Angelegenheiten des Observatoriums eingemischt hatte. An sich bestand sonst kein

Anlaß, daß Struve das Meeting ablehnen würde. Wie sich herausstellte, war Struve von der Idee begeistert und sofort mit seiner Rolle als Gastgeber einverstanden, was ich äußerst angebracht fand. Schließlich war Struve nicht nur der Direktor des Observatoriums, seine Beobachtungen und Theorien über die Existenz von Planeten außerhalb unseres Sonnensystems hatten auch der Vorstellung über außerirdisches Leben zu erster Anerkennung in astronomischen Kreisen verholfen.

»Da wäre noch jemand, den Sie einladen sollten.« Struve ergriff die Initiative, indem er der Gästeliste einen weiteren Namen hinzufügte. Es handelte sich um Su Shu Huang, einen chinesischen Emigranten, der gerade der *National Aeronautics and Space Administration* beigetreten war. Huang und Struve hatten bei Studien über die Sternenarten, die möglicherweise bewohnbare Planeten beherbergten, zusammengearbeitet.

Während der folgenden Wochen telefonierten Pearman und ich hin und her, tüftelten und planten an unserer Konferenz. Pearman, der in Washington D.C. stationiert und in sämtliche Angelegenheiten der National Academy involviert war, wußte über alles Bescheid, was in der Wissenschaft passierte, meist sogar schon, bevor es geschah.

»Aus absolut glaubwürdiger Quelle habe ich erfahren, daß Melvin Calvin der Nobelpreis in Chemie verliehen werden könnte.« Pearman rief mich eigens an, um mir diese Neuigkeit mitzuteilen. Calvin hatte unterdessen bereits unsere Einladung zur Green-Bank-Konferenz angenommen. Möglicherweise wußte das Nobel-Komitee von den aktuellen Studien über die Ursprünge des Lebens, was allerdings nicht sicher schien; Calvins Nominierung erfolgte jedoch mit Sicherheit für seine Arbeit über die Photosynthese.

»Sollte er den Nobelpreis bekommen«, freute sich Pearman

ganz aufgeregt, »wird er das in Green Bank erfahren. Die Bekanntgabe fällt nämlich mitten in unsere Konferenz. Und das Komitee wird ihm die Nachricht ins Observatorium übermitteln.«

»Was sollen wir machen?«

»Erst einmal die Nachricht abwarten, mein Lieber«, lachte Pearman, »und dann lassen wir Champagner fließen!«

Ich erklärte Pearman, daß der Versuch, einen Champagner-Toast auszubringen, im halbtrockenen Staate West Virginia zu einem regelrechten Kraftakt werden könnte. Pearman versprach sogleich, für alle Fälle einige Flaschen in seinem Gepäck nach Green Bank zu schmuggeln, bat mich aber, daß auch ich mich nach Kräften um den Champagner bemühen sollte.

In jedem Verwaltungsbezirk West Virginias gab es einen staatlichen Spirituosenladen. Der unserem Observatorium nächstgelegene lag ungefähr 17 km entfernt im Städtchen Cass. Mittlerweile gehörte zur Observatoriumsbelegschaft nun auch ein Fahrer, ein Mann aus West Virginia mit dem dort durchaus gängigen Vornamen French und dem reichlich merkwürdigen Nachnamen Beverage (also »alkoholisches Getränk«). Einen Augenblick lang überlegte ich, ob ich ihn zum Champagnerkaufen schicken sollte, was mir dann aber zu dumm erschien. Also fuhr ich am darauffolgenden Wochenende selbst nach Cass. Ich hatte gehofft, den Laden in der winzigen Stadt schnell ausfindig zu machen. Nachdem ich jedoch mehrmals durch den Ort gefahren war, wurde mir klar, daß das Spirituosengeschäft in einem obskuren Seitengäßchen regelrecht versteckt liegen mußte, wie es sich für so ein Teufelszeug auch gehörte. Ich näherte mich dem einzigen Menschen, den ich auf der Straße entdeckte und der wie ein alter Bergsteiger aussah. Er saß auf den Stufen eines bescheidenen Gebäudes.

»Entschuldigen Sie bitte«, fing ich an, »wissen Sie vielleicht, wo ich den Spirituosenladen finden kann?«
»Ja«, antwortete er gedehnt, während er mich skeptisch betrachtete. Dann machte er eine lange Pause und fuhr endlich fort: »Aber ich werde es Ihnen nicht sagen.«
Ich starrte ihn ungläubig an. Plötzlich aber begriff ich sein sonderbares Verhalten. Das Gebäude hinter den Stufen, die er besetzt hatte, war nichts Geringeres als die örtliche Baptistenkirche.
Schließlich fand ich doch noch an einer Tür ein unscheinbares Schild mit der Aufschrift »Staatliches Spirituosengeschäft«. Zu meiner großen Erleichterung gab es dort sogar Champagner. Ich kaufte eine ganze Kiste, nahm sie mit zurück nach Green Bank und versteckte sie im Parterre unserer neugebauten Residenz, wo die Gäste wohnen sollten und wo auch das Meeting stattfinden würde. Es gab gerade genug Zimmer, um die Gruppe unterzubringen.
Meine ausschließliche Konzentration auf meine technischen Versuche zur Klärung der Frage nach außerirdischem Leben hatten zur Folge, daß ich nicht den Hauch einer Ahnung darüber besaß, wie sehr die wissenschaftliche Arbeit an anderen Fronten fortschritt. Als ich mit Ozma die erste ernsthafte und technologiegestützte Jagd auf Außerirdische begann, waren Calvins Experimente, die Ursprünge des Lebens zu duplizieren, bereits zehn Jahre im Gange.
1951 füllten Calvin und seine Kollegen in Berkeley eine Mischung aus Kohlendioxyd, Wasserstoff und Wasser in einen geschlossenen Behälter. Sie benutzten das universitätseigene Zyklotron (ein Teilchenbeschleuniger) als Quelle intensiver Energie, um der Gasmischung einen initialen Anstoß zu geben. Die Zyklotronzündung kam einem Ausbruch kosmischer Strahlen gleich – etwa wie ein Blitz aus heiterem Himmel, der das auslösende Moment allen irdischen Le-

bens gewesen sein könnte. Bei diesem Experiment fanden Calvin und seine Mitarbeiter heraus, daß sich die Kohlendioxyd-, Wasserstoff- und Wassermoleküle zu mehreren organischen Chemikalien verbanden. Jede von ihnen – Formaldehyd, Ameisensäure und Glykolsäure – enthielt Kohlenstoff und spielte tatsächlich bei der Herstellung der eigentlichen Lebensbausteine eine Rolle.
Später wiederholten Harold Urey und Stanley Miller Calvins Experiment an der Chicagoer Universität. Dabei benutzten sie Gase, die die Uratmosphäre simulierten, ganz im Sinne der Erkenntnisse der fünfziger Jahre. Damals glaubte man, daß lange Zeit, bevor Grünpflanzen die Atmosphäre mit Sauerstoff anreicherten, die Luft eine Mischung aus Wasserdampf, Wasserstoff, Methan und Ammoniak war. Miller und Urey füllten diese Stoffe in eine Flasche, in die anschließend eine elektrische Ladung geleitet wurde – wiederum vergleichbar mit der Ladung, die beispielsweise ein Blitzschlag in der Natur abgegeben hätte. Auch bei diesem Versuch gewann man organische Moleküle, allerdings erhielt man eine erstaunliche Vielzahl von Aminosäuren, also Basiselemente von Proteinen, die wiederum die elementaren Komponenten für irdisches Leben sind.
Die Chemiker hatten so bewiesen, daß Leben tatsächlich aus lebloser Materie hervorgehen kann. Und die »Zubereitung« war denkbar einfach, hielt man sich an das folgende Rezept: Man nehme die Zutaten der Uratmosphäre, erhitze dieses Gemisch einen Augenblick in der Mikrowelle auf höchster Stufe und voilà – fertig ist die Ursuppe. Leben zu schaffen war so einfach, daß es sich offenbar auf der Erde ganz von selbst zusammengebraut hatte, vor etwa vier bis fünf Milliarden Jahren, bald nach der Entstehung der Erde. Heute wissen wir dank paläontologischer Forschungen, daß sich das Leben auf der Erde zum frühestmöglichen Zeitpunkt ent-

wickelte: nur wenige Millionen Jahre nach der Entstehung und der anschließenden Abkühlungsphase des Planeten. (Mittlerweile gehen wir davon aus, daß die Uratmosphäre viel weniger Wasserstoff, dafür aber mehr Kohlendioxyd enthielt und somit eine oxidierendere Atmosphäre war; jedoch eignet sich diese ebensogut, um die Lebensbausteine zu produzieren.)

Die Experimente in Berkeley und Chicago waren von allgemein gültiger Bedeutung: die Vielfältigkeit des Lebens, die uns umgibt, benötigt keine außergewöhnlichen Ereignisse als Katalysator. Und wenn die Erde ein Produkt ganz natürlicher Vorgänge ist, dann erscheint es mehr als wahrscheinlich, daß wir Erdlinge im Universum nicht allein sind. 1958 schrieb Calvin – ohne daß ich davon Kenntnis hatte und noch bevor ich Ozma überhaupt plante –: Wir können mit einem gewissen Grad an wissenschaftlicher Überzeugung davon ausgehen, daß Zell-Leben, so wie wir es auf der Erdoberfläche kennen, auch an Millionen anderer Orte im Universum existiert.«

Meine Gedanken wurden durch mehr weitreichendere Erkenntnisse gestützt, als ich es je angenommen hatte. Und nun erhielt ich die Gelegenheit, jeden nur denkbaren Aspekt über außerirdisches Leben, von jedem erdenklichen Standpunkt aus betrachtet, mit den Menschen zu diskutieren, die das Thema genauso ernst nahmen wie ich.

Ich übernahm die Aufgabe, eine Tagesordnung für unsere Konferenz vorzubereiten. Schließlich gab es sonst niemanden, der das hätte erledigen können. So setzte ich mich also hin und überlegte, was wir wissen mußten, um Leben im Weltraum zu entdecken. Ich begann, die wichtigen Punkte, so wie sie mir in den Sinn kamen, aufzuschreiben.

Sicherlich mußten wir die Zahl der jährlich neu hinzukommenden Sterne kennen, und zwar nicht die aller Sterne, sondern nur der »guten Sonnen«. Diese waren weder zu groß

noch zu klein, und man konnte davon ausgehen, daß Planeten sie begleiteten, so daß zumindest einige von ihnen in lebensspendendem Licht gebadet wurden.
Sollte es Planeten außerhalb des Sonnensystems geben, die für Leben geeignet wären, stellte sich die Frage, wie viele von ihnen tatsächlich ein Zuhause für lebende Wesen werden würden. Mit anderen Worten: Angenommen, es gibt einen Ort, an dem sich Leben entwickeln könnte – wie wahrscheinlich ist es, daß sich dort auch Leben entwickeln wird? Das war ein weiterer wichtiger Punkt.
Und selbst wenn es gewährleistet wäre, daß andere Welten von fremden Lebensformen nur so wimmeln, stellt sich automatisch die Frage, wie viele von ihnen als intelligent bezeichnet werden können. Und welcher Art wäre diese Intelligenz? Würden wir in der Lage sein, sie zu entdecken und mit ihnen über interstellare Entfernungen hinweg kommunizieren zu können?
Alle Orte, an denen wir nach Leben suchen könnten, liegen in der Tat sehr weit von der Erde entfernt. Und im Universum ist Entfernung gleichbedeutend mit Zeit. Es sah so aus, als ob die Chance, unsere kosmischen Ebenbilder zu finden, deutlich gesteigert würde, wenn diese Zivilisationen nach ihrer Entstehung und Entdeckbarkeit eine gewisse Weile bestehen könnten. Idealerweise wären sie so freundlich, so lange entdeckbar zu bleiben, bis wir sie gefunden haben. Es wäre außerdem sehr schön, wenn auch wir entdeckbar blieben, trotz der Tatsache, daß wir Menschen neben Radioteleskopen auch nukleare Waffen herstellen.
Ich betrachtete meine Liste und dachte darüber nach, wie ich irgendeine Reihenfolge in die Themen bringen könnte. Vielleicht sollte ich die Punkte ihrer Wichtigkeit nach anordnen. Jedoch schien jeder Punkt gleichermaßen wichtig für eine Bewertung weiterer Projekterfolge. Plötzlich hatte ich

die Lösung: Die Tagesordnungspunkte waren zwar alle von gleichgroßer Bedeutung, aber auch völlig unabhängig voneinander. Zusammen ergaben sie eine Art Formel zur Bestimmung der Anzahl fortgeschrittener, kommunikativer im Weltraum existierender Zivilisationen.

Also gab ich jedem Tagesordnungspunkt ein Symbol mathematischer Art und konnte auf diese Weise die gesamte Agenda für die Konferenz in einer einzigen Zeile zusammenfassen:

$$N = R f_p n_e f_l f_i f_c L$$

Selbstverständlich besaß ich keine echten Werte für die meisten Faktoren. Aber ich hatte eine unwiderstehliche Gleichung gefunden, die die zu besprechenden Punkte zusammenfaßte: die Anzahl (N) der entdeckbaren Zivilisationen im Weltraum ist gleich der Summe (R) von Sterneninformationen mal dem Bruchteil (f_p) der Sterne, die Planeten bilden, mal der Anzahl (n_e) bewohnbarer Planeten mal dem Bruchteil (f_l) der Planeten, auf denen Leben tatsächlich entsteht, mal dem Bruchteil (f_i) der Planeten, wo Leben zu intelligenten Wesen führt, mal dem Bruchteil (f_c) der Planeten mit intelligenten Wesen, die eine interstellare Kommunikation führen können, mal der Zeit (L), während der eine solche Zivilisation entdeckbar bleibt.

Meine Agendagleichung wurde später als die »Drakesche Gleichung« bekannt. Bis heute freue ich mich, sie in den meisten astronomischen Handbüchern nachlesen zu können, wo sie oftmals übersichtlich und bedeutungsvoll gerahmt abgedruckt ist, wie zum Beispiel auch in der *New York Times*. Und erst kürzlich stand sie im Mittelpunkt einer Ausstellung im *Smithsonian Institution's Air and Space Museum* in Washington D. C. Es überrascht mich immer wieder, daß diese Gleichung als eine der großen Ikonen der Wissenschaft betrach-

tet wird, da sie mir weder großartige intellektuelle Anstrengungen noch Einblicke abverlangt hatte. Aber damals wie heute drückt die Gleichung eine große Idee auf eine Weise aus, daß selbst ein wissenschaftlicher Anfänger sie umsetzen kann. Menschen, die mit dem wissenschaftlichen Bild der kosmischen und biologischen Evolution nicht vertraut sind, denken manchmal, daß es sich um eine hochspekulative Sache handelt. Genau das Gegenteil ist aber der Fall, da jedes in der Gleichung angenommene Phänomen ein Ereignis ist, das zumindest einmal bereits stattgefunden hat.
An unserem großen Tag, der auf den Tag vor Allerheiligen, also den amerikanischen Halloweenabend, fiel, reisten die Gäste aus allen Himmelsrichtungen an. Morrison aus New York; Calvin, Sagan, Huang und Oliver aus Kalifornien; Lilly aus St. Thomas auf den Virgin Islands; Atchley aus Boston und Pearman aus Washington. Cocconi kam nicht. In einem Telegramm aus Genf drückte er sein Bedauern über seine Absage aus. Wichtige Arbeiten an einem physikalischen Projekt im CERN, dem Europäischen Zentrum für Atomforschung, hielten ihn dort fest.*
French Beverage, unser Fahrer, pendelte eifrig zwischen Elkins und Green Bank, um die Gäste vom Flughafen zum Observatorium zu chauffieren.

---

* Bald nachdem Cocconi die Wissenschaft von der Suche nach außerirdischem Leben durch seine Mitwirkung an Morrisons Abhandlung lanciert hatte, verließ er dieses Forschungsgebiet und kehrte auch nie wieder dorthin zurück. Seither lehnt er jede Einladung zu Konferenzen ab, selbst zu Meetings, die in der Nähe seines Hauses in Genf stattfinden, wo Cocconi Direktor des CERN wurde. Jedesmal wiederholt er freundlich, daß er bei der Thematik nicht mehr auf dem Stand der aktuellen Entwicklungen sei und somit keinen wertvollen Beitrag zu einer Diskussion leisten könne. Ich traf Cocconi nur einmal, als ich lange nach der Green-Bank-Konferenz das Genfer Forschungszentrum besuchte.

Welche Vielzahl beeindruckender Charaktere da zu uns ins Haus kam! Und welche Gegensätze sie im Vergleich zueinander bildeten! Oliver kam mit großen Schritten herein und nahm Struves aristokratische Hand in seine beiden muskulösen Hände, wobei er Struve respektvoll mit seiner brummenden Stimme anredete. Obwohl ich Pearman ja noch nie begegnet war, erkannte ich ihn sofort. Er sah noch englischer aus, als er sich am Telefon anhörte, mit seinem schmalen Gesicht und seiner Adlernase, die Erinnerungen an den Sherlock-Holmes-Darsteller Basil Rathbone wachriefen. Pearman heftete sich sogleich an Huangs Fersen, dessen Englisch mir völlig unverständlich war.

Lilly sah überhaupt nicht wie jemand aus, der sich selbst in eine Isolationskammer begab und sich Elektroden in den Kopf steckte, um herauszufinden, welche Gehirnteile die Zentren der Freude und welche die des Leidens waren. Er war attraktiv genug, um ein Schauspieler zu sein, der die Rolle des John Lilly spielte. Atchley hingegen wirkte wie der Prototyp eines Silicon-Valley-Bosses.

Morrison, klein und gebeugt, hatte einige Schwierigkeiten beim Aussteigen aus dem Wagen. Er brauchte einen Stock beim Gehen, da er als Kind an Polio erkrankt war. Eifrig schüttelte ich seine Hand. Das letzte Mal, als ich ihn sah, war ich eines von Hunderten namenloser Gesichter, die ihn im Vorlesungssaal gebannt anstarrten. Man konnte nicht in Cornell studieren, ohne an Morrisons Vorlesungen teilzunehmen, selbst wenn man keinen Kurs bei ihm belegt hatte. Damals, als er hinter dem Rednerpult stand, war er eine majestätische Erscheinung. Ich weiß noch, daß er seine Vorlesungen so schnell und leidenschaftlich vortrug, daß es sich fast als unmöglich erwies, Notizen zu machen. (Daran hat sich bis heute nichts geändert.)

Calvin machte für jemanden, dem die höchste wissenschaftliche Anerkennung zuteil werden sollte, einen unglaublich ruhigen Eindruck. Zweifellos kannte er die Gerüchte, die im Zusammenhang mit der Nobelpreisverleihung über ihn kursierten, aber er konzentrierte sich völlig auf die aktuelle Arbeit – während der ganzen Reise von Berkeley nach Green Bank hatte er sie eingehend mit Sagan diskutiert. Calvin vermittelte mir spontan einen warmen und aufrichtigen Eindruck. Ich mochte ihn gleich.

Struve, vor der Jahrhundertwende geboren, war der Senior unserer Gruppe; Sagan, dunkelhaarig, keß und brillant, hingegen mit seinen 27 Jahren der jüngste Teilnehmer. Ich selbst zählte dreißig Jahre. Pearman mußte um die vierzig Jahre alt sein, und die anderen rangierten zwischen Ende Vierzig und Anfang Fünfzig. Naturgemäß deckten wir das ganze Spektrum von Forscherpersönlichkeiten ab, das von reinen Theoretikern wie Morrison bis hin zu den Praktikern der angewandten Wissenschaft wie Oliver und Atchley reichte. Was uns vereinte, war unsere außergewöhnliche und starke Überzeugung, daß das Universum über und über bevölkert sein mußte. In Gegenwart dieser Menschen konnte man sich, ohne zu zögern, ohne in Verlegenheit zu geraten oder sich gar lächerlich zu machen, in engagierte Diskussionen über außerirdisches Leben einlassen. Rückblickend war diese Zusammenkunft eine einzigartige Gelegenheit für die meisten von uns. Aber zu dem damaligen Zeitpunkt dachte niemand daran, daß diese Konferenz von historischer Bedeutung sein könnte. Daher gab es weder ein Sitzungsprotokoll noch ein Foto der Teilnehmer, obwohl letzteres kein auch nur annähernd so großes Versäumnis darstellt wie das Fehlen eines detaillierten Protokolls.

Am 1. November, einem Mittwochmorgen, versammelten wir uns alle in dem kleinen Konferenzzimmer unseres Gästehauses, und jeder der Teilnehmer wurde offiziell von Struve begrüßt. Dann stand ich auf und schrieb meine Gleichung an die Tafel. Während ich schrieb, erläuterte ich die einzelnen Faktoren. Ein Murmeln und Flüstern unter den Teilnehmern begann, noch bevor ich mit der Hälfte der Gleichung fertig war. Wie erhofft gab die Formel einen unmittelbaren und gezielten Einstieg in unsere Diskussion. (Heute, wo ich die wissenschaftliche Bedeutung der Gleichung kenne, pilgere ich immer, wenn ich nach Green Bank komme, in den Raum, in dem wir damals konferierten, und schwelge in Erinnerungen an jene Momente. Wo früher die Tafel stand, befindet sich mittlerweile eine Gedenktafel mit der Gleichung und ihrer Erklärung.)

Die Astrophysiker im Raum boten sogleich Werte für den Wert R an, die Anzahl der Sternenbildung in der Galaxis. Um die Geburtsrate von Solartypsternen zu ermitteln, mußten wir nur die Zahl solcher Sterne in der Galaxis nehmen, etwa 10^7 (10 Millionen), und sie durch die durchschnittliche Lebensdauer eines solchen Sternes teilen, die etwa 10^7 Jahre (10 Mio. Jahre) beträgt. Wissenschaftler sprechen immer über äußerst große Zahlen in Zehnerpotenzen. Aber selbst ein Mensch, der es nicht gewohnt ist, mit solch großen Zahlen umzugehen, kann leicht erkennen, daß 10^7 geteilt durch 10^7 eins ergeben wird.*

Die klassische Antwort, und darüber waren sich alle einig, lautete eins; mindestens ein neuer Stern wurde pro Jahr in

* Die wissenschaftliche Kurzschrift für solch enorme Zahlen hilft, die numerische Beschreibung des riesigen Universums und submikroskopischer Atome zu handhaben. In dieser Kurzschriftform ist eine Million 10^6; also eine 1 mit sechs Nullen; fünf Millionen werden zu 5×10^6 (ein Millionstel ist 10^{-6}). Die Bedeutung dieser Schreibweise wird in Diskussionen über Zahlen klar, in denen es alles andere als möglich ist, sie in Worten auszudrücken, wie etwa 10^{22}.

jeder beliebigen Galaxie geboren. Unter die Gleichung schrieb ich »R = 1«.
So weit, so gut. Wie viele dieser Sterne hatten Planeten? »Solartypsterne entstehen selten allein«, warf Struve ein und erklärte, daß Sterne von der Größe der Sonne meistens als Zwillinge – also Doppelsterne – aus ihren Gas- und Nebelnestern hervorgehen, oder aber als Solo-Sonnen, die von Planeten umgeben sind.
»Ungefähr die Hälfte der F-, G- und K-Typen existieren in binären Systemen«, fuhr er fort, »also kann man davon ausgehen, daß die andere Hälfte Planeten besitzt.«
»Oder weniger als die Hälfte«, schlug Morrison vor. »Die Reste des stellaren Nebels könnten ja auch ein anderes Schicksal haben. Diese Überreste könnten als kleine Asteroiden dienen und wären als Lebensraum unzureichend. Sie könnten in den Weltraum geschossen werden. Wir wissen es nicht. Vielleicht hat nur einer von fünf Sternen tatsächlich Planeten.«
Nun ja, somit besaßen wir hier eine Auswahl verschiedener Werte. Vielleicht könnte man von einem Fünftel bis zur Hälfte der Milchstraßensterne erwarten, daß sie ein Sonnensystemähnliches Planetensystem besaßen. Mit diesem Unsicherheitsfaktor konnten wir allerdings arbeiten.
Pearman meinte, es sei schade, daß wir keine genaueren Zahlen besäßen, da es so aussah, als ob die Frage mit direkten Beobachtungen durchaus beantwortet werden könnte. Er hatte recht. Mit Hilfe neu entwickelter Beobachtungstechniken war es möglich, die Existenz unsichtbarer Sternenbegleiter aufzudecken, allerdings wandten Astronomen diese Technik noch nicht in vollem Umfang an. Würde man nur ein einziges anderes Sonnensystem finden, wäre das für unsere Betrachtungen ein einzigartig positiver Beitrag. (Bis heute wird immer noch nach solchen anderen planeta-

rischen Systemen gesucht. Man glaubt allerdings, bereits einige gefunden zu haben.)
Im Zusammenhang mit der Anzahl der bewohnbaren Planeten in jedem Sonnensystem sagte Huang, er gehe davon aus, daß es mindestens einen gäbe. In seinem gebrochenen Englisch fügte er hinzu, daß für unsere Sonne die bewohnbare Zone drei Planeten umfaßt, nämlich Venus, Erde und Mars. Auf einem existiert Leben erwiesenermaßen, möglicherweise auch auf mehr als nur einem. Zwar schien die Venus zu heiß und der Mars zu kalt zu sein, aber vielleicht lebten ja doch irgendwelche Wesen auf diesen Planeten. Diese Frage war noch nicht geklärt.*
Huang und Struve vertraten die Ansicht, daß unser Sonnensystem vermutlich in Größe und Anzahl der Planeten typisch war. Um andere Sterne wie unsere Sonne würden sich Planeten in verschiedenen Umlaufbahnen verteilen. Einige dieser Umlaufbahnen entsprächen sicherlich Huangs »bewohnbarer Zone«. Er schlug vor, mindestens einen potentiell bewohnbaren Planeten pro Sonnensystem anzunehmen und möglicherweise fünf Planeten mit Voraussetzungen für bestimmte Lebensformen. Sagan brachte eine strittige, aber wichtige Beobachtung in die Diskussion: Ein atmosphärischer Treibhauseffekt könnte auch die Planeten bewohnbar machen, die weit von einem Stern entfernt liegen. Diese Möglichkeit würde die Anzahl der Planeten erhöhen, die in der Lage waren, Leben zu fördern. Der Minimalwert von n_e lag zwischen eins und fünf.
Sicherlich war es gut, so viele potentiell bewohnbare Plane-

* Sie ist bis heute nicht geklärt. 1976 konnte die Viking-Sonde, die nach Leben auf dem Mars forschen sollte, kein eindeutiges Ja oder Nein darüber abgeben, ob heute irgend etwas auf dem Mars lebt oder in der Vergangenheit dort lebte, bevor das ganze Wasser gefror und dann verdunstete.

ten zu haben, aber wie viele von ihnen waren nun tatsächlich bewohnt? Calvin und Sagan waren überzeugt davon, daß unter erwiesenermaßen günstigen Voraussetzungen Leben existieren könnte. Sagan argumentierte eindrucksvoll, daß Planeten mit »junger« Erdatmosphäre weit verbreitet sein müßten, unter der Voraussetzung eines kosmischen Überflusses der Elemente. Energiequellen wie Blitze und ultraviolettes Licht gab es ebenfalls in Hülle und Fülle. Er wies darauf hin, daß irdisches Leben zum frühestmöglichen Zeitpunkt entstanden war – ein deutlicher Hinweis darauf, daß die Entwicklung des Lebens einfach war. Wenn man genug Zeit hatte, konnte man durchaus davon ausgehen, daß Leben durch die Gesetzmäßigkeit physikalischer und chemischer Kräfte entstand. Leben war also eher wahrscheinlich als unwahrscheinlich. Darüber hinaus würden die Frühstadien des Lebens auf anderen Planeten wahrscheinlich den ersten einzelligen Organismen auf der Erde entsprechen. Die von uns entdeckten Außerirdischen würden sich auffallend von uns unterscheiden, da sie ihre individuelle Evolution vom Einzeller bis hin zur hochkomplexen, intelligenten Lebensform erlebt hätten. Dennoch hätten wir alle einmal gleich angefangen, aus derselben Materie.

Wo Leben entstehen könnte, würde es auch entstehen – so lautete die logische Schlußfolgerung. Der Rest der Gruppe erörterte diese Theorie weiter und gab f_l den Wert 1.

Weder in der anschließenden Mittagspause noch zu einem anderen Zeitpunkt während dieser drei Tage verstummten die Diskussionen, außer spätnachts, wenn die Teilnehmer endlich todmüde einschliefen. Es war ein Diskussionsmarathon, und wenn wir nicht gerade im Konferenzraum miteinander sprachen, dann redeten wir in der Cafeteria oder in kleinen Gruppen beim Spaziergang um das Observatorium und in die nahe gelegene Umgebung. Unsere Gespräche be-

gannen stets frühmorgens und endeten immer spät in der Nacht.
Als wir uns nach dem Mittagessen wieder im Konferenzraum einfanden, richteten wir unser Augenmerk auf die Anzahl der bewohnbaren Planeten, auf denen man intelligente Lebensformen erwarten könnte.
Derjenige unter uns, der das meiste über andere Formen intelligenten Lebens beitrug, war John Lilly. Mehrere Stunden an diesem ersten Konferenztag erfreute er uns mit Geschichten von seinen Flaschennasen-Delphinen, deren Gehirne, wie er sagte, größer als unsere und genauso dicht mit Neuronen bestückt sind. Einige Partien des Delphingehirns sähen sogar noch komplexer als die ihrer menschlichen Pendants aus, versicherte Lilly. Eindeutig hatte die Erde mehr als eine intelligente Spezies hervorgebracht.
Im Fernsehen lief damals die populäre Kinderserie »Flipper«, die Geschichte eines zahmen Delphins, der ganz zauberhafte Sachen machte und sich routiniert im Wasser aufrecht hielt, um seinen Menschenfreunden zuzupiepsen und zuzuschnalzen. Lilly erzählte uns, daß Delphine wirklich zahlreiche Geräusche von sich gaben, die sich täuschend echt nach verrosteten Scharnieren, knarrenden Türen und Kratzen auf Metall anhörten. Diese Töne waren Bestandteile ihres Sonarvokabulars und halfen ihnen bei der Futtersuche oder dabei, ihre Artgenossen zu finden. Untereinander kommunizierten sie mit Pfeiftönen, die sie durch ihre Nasenlöcher in einem Frequenzbereich ausstießen, der weit außerhalb des menschlichen Hörvermögens lag. Lilly hatte das ganze Repertoire der Delphinsprache in seinem Institut für Kommunikationsforschung aufgezeichnet und die Bänder mitgebracht, um sie uns vorzuspielen.
Lilly war der Überzeugung, daß die Töne eine komplexe Sprache darstellten und daß er diese gerade erst zu verste-

hen begann. Beispielsweise klang der Schmerzensschrei eines Delphins wie zwei Pfeiftöne in Crescendo-Decrescendo-Folge. Pfiff ein Delphin zweimal, würde ein anderer herbeieilen. Eine herzergreifende Demonstration der Effektivität dieses »Hilferufes« erlebte Lilly eines Tages, als einer seiner Delphine während eines Experiments derart unterkühlt wurde, daß er – halb erfroren – von Schüttelfrost geplagt wurde. Als man ihn in einen Wassertank zurückverfrachtete, in dem sich zwei andere Delphine befanden, sah man, daß er zu unterkühlt war, um schwimmen zu können. Wenn aber ein Delphin in bestimmten Abständen nicht an die Wasseroberfläche gelangt, um zu atmen, muß er unweigerlich ersticken. Der Delphin pfiff zweimal. Seine beiden Gefährten nahmen sodann den halberfrorenen Kollegen in ihre Mitte und hoben ihn so hoch, bis seine Nasenlöcher die Wasseroberfläche erreichten. Dann pfiffen und schnatterten alle drei ausgiebig und tauchten wieder unter. Offenbar »besprachen« sie einen Katastrophenplan, denn die beiden Helfer schwammen absichtlich immer wieder in die Nähe ihres »lahmen« Artgenossen.

Jedesmal, wenn sie unter ihm schwammen, berührten ihre Rückenflossen seine Geschlechtsorgane, so daß sich seine starken Schwanzflossenmuskeln reflexartig kontrahierten. Die Kontraktionsbewegung reichte aus, um ihn an die Oberfläche zu treiben. Seine Helfer waren so zuvorkommend, ihre unorthodoxe, aber effektive Lebensrettungstechnik mehrere Stunden aufrechtzuerhalten, bis ihr Gefährte so weit aufgewärmt war, daß er wieder aus eigener Kraft schwimmen konnte.

Lilly hatte noch mehr Anekdoten über Delphine auf Lager, die anderen leidenden Artgenossen zu Hilfe kamen. Er erzählte sogar einige Geschichten, in denen Delphine Menschen halfen, die vom Wasser eingeschlossen waren. Bei der

Beschreibung des Delphinverhaltens wählte Lilly absichtlich eine typisch menschliche Terminologie, weil es sich für ihn auch menschlich darstellte. Und er war davon überzeugt, eines Tages mit Delphinen kommunizieren zu können. Erstaunlicherweise klang das Piepsen und Schnalzen wie menschliche Sprache, als Lilly die Laufgeschwindigkeit seiner Tonbandaufnahmen stark herunterschaltete.
Seine Berichte hatten uns alle richtig in Atem gehalten. Wir spürten schon ein bißchen die uns bevorstehende Aufregung, wenn wir auf nichtmenschliche Intelligenz außerirdischer Herkunft treffen würden. Rückblickend denke ich allerdings, daß Lillys Arbeit nur eine schwache wissenschaftliche Leistung war. Sicher hatte er endlose Stunden damit zugebracht, seine Aufnahmen auszuwerten, um die kleinen Passagen herauszufiltern, die wirklich menschlich klangen. Sie wissen ja, wie es so geht: Wenn man genügend Schreibmaschinen an viele Affen verteilt, wird einer von ihnen ein Shakespeare-Sonett tippen. Nicht lange nach unserer Green-Bank-Konferenz begingen einige von Lillys Delphinen Selbstmord, offenbar als Reaktion auf die Experimente in Gefangenschaft. Lilly ließ die überlebenden Tiere frei und widmete sich der eigenen Bewußtseinserweiterung dienenden LSD-Experimenten.
»Delphine«, hatte uns Lilly in Green Bank erläutert, »könnten dazu abgerichtet werden, Piloten zu retten, deren Flugzeuge über dem offenen Meer abgestürzt sind. Sie könnten feindliche U-Boote aufspüren und sogar als gegen jede Art der Entdeckung gefeite Lieferanten von Bomben dienen, die in feindlichen Häfen detonieren.«
Bevor die Unterhaltung zu sehr in diese Richtung abschweifte, brachte uns Morrison wieder auf das eigentliche Thema zurück, indem er sagte, daß Delphine – so intelligent, wie sie sein mochten – vermutlich nicht allzusehr an Astronomie in-

teressiert sein dürften, schon allein deshalb, weil sie die Sterne nicht sehen können, außer in den kurzen Augenblicken, in denen sie nachts auftauchen, um zu atmen. Selbst wenn sie astronomische Interessen hätten, könnten sie kaum Teleskope mit Schwimmflossen bauen.

Ernsthaft fügte Morrison hinzu, daß das Geheimnis des Lebens wahrscheinlich die Entwicklung von Intelligenz bestätige, wie zumindest Menschen und Delphine auf der Erde bewiesen. Intelligenz hätte zweifellos einen so hohen Überlebenswert, daß viele Arten von intelligenten Kreaturen auf einem einzigen Planeten bestehen könnten. Der Rest der Gruppe stimmte darin überein, daß Intelligenz einen großen Überlebenswert darstellte. Dies machte es wahrscheinlich, daß Intelligenz – gemäß den Gesetzmäßigkeiten der natürlichen Selektion – auf jedem beliebigen Planeten, wo sich Leben einmal entwickelt hatte, bestehen könnte. Für unsere Gleichung bedeutete das: $f_i = 1$.

Während der ersten Nacht unseres Meetings, als sich schon alle in die Unterkünfte und Zimmer des Gästehauses zurückgezogen hatten, beschloß ein Komitee des Kardinska-Instituts in Stockholm, den 1961er Nobelpreis für Chemie an Melvin Calvin zu verleihen. Kurz nach 4 Uhr morgens kam der Anruf aus dem sechs Zeitzonen entfernten Schweden. Im Gästehaus, wo Calvin übernachtete, gab es keine Telefone, und so war es der Nachtwächter, der im Verwaltungsgebäude als erster die Nachricht erhielt. Da er von mir entsprechend vorgewarnt und instruiert war, was er in einem solchen Fall zu tun hatte, raste er durch die Gebäude, um Calvin zu rufen.

Natürlich standen, von dem Lärm geweckt, auch alle anderen auf. Das ganze Observatorium war in Aufruhr. Wir schleppten den Champagner herbei und tranken auf das Wohl unseres Helden. Es mag verrückt klingen, aber das

Teilhaben an Calvins großer Stunde war schon beinahe ein Teilhaben am Nobelpreis. Ich fühlte, daß auch wir und das Thema, mit dem wir uns beschäftigten, plötzlich durch Calvins neuen Status in der Öffentlichkeit einen weitaus höheren Stellenwert einnehmen mußten, da der Nobelpreis eine so große Auszeichnung ist. Üblicherweise stieß dann alles, was ein Preisträger tat, auf mehr als nur reges öffentliches Interesse.

Anrufe von Reportern und Gratulationstelegramme brachen flutartig über uns herein, aber am späteren Vormittag hielt Calvin es für angebracht, wieder über außerirdisches Leben zu sprechen. Ihm war es offensichtlich etwas unangenehm, daß der ganze Tumult unsere Tagesordnung umwarf.

Den Rest des Tages verbrachten wir – abgesehen von weiteren kurzen Unterbrechungen – damit, den Anteil an intelligenten Lebensformen zu bestimmen, die den Wunsch und die nötigen Mittel für interstellare Kommunikation haben könnten. In unserer Gleichung war dies der Punkt f_c und möglicherweise auch die unbestimmteste aller bisher erörterten Fragen.

Morrison gab zu bedenken, daß sich höherentwickelte Zivilisationen unabhängig voneinander in drei eigenständigen Zonen der Erde gebildet hatten: in China, im Mittleren Osten und in Amerika. Er nahm an, daß sich ein vergleichbares Szenario im Weltraum abgespielt haben könnte, lediglich auf einem technologisch höheren Niveau – mit dem Ergebnis, daß dort viele Zivilisationen entstanden, ohne voneinander zu wissen, weil die großen Entfernungen zwischen den Sternen sie isolierten. Morrison zog sogar die Existenz einer bedeutenden Gemeinschaft von höherentwickelten Zivilisationen in Erwägung, die in Kontakt miteinander stünden und rege Ausschau nach Newcomern hielten, um sich mit ihnen zu unterhalten und zu amüsieren.

Lilly machte für sich geltend, daß er mehr oder weniger mit Delphinen von den Virgin Islands kommunizierte, was er – bescheiden ausgedrückt – für einen großartigen Erfolg hielt. Was aber würde geschehen, wenn er sie am entgegengesetzten Ende der Galaxis erreichen müßte? Man konnte davon ausgehen, daß eine intelligente Spezies Radiophysik und elektromagnetische Kommunikation benötigte, um Nachrichten an ein anderes Sternensystem zu senden.
»Wir wollen uns einmal vorstellen, wie diese Kreaturen überhaupt sind«, sagte Calvin. »Wir haben zwar keine Anhaltspunkte darüber, wie sie aussehen, aber meiner Meinung nach verfügen sie sicherlich über Seh- und Hörorgane. Schließlich ist das Universum, in dem sie leben, ein Universum des Lichts und der Geräusche. Vielleicht können sie das, was wir ›sichtbares Licht‹ nennen, nicht sehen. Vielleicht sehen sie im Ultraviolett- oder Infrarotbereich, aber irgend etwas werden sie bestimmt sehen und hören. Vermutlich besitzen sie Sinnesorgane für Berührungen, damit sie nicht ständig aufeinanderprallen, und sie müssen etwas haben, um Informationen von ihren Sensoren zu verarbeiten – so etwas wie ein Gehirn, obwohl ich nicht sagen kann, von welcher Gestalt es sein könnte.«
Calvin erklärte, daß er sich keine Evolution ohne elektromagnetische Strahlung vorstellen könne. Er sprach von Sonnenlicht und Wärme, die, von seinem biochemischen Standpunkt aus betrachtet, die beiden überlebensnotwendigen Formen elektromagnetischer Strahlung darstellen. Sie machten Leben nicht nur möglich, sondern gestalteten es sogar.
Elektromagnetische Strahlung hatte auch das Leben der Astronomen und Physiker in unserer Gruppe auf bestimmte Weise geformt: Wir widmeten unser eigenes intelligentes Leben der Analyse des elektromagnetischen Spektrums, von Gammastrahlen bis hin zu Radiowellen. Wir drangen for-

schend in unser – wie Calvin es nannte – »Universum des Lichts und der Geräusche« ein mit immer sensibleren Instrumenten, die die Reichweite der uns angeborenen Organe bei weitem übertrafen. Es schien uns vernünftig anzunehmen, daß andere Intelligenzen den gleichen Weg wählen würden. Einige von ihnen, wie Delphine und Wale, würden das ganze Geräuschspektrum auf intelligente, aber nichttechnische Weise ausloten. Wiederum andere, die an Land lebten, bauten eben Funktürme und Teleskope, mit denen sie den Weltraum zu erreichen hofften.

Selbst wenn sie nicht an eine Kommunikation mit ihren galaktischen Nachbarn dächten, würde ihre Kommunikationsfähigkeit sie verraten.

Die Erdenbürger, um das einzig bekannte Beispiel zu nennen, waren erst 1947 durch die Einführung des Fernsehens zu einer entdeckbaren Zivilisation avanciert. Unsere Fernsehprogramme strahlen elektromagnetische Signale in den Weltraum hinein, die selbst in großen Entfernungen mit Instrumenten, die nicht größer als unsere eigenen Radioteleskope sind, wahrgenommen werden können. Und dadurch würden Sendungen wie »Ich liebe Lucy« oder »Rauchende Colts« den Beweis für intelligentes Leben auf der Erde abgeben. Egal, welchen Eindruck solche »Botschaften« auch immer bei fremdartigen Wesen hinterließen, sie bahnten sich unaufhaltsam ihren Weg zu den Sternen. Hinweise auf unsere Existenz befanden sich also bereits draußen im Universum. Welche Hinweise auf andere Intelligenzen würden wir antreffen, wenn wir unsere Suche nach ihnen fortführten? Vielleicht gezielte Nachrichten voller nützlicher Informationen über das Universum? Oder *alien sitcoms?*

»Warum nicht?« schmunzelte Oliver. Diese Möglichkeit war doch wesentlich plausibler als die Ankunft eines UFO. Es herrschte absolute Übereinstimmung darüber, daß der Weltraum einfach zu weitläufig war, um simple, physische Besuche der Zivilisationen untereinander zu gestatten. Um Geschwindigkeiten zu erzielen, die dazu ausreichten, interstellare Reisen innerhalb einer angemessenen Zeit durchzuführen, wäre ein Energiebedarf notwendig, den selbst sehr hoch entwickelte Zivilisationen nicht erbringen könnten. Ein »Kontakt« könnte also lediglich in Form von elektromagnetischen Signalen erfolgen, die mit Lichtgeschwindigkeit zwischen den Welten gesendet würden. (Unabhängig davon, wie weit uns unser Grübeln ins Reich der Träume entführte, die Möglichkeit interstellarer Reisen diskutierten wir nicht einmal in Green Bank, da es für unsere Thematik irrelevant war. Dennoch werde ich in einem späteren Kapitel auf dieses weitverbreitete und zugegebenermaßen faszinierende Thema eingehen.)

Mit nur einer Phantasieskizze der außerirdischen Anatomie und ohne den Hauch einer Ahnung über die soziologischen Aspekte konnten wir unmöglich festlegen, ob Außerirdische mit uns kommunizieren wollten oder welche Gründe sie haben könnten, um ihre Existenz zu verheimlichen. Nach den uns zur Verfügung stehenden Möglichkeiten nahmen wir schließlich an, daß zehn bis zwanzig Prozent der intelligenten Zivilisationen versuchen würden, andere Gemeinschaften ausfindig zu machen, um mit ihnen Kommunikation zu betreiben. Somit lag der Wert für f_c also zwischen 1/5 und 1/10.

Der letzte noch zu bestimmende Faktor hatte sehr viel mit unserem Schicksal zu tun: L, die Langlebigkeit einer zu interstellarem Kontakt fähigen Zivilisation.

L stellte uns vor eine konkrete Frage: Wie lange bleibt eine Zivilisation, die technologisch in der Lage ist, innerhalb des Weltraums auf ihre Existenz aufmerksam zu machen, noch eine Zivilisation? Wir Erdlinge verfügten bereits über die militärischen Mittel, um uns selbst mit einem einzigen Schlag auszurotten. Diese Fähigkeit erlangten wir etwa zeitgleich mit unserer Entdeckbarkeit im Kosmos. Zufällig hatte einer unserer Green-Bank-Teilnehmer, Phil Morrison, am Manhattan-Projekt zum Bau der zweiten Atombombe mitgearbeitet. Unmittelbar nachdem sie am 9. August 1945 über Nagasaki abgeworfen wurde, wechselte Morrison ins Lager der Aktivisten für Waffenkontrolle. Wenn die Fähigkeit für eine totale planetarische Zerstörung jeder technologisch höher entwickelten Zivilisation gegeben wäre, wie wahrscheinlich wäre es dann für uns, draußen im Universum irgend jemanden zu entdecken?

Möglicherweise erreichten zahllose Zivilisationen ein im Universum vorgeschriebenes Alter, segneten dann allerdings das Zeitliche, noch bevor sie Kontakt zu Wesen von anderen Planeten aufnehmen konnten. Denkbar wäre auch, daß wir Welten entdecken, in denen die Bewohner gelernt haben, friedlich zusammenzuleben. Sicherlich hatten sich die Zivilisationen, die wir entdecken würden, ihren Weg durch eine Ära nuklearer Zerstörungsgefahr gebahnt und könnten uns als pazifistische Vorbilder dienen. Dieser Aspekt war von großer sozialer Relevanz. Und was auch immer wir eines Tages über die tatsächliche Existenz fremder Zivilisationen herausfänden – unsere Bemühungen bei dieser Suche würden auf unsere eigene Zivilisation ein völlig neues Licht werfen.

Auch wenn es einigen anderen Welten gelingen sollte, zu einer umfassenden Gesellschaftsform anzuwachsen, bevor sie ihre eigenen Waffen zur Massenvernichtung entwickelten, wie Sagan es befürchtete, gab es doch noch ganz andere Katastrophen, die einen Planeten auslöschen konnten. Beispielsweise vermochten Kollisionen mit Asteroiden die Zahl

der überlebenden Zivilisationen deutlich zu dezimieren. (Jüngste Forschungen ergaben, daß dies eine weitaus größere Bedrohung darstellt, als wir damals noch annehmen durften.) Oder die Außerirdischen vergeudeten die natürlichen Ressourcen ihres Planeten und vermehrten sich so stark, daß sie sich nicht mehr ernähren konnten.
Schließlich gelangten wir zu der Ansicht, daß die Lebenserwartung anderer Zivilisationen entweder sehr niedrig sein mußte – weniger als 1000 Jahre – oder extrem hoch – vielleicht Hunderte von Millionen Jahren, wenn man das Äußerste annahm.
Alle Zahlen, die wir bislang in die Gleichung eingesetzt hatten, waren entweder gleich eins oder hoben sich gegenseitig auf. Um ein Beispiel zu bringen: Multiplizierte man fünf – den angenommenen Wert für die Anzahl der bewohnbaren Planeten in einem Sonnensystem – mit einem Fünftel – also einem der Vorschläge für die Anzahl der Sterne mit Planeten –, so erhielt man eins. Der Wert von N hing somit ausschließlich vom Wert L ab. Und damit ergab sich eine neue, von allem Ballast befreite Gleichung, die schlicht lautete: $N = L$.
»Damit haben wir ein Ergebnis«, sagte ich. »Unsere beste Schätzung ergibt, daß sich zwischen 1000 und 100 Millionen höherentwickelte außerirdische Zivilisationen in der Milchstraße befinden.« (Im Laufe der Jahre veränderten sich zwar die Werte für die einzelnen Faktoren der Gleichung, aber die damals gefundene Lösung blieb die wahrscheinlichste.)
»Vielleicht gelingt es uns ja, die anderen zu finden«, hoffte Morrison und fuhr fort: »Ich denke, wir alle stimmen darin überein, daß wir es versuchen sollten.«
Wir wären schon froh gewesen, nur eine dieser Zivilisationen zu finden, und verbrachten die uns bleibende Zeit damit, herauszubekommen, wie das am besten in Angriff ge-

nommen werden konnte. Wir diskutierten über die Art der Signale, nach denen wir Ausschau halten sollten, und auch die »magischen Frequenzen«, wie beispielsweise das Wasserloch, wo wir IHRE Signale empfangen könnten. Wir sprachen über den möglichen Nutzen, Teleskope ausschließlich zu diesem Zweck einzusetzen, und erörterten, ob es womöglich besser wäre, an vielen verschiedenen Observatorien gleichzeitig, dafür aber mit geringerer Teleskopzeit zu operieren. Ich persönlich bevorzugte letzteres, da dies eine große Anzahl von Wissenschaftlern in das Projekt miteinbeziehen würde, von denen sich keiner auf diese einzige Aufgabe konzentrieren mußte, sondern jeder daneben noch die Gelegenheit hätte, sich während des langen Wartens auf den Erfolg anderen, stimulierenden Forschungsarbeiten zu widmen.

»Man muß sich einmal vorstellen«, fügte Morrison hinzu, »ein Wissenschaftler hat sein ganzes Leben ausschließlich mit der Suche nach dieser Nadel im Heuhaufen zugebracht und setzt sich zur Ruhe. Gleich am nächsten Tag kommt ein junger Wissenschaftler daher und findet die Nadel auf Anhieb. Was wäre das für eine persönliche Katastrophe für den ersten!«

»Aber es geht hier doch um Arbeit für die Gesellschaft und nicht für Individuen«, schloß Oliver. »Die Entfernungen, über die wir hier reden, bedeuten, daß Kommunikation eine Angelegenheit mehrerer Jahrzehnte, wenn nicht sogar Jahrhunderte ist. Es wird keineswegs so sein, daß ein einzelner Mensch mit einem einzelnen Außerirdischen spricht. Die Suche an sich muß von einer ganzen Gruppe betrieben werden.«

Morrison sprach darüber, wie man diese Suche zu einer »lebendigen Wissenschaft« werden lassen könnte: Nach wenigen Jahren müßten die Forschungspläne modifiziert und den zwischenzeitlich entstandenen neuen Techniken und Strategien angepaßt werden.

Leider wußten wir, daß wir uns nicht allzugroßen Hoffnungen darüber hingeben durften, viel Geld für die Verwirklichung unserer gigantischen Träume zu bekommen. Pearman erzählte uns, daß sich die aktuellen Gespräche bei der NASA auf ein anderes Projekt konzentrierten: Ende des Jahrzehntes planten die Vereinigten Staaten, einen Menschen auf den Mond zu schicken. Und die bewohnten Welten anderer Galaxien mußten sich angesichts der getroffenen Prioritäten ganz weit hinten anstellen.
Allerdings glaubten wir fest daran, daß unser Tag kommen würde. Wir mußten nur dafür sorgen, daß unsere Idee aufrechterhalten würde und daß die wissenschaftlichen Argumente fundiert und sachlich waren.
Im Laufe der Konferenz hatten wir Teilnehmer so viel gemeinsam erlebt, daß wir, als unser Meeting dem Ende zuging, das neugewonnene Gemeinschaftsgefühl auf gar keinen Fall einfach im Sande verlaufen lassen wollten. Um diesem Gefühl Nachdruck zu verleihen, betitelten wir unsere Gruppe »Delphin-Orden«, so als wären wir Mitglieder einer Loge, die sich auf ihre regelmäßigen Zusammenkünfte freuten.
Als wir die übriggebliebene Flasche Champagner öffneten und unsere Gläser erhoben, brachte Struve einen Toast aus: »Auf den Wert von L. Möge er zeigen, daß sich eine große Zahl hinter ihm verbirgt.« Mit diesem hoffnungsvollen Satz trennten sich unsere Wege.
Einige Wochen später erhielt ich mit der Post ein Päckchen von Melvin Calvin. Auch Struve bekam solch ein Päckchen, und später erfuhr ich, daß Calvin je eines auch an alle anderen Teilnehmer geschickt hatte. In dem kleinen Karton befand sich eine silberne Anstecknadel, eine aus einer griechischen Münze gefertigte Museumsreplik in Form eines springenden Delphins.

Wie man eine bessere Mausefalle baut

Unzählige Sonnen existieren,
unzählige Erden umkreisen diese Sonnen,
so wie die sieben Planeten unsere Sonne
umkreisen. Lebendige Wesen
bewohnen diese Welten.

Giordano Bruno, italienischer
Mönch des 16. Jahrhunderts

Hätte ich das Projekt Ozma 1960 nicht selbst initiiert, ich bin sicher, jemand anderes hätte es getan. Vielleicht nicht gerade dieselbe Suche mit einer identischen technischen Ausrüstung, aber doch sicherlich etwas Vergleichbares und bestimmt sehr bald. Ich erwähne das, weil der Gedanke an diese Suche – unabhängig von meinem Einfluß – auch anderen, mir bekannten Leuten zur selben Zeit gekommen war: Giuseppe Cocconi, Phil Morrison, Barney Oliver und Carl Sagan. Die notwendigen Kalkulationen waren nicht sonderlich kompliziert. Es schien fast so, als ob die Existenz von Radioteleskopen die Thematik interstellarer Kommunikation geradezu erzwang, da diese Instrumente uns die Mittel zur Suche auf solch nachdrückliche Weise in die Hände legten.

Ich weiß, ich habe schon viel darüber gesprochen, wie schwer es für mich war, meine Ideen geheimzuhalten, und

wie lange ich auf Gelegenheiten wie Ozma und den Delphin-Orden warten mußte, um meine verborgenen Träume zu realisieren. Tatsache ist, daß es mir dabei ausgesprochen gut ergangen war, besonders wenn ich an frühere Forscher denke, die die Sterne nach Lebenszeichen abgesucht hatten. Für sein öffentliches Bekenntnis über die Vielfältigkeit bewohnter Welten verbrannte man Giordano Bruno im Jahre 1600 auf dem Scheiterhaufen auf dem Campo dei Fiori, aus dem mittlerweile ein großer Parkplatz in der römischen Innenstadt geworden ist. Auf der anderen Seite war mir – der ich einfach das große Glück besaß, denselben Grundgedanken im richtigen Jahrhundert zu äußern – Ehre in Form von Forschungsstipendien, Teleskopbeobachtungszeit, öffentlicher Anerkennung sowie ein exklusiver Zirkel gleichgesinnter Kollegen, die sich um meine Fahne scharten, zuteil geworden. Im Frühjahr 1962 gewann ich einen weiteren wirklichen Freund und meine Forschungsarbeit einen bemerkenswerten Unterstützer, als Sebastian von Hoerner, ein deutscher Radioastronom, zu uns nach Green Bank kam.
Von Hoerner ist einer der großen, unbesungenen Helden in der Astronomie und auch in der Suche nach außerirdischer Intelligenz. Obwohl er zu spät in die Vereinigten Staaten kam, um an Ozma oder dem Treffen des Delphin-Ordens teilzunehmen, studierte er beides ausgiebig und vertiefte sich dann mit einer für ihn typischen Mischung aus Neugierde, Einsicht und Hingabe in unsere Überlegungen.
Wie Joseph Pawsey leistete von Hoerner wertvolle Grundlagenarbeit, betrieb aber nie Werbung in eigener Sache. Dieser Charakterzug verbannte ihn auf ewig aus dem Rampenlicht. Er hatte unter Werner Heisenberg studiert und besaß genügend Intelligenz, um die wirklich komplizierten Fragen in ihrer Abhängigkeit von Theorie und Kosmologie zu erkennen und zu lösen. Bei seiner Forschungsarbeit in Green

Bank nutzte er Radioquellen zur strukturellen und historischen Analyse des Universums.*

In von Hoerner lernte ich einen der wenigen Astronomen kennen, die sich gleichermaßen gut mit Theorie und Praxis vertraut zeigten. Er war stets optimistisch und vergnügt, liebte die Musik und begeisterte sich für alles, was im Freien stattfand. Und so war er es, der die gelegentlichen Höhlenexpeditionen, die ich mit Dave Heeschen unternahm, zu einer gemeinsamen Leidenschaft werden ließ. Durch konstantes Training wurden wir drei darin schließlich so professionell, daß wir zu einem Rettungsteam avancierten und unsere Dienste der Staatspolizei anboten. Diese rief uns von Zeit zu Zeit an, um uns zu bitten, nach vermißten Collegestudenten zu suchen, die während ihrer Semesterferien Höhlenforscher gespielt und sich dabei verletzt hatten und oft in den Höhlen feststeckten. Nie werde ich den eiskalten Wintertag und die anschließende Nacht vergessen, die wir damit verbrachten, einen Princeton-Studenten aus einer 40 m tiefen Höhle mit unterirdischem Wasserfall zu retten. Als wir endlich völlig durchnäßt und erschöpft aus der Höhle auftauchten, wartete ein staatlicher Waldaufseher am Höhleneingang auf uns – die Axt in der Hand und bereit, zu … ja, wozu eigentlich? Wir konnten uns beim besten Willen nicht vorstel-

---

* Jahre später entwickelte von Hoerner das Homologiekonzept, einen Weg, um zuverlässig zu gewährleisten, daß die reflektierenden Oberflächen von Radioteleskopen ihre ursprüngliche Parabolform behalten, selbst wenn die steuerbaren Antennenschüsseln unter ihrem eigenen Gewicht ein Stück durchhängen. Sein Konzept wurde in alle Konstruktionen von steuerbaren Antennenschüsseln einbezogen, die während der letzten 20 Jahre gebaut wurden, sogar beim 91,5 m großen Teleskop am Max-Planck-Institut für Radioastronomie in der Nähe von Bonn, weltweit das größte seiner Art.

len, wie er mit seiner Axt in der Hand, am Eingang wartend, bei der Rettungsaktion dienlich sein sollte. Was den Studenten angeht, so kam weder von ihm noch von seinen Freunden, die angstvolle 10 Stunden darauf warteten, daß wir ihn befreiten, je ein Wort des Dankes.

Von Hoerners erster, offizieller Akt bei der Suche nach außerirdischer Intelligenz bestand darin, die Kernquantität L meiner Gleichung zu nehmen – also die Langlebigkeit entdeckbarer Zivilisationen – und mathematisch zu beweisen, daß dies wahrscheinlich eine sehr große Zahl war.

Gleich zu Beginn seiner Kalkulationen räumte er ein, daß fremdartige Zivilisationen einer Reihe von Schicksalen ausgesetzt sind, die zu ihrer Vernichtung führen können. Zu der Zeit schien ein Atomkrieg wohl der plausibelste aller Wege zur totalen Vernichtung zu sein. Kosmische Unfälle, wie die Kollision mit einem Asteroiden, waren ein weiterer Weg. Und selbst wenn eine Zivilisation nicht völlig durch eine naturgegebene oder künstlich hervorgerufene Katastrophe zerstört würde, könnte sie durch demographische Stagnation, durch Überbevölkerung oder aber durch mangelndes Interesse an Forschung und Technologie in Vergessenheit geraten. Von Hoerner stellte sich vor, daß in einer solchen Welt die Lebensqualität drastisch sinkt. Stagnierende Zivilisationen, die ums Überleben kämpfen, gäben sicherlich kein Geld für die Weltraumforschung oder Kolonisierung aus. Sie wären auch nicht in der Lage, irgendein neues Forschungsprojekt durchzuführen, schon gar keinen Versuch, andere intelligente Zivilisationen zu entdecken und erst recht keine Aktivitäten, die ihre eigene Zivilisation für andere entdeckbar machen würde.

Nachdem von Hoerner die unterschiedlichen Szenarien des Jüngsten Gerichts dargelegt hatte, war er der Überzeugung, daß viele, vielleicht sogar die meisten Zivilisationen im

Die Mitarbeiter der Astronomieabteilung der Harvard University 1956. In der ersten Reihe (von links nach rechts) Harold (»Doc«) Ewen, Mary Connelly und Barton B. Bok. In der hinteren Reihe der Verfasser mit E. Howard III, A. Edward Lilley, T. K. »Kochu« Menon und David S. Heeschen, dem späteren Direktor des National Radio Astronomy Observatory (Foto: Archiv Verfasser).

In den frühen sechziger Jahren gab es in Green Bank noch mehr Farmhäuser als Teleskope. Rechts von der Mitte das 26 Meter große Howard-Tatel-Teleskop, das dem Verfasser für sein Projekt Ozma diente (Foto: NRAO).

Diese Nahaufnahme des Howard-Tatel-Teleskops in Green Bank zeigt den Metallkasten direkt unter der Schüsselantenne, in dem Frank Drake jeden Morgen mindestens 45 Minuten verbrachte, um den parametrischen Verstärker einzustellen (Foto: NRAO).

Im Jahre 1960 berichtete die Belegschaft des NRAO an den berühmten und eleganten Otto Struve, der – wie immer mit Anzug und Krawatte – in der Mitte der ersten Reihe Platz genommen hat. Links von ihm John Findlay, rechts Dave Heeschen. Zweite von links ist Beverly Lynds, deren Ehemann Roger neben dem Verfasser hinter Struve steht. Links hinter Roger Hein Hvatum, Mitarbeiter bei der Jupiter-Studie. Als Assistentinnen fungierten Ellen Gundermann (erste Reihe, zweite von rechts) und Margaret Hurley (zweite Reihe, zweite von links – Foto: NRAO).

Frank Drake vor dem 91,5 Meter großen Radioteleskop von Green Bank. Die 1963 mit sehr geringem Aufwand gebaute Anlage stürzte 1989 wegen eines Konstruktionsfehlers ein (Foto: Archiv Verfasser).

Das »Big Ear« des Ohio-State-University-Radioobservatoriums wurde 1973 zur ersten Einrichtung, die ausschließlich SETI-Forschungen diente (Foto: NASA).

Als Flaggschiff des NASA-SETI-Mikrowellen-Beobachtungsprojekts hat das Arecibo-Observatorium eine schimmernde Aluminiumschüssel von 305 m Durchmesser. Sie liegt in den Bergen des nördlichen Puerto Rico und verfügt über einen größeren Einzugsbereich als alle bisher gebauten Teleskope (Foto: NASA).

Die dreieckige Stahlbühne hat eine Seitenlänge von 64 m. Die langen Stäbe, die unten aus dem hinteren »Führerhaus« ragen, sind Antennen, die von der Schüssel fokussierte Signale empfangen. Links oben im Bild sieht man die auch auf dem obenstehenden Foto erkennbare begehbare Brücke, über die man die Stahlbühne erreicht. Wenn man genau hinsieht, kann man darauf einen Menschen ausmachen – Maßstab für die gewaltigen Dimensionen dieser Anlage. An dem zweiten »Führerhaus« im Vordergrund befindet sich ein »Transmitter«, mit dessen Energie das stärkste Signal erzeugt werden kann, das von der Erde ausgeht. Dieses Funksignal ist eine millionmal stärker als die Radioemissionen der Sonne (Foto: NASA).

Frank Drake 1973 als Direktor des National Astronomy and Ionosphere Center an der Cornell University. Dieses Zentrum leitete auch das Arecibo-Observatorium (Foto: Archiv Verfasser).

Frank Drake im Gespräch mit dem deutschen Wissenschaftler und Bestsellerautor Johannes von Buttlar im NASA SETI Institute in Mountain View bei San Francisco, Kalifornien (Foto: Archiv von Buttlar)

Mit einem Weltraumteleskop ließen sich irdische Störsender ausschließen. Eine solche Anlage könnte mit Space-Shuttles in den Weltraum gebracht werden (Grafik: NASA).

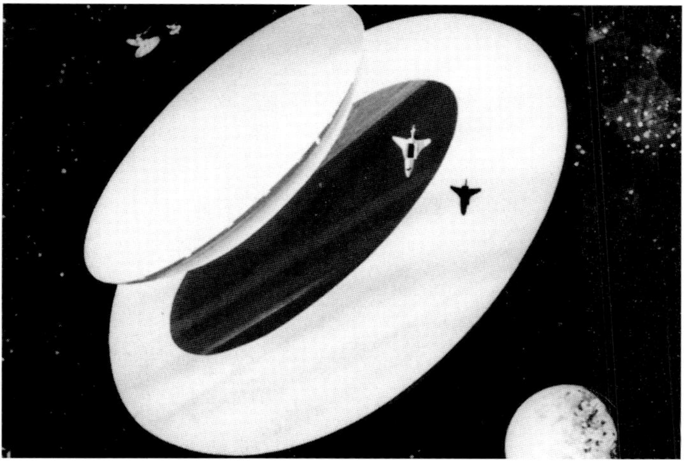

Im Weltraum stationierte SETI-Systeme würden die meisten erdgebundenen Teleskope weit übertreffen, da sie Radiofrequenzen empfangen könnten, die durch die Atmosphäre abgeschirmt werden. Diese Grafik zeigt eine fiktive Station des Arecibo-Typs mit einem gigantischen Abschirmschild, der vor irdischen Störsignalen schützen soll. Zum Größenvergleich schwebt ein Shuttle darüber (Grafik: NASA).

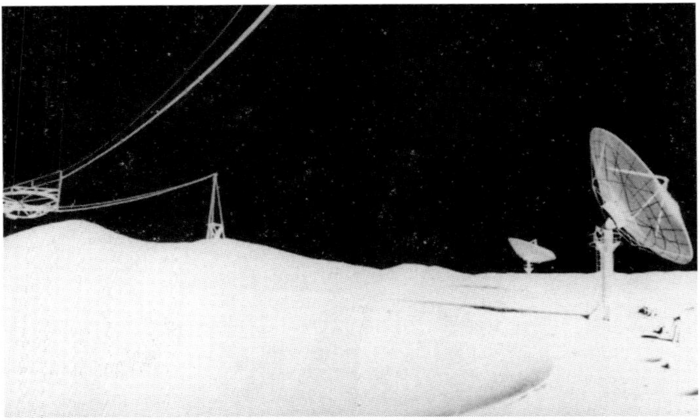

Ein Observatorium des Arecibo-Typs auf der Rückseite des Mondes könnte aus Gründen der geringen Schwerkraft und der fehlenden Witterungseinflüsse fast 50 km groß sein (Grafik: NASA).

Die Mondkrater wären ideale Standorte für gigantische Reflektorschüsseln. Die erdabgewandte Seite des Mondes ist als einziger derzeit denkbarer Standort im All frei von irdischen Störungen (Grafik: NASA).

Weltraum solche Wege gehen würden. Jedem Ergebnis gestand er eine gewisse Wahrscheinlichkeit zu. Er folgerte, man könnte annehmen, daß ein geringer Prozentsatz dieser Zivilisationen friedfertig, glücklich und intelligent seien und eine reelle Chance besäßen, einander zu entdecken und eine Kommunikation aufzubauen. Sie könnten damit fortfahren, leistungsstarke Radiotransmittoren für eine lange Zeit ihrer Unterhaltungen zu benutzen, die ihnen über Jahrtausende eine hohe Sichtbarkeit gewähren würden. Und es wären diese wenigen ausgesuchten Zivilisationen, die durch ihre tugendhaften Errungenschaften und durch ihre Ausdauer den Wert L bestimmen. Die durch von Hoerner errechnete Zahl lautete 6500, wobei ich den Wert eher auf 10 000 geschätzt hätte, aber wir sprachen in etwa über dieselbe Größenordnung.

Dann sprach von Hoerner einen weiteren Gedanken aus: Je länger eine entdeckbare Zivilisation existiert, desto größer wird L. Was wäre also, wenn ein Teil der wenigen langlebigen Zivilisationen ruhig und zufrieden für – sagen wir – eine Million Jahre lebt? Rechnerisch bedeutete dies, daß, selbst wenn nur ein Prozent der fremden Zivilisationen eine Lebenserwartung von 1 Million Jahre hätte, dies den Wert L enorm emporschnellen ließe, und zwar von 10 000 auf 10 Millionen.*

»Wirklich erstaunlich, Sebastian«, kommentierte ich seine Zahlen, nachdem ich mich von ihrer Richtigkeit überzeugt hatte, »unsere Intuition hätte uns sicherlich nicht auf diesen Wert kommen lassen!«

---

* Carl Sagan stellt gleichzeitig fest, daß bereits eine geringe Anzahl sehr langlebiger Zivilisationen ausreichen würde, um den Wert L stark ansteigen zu lassen.

»Bestimmt nicht«, stimmte er mir zu, »aber damit besitzen wir nun ein überzeugendes Argument, um die Suche fortzuführen.« Es bedeutete nun für uns, daß die meisten Zivilisationen, die wir entdecken könnten, sehr alt und sehr hochentwickelt sein würden. Und so begann von Hoerner darüber nachzudenken, welcher Art ihre Signale waren, nach denen wir suchen mußten, und wie wir es anstellen sollten. Er war, wie auch der Rest des Delphin-Ordens, davon überzeugt, daß der Radiobereich einen guten und logischen Ort dafür darstellte. Er begrüßte die Ideen von Freeman Dyson, einem Physiker an dem Institut für fortgeschrittene Studien in Princeton, der die These vertrat, daß weit entfernte Zivilisationen unabsichtliche Anhaltspunkte über ihren Aufenthaltsort im Infrarotbereich des elektromagnetischen Spektrums hinterließen.

Dyson wollte nicht von dem Wohlwollen Außerirdischer abhängig sein, die ihre Nachrichten in unsere Richtung sandten. Seine Strategie war es, unkooperative und unkommunikative Zivilisationen zu entdecken und nicht auf solche zu warten, die einen Kontakt beabsichtigten.

Bereits 1960 veröffentlichte Dyson in *Science* einen Artikel mit der Behauptung, daß eine wirklich hochentwickelte Zivilisation ihren Heimatstern ganz und gar »ausbeuten« könne, indem sie um ihn eine gigantische Sphäre konstruierte, um all seine Energie aufzufangen und nutzbar zu machen. Während wir Erdlinge uns damit begnügen, Ähnliches mit einem geringen Prozentsatz des Sonnenlichtes und der Wärme zu praktizieren, die auf uns niederstrahlen, konstruierten unsere außerirdischen Artgenossen sogenannte »Dyson-Sphären«, um ihre Welten mit Energie zu versorgen. Dieses und andere Meisterstücke stellaren Ingenieurwesens, so dachte Dyson, würden eine für uns sichtbare Spur von Restwärme hinterlassen. Es mußte in der ganzen Galaxis entdeckbare Infrarotemissionen dieser »Dyson-Sphären« geben.

Wie Dyson glaubte auch von Hoerner, daß es sinnvoll wäre, mit dem Radio nach Infrarotemissionen zu suchen, obwohl die Infrarotastronomie damals noch tiefer in den Kinderschuhen steckte als die Radioastronomie.*

Von Hoerner erwog daneben den Gedanken, daß Außerirdische untereinander mit Lasersystemen kommunizieren könnten, die für uns optisch entdeckbar wären, wenn wir danach suchten.

»Leider können wir nicht sicher sein, daß einer dieser Annäherungsversuche wirklich die beste Methode ist«, sagte er in einem unserer zahlreichen hochinteressanten Gespräche. »Genausogut könnten noch 1000 Jahre zwischen uns und der optimalen Technologie für unsere Suche liegen. Wenn wir allerdings noch weitere 1000 Jahre warteten, könnte man zu diesem Zeitpunkt nach wie vor argumentieren, daß man nach wiederum 1000 Jahren viel besser für die Suche ausgerüstet sein würde. Tatsache ist: Wir können unmöglich wissen, welches die beste Methode ist. Wir müssen ganz einfach versuchen, was realisierbar ist und am vielversprechendsten erscheint. Und deshalb können wir ebensogut jetzt mit der einen, uns bekannten Methode beginnen, also mit der Radiosuche auf der wahrscheinlichsten Frequenz.«

---

* Die erste gute Arbeit über fundierte Infrarotastronomie erschien erst 1963, und es dauerte noch weitere zwanzig Jahre, bis eine umfassende Infrarotuntersuchung des Universums verwirklicht werden konnte. 1983 wurde der Infrarotsatellit IRAS gestartet. Er förderte eine Reihe von Objekten mit dem erwarteten Spektrum der Dyson-Sphären zutage, aber so lange wir nicht wissen, wie weit diese Objekte entfernt sind, können wir auch nichts über ihre tatsächliche Strahlung im Infrarotbereich aussagen. Sie könnten sowohl Dyson-Sphären als auch neue, sich bildende Sterne sein.

Trotz von Hoerners Antrieb wollte ich zu diesem Zeitpunkt eine weitere Suche nicht forcieren. Zwar gehörte ich nicht zu denjenigen, die vorschlugen, die nächsten 1000 Jahre abzuwarten, aber ich war mir sicher, daß noch sehr viele technologische Hürden vor uns lagen, bevor wir eine deutlich erfolgreichere Suche, als Ozma es war, angehen konnten. Mehr als alles andere benötigten wir Mehrkanalempfänger, die damals einfach noch nicht existierten, von denen ich aber wußte, daß es sie irgendwann geben würde. Der Ozma-Empfänger lief auf einem einzigen Kanal mit einer Frequenz von ca. 100 Hertz. Aber das gesamte Ausmaß des Bereiches, wo das Universum am dunkelsten und ruhigsten ist, liegt weit hinter dem winzigen »Wasserloch«, das Ozma erforschte. Er erstreckt sich über einige hundert Millionen Kanäle. Eine gründliche Suche sollte idealerweise diese Anzahl darstellen können, oder wenigstens ein paar Millionen. Theoretisch war es möglich, alle 100 Millionen Kanäle mit einem Ein-Kanal-Empfänger abzusuchen. Das einzige Problem dabei war, daß dies ewig gedauert hätte.

Ich wußte nicht, wie lange man auf diese Mehrkanalempfänger warten mußte. (Wie sich herausstellte, dauerte es ganze 15 Jahre!) Aber ich dachte, es wäre das Beste, die Suche bis dahin aufzuschieben und unseren Traum solange aufrechtzuerhalten.

Um ganz ehrlich zu sein, hätte ich 1962 niemals ein weiteres Projekt zur Suche nach außerirdischem Leben initiiert, selbst wenn die damaligen technologischen Gegebenheiten eine gute Erfolgsaussicht gewährleistet hätten. Als junger Wissenschaftler stand es mir durchaus zu, ein Projekt wie Ozma einmal durchzuführen. Ein zweites Mal wäre wahrscheinlich einem beruflichen Selbstmord gleichgekommen. Meine Aufgabe bestand vielmehr darin, meinen Ruf als Wissenschaftler zu festigen und Aufstiegsmöglichkeiten wahrzunehmen, zumal ich mittlerweile verheiratet und Vater von drei kleinen Söhnen war. Also konzentrierte sich mein ganzes Engagement auf die Arbeit über die Planeten. In diesem Bereich erzielte ich dann auch die Erfolge, die meiner Karriere als Wissenschaftler im weiteren Verlauf sehr zugute kamen.

In den frühen sechziger Jahren wurde mit den ersten erfolgreichen Radiomessungen von Planeten begonnen. Die planetarischen Radioemissionen waren – im Vergleich zu den weitaus stärkeren Emissionen der kosmischen Radioquellen von Sternen und Galaxien – extrem schwach. Diese Tatsache erklärte sich dadurch, daß die planetarischen Emissionen lediglich aus der inneren Wärme der Planeten entstanden, wohingegen die kosmischen Emissionen durch eine Reihe geladener Partikel, die massive Körper in magnetischen Feldern umkreisten, erzeugt wurden. Wir hatten uns gerade an diese charakteristischen Unterschiede zwischen planetarischen und stellaren Emissionen gewöhnt, als einige Radioastronomen am *Naval Research Laboratory* intensive Radiostrahlungen der Venus entdeckten. Was konnte ihre Stärke bedeuten? Sollte unsere Theorie richtig sein und die Emissionen ausschließlich von der Hitze im Innern der Venus abhängig sein, dann mußten dort höllische Temperaturen herrschen, möglicherweise über 200 Grad Celsius. Die ganze Zeit waren wir davon ausgegangen, daß auf der Venus, unserem Schwesterplaneten, dieselben Temperaturen wie auf der Erde herrschten. Wissenschaftler begannen zu überlegen, ob die Meßwerte von der Venus richtig waren oder ob dort irgend etwas vor sich ging, das diese starken Emissionen verursachte.*

---

* Einige Jahre zuvor hatten andere Astronomen am gleichen Institut ungewöhnlich starke Radioemissionen vom Jupiter entdeckt. Mein Green-

Mit dem neuen 26-m-Teleskop in Green Bank konnte ich die Venusstrahlung auf verschiedenen Frequenzen messen und zeigen, daß die Hitze des Planeten tatsächlich die Ursache dieser Emissionen war. Die überraschend hohen Temperaturwerte erwiesen sich also als korrekt!
Ich fand es sehr aufregend, neue und auch recht bemerkenswerte Eigenschaften anderer Planeten zu entdecken. Meine Venusforschung inspirierte mich dazu, die Strahlung anderer Planeten detaillierter zu untersuchen. Zu diesem Zeitpunkt nahmen wir noch an, daß die ganze Strahlung, die im Innern eines Planeten durch seine Wärme entsteht, auch entweichen mußte. Diese Strahlung, so vermuteten wir, würde durch die Oberfläche des Planeten in den Weltraum abgegeben, so daß wir sie mit Hilfe unserer Radioteleskope auf der Erde genau hätten messen können. Ich mußte feststellen, daß diese Annahme reichlich naiv gewesen war. Nur ein Teil der Strahlung entwich und war somit auch auf der Erde entdeckbar. Der andere Teil jedoch konnte, von der Oberfläche des Planeten reflektiert, in ihn zurückkehren. Folgte man dieser Überlegung, dann war die tatsächliche Temperatur der Venus wahrscheinlich noch höher, als wir dachten.
Meine Gedanken zu diesem Thema basierten auf der Arbeit des im 19. Jahrhundert bekannten französischen Physikers

---

Bank-Kollege Hein Hvatum und ich untersuchten gemeinsam Jupiters Radioemissionen über ein breites Spektrum von Wellenlängen. Dabei stellten wir fest, daß nicht die Hitze des Planeten als Ursache für die Strahlung in Frage kam, sondern hochenergetische Partikel, die in Jupiters magnetischem Feld vorhanden waren. Wie sich kürzlich herausstellte, wurde durch Raumsondenforschung das gleiche Phänomen in der äußeren Erdatmosphäre festgestellt, wo man im sogenannten Van-Allen-Strahlungsgürtel Partikel fand. Hvatum und ich entdeckten den Van-Allen-Gürtel des Jupiter, wo die Zahl der Partikel mindestens 1 Million mal größer ist als auf der Erde.

Augustin Jean Fresnel. Fresnel hatte gezeigt, daß, wenn Licht auf die Wasseroberfläche fällt, ein Teil der Lichtstrahlen in das Wasser eindringt, während der andere Teil der Strahlen von der Wasseroberfläche reflektiert und in die Luft abgegeben wird. Für mich stand fest, daß dasselbe Phänomen, das Fresnel »Transmission und Reflexion bei Grenzflächen« nannte, auch für planetarische Radiostrahlungen gelten muß.

Es beeindruckte mich, daß Fresnels Arbeit besagt, daß die Strahlung eines Planeten bei ihrem Durchtritt durch die Oberfläche zum Teil polarisiert wird. Dies bedeutet, daß die Radiowellen sich bevorzugt in dieselbe Richtung bewegen statt willkürlich in alle möglichen Richtungen.

Fresnel erarbeitete ausführliche Formeln darüber, was mit Licht oder einer anderen elektromagnetischen Strahlung geschieht, wenn sie von einem Medium in ein anderes übergeht. Anhand seiner Formeln sah ich, daß die Beschaffenheit der Planetenoberfläche das Ausmaß bestimmt, in dem die Strahlung polarisiert wird. Das Oberflächenmaterial, also die Gesteins- oder Flüssigkeitsart, beeinflußt die Polarisierung. So wird beispielsweise die Strahlung von einer flüssigen Wasseroberfläche stark polarisiert. Auch die Unebenheit oder Glätte eines Terrains bestimmt den Grad der Polarisierung. Überhaupt sollte ein Beobachter in der Lage sein, den von unterschiedlichen Standpunkten aus gemessenen Polarisierungsgrad als Indikator für die Oberflächengeographie zu nutzen. Das war eine ganz neue Idee. Niemand hatte sich je zuvor um diese Effekte gekümmert, und es gab keinerlei Beobachtungen darüber. Wenn es mir gelänge, zu beweisen, daß diese Effekte existierten, könnten die Ergebnisse zu weitaus genaueren Meßresultaten bei planetarischen Temperaturuntersuchungen führen.

Ich wandte diese Theorie auf das planetarische Problem an

und konnte zeigen, daß die tatsächlichen Temperaturen der Planeten um etwa 25 Prozent über den bisher angenommenen Werten lagen. Ein bemerkenswerter Unterschied! Mit Hilfe der neuen Rechenart gelangte ich zu einer korrigierten Oberflächentemperatur der Venus. Sie lag bei 475 Grad Celsius, also ca. 200 Grad Celsius über dem vom *Naval Research Laboratory* errechneten Wert! (Spätere Weltraumuntersuchungen bestätigten meine Ergebnisse.)

Im darauffolgenden Sommer half mir Carl Heiles, ein junger Student, bei der Anfertigung detaillierter Berechnungen über dieses Phänomen. Diese Kalkulationen gelten bis heute für den ganzen Prozeß. Heiles und ich bewiesen auch das Phänomen der Oberflächenpolarisierung, indem wir polarisierte Radiostrahlungen des Mondes nachwiesen, die unsere Theorie bestätigten. (Heiles wurde später ein angesehener und hochdekorierter Astronom an der kalifornischen Universität in Berkeley, wo er heute als Professor unterrichtet. Die Technik, den Polarisierungsgrad aus verschiedenen Blickwinkeln zu messen, wird heute ausführlich bei Arbeiten wie dem Kartographieren der Venus durch die *Magellan*-Raumsonde angewandt.)

Im Frühjahr 1963 erhielt ich eine Einladung vom *Jet Propulsion Laboratory* in Pasadena, wo ich einen Vortrag über diese Forschungsarbeit halten sollte. Bob Meghreblian, damals Chef der Weltraumforschungsabteilung, zeigte sich von meiner Arbeit so beeindruckt, daß er mir spontan einen Job anbot. Mir gefiel es in Green Bank sehr gut, aber meine Familie und ich hatten dort fünf Jahre lang sehr isoliert gelebt. Unter diesem Gesichtspunkt bot Pasadena daher ein weitaus angenehmeres Leben. Das Laboratorium selbst bot die Voraussetzungen für wichtige Forschungsaktivitäten, von wissenschaftlicher Basisarbeit bis hin zur computergesteuerten Weltraumforschung. Das wichtigste Argument jedoch war, daß dort die Aufgabe als Gruppenleiter für Mond- und planetarische Wissenschaft auf mich wartete. All das war so schmeichelhaft und so verlockend, daß ich zusagte, obwohl mir vor dem eigentlichen Umzug grauste.

Ich hatte den neuen Job unter der Bedingung akzeptiert, daß ich mit meinen wissenschaftlichen Arbeiten fortfahren konnte oder zumindest in die Forschungsarbeiten der anderen Wissenschaftler mit einbezogen wurde. Wie sich allerdings herausstellte, bestand meine ausschließliche Aufgabe am *J. P. Laboratory* in der Aufstellung von Budgetentwürfen. Alle paar Tage kam vom NASA-Hauptquartier eine Anfrage für ein »überarbeitetes Budget«. Das waren die magischen Worte. Und jedesmal, wenn ich glaubte, die Budgetfrage sei nun endgültig geklärt und ich könnte mich endlich mit Mars, Venus oder dem Mond beschäftigen, wurde ich abermals um eine Budgetrevision gebeten. Ich spitzte Bleistifte an und malte Dollarzeichen auf die Seiten der Hauptbücher. Der Kontrast zwischen dieser Schinderei und der Atmosphäre wissenschaftlicher Spannung, die ich in Green Bank hinter mir gelassen hatte, war schmerzlich. Schon wenige Monate später suchte ich nach einer anderen Stelle.

Ich wußte, daß sich das College für Ingenieurwesen in Cornell mit dem Bau eines riesigen Radioteleskops beschäftigte, der nun seinem Ende zuging. Als Student gefiel mir Ithaca sehr gut, und ich dachte, wie befriedigend es sein müßte, nun als Mitglied der Fakultät dorthin zurückzukehren, besonders jetzt, wo das Interesse und die Möglichkeiten für Radioastronomie an der Universität wuchsen.

Abgesehen davon, daß ich ehemaliger Cornell-Student war, hatte ich am neu gegründeten Zentrum für Radiophysik und Weltraumforschung einen Verbündeten. Der in Wien geborene Cambridge-Absolvent Thomas Gold, mittlerweile Direktor in Cornell, war während meiner Harvard-Zeit dort bereits als Radioastronom aktiv. Nachdem ich Gold meine Situation geschildert und gefragt hatte, ob es in Cornell eine Stelle für mich gab, bot er mir einen befristeten Lehrvertrag an. Damals wurden akademische Angelegenheiten anders als heute gehandhabt, ohne die umständlichen, langwierigen und demokratischen Auswahlverfahren wissenschaftlicher Komitees. Von dem in den Universitätsverwaltungen herrschenden Bürokratismus einmal ganz abgesehen. Außerdem war Tommy Gold für sein impulsives Handeln bekannt. Es war seine ganz persönliche Handschrift, sowohl in wissenschaftlicher Hinsicht als auch in privaten Dingen. Niemand zeigte sich überrascht, wenn Gold geradezu unerhörte Spekulationen anstellte, die sich jenseits der verfügbaren Daten und Fakten bewegten.*

Es war nicht verwunderlich, daß sich seine Ideen oft als falsch erwiesen, aber weil sie so spektakulär und genial waren, vergaben ihm die meisten Leute seine verrückten Ideen bereitwillig.

Der Form halber lud Gold mich im Dezember 1963 zu einem Vorstellungsgespräch nach Cornell ein und arrangierte im folgenden Monat für mich einen Besuch des neuen Teleskops in Puerto Rico.

»Sie müssen es gesehen haben, sonst werden Sie es nicht glauben«, sagte er. Er beschrieb das Teleskop als einen eigenartig aussehenden, verkehrt herum aufgestellten Mechanismus mit einem gigantischen, 305 m großen und fest im

---

* Gold zählte zu den ursprünglichen Verfechtern der »Steady-State«-Theorie, nach der die Erscheinung des Universums zu allen Zeiten immer gleich ist und die im Gegensatz zu der heute von den meisten Kosmologen vertretenen Urknall- oder »Big-Bang«-Theorie steht, obwohl dieses Thema bis heute noch nicht endgültig geklärt ist.

Boden verankerten Radiospiegel. Alle Empfänger und Sender hingen etwa 50 Stockwerke hoch in der Luft.

»Und woran hängen sie?« fragte ich ihn. Gold erklärte es mir daraufhin mit Hilfe von kürzlich aufgenommenen Fotos. Das Drahtgeflecht sah aus wie ein Nest über einem großen, schalenförmigen Loch. (Als ich schließlich dort war, errechnete ich, daß die Schüssel 357 Millionen Cornflakes-Schachteln fassen könnte.) Drei riesige Türme standen um die Schüssel herum, und von den Turmspitzen aus wurde ein von dicken Kabeln gehaltenes Stahlträgerdreieck gebildet, das in der Mitte über der Schüssel die Antenne und die anderen Empfangsmechanismen hielt.

»Was wiegt das Ding eigentlich?« wollte ich wissen und deutete auf das schwebende Stahldreieck.

»Genau 625 Tonnen«, antwortete Gold, »und ich fürchte, ich bin nicht ganz unschuldig daran, daß es so schwer geworden ist.« Gold erklärte, daß die ursprünglichen Konstruktionspläne keine Steuerungsmöglichkeiten vorgesehen hatten, ein Umstand, der den Einsatz des Gerätes für radioastronomische Zwecke entscheidend beeinträchtigt hätte.

»Das Teleskop war in den Händen der Ionosphärenphysiker des Ingenieur-Colleges«, sagte er mit offensichtlichem Mißfallen. »Die haben natürlich keinerlei Interesse daran, irgend etwas im All zu beobachten, und deshalb war ihnen auch die Steuerbarkeit des Gerätes gleichgültig.«

Gold erkannte, daß, selbst wenn der Reflektor im Boden nicht steuerbar war, es einen Weg geben mußte, einen Teil der Stahlbühne zu lenken, so daß Sterne und Galaxien abgehört werden konnten. Gold mußte für diese Änderung hart kämpfen, und er gewann. Die Stahlbühne wurde umgebaut, so daß sich schließlich ein Teil davon um ganze 360 Grad drehen konnte. Dieser Teil, der unter dem Dreieck hing und einer umgedrehten Eisenbahnbrücke ähnelte, wurde der Futterarm genannt, da er die Nahrung – oder besser gesagt die Antennen – hielt, mit denen die von der darunterliegenden Schüssel gesammelten und reflektierten Radiowellen aufgefangen wurden. An der Unterseite des Arms befanden sich zwei Führerhäuschen, die dazu dienten, die Antennen in die gewünschten Positionen zu bringen.

»Bei kurzen Wellenlängen können wir mit dem Teleskop nicht allzuviel anfangen«, räumte Gold ein, »dennoch haben wir hier ein großes Potential. Ich möchte, daß Sie es sich selbst anschauen und sich Ihr eigenes Urteil darüber bilden.«

Besser als viele andere Ereignisse, an die ich mich erinnere, sind mir die Details meines ersten Besuches in Arecibo und die unerwartete emotionale Wirkung im Gedächtnis geblieben.

Nicht zuletzt mag es daran gelegen haben, daß es ausgesprochen diffizil war, diesen Platz überhaupt zu erreichen. Auf ihrer Suche nach Standorten, die weit entfernt von jeder störenden menschlichen Beeinflussung sind, pflegen Astronomen stets ihre Teleskope auf unzugängliche Berggipfel oder in isolierte Täler zu plazieren. (Die optischen Instrumente sind gewöhnlich auf den Bergen montiert, wo die Luft am dünnsten ist; Radioteleskope hingegen stehen bevorzugt in Tallagen, wo die umliegenden Hügel die Teleskope vor Radiostörungen schützen.) Das Arecibo-Observatorium lag im Kalkstein-Karstgebiet des nördlichen Puerto Rico, ungefähr eine Tagesreise auf unbefestigter Straße von San Juan entfernt. George Thome, ein junger Ionosphärenphysiker, holte mich vom Flughafen ab und fuhr mich zu dem Observatorium. Bis weit hinter die Stadtgrenze lief der Verkehr Stoßstange an Stoßstange, und dann, weil die Straße nur zwei Spuren hatte, fuhren alle Autos so schnell wie der langsamste Lastwagen. Ich hatte also ausreichend

Gelegenheit, die Schönheit der leuchtend blühenden Bäume, die zahlreich die Straße säumten, zu bewundern, die, wie Thome erzählte, diese Straße im Juni in einen Tunnel aus roten Blüten verwandelten.
Zwischen Arecibo City und dem Observatorium schlängelte sich die Straße durch die Hügel, wobei sich Höhe und Richtung alle paar Meter änderten. Thome berichtete mir, daß es allein auf diesem Abschnitt der Straße 91 scharfe Kurven gab. (Später erhielt ich zahllose Gelegenheiten, sie selbst zu zählen und seine Aussage zu bestätigen.) Das Landschaftsbild prägten Bananenbäume, Schweine, Hühner und Kinder, mitten auf der Straße schlafende Hunde sowie Kühe und Esel, die um pastellfarben verputzte Häuschen spazierten. Der Weg bestand jetzt nur noch aus einer einzigen Spur, und das bedeutete, daß, sobald sich ein Fahrzeug aus entgegengesetzter Richtung näherte, einer der Fahrer unter lautem Hupen und wildem Gestikulieren vom Weg herunterfahren mußte, um dem anderen Platz zu machen.
Ich fing gerade an, mich an die langsame Fahrweise und die verschlafene Dorfidylle zu gewöhnen, als ich mich plötzlich weit in die Zukunft hineinkatapultiert fühlte. Nach einer Kurve kam einer der Teleskopstütztürme in Sicht; monströs und weiß stand er da, hoch über der sanften, blaugrünen Vegetation. Dieser eine Turm, der in Größe und Form in etwa dem *Washington Monument* gleichkam, und ungefähr ein Drittel des schwebenden Stahldreiecks waren alles, was ich über die Hügel hinweg erkennen konnte. Allein diese Fragmente übertrafen in ihrer futuristischen Geometrie bei weitem das, was ich erwartet hatte. Das Observatorium sah dermaßen nach einem perfekten Science-fiction-Szenario aus, daß ich fast glaubte, Musik zu hören. Dann verschwand es wieder. Die Straße machte abermals eine Kurve. Eben sah ich es noch einmal, dann war es wieder weg. Während der folgen-

den zehn Minuten, in denen sich die Straße zum großen Tor hinaufwand, konnte ich diese faszinierende Kulisse aus verschiedenen Blickwinkeln bestaunen. Als ich dann endlich am Fuße der Schüssel stand und durch die Stahlstreben hindurch auf den gegenüberliegenden Turm schaute, staunte ich darüber, daß es schier unmöglich war, das ganze Teleskop auf einmal zu betrachten, auch wenn der Aussichtspunkt noch so günstig war. Dieses Teleskop war einfach zu groß. Bei den Bildern, die Gold mir gezeigt hatte, handelte es sich ausnahmslos um Luftaufnahmen.

Während ich dort stand und etwas einfältig in die Gegend blickte, kamen zwei in ein angeregtes Gespräch vertiefte Männer auf mich zu und stiegen in ein Gefährt, das wie die Kabine einer Seilbahn aussah. Wie ich bei genauerer Betrachtung feststellte, war es auch eine. Sie beförderte die beiden Männer innerhalb von viereinhalb Minuten – nach meiner Uhr – zur Stahlbühne hinauf.

»Ob ich auch einmal nach oben fahren könnte?« fragte ich halblaut.

»Natürlich«, antwortete Thome, der nicht von meiner Seite gewichen war. »Wir sollten nur darauf warten, daß die beiden die Seilbahn wieder herunterschicken, aber wenn Sie es ganz eilig haben, können wir auch zusammen hochlaufen.« Er deutete auf einen schmalen, ungefähr fünfzig Meter von uns entfernten Steg, der zu der Stahlbühne führte.

»Oh, vielen Dank, aber ich denke, ich kann warten«, entgegnete ich.

Im Kontrollraum machte mich Thome mit William E. Gordon, dem Direktor, bekannt. Gordon war ein Ionosphärenphysiker des Cornell-Ingenieur-Colleges und an der Planung und dem Bau des Observatoriums maßgeblich beteiligt gewesen.

»Ich bin sicher, das Teleskop ist hervorragend«, sagte ich,

während ich Gordons Hand schüttelte. »Was mich wundert, ist, wie Sie das ganze Material und die Stahlträger über diese Straße transportiert haben.«

Gordon lachte und erwiderte: »Wissen Sie, das war das eigentliche technische Bravourstück!«

Gordon war es, der sich diese Schüssel konstruiert hatte, die so riesig und so sensibel sein sollte, aber einfach zu groß, um noch steuerbar zu sein. Um dies aber dennoch zu erreichen, hatte Gordon die Konstruktionsprinzipien von Standardteleskopen einfach umgedreht.*

Als Standort benötigte er einen Platz in der Nähe des Äquators, wo der Mond und die Planeten fast direkt über uns schweben, da das Teleskop dazu bestimmt war, Radarstudien über diese Objekte zu treiben. Darüber hinaus mußte der Ort in einem von den Vereinigten Staaten kontrollierten Gebiet liegen, was die Auswahl auf Hawaii, Puerto Rico und Samoa reduzierte. Die Berge im nördlichen Puerto Rico boten ein ungewöhnliches Terrain, in dem sich auflösender und einstürzender Kalkstein Bodensenkungen hinterlassen hatte, die in der Landschaft wie Pockennarben aussahen. Gordon und noch einige andere Experten wählten diese Region aufgrund einer natürlichen Landsenke, die in etwa die richtige Größe für die Schüssel aufwies. Damit konnten – und das wußten die Experten natürlich – mehrere Millionen

---

* Den enormen Durchmesser der Spiegelschüssel verdankte man – wie ich später erfuhr – einem großen theoretischen Denkfehler. Die ursprünglichen Konstrukteure legten fest, daß 305 m als Teleskopmaß benötigt wurden, um ein entdeckbares Radarecho aus der Ionosphäre aufzufangen. Wie sich herausstellte, hätte auch eine 30 m große Schüssel für diese Zwecke ausgereicht. Zum Glück für die Astronomiegeschichte bemerkte man diesen Irrtum erst, als der Bau schon weit fortgeschritten und es zu spät war, an den Ausmaßen noch etwas zu ändern.

Dollar an Ausschachtungskosten eingespart werden. Diese spezielle Mulde, die man in Barrio Esperanza gefunden hatte, kam, so erzählte Gordon, der Idealvorstellung über Form und Größe auf fast perfekte Weise nahe, und auch die isolierte Lage erschien geradezu optimal.

»Wie haben Sie sie eigentlich gefunden?« wollte ich wissen.

»Nun, wir besaßen Luftaufnahmen und topographische Karten mit einem Maßstab, bei dem ein ca. 300 m breites Loch die Größe einer Vierteldollarmünze hatte. In dieser Gegend suchten wir noch ein wenig, bis wir einen passenden Standort fanden.«

Gordons durchweg rationale Beweggründe für die Standortwahl ließen einen bemerkenswerten Aspekt völlig unberücksichtigt: Der Ort war geradezu exotisch und aufregend, besonders für ein Nordlicht wie mich. Die feuchte Luft roch nach Dschungel. Und als ich nach Sonnenuntergang noch einen Spaziergang unternahm, begleitete mich die Serenade unzähliger kleiner Baumfrösche, die sich im Dunkeln miteinander unterhielten. Wie gern hätte ich die Nacht in der Besucherunterkunft verbracht, aber leider waren dort alle Betten belegt, und so nahm ich mir ein Zimmer in einem ziemlich lausigen Hotel an Arecibos Hauptstraßenkreuzung. Auch daran erinnere ich mich sehr lebhaft. Das Zimmer war stickig und schmutzig, in einer Ecke gab es eine primitive Dusche und um mich herum genügend Verkehrslärm, um einen Toten aufzuwecken.

Das gigantische Teleskop, das die nebulöse Landschaft wie eine Invasion einer anderen Art einnahm, war alles, woran Gold Interesse zeigte. Ich begriff, daß es das potentiell wohl sensibelste Instrument war, mit dem in der Geschichte der Radioastronomie je gearbeitet wurde. Alles was man tun mußte, war, einen Weg zur Stabilisierung der Stahlbühne zu finden, damit sie nicht zu stark vom Wind hin und her bewegt wurde oder sich durch Temperaturschwankungen hob und senkte. Danach hätte man Zugang zu allen Wellenlängen! Garantiert war dies eine enorme Größenordnung und eine ingenieurtechnische Spitzenleistung, die Millionen kosten würde, aber ich hielt es für machbar. Und wenn es dann so geschähe, wäre dieses Instrument auf einzigartige Weise für die Suche nach Leben im Weltraum prädestiniert.*

Ich hatte genügend versteckte Andeutungen in Golds Worten und Gordons Bemerkungen wahrgenommen, um festzustellen, daß sich die beiden in einem erbitterten Kampf um den »Arecibo-Cup« befanden.

Gold, in seiner Funktion als Direktor des Cornell-Zentrums für Radiophysik und Weltraumforschung, wollte das Teleskop für vielfältige Aufgaben im Bereich der Radioastronomie nutzen. Er manipulierte die Universitätsverwaltung, um sie auf seine Seite zu ziehen. Auf der anderen Seite stand Gordon, der förmlich vor Besitzerstolz platzte, wenn er über das Observatorium sprach, und es offenbar nicht ertragen konnte, die Kontrolle darüber zu verlieren. Er ertrug es nicht einmal, den Ort zu verlassen, und so lebte er nun

---

* Zum Zeitpunkt meines ersten Besuches hatte das Teleskop keine spezifische Funktion. Ein stolzer Preis war dafür gezahlt worden, das Instrument steuerbar zu machen, indem man die übliche Parabolspiegelform gegen eine sphärische Form austauschte. Leider konnte der neue Spiegel gebündelte Strahlung nicht auf einen Punkt polarisieren wie ein Parabolspiegel, sondern nur auf eine etwa 30 m lange Linie. Somit mußte zunächst ein komplettes, hochkompliziertes neues Antennenwerk konstruiert werden, das dieser Konfiguration entsprach. Der erste, von durchaus namhaften Konstrukteuren unternommene Versuch funktionierte so gut wie gar nicht. Das Teleskop war eine glatte Fehlkonstruktion, obwohl man diesen Umstand während der drei Jahre, die zur Perfektionierung des Gerätes nötig waren, erfolgreich vertuschen konnte. Erst dann stellte das Teleskop alle anderen weltweit verfügbaren Instrumente regelrecht in den Schatten.

schon vier Jahre lang in Puerto Rico, seit man mit dem Bau des Teleskops begonnen hatte. Als Elektronikingenieur wollte Gordon das Teleskop für das Ingenieur-College nutzen und es zur Untersuchung der elektrischen Eigenschaften der Atmosphäre im Einsatz behalten. Ich mußte mit beiden Parteien sympathisieren. Ich wußte, daß ich unweigerlich in ihre Auseinandersetzung miteinbezogen werden würde, wenn ich die mir angebotene Position annahm. Allerdings wußte ich auch, daß ich damit leben konnte. Das Teleskop hatte auch mein Herz erobert.

Wenige Monate später, im Juni 1964, zog ich, nachdem meine Angelegenheiten in Kalifornien geklärt waren und ich ein Haus gefunden hatte, nach Ithaca. Ohne Bedenken gab ich meinen Job beim *J. P. L.* auf, um Astronomieprofessor in Cornell zu werden.

Es gefiel mir, zu unterrichten und meine Gedanken in Form von Vorlesungen zu ordnen. Mit Freude las ich die Hausarbeiten meiner Studenten, und mit noch größerem Vergnügen organisierte ich Vorträge anläßlich nächtlicher Wanderungen zum universitätseigenen optischen Teleskop, wo ich meinen Studenten die Jupitermonde zeigte und ihnen dadurch buchstäblich neue Welten eröffnete.

Als gleichermaßen befriedigend empfand ich den Wunsch der Universität, meine eigene Forschungsarbeit fortzusetzen. Dies tat ich bei meinen Routinebesuchen in Green Bank, wo ich mit Hilfe des endlich fertiggestellten 42,6-m-Teleskops eine neue, verbesserte Karte des galaktischen Zentrums anfertigte. Meine häufigen Reisen, die mir schon beinahe übertrieben erschienen, waren aber nicht im geringsten ungewöhnlich. Aus allen Himmelsrichtungen strömten auch andere Radioastronomen nach Green Bank, um dort Beobachtungen zu machen. Es gehörte zur Satzung des NRAO als staatliche Einrichtung, Wissenschaftlern aus dem ganzen

Land und aus der ganzen Welt seine Türen zu öffnen. Als ich noch in Green Bank arbeitete, gehörte es zu meinen Aufgaben, die Teleskopbeobachtungszeit einzuteilen. Rund siebzig Prozent davon stellten wir Gastwissenschaftlern zur Verfügung. Ich war also mit dem Prozedere bestens vertraut. Nun lernte ich es auch aus einer anderen Sicht kennen.

Darüber hinaus reiste ich jetzt auch nach Arecibo, um dort ebenfalls Studien zu betreiben. Meine Arbeit über das galaktische Zentrum erforderte den Zugang zu kurzen Wellenlängen, mit denen ich in Green Bank operieren konnte. Arecibo arbeitete aufgrund seiner Größe sensibler, allerdings nur auf den längeren Wellenlängen. Dies lag, wie bereits erwähnt, an der Instabilität der Stahlbühne und nicht zuletzt auch an der groben Spiegeloberfläche. Da die Bühne sowieso als instabil galt, begnügten sich die Konstrukteure mit der Anbringung eines billigen Drahtgeflechts für den Spiegel. Es wies Ungenauigkeiten in der Größenordnung mehrerer Zentimeter auf, so daß es nur die längsten aller Wellenlängensignale auffangen konnte.

Ich fuhr nach Arecibo, um dort die »interplanetarische Szintillation« zu untersuchen – ein ideales Projekt im Langwellenbereich. Ziel dieser Arbeit war es, entfernte Radioquellen daraufhin zu überprüfen, ob sie in den vom Solarwind geladenen Partikeln Funken sprühten oder funkelten. Ich wollte jede Quelle entlang einer Sichtlinie in der Nähe der Sonne beobachten. Die Quellen, die funkelten, wenn man sie durch die geladenen Partikel sah, die sich um die Sonne herum bildeten, konnten als sehr weit entfernt und sehr kompakt eingestuft werden. Dies wären sogenannte Punktquellen, die sich als Quasare oder andere interessante Phänomene herausstellen könnten. Quellen, die keine Funken versprühten, wären sicherlich relativ groß oder sehr nahe gelegen.

Ein ähnlicher Effekt läßt sich am nächtlichen Himmel mit

bloßem Auge beobachten. Die Sterne, die sehr weit entfernt liegen, sehen aus wie funkelnde Lichtpunkte. Turbulenzen in der Atmosphäre oberhalb des Beobachters lassen die Luftpartikel hier ein bißchen dicker, dort ein wenig dünner werden. Diese Luftlöcher aus dichter und dünner Luft wirken wie Linsen. Für den Bruchteil einer Sekunde läßt eine solche Luftlinse das Licht eines Sternes auf den Beobachter fallen und es heller erscheinen, oder sie wendet das Licht von dem Beobachter ab, so als ob der Stern dunkler würde. Im Gegensatz dazu funkeln Planeten nicht, weil sie näher sind und größere Luftspiegelungen haben.

Planeten sind keine einzelnen Lichtpunktquellen, sondern ganze Haufen vieler solcher Punkte. Während also jeder einzelne, individuelle Punkt tatsächlich blinkt, wirkt das zufällige Blinken der vielen Lichtpunkte der Planeten wie ein permanenter heller Schein.

Die interplanetarische Szintillationsarbeit erwies sich sowohl als sehr interessant als auch notwendig, um Lage und Art neuer Radioquellen zu definieren. Die eigentliche Herausforderung jener Monate bestand jedoch in der Aushandlung eines dauerhaften Friedens zwischen Tommy Gold und Bill Gordon.

Im Jahre 1965 galt das Arecibo-Ionosphären-Observatorium als offizieller Arm von Golds radiophysikalischem Zentrum. Gordon blieb allerdings der amtierende, wenn auch ins Abseits geratene Direktor und war weniger denn je gewillt, den Astronomen Zugeständnisse zu machen. Er besaß gute Freunde in der staatlichen Vergabestelle für Forschungsgelder, die auch dem Observatorium entsprechende Fonds zur Verfügung stellte.

Gordon fuhr fort, eigenmächtige Entscheidungen zu treffen, und ging ohne Golds Einverständnis vor, was seinen Gegner schier maßlos erbitterte. Gold rächte sich, indem er die Universitätsverwaltung darauf hinwies, daß Gordon sich länger, als es die Statuten zuließen, vom Campus entfernte. Das war eine Tatsache, über die man bereitwillig hätte hinwegsehen können, aber nachdem Gold es publik gemacht hatte, wurde Gordon zu einer Entscheidung gezwungen. Wollte er weiterhin in Amt und Würden bleiben, mußte er seinen Lehrauftrag auch erfüllen. Er konnte bleiben oder gehen, aber keinesfalls länger als Direktor des Observatoriums fungieren. Geschlagen flog Gordon nach Ithaca zurück, um wenig später seine Stelle zu kündigen. Er wurde ein hervorragender Dekan für Ingenieurwesen und Technik und der spätere Direktor der Rice-Universität in Houston.

Seinen Sieg feierte Gold, als er John Findlay, einen Kollegen aus meiner frühen Green-Bank-Zeit, mit dem Amt des Direktors in Arecibo betraute. Findlay war der perfekte Mann für diese Aufgabe, da er seine wissenschaftliche Laufbahn als Ionosphärenphysiker begann, bevor er zur Radioastronomie wechselte. Und genau das war es, was Gold am Observatorium betreiben wollte.

Leider zeigte sich, daß der Direktorenposten für Findlay persönlich nicht unbedingt ein Glücksgriff war. Nachdem er bereits zehn Monate in Arecibo verbracht hatte, lebten seine Frau und seine Familie immer noch in Green Bank, und Findlay beschloß, wieder an das NRAO und zu seinen Angehörigen zurückzukehren.

Zu dem Zeitpunkt hielt ich mich bereits zwei Jahre in Cornell auf, wo ich mich inzwischen mit Gold gut arrangiert hatte, so daß er nun mir den Direktorenposten anbot. Ich akzeptierte sofort, und ich glaube, nur ein wenig zu übertreiben, wenn ich sage, daß ich in das nächste Flugzeug nach Puerto Rico sprang. Schon bald fand ich für meine Familie ein zauberhaftes, von Guaven und Tamarinden umgebenes Haus in Radioville, ganz in der Nähe von Arecibo.

Die Schulen in Arecibo waren nicht ganz so gut wie die in Ithaca, und die Möglichkeiten für Familienunternehmungen hielten sich in Grenzen, aber durch meine täglichen Erfahrungen als Observatoriumsdirektor führte ich ein angenehmes Leben. Die wissenschaftliche Atmosphäre empfand ich sogar als noch stimulierender als in Green Bank. Jeden Morgen ging ich mit einem Gefühl freudiger Erwartung an meine Arbeit und kam abends mit der Gewißheit nach Hause, wirklich etwas geleistet zu haben. Ich war, zumindest teilweise, in sämtliche Beobachtungen involviert und leistete manchmal auch Dienst am Teleskop, was bedeutete, daß ich Gastwissenschaftlern auf Wunsch behilflich war. In den wenigen Augenblicken, in denen ich mich einmal nicht mit irgendeinem Projekt beschäftigte, hörte ich mir während des Mittagessens die aufgeregten Berichte über just am selben Morgen gemachte Entdeckungen an.

Als die erste akkurate Messung der Rotation des Merkur gelang, war ich glücklicherweise auch zugegen. Lange Zeit hatten Astronomen geglaubt, daß die Rotationsperiode des Merkur identisch mit seiner Orbitalperiode sei, so daß sich der Planet immer mit derselben Seite der Sonne zuwandte. Diese Annahme bildete eine der großen Wahrheiten des Sonnensystems. Nun aber bewies das Arecibo-Teleskop, daß der Merkur langsamer rotiert, als er die Sonne umkreist. Somit zeigt er sich bei jedem Vorbeiziehen von einer anderen Seite, und mit der Zeit hatten alle Teile des Planeten direkt zur Sonne gestanden.

Ich beobachtete auch, wie uns das Radar des Teleskops erste Aufnahmen von der Venusoberfläche lieferte, die lange Zeit durch die dicke Schicht von Säurewolken im verborgenen gelegen hatte. Und ich wurde Zeuge der Enthüllung des Maxwell, des höchsten Berges auf der Venus, der um einiges den Mount Everest überragt.

Während des ganzen Jahres war das Teleskop rund um die Uhr im Einsatz. Aber auch die erforderlichen Instandhaltungsarbeiten mußten noch in das dichtgedrängte Programm eingeplant und durchgeführt werden, wenn die Zeit es erlaubte. Oftmals bedeutete das für die Techniker, daß sie mitten in der Nacht zu diesen Arbeiten gerufen wurden.

Gegen Ende meines ersten Sommers in Arecibo war ich davon überzeugt, daß die Stahlbühne sich nicht so stark bewegte, wie man allgemein annahm. Im Laufe meiner Routinearbeiten verbrachte ich recht viel Zeit damit, mich bei dem Teleskop aufzuhalten. Was mich stets beeindruckte, war die solide Konstruktion – für mich ein Beweis dafür, daß die Stahlbühne stabil war, ungeachtet dessen, was man mir darüber erzählte. Sollte ich recht haben, würde uns eine Verbesserung der Reflektoroberfläche erfolgreiche Beobachtungen im kurzen Wellenlängenbereich ermöglichen. Ende August erhielt ich die Gelegenheit, meine Ahnung zu überprüfen, als der Hurrikan Inez ein solches Chaos anzurichten drohte, daß ich vorsichtshalber das Observatorium schloß und nahezu alle Mitarbeiter nach Hause schickte. Zusammen mit zwei Studenten, John Comella und Linda DeNoyer, hielt ich die Stellung. Wir wollten herausfinden, was bei einem Wirbelsturm mit der Stahlbühne geschah.

Als Meßobjekt banden wir ein gewöhnliches Lineal an der Seite der Stahlbühne fest und stellten einen Theodoliten in den Kontrollraum, wobei das Fadenkreuz auf das Lineal gerichtet war. Wir besaßen ein Anemometer zur Messung der Windgeschwindigkeiten, so daß wir während des Sturmes Daten über das Verhältnis der Bühnenbewegung zur Windgeschwindigkeit erhielten. Der Hurrikan zeigte sich kooperativ, indem er sich genau über uns hinwegbewegte. Wir fühlten uns ein bißchen seltsam, so allein an einem Ort, an dem es normalerweise von Menschen wimmelte, während der Wirbelwind um uns herum tobte. Seit meiner Marinezeit hatte ich keinen derartigen Sturm mehr erlebt. Wir maßen eine Windgeschwindigkeit von 200 Meilen pro Stunde, aber das zerklüftete Gelände um das Teleskop herum muß diese Geschwindigkeit auf der Höhe der Stahlbühne abgebremst haben. Die Höchstgeschwindigkeit, die wir dort verzeichneten, betrug nämlich nicht mehr als 62 Meilen pro Stunde.

Die Ergebnisse übertrafen meine Erwartungen, weil selbst die Spitzengeschwindigkeit des Hurrikans die Bühne gerade einmal um 1,25 cm von der Stelle bewegte. Sie war also extrem stabil. Wir druckten einen Graphen aus, der zeigte, daß die üblichen Windstärken, die über dem Teleskop herrschten, die Bühne aller Wahrscheinlichkeit nach nicht mehr als wenige Millimeter verschieben konnten. Dieses Ergebnis lieferte uns den Grund für die Investition in einen besseren Reflektor.

Außerdem inspirierte es mich dazu, einen Weg zu finden, um das Problem der Temperaturschwankungen zu lösen. Die sich je nach Temperatur ausdehnenden oder zusammenziehenden Kabel ließen die Stahlbühne sich senken oder heben. Wir besaßen zwar schon stabilisierende Kabel, die viel dünner waren als die Trägerkabel, die von drei Ecken der Bühne aus zum Boden führten. Wenn wir sie mit speziellen Spannvorrichtungen ganz fest anzogen, würden sie die Bühne etwas senken. Wenn dann aber die Hitze die großen Kabel ausdehnte und die Bühne um zwei bis fünf Zentimeter absank, dehnten sich auch die anderen Kabel aus, verloren ihren Halt, und die Bühne hob sich. Wenn es gelänge, das richtige Verhältnis zwischen den Winkeln und den Kreuzungen der beiden Kabelgruppen zu finden (ich entwickelte zu dem Zweck eine Gleichung), dann würden sich die Veränderungen in der Belastung und der Verbindung gegenseitig

aufheben. Die Bühne würde sich dann weder nach oben noch nach unten bewegen.
Ich legte meine Ergebnisse den Ingenieuren und Wissenschaftlern vor, die sofort die Bedeutung erkannten. Das billige Drahtgeflecht der Reflektoroberfläche, das man gewählt hatte, um die angeblich schwingende Stahlbühne zusammenzuhalten, war alles, was zwischen uns und höchst präzisen Beobachtungen, selbst bei kürzesten Wellenlängen, lag.*
Wenn ich sage, daß ich jeden Tag in Arecibo erneut das Gefühl hatte, sicher etwas Unvorhersehbares und vermutlich Wundervolles zu erleben, dann beziehe ich auch die nichtwissenschaftlichen Ereignisse mit ein. So wurden wir beispielsweise zu Beginn meiner dortigen Direktorenlaufbahn von einem Vampir heimgesucht. Einer der Nachtwächter, ein junger Puertoricaner, behauptete, einen Mann in einem schwarzen Umhang auf dem schmalen Steg gesehen zu haben, der um die Schüssel herumführte. In aller Ernsthaftigkeit erklärte der Wächter, daß er den Mann für einen Vampir halte. Höflich hörte ich mir seinen Bericht an und versprach, mich der Sache anzunehmen. Zwei Tage später mußte ich mich, trotz meiner Skepsis, zwangsläufig intensiver mit dem Thema beschäftigen, da man auf einer der nahegelegenen Farmen eine tote Kuh aufgefunden hatte, deren Kadaver völlig blutleer war. Die Gerüchte über den Vampir hatten sich bereits im Observatorium herumgesprochen,

* Diese Feststellung war der Beginn einer umfangreichen und langfristigen Verbesserungsarbeit mit dem Ziel, die Schüssel mit einer glänzenden, neuen Aluminiumoberfläche zu versehen. 1974 gelang diese Verbesserung mit einem Kostenaufwand von ca. 9 Millionen Dollar. Nur dank dieser Arbeiten konnten seither äußerst wichtige Teleskopstudien, wie z. B. das Verständnis der Galaxienanordnungen im Universum, durchgeführt werden.

und der Zwischenfall mit der Kuh steigerte nun die Angst vieler Leute in eine Hysterie. Die Nachtwächter berichteten über immer mehr Gestalten in schwarzen Umhängen und verlangten, daß etwas unternommen werden sollte, um das Observatorium von der Vampirplage zu befreien.

Ich rief Donald Griffin in Cornell an, einen echten Experten für echte Vampire. Wie ich gehofft hatte, kannte er sich mit dem Thema bestens aus – sowohl den folkloristischen als auch den natürlich geschichtlichen Hintergrund von Vampiren betreffend. Griffin erklärte mir, daß menschliche Vampire den Geruch von Knoblauch verabscheuten. Schon die Legende berichtet darüber, daß ihre Aversion gegen die duftende Knolle so groß ist, daß sie sich dadurch vertreiben lassen, wenn ihre vermeintlichen Opfer große Mengen an Knoblauch essen.

»Vielen Dank, Dr. Griffin. Ich weiß jetzt, was ich zu tun habe.«

Ich führte ein Gespräch mit der Küchenmannschaft und erteilte die Anweisung, den Knoblauchkonsum zu steigern und vorzugsweise Gerichte zuzubereiten, die eine Menge Knoblauch erforderten. Anschließend verbreitete ich die Neuigkeit über die soeben getroffenen Abwehrmaßnahmen. Alle Mitarbeiter, die sich vor Vampiren fürchteten, hatten schon das eine oder andere Mal von der Knoblauch-Connection gehört, und es befriedigte sie, daß ihr Direktor den direkten Weg ging, um sie zu schützen. Erfreulicherweise verließen die »Vampire« bald darauf das Observatorium.

Wenig später wurden wir von einer wirklichen Gefahr bedroht, die von einer Gruppe radikaler politischer Aktivisten ausging, die sich selbst *Independentistas* nannte. Sie erregten dadurch Aufsehen, daß sie unerwünschte amerikanische Einrichtungen in Puerto Rico angriffen. Brandstiftung in amerikanischen Geschäften und Sprengsätze in von Amerikanern geführten Unternehmen gehörten zu ihrem Aktionspotential. In der Zeitung hatte ich ihre Ausschreitungen verfolgt und mich dabei mehrmals gefragt, ob sie wohl auch das Observatorium angreifen würden. Und so war ich wirklich nicht überrascht – natürlich aber auch keineswegs erfreut – als ich einen Anruf eines FBI-Agenten erhielt, der mich vor einem möglichen Anschlag der *Independentistas* warnte.

»Wir überwachen ihre Telefone«, erklärte er mir sachlich, »und sie sprachen darüber, Ihren Transformer in die Luft zu jagen.«

»Vielen Dank für den Hinweis«, erwiderte ich, »aber wir besitzen keinen Transformer im Observatorium.«

Was wir allerdings besaßen, war ein Transmitter, und ich nahm an, daß die Terroristen diesen gemeint hatten, obwohl ich nicht ganz sicher war. Ich konnte mir keine konkreten Vorstellungen machen, was sie eigentlich in die Luft sprengen wollten.

»Da kann ich Ihnen auch nicht weiterhelfen«, sagte der FBI-Mann, »aber ich weiß, daß man ihre Drohungen ernst nehmen muß. Sie haben extra einen Sprengstoffexperten aus New York City einfliegen lassen und ihn in einem Farmhaus, etwa einen Kilometer von Ihnen entfernt, untergebracht. Den größten Teil des Tages verbringt er mit Schießübungen auf dem hinteren Teil des Geländes. Wir beobachten ihn die ganze Zeit und warten darauf, daß er etwas Illegales tut.«

Der FBI-Agent schickte uns Bilder des Mannes, die wir im Observatorium aushängten. Er sah gemein und häßlich aus, mit vielen Narben im Gesicht. Jeden Tag rief mich der Agent an, um mich über den Stand der Dinge zu informieren, und obwohl ich wußte, daß unser Verdächtiger unter ständiger Beobachtung stand, bemerkte ich eine wachsende Nervosität. Mit Victor Olazabal, unserem Personalchef, sprach ich über eine Verschärfung der Sicherheitsmaßnahmen am Observatorium.

Olazabal hatte früher als Major in Fidel Castros Armee gekämpft, war dann aber durch Castros Bekenntnis zum Kommunismus gänzlich desillusioniert worden. Er unternahm einen dramatischen Fluchtversuch aus Kuba, indem er eine Erkrankung vortäuschte und sich zu einer Operation in ein Krankenhaus in Havanna einweisen ließ, wo ihn seine Komplizen absichtlich infizierten. Dies zeigte, wie stark sein Wunsch war, aus Kuba herauszukommen. Die Infektion erwies sich als verhängnisvoll, brachte ihm aber eine medizinische Notverlegung in die Vereinigten Staaten ein, wo seine Krankheit behandelt werden sollte. Noch immer haßte er Castro, und in diesem Zusammenhang haßte er auch die *Independentistas,* die bekanntlich mit Castro sympathisierten.

»Ich werde mich darum kümmern«, versicherte mir Olazabal. Ich ließ ihn gewähren. Am Nordturm, in unmittelbarer Nähe des Verwaltungsgebäudes, errichtete er einen Sicherheits-Kommandoposten. Mit sofortiger Wirkung leisteten alle Sicherheitskräfte Überstunden und patrouillierten, mit Walkie-talkies ausgerüstet, 24 Stunden am Tag. Olazabal selbst machte es sich zur Angewohnheit, seinen 45er Colt mit sich herumzutragen.

Nachts saß er zusammen mit den Wächtern auf dem Nordturm, wo er, wie er sagte, den Überblick über die Straße hatte und jedes ankommende Fahrzeug frühzeitig sehen konnte. Genauso wie jemand, der zum Observatorium fuhr, zunächst von weitem diesen Nordturm sah, konnte ein Wächter von dem Turm aus den Wagen in demselben Moment erkennen, und das sogar bei Dunkelheit, weil dieser spezielle Straßenabschnitt direkt an einer kalkweißen Wand

vorbeiführte, die während des Baus der Straße entstanden war.
In jenen Wochen schlief keiner von uns sehr viel. Eines Nachts setzte ich mich, statt mein Haus zu bewachen, in mein Auto und fuhr, ohne die Scheinwerfer anzuschalten, zum Observatorium. Ich kannte die Straße gut genug, um das wagen zu können, wie ich dachte, und glaubte Olazabals Sicherheitsmaßnahmen testen zu müssen. Damals fuhr ich einen Triumph TR 4, einen sehr kleinen Sportwagen, der, wie ich glaubte, dem Überwachungssystem entgehen würde, obwohl ich gleichzeitig hoffte, daß ich mich in der Annahme täuschte.
Als ich gegen 3 Uhr morgens zum Tor hinauffuhr – das Herz klopfte mir bis zum Hals –, was denken Sie, traf ich wohl an? Sämtliche Scheinwerfer leuchteten grell auf und nahmen mich ins Visier. Sechs behelmte und mit Keulen bewaffnete Wächter tauchten aus dem Nichts auf und umstellten meinen Wagen. Hinter ihnen stand Olazabal in einem Verschlag, seinen 45er direkt auf mich gerichtet. Auf eigenartige Weise fühlte ich mich sehr sicher.
Wenige Nächte später erreichte ein anderer Wagen mit ausgeschalteten Lichtern gegen Mitternacht das Tor und wurde auf dieselbe bedrohliche Weise willkommen geheißen. Olazabal berichtete, daß er vier Männer im Wagen gesehen hatte, aber keiner von ihnen sei ausgestiegen, und ihre Gesichter seien nicht zu erkennen gewesen. Nur einen kurzen Augenblick habe das Auto im grellen Licht der Scheinwerfer dort gestanden, dann habe der Fahrer gewendet und sei davongerast.
Gleich am nächsten Tag, nachdem sie von unserer nächtlichen Begegnung gehört hatten, besuchten FBI-Agenten den »Bomber« auf seiner Farm, um einen direkten Vorstoß zu versuchen.

»Wir wissen, wer Sie sind und warum Sie sich hier aufhalten«, erklärten sie ihm. »Warum verschwinden Sie nicht von hier?« Zum Erstaunen aller tat er das dann auch.

So sahen also die alltäglichen Begebenheiten am Observatorium aus, das die Bühne für ein konstantes Wechselspiel von Dramen menschlichen und galaktischen Ursprungs zu sein schien. Bald nachdem wir die *Independentistas* erfolgreich aus Arecibo verbannt hatten, platzte dort im Februar 1968 die Bombe des Jahrzehnts – in Form einer der erstaunlichsten astronomischen Entdeckungen. Ich saß gerade in meinem Büro, wo ich meine Korrespondenz erledigte, als John Sutton, ein junger australischer Astronom, mit der aktuellen Ausgabe von *Nature* in mein Zimmer stürzte.

»Sehen Sie sich das an!« Den ganzen Weg von der Bücherei bis zu mir war er gerannt und rief atemlos immer wieder: »Sehen Sie sich das an!« Er hatte die Zeitschrift an der Stelle aufgeschlagen, wo ein Artikel einer Gruppe von Cambridge-Astronomen abgedruckt war, in dem »schnell pulsierende Radioquellen« beschrieben wurden. Das Cambridge-Team hatte drei Radioquellen entdeckt, die regelmäßige Impulse ausstrahlten oder Ausbrüche von Strahlungen. Eine bisher noch nie dagewesene Entdeckung.

Nie zuvor hatte jemand eine Radioquelle pulsieren sehen, die ihre Radiowellen an- und ausschaltete. Darüber hinaus gab es, wie die Astronomen berichteten, eine Quelle, die kontinuierlich alle 1,3 Sekunden pulsierte, und das mehrere Monate lang!

Alle 1,3 Sekunden ein Strahlungsausbruch für 0,01 Sekunden – regelmäßiger als jedes Uhrwerk. Was oder wer könnte im Universum für etwas Derartiges verantwortlich sein? Wie konnte etwas so Massives wie ein Stern seine Radioemissionen an- und ausknipsen wie einen Lichtschalter? Der Artikel deutete auf mehrere mögliche Erklärungen hin, und die Au-

toren räumten ein, daß sie die Impulse anfangs für Signale einer intelligenten Zivilisation in der Galaxis hielten.
Das mußten wir selbst herausfinden. Der Artikel nannte die Position der Quelle, die die Astronomen am längsten beobachtet hatten.
Wir beeilten uns, diese Position mit dem Beobachtungsplan unseres Teleskops zu vergleichen, und stellten fest, daß wir noch am selben Tag mit unseren Untersuchungen beginnen konnten. Allerdings wurden wir tief enttäuscht, als wir es versuchten, da wir gar nichts sahen. Das Problem war, daß wir auf einer Frequenz von 430 Megahertz suchten, wo das Objekt sehr schwach war. Wir hatten nicht genügend Zeit gehabt, unsere Ausrüstung rechtzeitig auf die Frequenz von Cambridge einzustellen.
Die Engländer machten ihre Beobachtungen mit einem weitaus weniger sensiblen Empfänger im sehr viel niedrigeren 100-Megahertz-Bereich. Bevor die nächste Beobachtungsmöglichkeit am folgenden Tag kam, gingen wir zu der Stahlbühne hinauf, um auf eine niedrigere Frequenz umzuschalten.
Für diese Anstrengung wurden wir auch belohnt, denn als wir das Teleskop in die richtige Position gebracht hatten, sahen wir es. Und zwar deutlich! Die Quelle pulsierte tatsächlich und ließ die Nadel des Aufzeichnungsgerätes alle 1,3 Sekunden hochschnellen.
Mit Sicherheit waren diese Impulse keine sporadischen irdischen Störungen. Sie waren durch die Art ihrer Energie eher außerirdisch, außergewöhnlich und spektakulär.
Ich stoppte alle anderen Aktivitäten, um die fremdartigen, neuen und pulsierenden Radioquellen eingehend zu untersuchen. Eine Ironie des Schicksals. Da standen wir nun, ganz verzweifelt darüber, daß unser Teleskop auf Beobachtungen im Langwellenbereich bei niedrigen Frequenzen be-

schränkt war, und jetzt wurden die heißesten Objekte des Universums auf einer Frequenz übertragen, die noch unter unserer lag!*

Wir benötigten dringend eine neue Beschickung und hatten keine Zeit, schriftliche Anfragen zu formulieren und auf finanzielle Unterstützung seitens der staatlichen Wissenschaftsstiftung (NSF) oder der NASA zu warten. Deshalb ging ich in das nächste Geschäft in Arecibo und kaufte die größte vorrätige Fernsehantenne für 30 Dollar. Dabei handelte es sich um ein technisches Spitzenprodukt, und die Fernsehfrequenzen waren exakt die, die wir benötigten. John Sutton brachte die Antenne mit der Seilbahn hoch zur Stahlbühne, befestigte sie am Beschickungsarm, und dann begann unsere Arbeit. Wie sich zeigte, konnte Arecibo die Objekte besser als jedes andere Teleskop beobachten und wurde bald zum Informationslieferanten Nr. 1.

---

* Eine weitere Ironie lag darin, daß die Impulse nur zufällig von einer Cambridgestudentin namens Jocelyn Bell entdeckt wurden, während sie sich für ihre Doktorarbeit mit interplanetarischer Szintillation beschäftigte. Die mysteriösen pulsierenden Signale tauchten nur deshalb auf ihrem Aufzeichnungsgerät auf, weil das Cambridge-Teleskop nicht steuerbar war und alles aufzeichnete, was in seinen Empfangsbereich fiel. Hätte man das Arecibo-Teleskop nach dem ursprünglichen Plan gebaut, also ohne jegliche Steuerungsmöglichkeit, wären Pulsare vermutlich schon Jahre zuvor in Puerto Rico statt in England entdeckt worden. Einige Jahre später wurde Bell Professor, Anthony Hewish, der Bells Projekt überwacht und ihr geholfen hatte, es auszuwerten und in wissenschaftlichen Kreisen zu veröffentlichen, der Nobelpreis für Physik verliehen – und zwar für die Entdeckung der Pulsare. Bell, die nach ihrer Heirat nunmehr Mrs. Burnell hieß, wurde Röntgenastronomin. Sie nimmt es nicht übel, daß sie an dem Preis nicht beteiligt worden ist, da sie damals ja »nur« eine Studentin war. Außer mir teilten jedoch noch viele andere diese Ansicht keineswegs: Jocelyn Bell hätte den Preis verdient!

Cambridge veröffentlichte die Positionen dreier weiterer pulsierender Radioquellen, und zehn neue wurden bald darauf von anderen Wissenschaftlern gefunden. Leider lag eine dieser Quellen außerhalb unseres Empfangsbereiches. Sie lag hinter der Zone, die wir mit unserem Beschickungsarm erreichen konnten. In dieser Zeit großer Aufregung und abenteuerlicher Experimente erkannte ich, daß wir auch diese Quelle beobachten könnten, wenn es uns gelänge, eine weitere Beschickung auf einem der zur Stahlbühne führenden Versorgungskabel zu montieren. Also versuchten wir es, und es funktionierte. Zwar konnten wir diese Beschickung nicht steuern, aber einmal am Tag rückte es durch die Erdrotation in unser Beobachtungsfeld.

In jenen Tagen empfanden wir einen ausgeprägten Teamgeist und Enthusiasmus, und hätte ich meine Mitarbeiter gebeten, den Turm hinaufzuklettern und dort die Beschickungen mit bloßen Händen festzuhalten, hätte jeder der Wissenschaftler oder Techniker dies bereitwillig getan.

Mein erster Gedanke war, die Form der Impulse zu beobachten, um zu analysieren, ob sie Hinweise auf die Beschaffenheit des Objektes gaben. Wenn sich die Quellen – wie viele annahmen – wirklich als pulsierende Sterne herausstellten, müßte jeder Impuls dieselbe charakteristische Form haben. Die Möglichkeit, daß die Impulse durch eine Serie periodischer Explosionen hervorgerufen wurden, würde Impulse mit abrupten Anfängen und sanften Endphasen auslösen. Keine meiner Vermutungen bestätigte sich jedoch. Jede Impulsform unterschied sich von der vorangegangenen. Und einzig in Arecibo fanden wir heraus, daß jeder Impuls eine unterschiedliche, charakteristische Form besaß. Obwohl die pulsierenden Impulse ab-

rupt waren, konnten sie mit Sicherheit nicht auf Explosionen zurückgeführt werden.
Ich schloß nicht aus, daß es sich bei den Impulsen um intelligente Signale handelte, obwohl die Cambridge-Gruppe diesen Gedanken schnell wieder verworfen hatte, da die Signale so stark waren und über ein solch breites Frequenzband empfangen wurden, daß keine Zivilisation derartig verschwenderisch mit Energie umgehen konnte, nur um Nachrichten auszusenden. Darüber hinaus existierten so viele pulsierende Quellen, daß sie alle zusammen unmöglich das Werk »kleiner grüner Männchen« sein konnten.
Diese negativen Argumente zeugten für mich nicht von besonderem Tiefgang. Ich dachte, daß die Signale sehr wohl natürliche Breitbandquellen sein könnten, die durch eine intelligente Intervention irgendwie an- und ausgeschaltet wurden. Tatsächlich gab es zahlreiche Hinweise auf die »Morsezeichen«-Charakteristik der Signale, und einige Astronomen nannten die pulsierenden Radioquellen auch »Morsezeichen-Sterne« oder »KGMs« (für »kleine grüne Männchen«).
Ich fertigte umfangreiche Aufzeichnungen der Impulsstärken an, sowohl auf Tonbändern als auch auf Tabellenpapier. Anschließend prüfte ich die Tabellen sehr genau und versuchte, eine gewisse Struktur daraus abzuleiten. Stundenlang saß ich über diesen Unterlagen, aber trotz meines heftigen Verlangens nach einer fremdartigen Nachricht ergab sich für mich kein eindeutiger Hinweis darauf, daß diese Sendungen einen intelligenten Ursprung hatten. Hätte ich damals bereits über mein heutiges Wissen verfügt, wäre ich weitaus aufgeregter gewesen über die Möglichkeit, daß die Impulse intelligente Signale waren, zumal sich herausstellte, daß sie hochgradig polarisiert waren, so wie die Radioquellen, die von einem irdischen Sender ausgestrahlt werden. Damals

aber blieb diese Polarisierung unentdeckt. Außerdem arbeiteten wir noch nicht mit solch hochentwickelten Computerprogrammen, die Impulse nach möglicherweise intelligenten Strukturen analysierten, die einem menschlichen Beobachter sehr wohl entgehen konnten. Die Impulse schienen ein rein natürliches Phänomen zu sein, obwohl man die astronomische Vereinigung heftig bedrängte, die Impulse anhand einer soliden Theorie zu erklären.

In der Zwischenzeit fand ich es reichlich ermüdend, ständig den Ausdruck »schnell pulsierende Radioquellen« benutzen zu müssen. In einem Artikel, den ich mit zwei meiner Studenten – Hal Craft und John Comella – für die Zeitschrift *Science* schrieb, prägte ich die Abkürzung »Pulsare« – und dieser Name setzte sich auch durch. Nun konnten wir zumindest leichter über sie sprechen, auch wenn über ihre Bedeutung noch keine Einigkeit herrschte.

Eine Spekulation folgte der anderen durch zahlreiche, hastig einberufene Meetings, die Astronomen zu dem Zweck zusammenbrachten, um über Pulsare zu diskutieren. Auf einem dieser Meetings gab Tom Gold eine überraschende Teilerklärung ab, die sich als richtig erwies. Er erläuterte, daß der Pulsar ein schnell rotierender Stern sei, der seine ganze Strahlung in einem einzigen engen Strahl aussendet, wie ein Leuchtturm einen rotierenden Lichtstrahl. Daher pulsiert der Stern auch nicht wirklich, sondern blitzt seinen starken Strahl in Intervallen von ca. 1 Sekunde an und aus, was die Impulse der von uns beobachteten Signale erklärte.

Die fehlende Erklärung lieferte eine schon früher in Cornell aufgestellte Theorie von Franco Pacini, einem italienischen Gastwissenschaftler des Frascati-Observatoriums bei Rom. Ein ganzes Jahr bevor die Pulsare entdeckt wurden, hatte Pacini bereits darüber nachgedacht, was geschieht, wenn ein massiver Stern als Supernova explodiert: Die äußere Hülle des Sterns wird ins All geschleudert, und der kollabierte Kern bleibt als Neutronenstern übrig.*

Diese Neutronensterne rotieren mit hoher Geschwindigkeit und besitzen aufgrund ihrer Kompression starke Magnetfelder. Pacini fand heraus, daß diese schnell rotierenden Magnete eine umfangreiche elektromagnetische Strahlung emittieren. Lediglich die Tatsache, daß die Strahlung in starken Impulsen ausgesendet wird, hatte Pacini nicht feststellen können. Dieser Aspekt war eine echte Überraschung, und daher wurde womöglich auch Pacinis Arbeit nicht gleich als Erklärung für die Pulsare angenommen. Als Gold dann allerdings erklärte, daß die Impulse rotierende Lichtstrahlen von Neutronensternen seien, wurden die Dinge klarer.

Soweit war das in Ordnung. Wenn es sich um Neutronensterne handelte, dann wären sie Überreste von Supernovae, und wir könnten neue Pulsare finden, wenn wir in den Überresten bekannter Supernovae, wie beispielsweise im Crabnebel, danach suchten. Dort begannen mehrere Forscher ihre Suche; der Erfolg stellte sich jedoch nicht gleich ein. Monate vergingen, bis Green-Bank-Beobachter berichteten, daß sie Impulse im Crabnebel entdeckt hatten. Allerdings kamen sie in einem großen Abstand von etwa 5 Minuten und unterschieden sich somit von den übrigen Pulsaren, die in Intervallen von ca. 1 Sekunde blitzten.

Die Astronomen hatten sich nun in zwei Lager gespalten. Die einen hielten die Pulsare für rotierende Sterne, die ande-

---

* Neutronensterne wurden in den dreißiger Jahren zuerst von den Caltech-Wissenschaftlern Walter Baade und Fritz Zwicky entdeckt. Durch die Anwendung der quantitativen Methode im Jahre 1939 machten J. Robert Oppenheimer, von dem berühmten Manhattan-Projekt, sowie Lev Landau aus der Sowjetunion sie zu glaubwürdigen Objekten in der Astronomie.

ren klammerten sich an die Idee, sie wären pulsierende Objekte. Glücklicherweise bestand die Möglichkeit, herauszufinden, wessen Vermutung richtig war.
Wären sie pulsierende Objekte, dann würden sie mit der Zeit immer dichter, da sie Energie verloren. Dies würde dazu führen, daß sie dann *noch schneller* pulsierten. Wären sie rotierende Objekte, würden sie sich irgendwann langsamer drehen, so wie ein rotierender Topfdeckel, wenn er Energie verliert. Dank dieser beiden grundsätzlichen Theorien, die gegenteilige Ergebnisse versprachen, mußten wir nun lediglich eine Änderung in der Periode eines Pulsars beobachten und hätten damit die Antwort auf unsere Frage gefunden.
Das Problem war allerdings, daß Pulsare ihre Perioden weder in die eine noch in die andere Richtung zu ändern schienen. Sie blitzten derart regelmäßig, daß es ausreichte, einen Pulsar zu beobachten, um vorhersagen zu können, wann er seine Impulse drei oder vier Monate später aussandte. Erfreulicherweise erwiesen sich derartige Voraussagen als korrekt, sogar bis auf eine Tausendstelsekunde.
Wir benötigten einen sich schnell ändernden Pulsar, und schließlich fanden wir auch einen.
David Richards, einer der Studenten in Arecibo, wählte für seine Beobachtungen den Crabnebel, weil dieser die Wissenschaftler in Green Bank regelrecht frustriert hatte. Sie konnten keinen Sinn in seiner langen und unregelmäßigen Impulsperiode erkennen. Dank der größeren Sensibilität des Arecibo-Teleskops für eine solche Arbeit fand Richards heraus, daß es eine regelmäßige und eine schnelle Impulsrate gab. Nur kam der erwartete Impuls alle fünf Minuten, verstärkt durch einen enormen Energieschub. Der Green-Bank-Gruppe war es nur gelungen, diese gigantischen fünfminütigen Schübe aufzufangen, nicht jedoch die zahlreichen kleinen Impulse, die dazwischenlagen. Der Neutronenstern

im Crabnebel stellte sich nicht als der langsamste, sondern als der bisher schnellste Pulsar, den man entdeckt hatte, heraus. Er pulsierte dreißigmal pro Sekunde. Diese Geschwindigkeit verdankte er dem jungen Alter des Neutronensterns. Die Supernova im Crabnebel entstand nach chinesischen Beobachtungen im Jahr 1054. Sie drehte sich so schnell, weil sie gerade erst vor rund 1000 Jahren damit begonnen hatte.

Im Februar 1969, ein ganzes Jahr nach der Bekanntgabe der Entdeckung des Pulsars, entdeckte Richards die erste Veränderung bei einer Pulsarperiode. Durch intensive Beobachtungen der Quelle im Crabnebel stellte er fest, daß die Impulsrate sich pro Tag um $^{1}/_{36\,000\,000}$ Sekunde verlangsamte. Eine fast unendlich kleine Veränderung, die allerdings für die These ausreichte, daß die Impulse sich mit der Zeit verlangsamen und daher ein Pulsar ein rotierender Neutronenstern sein mußte.

Das junge Alter des Crab-Pulsars erklärte seine hohe Geschwindigkeit und auch die Geschwindigkeit, mit der sich seine Rotationsrate änderte. Wenn sich ein Topfdeckel dreht, wird er verhältnismäßig rasch langsamer. Je langsamer er sich dreht, desto länger braucht er, um noch langsamer zu werden. Pulsare verhalten sich genauso.

Bis heute ist der Crabnebel der einzige, bei dem die normalen Impulse von Impulsschüben unterbrochen werden, die tausendmal stärker sind. Daher zählen solche gigantischen Impulse auch zu den hellsten Radiosignalen, die man im Universum fand. Sie strahlen so stark, daß man sie selbst mit einer gewöhnlichen Hausantenne auf dem Fernsehschirm sehen kann. Dazu muß man nur auf einen Kanal ohne Programm umschalten und auf den Bildschirm schauen. Alle fünf Minuten werden Sie dann eine Menge »Schnee« bemerken, der etwa ein Drittel des Fernsehschirms bedeckt. Dieser

Schnee stammt von dem ungefähr 6000 Lichtjahre entfernten Crabpulsar.

Nach sechs Monaten Pulsarfieber neigte sich meine auf zwei Jahre befristete Arbeit in Arecibo dem Ende zu. Ich denke, ich hätte darum bitten können, aufgrund der Situation länger zu bleiben, aber meine Familie, die sich nach ihrem Zuhause sehnte, war bereits nach Ithaca zurückgezogen. Grund genug, Arecibo 1968 zu verlassen. Trotzdem betreute ich auch weiterhin die Studenten, die ihre Dissertationen über Pulsare schrieben. Darüber hinaus rief man mich häufig an das Observatorium zurück, wo ich alle möglichen Dinge, angefangen von diversen Beobachtungen bis hin zu Schlichtungsgesprächen zwischen den Angestellten, erledigte. Letzteres führte dazu, daß sich meine Spanischkenntnisse merklich verbesserten, statt durch Nichtgebrauch in Vergessenheit zu geraten, wie ich befürchtet hatte. Auch boten sich mir zahlreiche Anlässe, um in den für Gastwissenschaftlern reservierten Unterkünften zu übernachten. Meine Besuche fanden oft genug statt, um sowohl in der älteren als auch in der neuerbauten Gästeresidenz mindestens zwei- bis dreimal zu übernachten. Eines Nachts wurde ich durch ein entsetzliches Erdbeben geweckt. Ich saß aufrecht in meinem schwankenden Bett und hatte die allergrößten Befürchtungen, daß die ca. 600 Tonnen schwere Stahlbühne zusammenbrechen könnte, was glücklicherweise nicht geschah.

1969 übernahm die NSF das Observatorium, aus dem ein staatliches Zentrum wurde, obwohl Cornell es auch weiterhin führte. Im Jahre 1971, als man das Arecibo-Ionosphären-Observatorium in »Staatliches Zentrum für Astronomie und Ionosphären« umbenannte, machte man mich zum Direktor des gesamten Zentrums. Damit waren zahlreiche ernsthafte Probleme verbunden. Ich mußte die Einrichtung praktisch aus der Ferne leiten, einen Mitarbeiterstab führen, der sich von Ithaca bis Puerto Rico erstreckte, und regelmäßig zu Meetings nach Washington reisen. Aber ich hatte einen besseren Ausgangspunkt als je zuvor, um auf eine kontinuierlich wachsende Bedeutung des Teleskops hinzuarbeiten. Außerdem konnte ich nun das Konzept zur Suche nach außerirdischer Intelligenz anderen Wissenschaftlern und den behördlichen Entscheidungsträgern vorstellen, die über Zuschüsse zu befinden hatten.

Meine drei Söhne zeigten sich von dem Umzug hellauf begeistert, da sie durch die Nähe des Colleges und der großen Städte in den Genuß eines wesentlich reichhaltigeren soziokulturellen Angebotes kamen. Paul ging von Ithaca nach Boston, wo er viel Erfolg als Fotograf hatte, Stephen trat als Cellist den Nashville-Symphonikern bei, und Richard verfolgte seine Musikerkarriere in San Francisco.

Als I-Tüpfelchen meiner Zeit in Puerto Rico empfand ich die Tatsache, daß sich die Hamilton Watch Company den Namen Pulsar für die erste digitale Armbanduhr ausgesucht hatte. Dies war eine 1000 Dollar teure Uhr ohne Zeiger, mit leuchtendroten Zahlen, die auf Knopfdruck sichtbar wurden. Um auf dieser Uhr die Zeit ablesen zu können, benötigte man zwei Hände: eine, an der man sie trug, und die andere, mit der man den Knopf drückte. Trotzdem hätte ich es wünschenswert gefunden, eine Pulsar zu besitzen, besonders weil der Name meine ureigene Schöpfung war.

Da ich gerade keine 1000 Dollar übrig hatte, schrieb ich an die Hamilton Watch Company und erklärte, daß der Name Pulsar durch meinen Artikel in der *Science* urheberrechtlich geschützt sei, und daß ich aus diesem Grunde glaubte, eine Art Lizenzgebühr beanspruchen zu können, und ich mich mit einer Uhr gerne zufriedengeben würde. In der darauffolgenden Woche erhielt ich postalisch eine nicht so freundliche Antwort des bevollmächtigten Rechtsbeistandes der

Firma, auf dessen Briefkopf die Namen aller 65 Anwälte der Hamilton Watch Company aufgelistet waren. Man wies mich darauf hin, daß bereits nicht weniger als sechs verschiedene Produkte mit dem Namen Pulsar existierten, inklusive einer Kettensäge und eines Gerätes zur Zahnreinigung. Urheberrechte würden nicht auf Handelsbezeichnungen angewandt, erklärte man mir, und wenn ich eine Uhr haben wollte, sollte ich mir doch eine kaufen.

Spionageabwehr

Die Erde ist die Wiege der Menschheit,
aber man lebt nicht immer in der Wiege.

Konstantin Tsiolkovsky

Als Optimist unterstütze ich eine stetige Suche
nach erleuchtenden Signalen
außerirdischer Zivilisationen.

Andrei D. Sacharow

Während der gesamten Zeit des Kalten Krieges in den sechziger Jahren, als der Gedanke an *Glasnost* noch weitaus unrealistischer erschien als die Aussicht auf interstellare Kommunikation, begannen Wissenschaftler in der Sowjetunion mit der Suche nach außerirdischem Leben. Dabei ließen sie sich von englischer und amerikanischer wissenschaftlicher Literatur inspirieren, besonders von der Cocconi-Morrison-Abhandlung in *Nature,* von Freeman Dysons Artikel in *Science* und auch von meinen Berichten über das Projekt Ozma in den Zeitschriften *Physics Today* und *Sky and Telescope.* Allerdings erhielten sowjetische Wissenschaftler an großen Institutionen, im Gegensatz zu uns, Gelder zu Forschungszwecken und mußten sich keinem Widerspruch beugen, wenn sie sich dafür entschieden, eine spezielle technische Ausrüstung zu bauen, oder Projekte planten, die der Entdeckung fremder Zivilisationen gewidmet waren.

Die frühen sowjetischen Radioteleskope waren sogenannte Dipolantennen, so wie die, die man im englischen Cambridge gebaut hatte, und bei weitem nicht so sensibel wie die steuerbare Schüsselantenne, die Grote Reber einst in seinem Schuppen konstruierte und die als Vorbild für die ersten Geräte in Harvard, Cornell und Green Bank fungierte. Selbst ein primitives Radioteleskop gibt Astronomen die Möglichkeit, Nachrichten zu den Sternen hinauszusenden und auf Signale von intelligentem Leben aus der Ferne zu lauschen.

In der Sowjetunion wurde die Idee einer derartigen Suche weitaus bereitwilliger und mit mehr Enthusiasmus angenommen als in den Vereinigten Staaten. Obwohl ich den amerikanischen Astronomen eine höhere Anerkennung bei dieser Arbeit wünschen würde, denke ich, daß die Akzeptanz seitens der Sowjets doch nicht ganz auf purer Freundlichkeit basierte. Natürlich tat dies meines Erachtens dem Forschungsunternehmen selbst im weitesten Sinne keinen Abbruch; es spiegelte mehr den allgemeinen Zustand der sowjetischen Wissenschaft wider. Überdies steckte auch ein politisches Motiv hinter dieser Art staatlicher Unterstützung: Die sowjetische Regierung begriff ein Forschungsunternehmen als eine Möglichkeit, sich mit den Amerikanern zu messen und sie möglicherweise zu übertreffen.

In den Vereinigten Staaten bemühten sich Wissenschaftler traditionell und routinemäßig um die skeptische Kritik anderer anerkannter Forscher, also von Ebenbürtigen ihres Fachgebiets. Sowjetische Wissenschaftler hingegen arbeiteten isoliert von anderen Meinungen und kämpften auch nicht um Forschungsgelder. Jede Institution ging mehr oder weniger ihre eigenen Wege. Jedes Jahr erhielten sie denselben Betrag an Zuschüssen, und die leitenden Verantwortlichen der Institutionen bestimmten über die genaue Verteilung der Gelder. Niemand stellte diese Entscheidungen in Frage, und keine Forschungseinrichtung kritisierte die andere. Daher konnte ein hochrangiger Wissenschaftler beispielsweise beschließen, eine Suche nach intelligenten Signalen von irgendeinem Punkt in der Galaxis durchzuführen, auch wenn niemand in seinem Institut wirklich in der Lage war, die dazu erforderlichen technischen Geräte zu konstruieren. Im weiteren Verlauf seiner Arbeit konnte sich dieser Wissenschaftler über seine angewandte Methode oder seine Ergebnisse mit einem anderen Kollegen, der das gleiche Ziel verfolgte, austauschen. Dadurch ging er möglicherweise gewisse Risiken ein. Er mußte sogar mitunter sein Land verlassen, um mit einem größeren Kollegenkreis in Kontakt zu treten.

Trotz der bei der sowjetischen Wissenschaft vorhandenen Schwächen wurden, dank der hingebungsvollen Ausdauer einiger weniger hochtalentierter Wissenschaftler, enge Bande zwischen amerikanischen und sowjetischen Wissenschaftlern bei der Suche nach außerirdischer Intelligenz geknüpft, die bis zum heutigen Tage bestehen und wahrscheinlich auch in Zukunft bestehenbleiben.

Iosif Shklovsky, ein brillanter Astrophysiker aus der Ukraine, führte das sowjetische Interesse an der Suche nach außerirdischen Signalen an. Shklovsky war nicht nur ein brillanter Wissenschaftler auf dem Gebiet der Radioastronomie, er besaß zudem auch die Art von Menschlichkeit und Humor, die andere anzog und die ihm untertänigst ergebene Studenten einbrachte. Er selbst hatte aus Armut die Oberschule verlassen müssen und zehn Jahre seines Lebens als Eisenbahnbauer in Sibirien verbracht. Dann las er zufällig in einer Zeitschrift einen Artikel über die Entdeckung des Neutrons. Der Gedanke daran, daß so vieles in unserer Welt noch unentdeckt war und daß unerwartete Wesen auftauchen könnten, um uns zu überraschen, ergriff Besitz von seiner Phantasie. Er beschloß, Physik zu studieren, bereitete sich autodidaktisch auf die Aufnahme an einer Universität vor und absolvierte sein Studium am Shternberg-Astronomieinstitut in Moskau.

In den vierziger Jahren zeichnete sich Shklovsky durch seine Voraussage über die Existenz der 21-cm-Wasserstofflinie aus, der Linie, die später bei der Suche nach Außerirdischen eine zentrale Rolle spielen sollte. Es handelt sich um die helle Linie, die im Radiobereich des elektromagnetischen Spektrums als natürliche Emission neutraler Wasserstoffatome erscheint. Shklovsky prophezeite ganz korrekt auch die 18-cm-Hydroxyllinie (OH), die die andere Grenze des »Wasserlochs« in dem Frequenzbereich bildet, wo Astronomen seither nach außerirdischem Leben suchen.

Zum Zeitpunkt seiner Vorhersagen dachte Shklovsky allerdings noch nicht an fremdartige Wesen. Vielmehr untersuchte er die Wasserstofflinie aufgrund ihrer fundamentalen Bedeutung in der Astronomie, da Wasserstoff die Hauptkomponente der Sterne darstellt und somit des ganzen Universums. Leider fehlte Shklovsky die notwendige Ausrüstung, um seine Thesen zu beweisen. Die von ihm benutzten Teleskope reichten einfach nicht aus, und so fiel die Ehre der ersten Beobachtung der 21-cm-Linie einem wilden, jungen Amerikaner namens Harold »Doc« Ewen zu, den ich aus Harvard kannte. Ewen schrieb seine Doktorarbeit über diese Entdeckung und war sehr stolz über die Tatsache, daß seine Dissertation, die nur zwölf Seiten umfaßte, die kürzeste in der Geschichte an dem Lehrstuhl für Physik in Harvard war.* 1956 besaßen die Sowjets ihr erstes Radioteleskop mit einer Schüsselantenne. Es stand auf der Krim, wo Shklovsky seine eigenen, detaillierten Beobachtungen der 21-cm-Linie in der Milchstraße und anderen Galaxien durchführte.

Der Cocconi-Morrison-Artikel in *Nature,* in dem die beiden Wissenschaftler Anregungen zur Suche nach intelligentem Leben im Universum auf der 21-cm-Linie machten, erreichte die Sowjetunion erst spät – Monate, nachdem die Septemberausgabe 1959 erschienen war. Als Shklovsky den Artikel endlich las, stürzte er sich auf die wunderbare neue Bedeutung der Wasserstofflinie. Damit offenbarten sich nicht nur grundsätzliche Erkenntnisse über die Sterne, sondern möglicherweise auch Kommunikationswege für einen interstellaren Kulturaustausch. Plötzlich rief die Möglichkeit, daß man an dem Observatorium eine ungewöhnliche Aufzeichnung machte, die sich als intelligentes Signal entpuppte, neue Aufregungen bei allen Entdeckungen hervor, die im Zusammenhang mit der Wasserstofflinie gemacht wurden. Am Krimstrand diskutierte Shklovsky mit seinen Studenten endlose Stunden über mögliche Formen außerirdischen Lebens.

Das erstemal traf ich Shklovsky 1960 anläßlich eines Meetings der Internationalen Astronomischen Vereinigung (IAU) in Moskau und empfand spontane Sympathie für ihn.

---

* Während des zweiten Weltkrieges sagte der niederländische Astronom Hendrik van de Hulst unabhängig von Shklovsky, aber zeitgleich die Existenz der Wasserstofflinie voraus. Da der Krieg damals jede Kommunikation verhinderte, wußte keiner der beiden Wissenschaftler von der Arbeit des anderen. Bald nach Kriegsende begannen van de Hulst und seine Kollegen in den Niederlanden mit dem Bau eines Radioempfängers, mit dessen Hilfe sie die Linie sicherlich auch entdeckt hätten und Ewen auf diese Weise zuvorgekommen wären. Leider fing die Ausrüstung noch während der Bauphase Feuer und verbrannte.

Es schien einfach unmöglich, ihn nicht zu mögen, und unmöglich, nicht von seiner Wärme und seinem Optimismus begeistert zu sein. Shklovsky hatte sich in der Radioastronomie einen Namen gemacht, nicht nur aufgrund seiner 21-cm-Linientheorie, sondern auch wegen seiner Schlußfolgerung über den wahren Ursprung kosmischer Radioemissionen. Zunächst dachte man nämlich, daß solche Emissionen einfach ein Teil der normalen Strahlung wären, die heiße Objekte im Weltraum abgaben. Shklovsky allerdings behauptete, daß bestimmte kosmische Radioemissionen das Ergebnis einer sogenannten Synchrotronstrahlung* seien.
Im Weltraum, so lautete Shklovskys Hypothese, würden kraftvolle Magnetfelder und andere Prozesse in der Umgebung von Himmelsobjekten geladene Partikel zu immensen Energien werden lassen, die zu Ausbrüchen von Synchrotronstrahlung in einem breiten Bereich der Radio- und der optischen Frequenzen führten.
Sowohl bei der Synchrotronstrahlung als auch bei der 21-cm-Linie konnte Shklovsky eigene Theorien nicht beweisen, da ihm in der Sowjetunion nicht die notwendige Technik zur Verfügung stand. Er wußte genau, welche Art von Beobachtungen er für eine Beweisführung benötigte, nämlich die Messung der Polarisierung von Emissionen aus Supernovarückständen im Crabnebel. Sollte die Supernovastrahlung wirklich eine Synchrotronstrahlung sein, wären die Emissionen hochgradig linear polarisiert, so wie man es

* Ein Synchrotron ist eine Maschine, die geladene Partikel in einem magnetischen Feld innerhalb einer leeren, doughnutförmigen Kammer zirkulieren läßt. Da die Partikel immer mehr Energie erhalten, beginnt ihre Masse, sich zu vergrößern, und zwar gemäß Einsteins Relativitätstheorie, und sie können blauweißes Licht ausstrahlen, das man Synchrotronstrahlung nennt.

bei der Synchrotronstrahlung beobachtet hatte. Shklovsky versuchte, diese Polarisierungsmessung an einem optischen Observatorium im Kaukasus durchzuführen, aber das Teleskop erwies sich als zu klein und von zu schlechter Qualität, um ein entscheidendes Ergebnis liefern zu können. Andere Beobachter außerhalb der Sowjetunion, speziell die Wissenschaftler, die am berühmten Teleskop in Mount Palomar arbeiteten, griffen Shklovskys These auf und bewiesen ihre Richtigkeit.

Heute wissen wir, daß Quasare, Radiogalaxien und Supernovarückstände – die hellsten Quellen, die von Radioastronomen beobachtet werden – allesamt starke Emissionen von Synchrotronstrahlung abgeben. Auf der anderen Seite sind sternbildende Regionen Wärmeausstrahler, die Radiowellen fast immer nur durch Hitze erzeugen.

Ich erinnere mich an eine Unterhaltung zwischen Shklovsky und mir über seine erstaunlichen Voraussagen, die wir anläßlich eines IAU-Meetings führten. Er sprach ganz gut Englisch, und ich hatte am College etwas Russisch gelernt, so daß unser beider Vokabular für eine zwanglose Unterhaltung ausreichte. Über außerirdische Intelligenz fiel dabei allerdings nicht ein einziges Wort – nicht etwa aufgrund von Verständigungsschwierigkeiten, sondern vielmehr deshalb, weil keiner von dem Interesse des anderen an diesem Thema wußte. Keiner von uns hatte sich zu diesem Zeitpunkt öffentlich dazu bekannt. Und obwohl ich mich damals intensiv mit meinen Ozma-Plänen beschäftigte, erwähnte ich nichts über sie. Auch Shklovsky erzählte mir nicht, daß er den Cocconi-Morrison-Artikel kannte und daß er durch ihn so begeistert wurde, daß er bereits plante, ein Buch über dieses Thema zu schreiben.

Bald darauf erhielt Shklovsky seine große Chance. Die sowjetische Akademie der Wissenschaften forderte ihn 1962 anläßlich des fünften Jahrestages von *Sputnik I* dazu auf, eine Abhandlung über ein wissenschaftliches Thema zu schreiben, das von allgemeinem Interesse war. Shklovskys Buch, das den Titel *Universum, Leben, Intelligenz* trug, drückte seine Hoffnung darüber aus, Leben im Weltraum zu entdecken, und erklärte, auf welche Art die Radioastronomie eine solche Suche ermöglichte. Shklovsky erläuterte darin, daß andere Zivilisationen bereits von dem Leben auf der Erde wissen könnten, weil wir durch unsere Fernsehsendungen unsere Präsenz im Universum deutlich kundtaten. Diese Sendungen drangen ungehindert bis zu den Sternen vor, sagte er, und daher würde die Erde als Quelle der Fernsehausstrahlungen auf bestimmten Radiofrequenzen so hell scheinen wie die Sonne. Dieser strahlende Glanz der Erde, so folgerte er, würde die Aufmerksamkeit von Fremdlingen an unserer Zivilisation wecken. Seine außergewöhnliche Idee, die in den Vereinigten Staaten unter der Rubrik »Science-fiction« eingeordnet worden wäre, wurde in der Sowjetunion aufgrund von Shklovskys brillantem Ruf als Wissenschaftler ohne Zögern akzeptiert. Wenn er es sagte, mußte es so sein.

Nur wenige Leute außerhalb der Sowjetunion hatten von diesem Buch gehört. Carl Sagan zählte zu denen, die davon wußten, noch bevor es veröffentlicht wurde, da er mit Shklovsky über die Problematik interstellaren Raumflugs korrespondierte. Carl gelang es, eine in den Vereinigten Staaten veröffentlichte englische Ausgabe des Buches zu erhalten. Dafür benötigte man mehrere Jahre transatlantischer Zusammenarbeit in einem äußerst angespannten politischen Klima. Shklovsky traf in einem seiner Briefe an Sagan den Nagel auf den Kopf, als er schrieb: »Die Wahrscheinlichkeit, daß es ein gemeinsames Treffen zwischen uns geben wird, dürfte geringer sein als die, daß ein außerirdischer Kosmonaut die Erde besucht.« Trotz aller Schwierigkeiten führten sie ihr gemeinsames Projekt zu Ende. Ihr Buch wurde 1966 unter dem Titel *Intelligentes Leben im Universum* veröffentlicht. Dieses Buch enthält ebensoviel neues Material von Sagan wie Originaltexte von Shklovsky. Es war in den USA weit verbreitet und sehr bekannt.

Übrigens hatte Shklovsky unrecht mit seiner Annahme, wahrscheinlich niemals die Erlaubnis zu erhalten, außerhalb der Sowjetunion zu reisen. Ich erinnere mich an einen netten gemeinsamen Spaziergang am ersten Tag einer Konferenz im englischen Brighton. Als ob er dort schon immer gelebt hätte, wußte er irgendwie, wie er uns direkt zu seinem vorrangigen Ziel führen konnte: einem Schuhgeschäft. Er stand vor dem Schaufenster und freute sich über die ausgestellte Ware. Er wußte, daß das Preis-Leistungs-Verhältnis stimmte und daß er die Schuhe kaufen konnte. Damit war für ihn die Welt in Ordnung. Auf einer darauffolgenden Reise nach Berkeley bestand seine Beute aus einem Kartenspiel mit anrüchigen Bildern sowie einem Button mit der Aufschrift »Bete für Sex«. Die Karten, so erklärte er sachlich, könne er einzeln als Geschenk an jeden Wissenschaftler seines Instituts verteilen. Die Anstecknadel bereitete ihm eine teuflische Freude.

»In Ihrem Land«, kommentierte er, »ist dieser Slogan aus einem Grund anstößig, in meinem Land aus zwei Gründen!«

Bei einem anderen Besuch in den Vereinigten Staaten erstaunte Shklovsky seine Kollegen dadurch, daß er bei einem Restaurantbesuch nicht genug Geld besaß, um sein Mittagessen bezahlen zu können. Die anderen hielten ihn für wohlhabend aufgrund des Erfolges, mit dem sein Buch in den USA veröffentlicht worden war. Shklovsky mußte ihnen allerdings eröffnen, daß ihm der amerikanische Verlag nichts schuldete und ihm auch tatsächlich nichts gezahlt hatte, da die Sowjetunion das internationale Copyrightabkommen nicht unterzeichnet hatte. Er war zwar berühmt, aber bettelarm. Obwohl es stimmte, daß sein Land den Copyright-Vertrag nicht unterschrieben hatte, konnte Carl es nicht zulassen, daß man Shklovsky nur deshalb seinen Anteil an den Tantiemen vorenthielt. Also tauchte Carl bei dem Verleger auf, bestand auf Shklovskys Autorenhonorar und hatte Erfolg. Shklovsky erhielt als Resultat jenes Gespräches einen Scheck, den er allerdings nie einlöste. Offenbar befürchtete er Ärger mit der sowjetischen Geheimpolizei, besser bekannt unter dem Kürzel KGB.

Shklovsky selbst forschte übrigens nie nach außerirdischem Leben, aber er brachte andere dazu, dies zu tun. Er war der Motor der Bewegung. Er hielt sie am Leben – sowohl in der Öffentlichkeit als auch in wissenschaftlichen Kreisen – während sich seine eigenen Forschungsbemühungen auf andere Probleme der Radioastronomie konzentrierten, von der Solarphysik bis hin zum variablen Fluß der Radioemissionen entfernter Himmelsobjekte.

Nikolai Kardashev, Shklovskys Starschüler am Shternberg-Astronomieinstitut, initiierte 1963 die erste sowjetische Suche nach außerirdischer Intelligenz. Im Jahre 1964 organisierte Kardashev auch die erste Gesamtkonferenz für Wissenschaftler, die an der Frage nach außerirdischen Zivilisationen interessiert waren – eine Art sowjetischer Delphin-Orden am Byurakan-Observatorium für Astrophysik in Armenien.

Kardashev ist ein beunruhigend jung aussehender Mann meines Alters, der bereits mit fünf Jahren, als seine Mutter ihn zu einem Besuch des Moskauer Planetariums mitnahm, sein Interesse an der Astronomie entdeckte. Dort sah er nicht nur Modelle von Sternen und Planeten, es gab auch Schauspieler, die entscheidende Momente im Leben des Galilei, Kopernikus und anderen Helden darstellten, was dem Planetarium einen theatermäßigen Effekt verlieh. Vermutlich hat dies auch Madame Kardashev in erster Linie in das Planetarium gelockt, denn ihr Verständnis für Astronomie hielt sich in Grenzen. Als Klein Nikolai sie fragte, wie viele Zacken die Sterne am Himmel im Vergleich zu den fünfzackigen Sternen auf dem sowjetischen Banner hätten, antwortete sie: »Auch fünf.« Trotz dieser Finte ließ Kardashev sich nicht entmutigen, sondern fuhr fort, selbst die Wahrheit herauszufinden. Er ist heute Direktor des Weltraumzentrums des P.-N.-Lebedev-Instituts für Physik an der Akademie der Wissenschaften in Moskau, Rußlands bemerkenswertester Forschungseinrichtung für Physik.

1964 inspirierte Kardashev uns mit der Veröffentlichung seiner Vorhersagen über Superzivilisationen, die uns um Millionen von Jahren in ihrer Technologieentwicklung voraus waren. Zu ihren Fähigkeiten, so prophezeite er, zählte die Nutzbarmachung ihrer *gesamten* Sonnenenergie. Wir hingegen, in unserem vergleichsweise primitiven Stadium der Evolution, nutzten nur einen Bruchteil der Sonnenenergie, die auf unseren Planeten fällt.

Wirklich hochentwickelte Zivilisationen, so stellte sich Kardashev vor, würden nicht bei ihrer Sonne haltmachen; sie würden Möglichkeiten finden, den Energieoutput ihrer gesamten heimischen Galaxis voll zu nutzen. Möglicherweise erfänden sie eine gigantische Konstruktion, mit der sie den galaktischen Kern umgäben, um so seine Energie abzuzapfen. Kardashev klassifizierte außerirdische Zivilisationen gemäß ihres Energiereichtums in drei verschiedene Typengruppen: Typ I, Fremdlinge, die in etwa unserem technologischen Stand entsprachen, waren gerade so weit entwickelt, daß sie die Energieressourcen ihres Heimatplaneten gewinnen und nutzen konnten. Die höherentwickelten Zivilisationen vom Typ II vermochten den gesamten Energieoutput ihres Heimatsterns zu kontrollieren und zu nutzen, wohinge-

gen Typ III alle Sterne seiner Galaxis als Energielieferanten nutzte.
Wenn Superzivilisationen über die Technologie verfügten, um die Energie einer ganzen Galaxis zu beherrschen, so argumentierte Kardashev, könnten wir sie relativ leicht entdecken. Wir müßten nicht einmal nach intelligenten Radiosignalen suchen, sondern lediglich nach Zeichen ihrer Schöpfung. So könnten wir beispielsweise auf die Hitze stoßen, die von ihren gigantischen Energiemechanismen ausstrahlt, wenn wir im Infrarotbereich des elektromagnetischen Spektrums suchen würden. Kardashev stimmte mit Dyson überein, daß es sinnvoll sei, Fremdlinge anhand der Spuren ihrer Abfallhitze zu verfolgen. Kardashev übertraf Dyson jedoch noch in seinem Enthusiasmus für den Infrarotbereich, weil er glaubte, daß beabsichtigte Signale in diesem Bereich sowohl ausgesendet als auch empfangen werden können. In seinem ersten Versuch richtete er allerdings sein Augenmerk auf die niedrigen Frequenzen der Radiowellenlängen des elektromagnetischen Spektrums.
Wie ich bereits bemerkte, benutzte Kardashev bei seiner anfänglichen Suche Antennen von nicht sonderlich guter Qualität, aber er schuf ein ganzes Netzwerk davon, das sich über die gesamte Sowjetunion erstreckte. Er plazierte fünf Antennen an weit auseinander liegenden Orten, von Wladiwostok am Japanischen Meer bis hin nach Murmansk, nahe der finnischen Grenze. Bei der gleichzeitigen Beobachtung eines etwa 8000 Kilometer umfassenden Areals hatte Kardashev eine Möglichkeit gefunden, die irdische Störungen bei der Suche weitestgehend ausschloß. Signale, die nur von einer oder zwei seiner Bodenstationen aufgefangen wurden, konnten lediglich irdischen Ursprungs sein; alle anderen, die von allen fünf Stationen empfangen wurden, mußten außerirdischer Natur sein. Dies war ein ganz entscheidender Faktor

bei Kardashevs »Netzwerk«, weil seine Antennen auf so niedrige Frequenzen ausgerichtet waren, daß sie zwangsläufig eine Menge Störungen auffingen und eine Reihe von Fehlalarmen auslösten. Allerdings erreichten auch gute, starke außerirdische Signale die Stationen – leider stellten sie sich später als natürliche Radioemissionen der Sonne heraus. Nichts in Kardashevs Forschungsaufzeichnungen deutete nachhaltig auf ein intelligentes Signal hin.

1965 jedoch, als sich Kardashev zusammen mit seinem Kollegen Evgeny Sholomitsky gerade mit kosmischen Radioquellen an der Weltraumstation auf der Krim beschäftigte, meldete man ein verdächtiges Signal.

Von zweifellos außerirdischer Herkunft, änderte das Signal seine Intensität mit der Zeit. Kardashev und Sholomitsky beobachteten im Laufe mehrerer Monate, wie die Stärke der Radioemissionen langsam anstieg und dann abfiel. Andere Merkmale von Intelligenz wies das Signal nicht auf. Es war natürlich ein Breitband- und kein Nahfrequenzband-Signal, aber sein sich langsam verändernder Charakter stellte etwas in der Radioastronomie bisher Einmaliges dar, und dadurch erweckte es den Anschein, als versuche es, auf sich aufmerksam zu machen. Darüber hinaus war es stark genug, um die Astronomen glauben zu lassen, daß es sich hier um eine Nachricht einer Zivilisation vom Typ III handelte, die in der Nähe der als CTA-102* bekannten Radioquelle »angesiedelt« war.

---

* Wie die meisten Himmelskörper hat auch CTA-102 eine Katalognummer als Namen. CTA bedeutet Caltech-Katalog A – eine Ansammlung kleiner, aber heller kosmischer Radioquellen, die Nah-Punktquellen genannt werden. Dieser Katalog wird von dem kalifornischen Institut für Technologie veröffentlicht; die 102 kennzeichnet es als das 102. Objekt, das Caltech-Astronomen beobachtet haben.

Das Sternberg-Institut berief unverzüglich eine Pressekonferenz ein, und Sholomitsky verkündete der ganzen Welt mit fröhlicher Aufregung, daß er und Kardashev Signale von fremden Zivilisationen aus dem Weltraum entdeckt hatten. Wie ich später von Shklovsky erfuhr, war der ganze Hof des Instituts mit mehr als 100 ausländischen Luxuslimousinen zugeparkt, die von den führenden Moskauer Korrespondenten gefahren wurden. Obwohl Shklovsky selbst die Veröffentlichung der Entdeckungen aufgrund unzureichender Beweise noch zurückhalten wollte, setzten sich die anderen durch, und die Neuigkeiten wurden mit Fanfarenklängen verbreitet. Also machte Shklovsky bei dem ganzen Rummel mit – ein für ihn uncharakteristischer Zug, der ihn selbst auch später noch peinlich berührte.

Unter den spontanen Reaktionen, die die sowjetischen Astronomen erhielten, befand sich auch ein Telegramm von mir, in dem ich ihnen gratulierte und um detailliertere Informationen bat, sowie ein weiteres Telegramm von Caltech-Wissenschaftlern, das die folgende ernüchternde Nachricht enthielt: Das auf der Pressekonferenz hochgepriesene variable Radiosignal war definitiv kein Zeichen von Außerirdischen.

Dieselben optischen Variationen wurden soeben mit dem großen Palomar-Teleskop beobachtet. Unanfechtbar konnte die Quelle als Quasar einer anderen Galaxis definiert werden und ihre »Signale« als Resultat von Änderungen des radioemittierenden Materials in ihrem Kern.

Quasare oder quasistellare Radioquellen sind mysteriöse Gebilde, die, durch das Teleskop betrachtet, wie Sterne aussehen, tatsächlich aber turbulente Galaxien sind, von deren Kernen riesige Energiemengen ausgehen. Quasare scheinen sich außerdem mit hoher Geschwindigkeit von uns zu entfernen; ihre Rotverschiebung ist eine Dopplerverschiebung, die auf diese Geschwindigkeit zurückzuführen ist.*

So gab es für das zunächst intelligent erscheinende Signal doch eine ganz natürliche Erklärung: das exzentrische Verhalten einer fremden, weit entfernten Radioquelle.

In Moskau herrschte große Verlegenheit. Ich fühlte mit meinen dortigen Kollegen und bekam eine Lektion, die ich nie vergessen werde, über die Torheit, derartige Entdeckungen voreilig zu veröffentlichen. Zu Sholomitskys Verteidigung sei noch erwähnt, daß er einen ebenso wichtigen wie überraschenden Beitrag leistete, als er entdeckte, daß die Radioemissionen von Quasaren variabel sind. Seither sind diese variablen Emissionen von Quasaren zu einem wichtigen Studienfeld in der Astronomie geworden, allerdings waren sie damals noch unbekannt.

Die überstürzten Berichte über die »Fremdlinge« und die prompte Widerlegung der sowjetischen Entdeckung durch Caltech-Wissenschaftler dämpfte Kardashevs Enthusiasmus für Forschungsaktivitäten nicht, was mich persönlich sehr freute. Der ganze Rummel rief sogar einige neue Befürworter auf den Plan, zumindest auf unserer Seite der Erde. So nahmen beispielsweise die *Byrds,* eine bekannte amerikanische Popgruppe, eine Platte auf, die von Quasaren handelte

---

* Wir glauben, daß die Energie eines Quasars durch das Hineinfallen ganzer Sterne in ein gigantisches Schwarzes Loch im Zentrum der Galaxis entsteht. Ein Schwarzes Loch ist ein kollabierter, massiver Stern von einer solchen Dichte, daß nichts – nicht einmal Licht – entgegen seinen Gravitationskräften in das All entweichen kann. Wird neue Materie in ein Schwarzes Loch gezogen, kann sie zur zentralen Singularität gesaugt werden. Die Beschleunigungen und die Kollisionen, die zur Singularität führen, sind die Hitze- und Energiequellen, die ein Schwarzes Loch umgeben. Sobald ein Objekt in ein Schwarzes Loch hineinfällt, verschwinden sämtliche Spuren von ihm.

und ein Beinahehit wurde. Roger McGuinn, Leadgitarrist der Gruppe und so etwas wie ein Astronomiefreak, schrieb die Musik und den Text:

CTA-102, wir sind hier, wir hören Euch,
Signale sagen uns, daß Ihr da seid.
Mit unseren Radioteleskopen
können wir Euch laut und deutlich hören.
Die Wissenschaft sagt uns, daß es Hoffnung gibt,
daß Leben auf anderen Planeten existieren kann.

In der Mitte des Liedes hörte man ein Kauderwelsch, so als ob die Aufnahme rückwärts abgespielt wurde. Das sollte die Außerirdischen symbolisieren, zumindest hörte es sich für mich so an. Ich traf McGuinn nicht lange nach der CTA-102-Affäre. Er war zu einem Vortrag über Pulsare erschienen, den ich bei der *Aerospace Corporation* hielt, einer föderativen Denkfabrik in Los Angeles. (Meines Wissens schrieb er allerdings kein Lied über Pulsare.) Ich weiß noch, daß er mir gleich auffiel, mit seinen langen Haaren und seiner originellen Kleidung inmitten einer ganzen Schar konservativer Ingenieure. Später an jenem Abend nahm er mich zu einer Hollywood-Party mit, wo ich außer Jane Fonda, die ein fischnetzartiges »Nichts« trug, noch eine Reihe anderer Filmstars in wilden Outfits traf, so daß ich mir dort nun meinerseits in Anzug und Krawatte reichlich deplaziert vorkam. Es war das erste und einzige Mal in meinem Leben, daß ich mich wie ein Außerirdischer fühlte.

Meine nächste Begegnung mit sowjetischen Forschungsaktivitäten fand 1973 im australischen Sydney anläßlich eines weiteren Meetings der IAU statt. Yury Pariisky, damaliger Direktor der Teleskopabteilung am Pulkova-Observatorium in Leningrad, kam während einer Konferenzpause auf Carl

Sagan und mich zu, um sich vorzustellen und einen gemeinsamen Spaziergang vorzuschlagen. Pariisky sah aus wie Bob Newhart, nur war er kahlköpfig und sprach ein gutes Englisch. Als wir drei die Straße entlangschlenderten, vorbei an einem Park und einem Kino, wo gerade *Der letzte Tango in Paris* lief, erklärte uns Pariisky, daß er Signale entdeckt hätte, die aus einer intelligenten Quelle stammen könnten.

»Es sind Breitbandsignale, die sich wie Lärm anhören«, sagte er und fuhr fort: »Sie kommen für ein paar Stunden, dann verschwinden sie wieder. Am Tag darauf passiert das gleiche. Und wieder einen Tag später passiert noch einmal das gleiche. Wir beobachten das nun seit mehreren Monaten.« Pariisky arbeitete nicht mit einer unsensiblen Drahtantenne, wie Kardashev sie in seinem Netzwerk verwendete, er benutzte das große 18-m-Teleskop auf der Krim. Pariisky, ein ehemaliger Student von Shklovsky, forschte im amerikanischen Stil mit einer großen Schüsselantenne. Dafür gab ich ihm einige Pluspunkte, obwohl ich bezweifelte, daß er das Richtige gefunden hatte.

Pariisky war vorsichtig bei den entdeckten Signalen, die ihn durch ihr Verhalten verblüfften. Sie waren auf eine eigenartige und provokative Weise kodiert: 1, 2, 7 und 9 Impulse. Pariisky hatte nicht vor, mit diesen Neuigkeiten an die Öffentlichkeit zu treten und sich womöglich einem ähnlichen Fiasko, wie CTA-102 es war, auszusetzen. Er hatte es nicht einmal gewagt, Carl Sagan oder mich schriftlich um Rat zu bitten, da es in jenen Tagen für einen sowjetischen Wissenschaftler sehr gefährlich war, Forschungsdaten auf dem Postweg einem Amerikaner preiszugeben, weil Zensoren sämtliche Briefe kontrollierten. Aber Pariisky spürte wie wir auch, daß unser gemeinsames Ziel nationale Interessen deutlich übertraf, und so nutzte er die Gelegenheit in Sydney, uns seine Entdeckungen mitzuteilen.

»Diese tägliche Wiederholung irritiert mich«, sagte ich nach einigen Minuten des Nachdenkens, »man würde diese Art von Aufmerksamkeit keinem Fremdling zutrauen.« Es schien, als kämen die Signale eher von einem der künstlichen Satelliten, die sich im erdnahen Orbit befanden. Auf diese Vermutung hin erklärte Pariisky, er habe bereits bei den entsprechenden Stellen des Sowjetmilitärs angefragt, ob er wohl einen sowjetischen oder amerikanischen Satelliten aufgespürt haben könne. »Nein«, hatte man ihm geantwortet. Carl erklärte Pariisky darauf, er müsse verrückt sein, irgend etwas von dem zu glauben, was das sowjetische Militär über geheime sowjetische Satelliten sagte und noch viel weniger über geheime amerikanische Satelliten.

Im Laufe der folgenden Wochen gelang es Carl, die Existenz eines gigantischen amerikanischen Aufklärungssatelliten mit der Bezeichnung *Big Bird* herauszufinden. Seine Umlaufperiode entsprach genau dem Muster, nach dem das Signal auftauchte und wieder verschwand, so wie Pariisky es uns beschrieben hatte. *Big Bird* war zwar kein Repräsentant einer außerirdischen Intelligenz, aber er diente zumindest der nachrichtendienstlichen Informationssammlung von einem außerirdischen Beobachtungspunkt aus. *Big Bird* übermittelte seine Informationen gleichzeitig über einen immens großen Frequenzbereich, als Schutz vor möglichen Störungsversuchen. Daher klangen Pariiskys Aufzeichnungen von den Übertragungen auch wie Breitbandgeräusche. Wie er ganz richtig vermutet hatte, verbarg sich hinter den Geräuschen eine clever codierte Nachricht. Leider legten Pariisky, Carl und ich beim Versuch ihrer Dechiffrierung dieselbe Unbegabtheit an den Tag. Die Nachricht war das Geistesprodukt amerikanischer Kryptographen.

Nachdem wir an der Lösung von Pariiskys aktuellem Rätsel erfolgreich mitgewirkt hatten, fingen Carl und ich an, uns

Sorgen über die Auswirkungen zu machen. *Big Birds* Übertragungen verursachten Geräusche, weil sie einen so großen Frequenzbereich umfaßten. Vielleicht gab es aber auch andere Situationen oder Voraussetzungen, in denen ein intelligentes Signal als Geräusch getarnt würde. Nehmen wir nur einmal an, daß Informationen zum Zwecke einer effizienteren Übertragung sehr stark gebündelt sind. Eine höchsteffiziente Codierung könnte auch wie ein simples Geräusch aussehen. Würden wir das Signal in einem solchen Fall als intelligent einstufen?

Sollten Außerirdische wirklich versuchen, unsere Aufmerksamkeit zu erregen, könnten sie ihre Signale sehr wohl so gestalten, daß sie für uns leicht entdeckbar und dechiffrierbar sind, d. h., sie würden auf einer sehr engen Bandbreite liegen mit langsamer Modulation, hoher Polarisierung und regelmäßiger Wiederholung. Das sind die Charakteristika, die uns sofort zwischen einem intelligenten und einem natürlichen Signal unterscheiden lassen. Eine Gesellschaftsform, die Signale aussendet, sollte diese auch deutlich als künstliche Zeichen gestalten. Wir hoffen weiterhin darauf, daß sie uns auf diese Weise helfen, insbesondere mit speziellen Signalen, die darauf abzielen, erkannt zu werden.

Die eigentliche Hoffnung bei allen Forschungsaktionen in dieser Richtung dreht sich jedoch um die Entdeckung *nichtbeabsichtigter* Signale von Außerirdischen und nicht um das Warten darauf, daß sie uns eine Nachricht senden wollen. Sicher gibt es weitaus mehr dieser nichtgewollten Signale als solche, die zum Nutzen für andere Welten gedacht sind. Wir können nur hoffen, irgendwann einmal zum Beispiel »verirrte« Fernsehsendungen oder Kommunikationsaktionen via Satellit, an Raumschiffe geleitete Anweisungen und amtliche Verlautbarungen zwischen Raumstationen und ihren Heimatplaneten heimlich belauschen zu können. Wir könnten uns sogar in den Radioinformationsaustausch zwischen zwei oder mehr sehr hoch entwickelten Zivilisationen einschalten, die bereits untereinander kommunizieren. Auch diese Signale müßten wie intelligente Zeichen wirken, d. h., sie müßten in gewisser Weise regelmäßig sein und sich so von den Hintergrundgeräuschen im Universum abheben. Aber wenn selbst intelligente Signale mit ihrem hochkonzentrierten Informationsgehalt wie simple Geräusche auf uns wirken, wie sollen wir sie dann als Nachrichten identifizieren? Was können wir tun, damit sie nicht unbemerkt und unerkannt an uns vorbeigehen? Wir müssen darauf vorbereitet sein, daß intelligente Signale keinen sonderlich großen Kontrast zu Begleitgeräuschen darstellen und bei unseren Differenzierungsversuchen nur die subtilsten zulassen.

Ich kam zu der Erkenntnis, daß eine ernsthafte Suche technologische Fortschritte an mehreren Fronten erforderte. Eines Tages könnten wir – neben den Mehrkanalprozessoren – auch hochentwickelte Computer benutzen, die in der Lage wären, intelligente Signale aufzuspüren.

Unterdessen entschieden sich die Sowjets dafür, die Suche mit der gängigen Ausrüstung weiter zu betreiben. 1968 benutzte Vasevolod Troitsky das 13,7-m-Teleskop an dem Institut für Radiophysik in Gorki für seine Suche nach intelligenten Signalen von den zwölf nächstgelegenen Sternen. Es handelte sich um einen Kurzzeitversuch mit einer Beobachtungsdauer von nur wenigen Nächten, aber er wies immerhin 25 Kanäle auf, was im Vergleich zu einem Kanal bei dem Projekt Ozma schon sehr viel war.

Troitsky ist ein völlig unattraktiv aussehender, aber extrem freundlicher Mann, dessen Frau und Kinder ebenfalls als Radioastronomen arbeiten. Das Institut, an dem er und seine Frau sich betätigen, ist eines der Hauptforschungszentren Rußlands. Gorki selbst war unter dem sowjetischen Regime eine verbotene Stadt mit oberster Geheimhaltungsstufe. Kein Mensch aus dem Westen war jemals dort. Es hieß, daß das Radioforschungsinstitut 4000 Leute beschäftigte und eine Schlüsselrolle bei der Entwicklung militärischer Radar- und Kommunikationssysteme spielte. Eine Einrichtung von vergleichbarer Größe wäre in den Vereinigten Staaten das Jet Propulsion Laboratory in Pasadena oder das NASA-Forschungszentrum im kalifornischen Moffett Field.

Im Jahre 1969 errichtete Troitsky sein eigenes Stationennetzwerk zur Entdeckung außerirdischer Intelligenz. Es war sogar noch größer als Kardashevs, obwohl die beiden völlig unabhängig voneinander waren, und ebenso sensibel. Außerdem besaß es keinen nennenswerten Energiesammelbereich, weil es mit Dipolantennen aus Draht arbeitete. Troitsky fand keine fremden Zivilisationen mit dieser Ausrüstung, obwohl er sporadische Radioemissionen von Partikeln im magnetischen Feld der Erde entdeckte.

Bei ihren damaligen Forschungen verfolgten die Sowjets eine völlig andere Strategie als wir. Sie stellten keine auf Tatsachen beruhenden Vermutungen darüber an, welche Frequenzen am sinnvollsten als fremde Sendebereiche dienen könnten. Statt dessen folgerten sie, daß die Außerirdischen sich der enormen Schwierigkeiten bewußt waren, eine bestimmte Frequenz zu wählen, und daß sie darum Signale senden würden, die auf jeder beliebigen Frequenz empfangen werden konnten. Ein kurzer Ausbruch oder ein impulsähnliches Signal hätte die sowjetische Rechnung aufgehen lassen, weil die Übertragung eines kurzen Impulses eine Radioenergie hervorruft, die auf sehr umfangreichen Frequenzbereichen erscheint. Gemäß dieser Hypothese über die Denkweise Außerirdischer suchten die Sowjets traditionell mit breitbandorientierten Empfängern nach Impulsen; die Amerikaner jagten im Gegensatz dazu mit Nahbandempfängern nach kontinuierlichen Signalen. Das sind die fast schon institutionalisierten nationalen Unterschiede bei der Forschungsstrategie. Beide ergeben einen Sinn, und beide stellen eine Herausforderung an die Gestaltung der Ausrüstung und das Maß der Hingabe dar.*

Obwohl Kardashev verschiedene Suchaktionen nach impulsartigen Signalen durchführte, stieß er später auf seine eigene »magische« Frequenz: die Positronlinie auf einer Wellenlänge von 1,5 mm und einer äußerst hohen Frequenz von 203 385 Megahertz. (Im Vergleich dazu hat die Wasserstofflinie 1420 Megahertz.) Kardashev hielt die Positronlinie als einen kosmischen Wegweiser für wichtig, da wir auf dieser Frequenz die Hauptstrahlung von den Überresten des Urknalls entdeckten. Allerdings konnte Kardashevs magische Frequenz die Erdatmosphäre nicht durchdringen.

Andere sowjetische Wissenschaftler ließen die Radiowellenlängen gänzlich außer acht und entschieden sich, nach Impulsen aus sichtbarem Licht zu suchen. Einer dieser Projektwissenschaftler, die diese optische Suche nach wie vor praktizieren, ist Gregory Beskin, der sich in seiner Freizeit damit beschäftigt, russische Aufführungen von Shakespeare-Stücken zu inszenieren, in denen er auch als Darsteller auftritt. Beskin behauptet, daß der Barde selbst mit einem klassischen Vers aus *Romeo und Julia* die optische Suche in-

* Schon vor einiger Zeit bewies Barney Oliver, daß die sowjetische Hypothese einen Fehler enthält. Wenn die kurzen außerirdischen Impulse in den interstellaren Gaswolken im Weltall auf Elektronen treffen, werden sie langsamer. Elektronen bremsen die Geschwindigkeit des Lichts (oder jeder anderen elektromagnetischen Strahlung), jedoch nicht konstant. Die niedrigen Frequenzen werden stärker gebremst als die hohen. Demzufolge wird ein Radioimpuls zu unterschiedlichen Zeiten auf verschiedenen Frequenzen ankommen, was seine Entdeckung sehr viel schwieriger gestaltet.

spiriert. Amerikanische Astronomen hingegen bevorzugten keine optischen Suchaktionen, da man etwa 1 000 000mal mehr Energie benötigt, um auf optischen Wellenlängen zu kommunizieren als auf Radiowellen.
Inmitten dieser ganzen sowjetischen Suchaktion bereiteten Kardashev und Carl Sagan das erste internationale Meeting über außerirdische Kommunikation vor, das im September 1971 am Byurakan-Observatorium für Astrophysik in Armenien stattfand. Es knüpfte an die zehn Jahre zuvor abgehaltene Green-Bank-Konferenz an, dauerte aber eine ganze Woche, und der Teilnehmerkreis hatte sich deutlich erweitert. Neben Carl, Phil Morrison, Barney Oliver und mir gab es noch Francis Crick, der zusammen mit James Watson an der Entschlüsselung des DNS-Moleküls gearbeitet hatte; David Hubel, der 1981 den Nobelpreis in Physiologie oder Medizin für seine Erkenntnisse über Sehprozesse erhalten sollte; Marvin Minsky, das Künstliche-Intelligenz-Genie des MIT; Leslie Orgel, der für seine Experimente zur Erforschung der Ursprünge des genetischen Codes bekannte Biochemiker, und Charles Townes, der sich 1964 den Nobelpreis für Physik mit zwei sowjetischen Kollegen für die Erfindung des Lasers teilte. Minsky brachte zu der Konferenz Spielzeugraketen und Frisbees mit, die für die Sowjets eine Offenbarung darstellten. Minsky selbst war für mich eine Offenbarung, weil er ständig in Bewegung zu sein schien – wie ein menschliches Perpetuum mobile. Keiner der Konferenzteilnehmer sah ihn je schlafen.
Die sowjetische Teilnehmerliste umfaßte natürlich die Namen Shklovsky, Kardashev und Troitsky sowie etwa dreißig weitere Kollegen. (Eine vollständige Liste der Konferenzteilnehmer ist im Anhang A beigefügt.) Carl leitete das Meeting zusammen mit Viktor Ambartsumyan, der gleichzeitig Präsi-

dent der armenischen Akademie der Wissenschaften, Direktor des Byurakan-Observatoriums sowie als Mitglied des Obersten Sowjets ein wahrhaftiger politischer Aufsteiger war. Darüber hinaus galt er als Armeniens wichtigster Mann – ein ausgesprochener pro-armenischer Chauvinist, der wirklich auf viele der anderen teilnehmenden Astronomen herabsah, die er für »dumme Russen« hielt. Natürlich äußerte er solche Bemerkungen niemals in ihrer Gegenwart, weil er es sehr gut verstand, sich diplomatisch zu verhalten, aber er konnte dahingehende Anspielungen durch sein Verhalten nicht verhindern. Unsere amerikanische Teilnehmergruppe titulierte Ambartsumyan spontan »Smokey der Bär« aufgrund seiner ungeheuerlichen Ähnlichkeit mit dieser Figur. Natürlich nannten wir ihn in seiner Gegenwart nie so. (Später erfuhr ich, daß Shklovsky einmal einen Scherz über Ambartsumyan machte und ihn »Ursa Major« nannte, was die lateinische Bezeichnung für die als »Großer Bär« bekannte Konstellation ist, in der auch der Himmelswagen anzutreffen ist. Shklovsky erklärte: »Es gibt überhaupt keinen logischen Grund dafür, daß einige Konstellationen berühmter sind als andere.«)

An unserem wirklich internationalen Forum nahmen auch der Ungar George Marx und der Tschechoslowake Rudolf Pesek teil, zwei weitere an außerirdischem Leben interessierte Astronomen. Marx galt damals bereits als einer der herausragendsten Wissenschaftler Ungarns. Pesek hatte es in seinem Land zu ähnlicher Prominenz gebracht und wurde später einer der führenden Köpfe der International Astronautical Federation (IAF). (Nachdem Pesek 1988 starb, initiierte eine andere Weltraumorganisation, die International Academy of Astronautics (IAA), zu seinem Gedenken eine Vortragsreihe, bei der mir die Ehre zufiel, 1990 den ersten Rudolf-Pesek-Gedenkvortrag anläßlich eines von der

IAF und der IAA gemeinsam veranstalteten Kongresses in Dresden zu halten.)

Im Gegensatz zur Green-Bank-Konferenz hatte man zu dem Treffen in Byurakan auch Sozialwissenschaftler eingeladen. Dies war Carls Aufgabe und erwies sich als großartige Idee. So lud er beispielsweise Richard Lee ein, einen Anthropologen von der Universität in Toronto, der bei den Buschmännern in der Wüste Kalahari gelebt und gelernt hatte, ihre »Kung«-Sprache mit allem Drum und Dran zu sprechen. Lees Beitrag bestand aus einer anschaulichen Perspektive über Kontakte zwischen höherentwickelten und primitiven Gesellschaften. Außerdem kam von ihm der Vorschlag, eine Nacht im Freien zu verbringen, genauer gesagt auf dem Rasen neben dem Observatoriumsgebäude, um am nächsten Morgen mit Blick auf den Berg Ararat zu erwachen. Während jener Woche Anfang September war es für derartige Eskapaden noch warm genug. Der Rest der Amerikaner, die nicht mitmachen wollten, bestieg pflichtbewußt den Bus und nahm Kurs auf das »Luxushotel« in Erivan, wo unsere Gastgeber uns untergebracht hatten. Die Sowjets blieben in den für Wissenschaftler vorgesehenen Unterkünften auf dem Gelände des Observatoriums, wo sie alle verfügbaren Betten füllten.

Der Integrationsversuch zwischen den Sozialwissenschaftlern und den Naturwissenschaftlern schlug lediglich im Hinblick auf den Historiker William McNeill von der Chicagoer Universität fehl, der sich im Laufe der Diskussionen extrem echauffierte. Er besaß zwar einen bemerkenswerten Ruf als Philosoph und Historiker, schien aber die Zeitgeschichte des Universums nicht zu begreifen. Für ihn schien vielmehr alles, was je geschehen war, erst mit der 3. Dynastie der Pharaonen zu beginnen. Er zeigte sich außerstande, sich gedanklich Abermillionen prähistorischer Jahre zurückzuwagen, die dem Leben und der Intelligenz zu ihrer Entwicklung zur Verfügung gestanden hatten – sowohl hier als auch sonst irgendwo. Daher konnte er sich auch kein geistiges Bild von einer immens großen Vielzahl von Zivilisationen im Universum machen.

Viele der sowjetischen Wissenschaftler betrachteten es als Ehrensache, englisch zu sprechen; sie dachten, es sei besser, eine Rede in holprigem Englisch zu halten, als sich auf einen Dolmetscher verlassen zu müssen und den Eindruck zu erwecken, der Sprache der Wissenschaft nicht mächtig zu sein. Allerdings begleitete ein sehr fähiger Dolmetscher die Konferenz. Er hieß Boris Belitsky und war ein Freund Shklovskys aus gemeinsamen Studententagen. Belitsky beherrschte nicht nur die Kunst des Simultandolmetschens, er war auch ein interessanter Konferenzteilnehmer, der die Vorträge freimütig unterbrach, um die Redner bei Grammatikfehlern zu korrigieren – und zwar in beiden Sprachen –, und der darüber hinaus gelegentlich eigene wissenschaftliche Kommentare gab.

Carl hatte über die Akademie der Wissenschaften eine amerikanische Sekretärin organisiert, die die Stenographiermaschine bediente. Floy Swanson stenographierte die gesamte Konferenz mit, so daß alle Beiträge später in Form eines Buches veröffentlicht werden konnten. Es heißt *Kommunikation mit außerirdischer Intelligenz* und enthält nicht nur die offiziellen Vorträge, sondern auch alle daraus entstandenen Diskussionen. Soweit ich mich entsinne, sorgte die Stenographiermaschine bei den Moskauer Zollbehörden für einiges Aufsehen und wurde fast beschlagnahmt, weil die Sowjets irrtümlich glaubten, sie könnte irgendwie als Kopiergerät benutzt werden, um Abzüge wichtiger Dokumente zu machen. Diese Vermutung löste bei den dortigen Autoritäten fast eine Panik aus.

Die Konferenz war für uns aufregend, weil den sowjetischen Wissenschaftlern so viele Freiräume bei ihren Forschungen zugestanden wurden. Zu dieser Zeit geschah das in keinem westlichen Land in dieser Form. Ich muß ehrlich zugeben, daß wir durch die Erzählungen von wissenschaftlichen Versuchen in der gesamten Sowjetunion und angesichts der Besucherprivilegien sowjetischer Wissenschaftler, etwa beim großen Radioteleskop im französischen Nancy, fast ein wenig neidisch wurden.

In meinem Vortrag erläuterte ich eine neuartige Suchstrategie, über die ich schon einige Monate nachgedacht hatte. Darin stellte ich die Frage: »Welches ist der logischste Platz im Universum, um nach Zeichen intelligenten Lebens zu suchen?« Bei dem Projekt Ozma hatte ich die nächstgelegenen sonnenähnlichen Sterne untersucht, weil es wahrscheinlich schien, daß diese Sterne Planeten haben; darüber hinaus konnte ich die beiden speziellen Sterne, Tau Ceti und Epsilon Eridani, gerade noch mit meinen Instrumenten erfassen. Im Laufe der sechziger Jahre wurden weitaus leistungsstärkere Radioteleskope verfügbar, und so war es an der Zeit, im Rahmen unserer verbesserten Möglichkeiten neue Ziele zu definieren. Ich begann mit der Planung der Strategien, die ich bei einer künftigen Suchaktion anwenden würde, so daß ich mit der Arbeit beginnen konnte, sobald Mehrkanal-Analysegeräte zu unserer Verfügung standen (und ich war überzeugt, daß es solche Geräte geben würde, nur konnte ich nicht abschätzen, wann).

Als ich meine Frage »Welches ist der beste Platz, an dem wir suchen sollen?« an die Gruppe in Byurakan richtete, fiel den meisten Teilnehmern die bereits bekannte Antwort ein, und zwar die nächstgelegenen sonnenähnlichen Sterne. Darin läßt sich durchaus ein unmittelbarer Sinn erkennen, denn nahegelegene Zivilisationen müßten für uns am einfachsten zu finden sein. Allerdings verhält sich das Universum mitunter von Natur aus teuflisch, und was einen Sinn zu ergeben scheint, erweist sich später oft als ganz anders.

Ich erläuterte, daß kaum einer der hellsten Sterne, die wir am nächtlichen Himmel erkennen können, sich in unserer Nähe befindet. Der Grund hierfür liegt bei den Prozessen der Sternenbildung, die eine große Vielfalt bei der spezifischen Helligkeit der Sterne hervorgerufen haben. Einige strahlen von Natur aus huntertmillionenmal heller als andere. Ein sehr heller Stern wird uns auch hell erscheinen, selbst wenn er weit entfernt ist, wohingegen ein schwach strahlender Stern kaum erkennbar ist, gleichgültig wie nahe er uns ist.
Nur drei der zwanzig Sterne, die der Erde am nächsten sind, strahlen hell: Sirius, Procyon und Alpha Centauri. Die meisten der anderen Sterne strahlen so schwach, daß man sie mit bloßem Auge nicht erkennen kann. So besitzt zum Beispiel unser nahegelegener Nachbarstern Proxima Centauri nur ein Hundertstel der Helligkeit, die der schwächste mit bloßem Auge sichtbare Stern aufweist. Andererseits liegen viele der hellen Sterne, die wir ohne Teleskope sehen können, sehr weit von uns entfernt. Zwei Beispiele hierfür sind Beteigeuze und Rigel, die in der Orion-Konstellation die rechte Schulter und den linken Fuß bilden.
Allgemein gilt im Universum, daß es große Mengen schwach strahlender Sterne gibt, aber nur wenige helle. Tatsächlich ist die Verbreitung oder die Dichte der schwächsten Sterne in jeder beliebigen Galaxie etwa 1 000 000mal höher als die Dichte der hellsten Sterne.*

---

* Frühe Astronomen klassifizierten die Sterne nach ihrer relativen Helligkeit, wobei sie die hellsten als »Sterne erster Größe« und die schwächsten sichtbaren als »Sterne sechster Größe« bezeichneten. Diese Skala benutzt man auch heute noch, allerdings wurde sie enorm erweitert. Es handelt sich um eine logarithmische Skala. Je kleiner die Größenklasse, desto heller der Stern, d. h., ein Stern erster Größe ist hundertmal heller als ein

Kosmische Radioquellen folgen den gleichen Regeln. Nur ein geringer Prozentsatz ist hell, und die meisten der hellsten Quellen liegen räumlich und zeitlich weit von uns entfernt. Die hellste aller Radioquellen ist Cassiopeia A, ein Überrest einer Supernova nahe der Milchstraßenebene. Die zweithellste ist Cygnus A, eine Radiogalaxie nahe dem Ende des bekannten Universums.

Ich fragte mich, ob auch außerirdische Zivilisationen diesem Muster folgen würden. Es erschien mir logisch, daß es eine große Anzahl von ihnen gab, die man entdecken könnte, aber nur wenige waren hell im Vergleich zu den nahe gelegenen typischen Vertretern. Ich war überzeugt, daß wir außerirdische Zivilisationen selbst in unvorstellbar großer Entfernung entdecken könnten, vorausgesetzt, sie besäßen die Fähigkeit, sich selbst sehr hell erscheinen zu lassen.

Folgte man dieser Argumentation, so erklärte ich der Teilnehmergruppe, sollten wir unsere Suchaktionen nicht darauf ausrichten, nur die *nächstgelegenen* Sterne zu untersuchen. Vielmehr sollte es unser Ziel sein, in Himmelsregionen zu forschen, die die *meisten* Sterne aufwiesen, um so die besten Chancen zur Entdeckung weit entfernter, aber heller Zivilisationen zu haben. Ideale Orte, auf die wir unsere Radioteleskope richten könnten, wären das Zentrum der Milchstraße oder die Nähe des galaktischen Zentrums bei Sagittarius oder aber andere Galaxien hinter der Milchstraße, weil Signale selbst über solche Entfernungen noch entdeckbar wären.

Stern sechster Größe. Extrem hellen Himmelskörpern, wie dem Planeten Venus, müssen wir heutzutage negative Größenklassen geben. Die Venus hat während ihrer hellsten Phase die Größenklasse minus 4. Große Teleskope ermöglichen es uns, so schwache Objekte wie Sterne 23. Größe zu erkennen, und mit dem Hubble-Teleskop werden Sterne der 25. Größe sichtbar.

»Ich denke, daß Dr. Kardashevs Typologie der Zivilisationen wichtige Hinweise auf sinnvolle Forschungsstrategien gibt«, schlußfolgerte ich und verbeugte mich in Kardashevs Richtung, um fortzufahren: »Denn die richtige Strategie ist abhängig von der maximalen Energiemenge, die eine Zivilisation handhaben kann, sowie von der Anzahl von Zivilisationen, die wirklich große Energiemengen abstrahlen.«
Wenn, wie Kardashevs Theorie besagte, Zivilisationen eine Vielfalt fremder Technologien symbolisierten, dann sollten wir in der Tat nach den raren, aber wirklich hellen Zivilisationen suchen. Wenn allerdings, wie Troitsky vermutete, alle Zivilisationen mehr oder weniger unser Alter hätten und sich auch in etwa auf unserem Energieniveau bewegten, dann wäre uns eher damit gedient, die nächstgelegenen Sterne zu untersuchen und zu hoffen, dort auf »Nachbarn« zu stoßen.
Die Sowjets ihrerseits folgten bei ihren Forschungen bereits dem Motto »Die Hellsten sind am leichtesten zu entdecken«, weil Kardashev und Troitsky Antennennetzwerke benutzten, die den ganzen Himmel abtasteten, aber nur die hellsten Signale auffingen. Obwohl ihre Ausrüstung nicht sonderlich gut war, reichte sie aus, um damit solch entfernte Objekte wie CTA-102 zu entdecken. Die einzige amerikanische Suchaktion, Projekt Ozma, war eine zielgerichtete Suche gewesen, die sich auf zwei Sterne konzentrierte, im Gegensatz zu der Technik, den gesamten Himmel zu überwachen. Leider konnten wir nicht vorhersagen, welche der beiden Techniken mehr Sinn ergab, solange wir nicht eine andere Zivilisation entdeckt hatten. Daher beschlossen wir, mit beiden Methoden fortzufahren. (Vier Jahre später führten Carl Sagan und ich eine Suche nach anderen Galaxien durch – doch mehr darüber später.)
Für das Abschlußessen der Konferenz führten unsere Gast-

geber alle Teilnehmer in ein elegantes Schloß am Sevansee, etwa eine Autostunde vom Tagungsort entfernt. Dort wurden wir fürstlich bewirtet, und für eine ausgezeichnete Unterhaltung war ebenfalls gesorgt. Shklovsky erinnerte sich liebevoll an dieses Ereignis in einem Buch, an dem er all die Jahre gearbeitet hatte, das er jedoch nie zu veröffentlichen wagte. 1991 erschien es posthum unter dem Titel *Fünf Milliarden Flaschen Wodka für den Mond:*

»Ambartsumyan wurde einstimmig zum *tamada* oder Zeremonienmeister ernannt, aber jeder der Anwesenden erkannte, daß er zu erhaben und zu steif war, um diese Aufgabe mit mehr als nur feierlicher Vornehmheit zu erfüllen. Man benötigte einen Vizezeremonienmeister, und ich wurde auserkoren. Ich glaube, dies war das höchste Amt, in das ich je gewählt wurde. So erlebte ich meine Sternstunde, mit Ambartsumyan zu meiner Linken, der sich damit begnügte, gelegentlich leicht mit dem Kopf zu nicken, während ich den Rest übernahm.«

Obwohl sein Buch voller humorvoller Anekdoten steckte, wie auch Shklovsky selbst zu Lebzeiten, kam darin die eigentliche Tragik seines Lebens in reichlichem Maße zum Ausdruck. Es fehlte ihm nicht nur an der geeigneten Ausrüstung, um seine eigenen Vorhersagen in Fakten umwandeln zu können, er verbrachte auch gut zwei Drittel seiner Zeit damit, gegen das System anzukämpfen, indem er sich für Frieden bei wissenschaftlichen Untersuchungen und auch in allen anderen Bereichen seines Lebens einsetzte. Der Antisemitismus, dem er begegnete, ärgerte und amüsierte ihn abwechselnd. Sein Leben glich einem stetigen Trommelschlag von Erniedrigungen und Seitenhieben, unfairer Behandlung oder ungleichen Chancen. 1951 verlor er sogar seine Stelle, und das alles ganz offenbar aufgrund seiner jüdischen Abstammung. Eine Aufnahme in die Akademie der Wissenschaften oder eine Position als Observatoriumsdirektor? Solche Belohnungen waren den *Apparatschiks* vorbehalten und den Angehörigen der »richtigen« ethnischen Gruppe.

Trotz allem schlug in Shklovsky ein echtes russisches Herz. Obwohl er wußte, daß ihm jeder nur denkbare Job im Westen offenstand, und obwohl er der ganzen schlechten Behandlung, die ihm im eigenen Land widerfuhr, hätte entfliehen können, dachte er trotz der zahlreichen Fluchtmöglichkeiten, die sich ihm boten, soweit ich weiß, kein einziges Mal daran, Rußland zu verlassen. Seine Loyalität ging sogar so weit, daß er sich niemals an Gesprächen dieser Art beteiligte. Dies geschah zum großen Nutzen der Sowjetunion. Shklovsky war ein faszinierend kreativer Wissenschaftler und ein großartiger Zeremonienmeister, wie sein Buch uns zeigt:

»Nach alter kaukasischer Sitte bat ich Professor Lee, auf einen Toast zu antworten, und zwar in der Sprache der Buschmänner. Die herrliche Landschaft um uns herum hallte vom wilden Knacken und Zischen wider. Der Anthropologe erklärte, daß er eine urzeitliche Hymne sang, die das Ritual der kollektiven Teilung einer Delikatesse begleitete, eines seltenen Vogels oder ähnlichem. Dieser Toast hinterließ einen bemerkenswerten Eindruck.«

Das Byurakan-Meeting gab Impulse für eine Reihe neuer Suchaktionen sowohl von amerikanischen als auch von sowjetischen Radioobservatorien. Wir legten das Fundament für ein sowjetisches Aktionsprogramm über künftige Forschungsvorhaben, das den Bau eines gigantischen Antennensystems auf der Erde und sogar den Einsatz orbitaler Radioteleskope zur Verfolgung schwer erfaßbarer Signale vorsah. Unser Vorhaben wurde von einigen folgenschweren Ereignissen überschattet, wie den Geschehnissen in der Schweinebucht, der Kubakrise und der intensiven Überwachung sowjetischer Wissenschaftler sowie ihrer Gäste durch den KGB. Unsere zielgerichtete Einigkeit gab uns den Mut, ein immerwährendes Komplott zu schließen. Wir zogen sogar den Bau eines Radioteleskops in Erwägung, das sich über die israelisch-ägyptische Grenze erstreckte, um gleichzeitig nach außerirdischer Intelligenz zu suchen und um dem Frieden im Mittleren Osten Vorschub zu leisten. Außerdem ist die Wüste Negev ein ausgesprochen idealer Standort für ein Observatorium, da es in der Gegend nur geringe Störungen gibt, wenn man von dem dortigen Flugverkehr einmal absieht.

Die Konferenz brachte auch neue theoretische Arbeiten hervor, wie beispielsweise Cricks und Orgels Theorie über die Panspermie – die Vorstellung, daß zahlreiche Planeten in der Galaxis absichtlich durch frühe Fremdlinge mit Mikroorganismen versehen wurden.

Als es für uns Zeit wurde, nach Hause zurückzukehren, stand unsere amerikanische Gruppe vor einem ungewöhnlichen irdischen Problem: Es war schon Mitternacht, und unser sowjetischer Jet, der bereits mit vierstündiger Verspätung aus Armenien abgeflogen war (vermutlich, um Zeit für die Durchsuchung unseres Gepäcks zu gewinnen, denn das Flugzeug stand höchst verdächtig die ganze Zeit über auf der Rollbahn bereit), wurde aufgrund eines Regensturms nach Moskau umgeleitet, ungefähr 100 Kilometer von dem Flughafen entfernt, auf dem wir hätten landen sollen. Andere sowjetische Wissenschaftler warteten schon längst auf uns, um sich mit uns zu treffen, doch leider standen sie auf dem falschen Flughafen.

In der riesigen Menschenmenge, die, durch das Unwetter bedingt, auch dort landen mußte, stellten wir eine unbedeutende Gruppe dar, die nun in einer endlosen Warteschlange vor dem personell eindeutig unterbesetzten Zoll stand, obwohl unser Flug ein Inlandsflug war. Vorschrift blieb Vorschrift in der Sowjetunion, und jeder, der auf diesem Flughafen landete, mußte den Zoll passieren, selbst wenn sein Flugzeug nur eine Strecke von 15 Kilometern zurückgelegt hatte. Glücklicherweise konnte man sowjetische Staatsdiener entgegen der landläufigen Meinung manchmal durch völlig unsubtile Redeschwälle und Zornausbrüche beeinflussen. Schmiergelder waren sogar noch wirksamer. Nachdem ich einem Zollbeamten fast eine halbe Stunde lang eine leidenschaftliche Rede in meinem Schulrussisch geboten hatte, durften wir den Zoll umgehen, allerdings unter einer Bedingung: Wir mußten uns unser Gepäck schnappen und dem gerade erwähnten Zollbeamten folgen, indem wir rückwärts auf Händen und Knien über die Gepäckförderbänder krochen, während wir unser Gepäck hinter uns herzogen. Die ganze Aktion durfte nur fünf Minuten dauern, bevor irgend jemand diesen unorthodoxen und deutlich vom üblichen Prozedere abweichenden Rückzug bemerkte.

Als wir, auf allen vieren krabbelnd, die Gelegenheit nutzten, brach ein stiller Tumult aus. Spontan erkannten auch einige Sowjets – immer offen für Schlupflöcher in ihrem System – die sich bietende einmalige Chance. Für wenige Minuten gaben sie nach bester Möglichkeit vor, Amerikaner zu sein, schlossen sich der sich windenden Konga-Schlange auf dem Förderband an und entkamen so ihrem Gulag.

Unsere Gruppe verschwand glücklich im Schutze der Dunkelheit, und wir hatten einen Eindruck davon bekommen, wie das Leben in einer anderen Welt aussah.

Interstellare Quarantäne

Immer wenn ich die Sterne betrachte,
beginne ich zu träumen – so wie ich von den
schwarzen Punkten träume, die Städte
und Dörfer auf der Landkarte darstellen.
Warum, so frage ich mich, sollten die strahlenden
Punkte am Himmel nicht ebenso erreichbar
sein wie die schwarzen Punkte
auf Frankreichs Landkarte?

Vincent van Gogh

Von außen sieht Kaliforniens Hochsicherheitsgefängnis reichlich ungemütlich aus. Seine gelbbraune Fassade ist nur wenige Stockwerke hoch, aber der Komplex erstreckt sich über ein weitläufiges, ödes Gelände, umgeben von einer monströsen Stacheldrahtumzäunung. Als wir die Zufahrtsstraße entlangfuhren, schrieben uns Hinweisschilder vor, nicht mit dem Wagen bis an das Tor zu fahren, sondern ihn vorher zu parken und den Rest des Weges gut sichtbar für die Wachmänner zu Fuß zurückzulegen.

»Bitte nennen Sie Ihren Namen und den Grund Ihres Besuches!« bellte der Torwachmann hinter schußsicherem Glas in sein Mikrophon.

»Das ist Carl Sagan, und ich bin Frank Drake. Wir haben den Besuch eines der Insassen angemeldet.«

»Wie heißt er?«

»Timothy Leary.«
Der Wachmann ließ uns durch einen Metalldetektor passieren, ein Gerät, wie es heutzutage auf Flughäfen üblich ist; damals, Anfang der siebziger Jahre, war es allerdings noch eine Rarität. Er vollzog an uns die klassische Leibesvisitation, indem er mit seinen Händen unsere Körper der Länge nach abtastete. Anschließend mußten wir hintereinander den schmalen Eisentürdurchgang passieren.
Leary, der in Harvard in den frühen sechziger Jahren durch seine Experimente mit Halluzinogenen berühmt wurde, war wegen Drogenbesitzes festgenommen worden und saß hier in Vacaville, in der Nähe von Sacramento, in einem Gefängnis ein, das man beschönigend als die *kalifornische medizinische Einrichtung* bezeichnete. Nach etlichen Monaten Haft hatte er Carl und mir einen Brief geschrieben, in dem er uns einlud, um über ein von ihm geplantes Projekt zu sprechen. Learys traurige Berühmtheit und unsere Neugier brachten uns dazu, ihn während einer unserer Geschäftsreisen nach Kalifornien tatsächlich zu besuchen.
Nachdem wir uns im Innern der Strafanstalt befanden, brachte man uns in einen Bereich, in dem Besucher warten konnten. Dort fiel uns eine Art Andenkenkiosk auf, bestückt mit kunsthandwerklichen Arbeiten der Gefangenen. Vielleicht war es Learys Einfluß zu verdanken, vielleicht aber auch nur purer Zufall, aber die meisten der zum Verkauf stehenden Werke an jenem Tag waren Keramikarbeiten, die wie psychedelische Pilze in jeder nur erdenklichen Form aussahen und die in Größe, Farbe und Ausführung je nach künstlerischem Talent ihres Schöpfers variierten.
Schließlich brachte man uns in einen kleinen Raum, möbliert mit einem Tisch und einem halben Dutzend Stühle; ein Fenster, durch das ein Wachmann stets alles beobachten konnte, gab es auch. Wenig später wurde Leary, von weite-

ren Wächtern begleitet, in den Raum geführt. Er trug Jeans und einen Pullover und sah ziemlich hager aus. Unter Händeschütteln stellten wir uns einander vor, nachdem sich die Wachmänner zurückgezogen hatten. So waren wir mehr oder weniger unter uns. Dann fing Leary ohne ein Wort der Erklärung an, um den Tisch herumzujoggen, der sich in der Mitte des Raumes befand. Während der ganzen Stunde, die wir dort gemeinsam verbrachten, blieb er ständig in Bewegung, selbst wenn er sprach.

Ohne Umschweife ließ Leary uns wissen, daß er hereingelegt worden war. Als er sich auf einem Flug nach Kalifornien befand, wo er seine Kandidatur für den Posten des Gouverneurs bekanntgeben wollte, hatte ihm ein politischer Gegner Drogen untergeschoben, was zu Learys Verhaftung führte.

»Die Spitzenleute der großen Parteien wußten ganz genau, daß ich das Rennen machen würde, wenn ich kandidierte.«

»Und was machte sie so sicher?« fragte Carl und brachte damit unser beider Skepsis zum Ausdruck. Leary fuhr unbeeindruckt fort: »Das ist ganz einfach zu erklären, wenn man die demographischen Umstände berücksichtigt und die verschiedenen Bevölkerungsschichten«, erklärte er uns. »Ich hätte die Stimmen der Hippies, der Freaks und der Drogenszene bekommen. In Kalifornien hätte das gereicht, um in den Amtssitz des Gouverneurs zu gelangen. Tja, da mußten sie mich irgendwie aufhalten. Meine Verhaftung hat natürlich die Chance auf dieses Amt zunichte gemacht.«

Leary ließ uns wissen, daß er über ein beachtliches Vermögen verfüge und darüber hinaus reiche Freunde habe, die ihm bei der Verwirklichung seines Weltraumprojektes nachhaltig helfen wollten, über das er sich mit uns zu unterhalten beabsichtigte.

Kurz gesagt glaubten Leary und seine Freunde, daß sich die Lage der Welt in Richtung einer nuklearen Katastrophe

bewegte, die die Erde zerstören würde. Um dieser Situation zu begegnen, plante Leary ein Raumschiff zur Rettung der Menschheit. Dies wollte er sowohl bauen als auch finanzieren, und es sollte groß genug sein, um die 300 wichtigsten Menschen der Welt aufzunehmen, die er nach seinen ganz persönlichen Kriterien auswählen wollte. Anschließend gedachte er diese Menschen wie ein neuzeitlicher Noah mit einer Weltraumarche auf einen erdähnlichen Planeten eines der nächstgelegenen Sterne zu befördern, wo sie eine neue Zivilisation aufbauen sollten.
»Was ich von Ihnen erwarte, meine Herren«, fuhr er fort, ohne außer Atem zu kommen, »sind technische Ratschläge. Welcher der Sterne wäre mein ideales Ziel?«
Carl und ich sahen uns stumm an. Wir wußten, daß das, was wir Leary zu entgegnen hatten, ihm nicht gefallen würde. Der Erfolg der Fernsehserie *Raumschiff Enterprise* – ganz zu schweigen vom realen TV-Abenteuer der Mondlandung von *Apollo 11* – hatte Millionen von Menschen überzeugt, daß interstellares Reisen nun machbar war.
Carl deutete auf mich, als ob er sagen wollte: »Du bist an der Reihe.«
»Dr. Leary«, begann ich so höflich, wie ich eben konnte, »selbst wenn wir Ihnen dabei helfen könnten, eine Art zweiter Erde im Weltraum ausfindig zu machen, gäbe es keinen Weg – weder für Sie noch für sonst jemanden – auch nur in die Nähe eines anderen Sternes zu reisen. Jeder Stern in unserer Galaxis liegt furchtbar weit von uns entfernt. Unsere Raketen und Raumschiffe können diese gigantischen Entfernungen nicht bewältigen. Selbst mit unseren besten Teleskopen können wir nicht einmal bestimmen, welche der Sterne überhaupt Planeten haben. Nie haben wir auch nur einen einzigen direkt beobachten können. Wir nehmen lediglich an, daß sie existieren, aufgrund unserer Kenntnisse

der Astrophysik und unseres Verständnisses über die Evolution des Universums. Selbst wenn ich Ihnen mit Sicherheit sagen könnte, daß es einen erdähnlichen Planeten gibt, der Alpha Centauri, den nächsten Nachbarn der Sonne, umkreist, würde es eine Ewigkeit dauern, um dorthin zu gelangen.«

»Das Licht dieses nahe gelegenen Sternes«, fuhr ich fort, »braucht vier Jahre, um uns zu erreichen. Und das bedeutet Reisen mit der schnellstmöglichen Geschwindigkeit, d. h. der Lichtgeschwindigkeit von 299 792,458 Kilometer pro Sekunde. Jedes reale Objekt, selbst Atome oder Moleküle, bewegt sich langsamer. Und ein interstellarer Transporter mit einigen hundert Menschen an Bord wird sich allenfalls im Schneckentempo fortbewegen, bildlich gesprochen. Sie und Ihre Passagiere würden allesamt lange vor Erreichen des Zieles an Altersschwäche sterben.«

Leary rannte schweigend einige Runden, bevor er antwortete: »Na gut, heute geht es nicht. In zehn Jahren dann?«

»Nein, auch nicht in zehn Jahren«, versicherte ich ihm, »nicht in diesem Leben. Und nicht mit allem Geld der Welt und den besten verfügbaren Ingenieuren. Der Treibstoff, den man für interstellare Reisen benötigt, existiert nicht. Und selbst wenn es ihn gäbe, würde die Aktion soviel Energie beanspruchen, daß wir sie nicht einmal in Erwägung ziehen würden.«

»Wie können Sie das behaupten?« fragte Leary. »Wie können Sie das wissen, wo Sie mir gerade erklärt haben, daß weder das Raumschiff noch der notwendige Treibstoff existiert?«

Leary muß mich für reichlich blasiert gehalten haben, aber seit Jahren hatte ich mich mit dieser Problematik beschäftigt und Expertenmeinungen darüber gesammelt. Jedesmal, wenn ich vor Laiengruppen über einen beliebigen Aspekt der Astronomie sprach, fragte unweigerlich einer der Zuhörer nach Reisen zu den Sternen. Häufig schwang bei diesen Fragen echter Optimismus mit, nach dem Motto »Wann wird es uns gelingen, uns hinter das Sonnensystem zu wagen, um uns in der Galaxis niederzulassen?« Manchmal fragte man mich auch ängstlicher: »Was passiert, wenn eine fremdartige Zivilisation auf die Erde kommt, um uns auszubeuten und zu versklaven?«

Meine Antwort auf beide Fragen ist mehr oder weniger identisch. Ich antworte, daß die Entfernungen zwischen den Sternen eine interstellare Quarantäne schaffen. Captain Kirk und Mr. Spock belügen uns. Man kann nicht einfach nach Scotty rufen und dann innerhalb von zwei Minuten an irgendeinen Punkt in der Galaxis zischen. Das wäre einfach ein zu großer Energieverbrauch. Die Energie, die zum Besuch eines anderen Sternes benötigt wird, hält selbst die höchstentwickelten Zivilisationen von einer solchen Reise ab. Es wäre ein undenkbarer Verschwendungswahnsinn für alle Fremdlinge, uns anzugreifen.

Leary lauschte aufmerksam dem Vortrag, den Carl und ich exklusiv für ihn im Vacaville-Gefängnis hielten. Auch wenn der Inhalt unserer Ausführungen seinen Traum substantiell zerstörte, zeigte er doch eine bemerkenswerte intellektuelle Wertschätzung für die damit verbundenen Probleme. Am Ende unseres Gesprächs war sein Blick verschleiert, besorgt und niedergeschlagen. Möglicherweise dachte er aber schon über eine andere Strategie nach. Was uns betrifft, waren wir froh, diesen Ort wieder verlassen zu können.

Der erste Mensch, der mich davon überzeugt hatte, daß Hochgeschwindigkeits-Weltraumreisen unermeßlich große Energiemengen vergeuden, war Edward Purcell, den ich in meiner Studienzeit in Harvard kennenlernte. Zusammen mit Doc Ewen entdeckte Purcell die 21-cm-Linie. Ihm wurde 1952 auch der Nobelpreis für Physik verliehen. Trotzdem war Purcell so bescheiden und von so jugendlichem Aussehen, daß ich ihn zunächst für einen Kommilitonen hielt. Ich sah ihn auch immer bei den wissenschaftlichen Gesprächen unserer Astronomieabteilung, wo er hochinteressante Fragen stellte. Nach einer dieser Zusammenkünfte – ich hatte immer noch keine Ahnung, wer er war – geriet ich mit ihm und einem weiteren brillanten Studenten namens George Field in eine angeregte theoretische Debatte. Wir diskutierten die physikalischen Eigenschaften des interstellaren Mediums, und ich machte mehr als nur zarte Andeutungen darüber, daß Purcell nicht wußte, worüber er sprach. Dennoch wies er mich nicht in meine Schranken, sondern diskutierte mit großem Vergnügen weiter. Später, als George mir eröffnete, daß der Junge, den ich gerade abgekanzelt hatte, *der* Edward Purcell war, wollte ich vor Scham im Boden versinken. Seit diesem Zwischenfall sind wir übrigens gute Freunde.

1961 schrieb Purcell in einem speziellen Bericht für die Atomenergiekommission eine Abhandlung über die physikalischen Eigenschaften relativistischer Raketen. Darin zeigte er, welche Energie notwendig war, um eine Beschleunigung zu erzielen, die einem respektablen Bruchteil der Lichtgeschwindigkeit entsprach. Das Ergebnis erschreckte selbst Purcell, und er schloß diese Art von Reisen für jede Zivilisation aus, gleichgültig, wie weit entwickelt sie auch sein mochte. Seine Schlußfolgerung lautete, und da zitiere ich ihn: »Der ganze Unsinn über Weltraumreisen in Raumanzügen … gehört dahin zurück, wo er hergekommen ist. Auf die Cornflakesschachtel.«

Sebastian von Hoerner erteilte 1962 der Idee von Weltraumreisen eine noch weitaus deutlichere Abfuhr in einem Artikel, den er in der Zeitschrift *Science* veröffentlichte. Später analysierte Barney Oliver die Ergebnisse der Arbeiten von Purcell und von Hoerner sehr eingehend. Er zeigte mir in grafischen Details, wie sich die Energiekosten für eine interstellare Kolonisierung ermitteln ließen.

Ich benutzte seine Methode dazu, meine eigenen Berechnungen anzustellen:

Man kann den Energiekostenbetrag schätzen, selbst ohne Kenntnisse des Raumschiffes oder seines Antriebssystems. Man setzt einfach voraus, daß die Zivilisation intelligent ist: Sie wird nur dann den Weltraum kolonisieren, wenn es einen Sinn ergibt. Wenn der Energiebedarf zur Aussetzung eines einzigen Siedlers auf einem anderen Planeten weitaus größer ist als der Energiebedarf, der ihm ein gutes Leben auf seinem Heimatplaneten ermöglicht, wird sich eine Zivilisation nicht weiter mit dem Gedanken befassen.

Nehmen wir den amerikanischen Energieverbrauch als Beispiel. Wir wissen, wieviel Energie jeder von uns pro Jahr verbraucht, um zur Arbeit zu fahren, um irgendwohin in den Urlaub zu fliegen, um Nahrung und Kleidung zu bekommen, um seine Wohnung zu heizen und mit Klimaanlagen zu versehen und so weiter. Stellen wir uns nun vor, daß wir diese Energiemenge – pro Person pro Jahr – nehmen und damit ein Raumschiff antreiben, das, mit hundert Möchtegernsiedlern besetzt, auf eine Reise von zehn Lichtjahren geht, der anzunehmenden Mindestentfernung zu einem besiedelbaren Stern. Welche Raumschiffgeschwindigkeit ergäbe sich dann aus dieser Energiemenge?

Wenn wir eine Raumschiffmasse von 10 Tonnen pro Insasse zulassen, also etwa zehnmal soviel wie die Pro-Kopf-Masse auf einem typischen Linienflug, was gerade für ein paar magere Mahlzeiten und etwas Schutz vor kosmischen Strahlen ausreichen würde, so läge unsere Reisegeschwindigkeit bei nahezu 110 Kilometern pro Sekunde. Das ist sehr schnell. Ungefähr zehnmal so schnell wie unser schnellstes Raumschiff. Und dennoch würde es *40 000 Jahre* dauern, um mit dieser Geschwindigkeit eine Distanz von zehn Lichtjahren zu bewältigen. Stellen Sie sich bitte vor, Sie müßten 40 000 Jahre lang in einer DC-9 sitzen, bekämen die typische Flugzeugkost und immer wieder dieselben Filme vorgesetzt.

Wenden wir uns nun von diesem unakzeptablen Vorschlag ab und versuchen, die Geschwindigkeit zu steigern, um eine Reisezeit von 100 Jahren zu erzielen, dann benötigen wir pro Person dafür soviel Energie, wie für ein gutes Erdenleben von *200 000 Menschen* erforderlich wäre. Keine Regierung und auch kein privates Individuum kann es sich leisten, eine derartige Energiemenge zu vergeuden. Was diese Reisepläne noch unrealistischer macht, ist neben der Tatsache, daß weder bei dem Treibstoff noch bei dem Antriebssystem irgendwelche Unzulänglichkeiten auftreten dürften, der Umstand, daß die Siedler mit einer extrem hohen Geschwindigkeit auf ihrem Zielstern ankämen und keine Restenergie besäßen, um die Fahrt zu bremsen. Sie würden quasi durch das planetarische System schießen und am anderen Ende wieder heraus. Ein Abbremsen und Stoppen des Raumschiffes würde mindestens genausoviel Energie erfordern wie die Fahrt bis an das Ziel selbst. Also hundertmal so viel, wie 200 000 Amerikaner während ihres ganzen Lebens verbrauchen.

Vom technischen Standpunkt aus betrachtet, würde die Entsendung von 100 Siedlern auf einen anderen Stern ebensoviel Energie erfordern, wie die gesamte US-Bevölkerung – also jeder Mann, jede Frau und jedes Kind – in ihrem Leben benötigt. Die meisten Menschen werden mir zustimmen, daß dies ein absurdes Szenario ist.

Dieselben Grenzen bei Weltraumreisen, die Learys großen Fluchtplan zunichte machten, werden auch, wie ich glaube, für fremde Zivilisationen gelten. Obwohl ich keinerlei Kenntnisse über ihre Antriebssysteme oder ihre Denkweise

besitze, bleibe ich bei meiner Überzeugung, daß sie klug genug sein dürften, die für interstellare Reisen notwendigen Energieopfer abzulehnen.
Natürlich ist mein Standpunkt nicht unangefochten. Mein Kollege Robert Rood, der Astronomie an der Universität von Virginia lehrt, liebt es, zu behaupten, daß die Verfügbarkeit und die Kosten der Energie sich im Laufe der Zeit erheblich ändern. Wenn man sich um 200 Jahre zurückversetzt, so argumentiert Rood, würde man feststellen, daß die Menschen jener Zeit unfähig waren, den Energieluxus zu begreifen, den die industrialisierten Länder heute als selbstverständlich erachten. Rood grub sogar Statistiken über die Anzahl von Wassermühlen im England des späten 18. Jahrhunderts aus und errechnete ihre Gesamtenergieleistung, um sie mit der heutigen zu vergleichen. Der Anstieg des Energieverbrauches, der sich zwischen damals und heute vollzogen hat, so Rood, entspräche genau dem, den wir von unserer erdgebundenen Zivilisation hin zu einer galaktischen Zivilisation machen müßten. Außerdem hätte der Durchschnittsengländer im Jahre 1790 einen transatlantischen Flug in einer Boeing 747 sicherlich als eine liederliche Energieverschwendung angesehen, vorausgesetzt, er konnte sich so etwas überhaupt vorstellen.
Rood führt ein zwingendes Argument an, über das man nicht so einfach hinweggehen kann. Aber selbst wenn Zivilisationen Zugang zu riesigen Energievorräten besäßen, glaube ich nicht, daß sie alle Energie für interstellare Flüge einsetzen würden. Meine zweite und zugegebenermaßen schwächere Argumentation ist, daß unabhängig davon, wie preiswert und verfügbar Energie auch sein mag, es stets äußerst schwierig sein wird, sie zu speichern und zu transportieren. Je mehr Treibstoff man mit sich führen muß, desto schwie-

riger ist es, das Raumschiff in Fahrt zu bringen und es aus dem planetarischen System hinauszubefördern.
Warum aber sollten moderne Astronauten nicht weiter von ihrem Ziel träumen? Und was sollte ein Individuum oder eine ganze Zivilisation, gleichgültig ob irdischer oder außerirdischer Herkunft, von Aktionen extravaganter Energievergeudung abhalten, aus denen unter anderem das Taj Mahal, die ägyptischen Pyramiden und auch die Chinesische Mauer hervorgegangen sind? Was wäre, wenn wir einfach entschieden, unseren Bankrott in Kauf zu nehmen, nur um zu einem anderen Stern zu fliegen? Könnten wir das tun?
Ein Raumschiff-Modell, das auf den ersten Blick diesen Traum wahr werden lassen könnte, ist ein Luftschiff mit einer vorgesetzten schaufelähnlichen Konstruktion, die Treibstoff in Form von Wasserstoffatomen auf seinem Weg durch den Weltraum aufsammelt. Dieser Treibstoff wäre kostenlos, und da er sofort genutzt würde, müßte er weder gespeichert noch transportiert werden. Das einzige Problem, dem man bei dem ernsthaften Konstruktionsplan eines solchen Raumschiffes Rechnung tragen müßte, wäre die Tatsache, daß das Schaufelteil ungefähr 450 m breit sein müßte, um im nahen Vakuum des Weltalls genügend Treibstoff sammeln zu können. Im interstellaren Medium gibt es nämlich nur etwa ein Atom pro Kubikzentimeter – im Gegensatz zu mehreren Milliarden Atomen in jedem Kubikzentimeter normaler Luft. Es bedeutet eine echte Herausforderung, in einem solchen Vakuum eine erhebliche Menge an Material zu sammeln. Darüber hinaus stießen die Atome, die man im Weltraum antreffen würde, mit einer solchen Wucht auf die Schaufel, daß sie aufgrund der hohen Geschwindigkeit des Raumschiffes wohl eher von der Schaufel abprallten als in sie hineinfielen. Niemand, den ich kenne, konnte sich ein Bild von einer derartigen Schaufelkonstruktion machen, die

technisch ausgefeilt genug wäre, um interstellare Atome aufzufangen. Ein großer Eimer genügt in diesem Fall eben nicht.

Nehmen wir einmal an, es gelänge uns eines Tages, diese Schaufelvorrichtung zu bauen. Dann müßten wir es immer noch schaffen, die Atome in den raumschiffeigenen Fusionsreaktor zu lenken. Hinzu kommt, daß wir die Technologie der Wasserstoffusion beherrschen sollten und darüber hinaus unser Raumschiff mit einem zuverlässigen Fusionsreaktor ausrüsten müßten, der über Jahre hinweg einwandfrei funktioniert. Sollten wir das Raumschiff nicht im Weltraum bauen, hätten wir immer noch das Problem, es auf konventionelle Weise auf seinen Weg zu bringen. Der einzige wirkliche Vorteil, den wir dadurch gewonnen hätten, wäre der, daß wir keinen Treibstoff hinaufbefördern oder mitnehmen müßten, um eine Abbremsung zu ermöglichen. Das Raumschiff sollte nämlich in der Lage sein, sich mit Hilfe des Treibstoffes und der Reaktionsmasse, die es unterwegs auffängt, selbst zu bremsen.

Eine andere Möglichkeit, Treibstoff für das Abbremsen einzusparen, könnte die Auswahl eines Zielpunktes sein, der definitiv über eine Atmosphäre verfügt. Allein beim Eintritt in die Umlaufbahn eines solchen Planeten wäre genügend Reibung vorhanden, um das Raumschiff bis zum Stillstand zu verlangsamen – etwa so, wie ein Space-shuttle aerodynamisch hoch in die Erdatmosphäre eintaucht, indem es in einem genau berechneten Winkel fliegt. Der Erfolg dieser Technik hängt von den Kenntnissen der atmosphärischen Dichte ab und selbstverständlich von der Geschicklichkeit des Piloten, denn wenn man zu steil einfliegt und zu schnell abbremst, wird das Raumschiff überhitzt und verglüht. Wenn andererseits der Eintauchversuch zu flach vollzogen und nicht ausreichend abgebremst wird, dann springt das

Schiff von der Oberfläche der Atmosphäre ab, wie vergleichsweise ein Stein über das Wasser hüpft. Ohne eine andere Bremsmöglichkeit müßte man dann weiter durch den Weltraum irren, bis man den nächsten geeigneten Mond oder Planeten findet, was vielleicht weitere hundert Jahre dauern könnte.

Oft höre ich das Argument, daß unsere oder eine fremdartige Zivilisation in der Zukunft neue Aspekte der physikalischen Gesetze entdecken könnte, die uns dabei helfen würden, diese scheinbaren Hindernisse zu bewältigen. Nach allem, was wir wissen, kann es sogar bisher unentdeckte Kanäle durch den Weltraum geben, die interstellares Reisen schnell und einfach machen. Der Caltech-Astrophysiker Kip Thorne nahm die Existenz von sogenannten »Wurmlöchern« im Weltraum als gegeben an, die jemanden an einem Ort verschwinden und an einem anderen wieder auftauchen lassen, ohne gegen die Gesetzmäßigkeiten der Relativitätstheorie zu verstoßen.

Ich möchte hier die Möglichkeit, bizarre Phänomene im Universum zu entdecken, nicht ausschließen. Niemand kann das. Aber ich vermute, daß wir für jede potentielle Erleichterung bei bemannten Weitstrecken-Raumflügen etwa auf die gleiche Zahl unbekannter Risiken stoßen, die im Kosmos lauern und gegen uns arbeiten könnten. Beispielsweise könnte es in vielen Regionen des Weltraums kleine, fast unsichtbare Meteoriten geben. Diese »stählernen Basketbälle« könnten gängige Nebenprodukte aus Supernova-Explosionen alter, eisenhaltiger Sterne sein oder im All verborgener Schutt aus fremdartigen planetarischen Systemen. Gleichgültig welchen Ursprung sie haben, der Zusammenstoß mit einem stählernen Basketball bei interstellarer Geschwindigkeit hätte den gleichen Effekt, wie wenn man in eine Wasserstoffbombe rennen würde: Das Ergebnis wäre nicht etwa ein kleines

Loch, sondern vielmehr würde das getroffene Objekt verdampfen. Ein vagabundierender Komet oder ein Kometenfragment, die durch eine Störung der Schwerkraft von einem gigantischen Planeten aus ihrem Sonnensystem herausgeschleudert worden sind, erzeugten dieselbe Art der Blockade. Man wüßte nicht einmal, wovon man getroffen wurde. Kosmische Strahlen stellen bereits nach heutigen Kenntnissen eine deutliche und faktische Bedrohung dar, die Strahlenkrankheit und Leukämie verursachen kann. Dieses nicht nur bei spekulativen zukünftigen Weltraummissionen, sondern auch bei den Astronauten, die permanente Einrichtungen auf dem Mond oder dem Mars installieren sollen, wie in der aktuellen amerikanischen Weltraumnutzungs-Initiative vorgesehen. Seit 1989 bin ich Mitglied dieser wissenschaftlichen Arbeitsgruppe und kann bezeugen, daß kosmische Strahlung bei der Planung des für den Mars geeigneten Raumschiffes der dominante Aspekt war. Um die Astronauten während ihrer drei oder vier Jahre dauernden Mission auf dem Roten Planeten vor den tödlichen Strahlenbündeln zu schützen, müßten wir sie in etwas Ähnlichem wie einem Bunker auf ihren Weg schicken. Idealerweise sollten die Wände eines Raumschiffes mindestens 90 cm dick sein); dann allerdings würde das Gefährt niemals vom Boden abheben. Die nächstbeste Möglichkeit, die wir in Erwägung ziehen, ist der Bau eines »Sturmschutzraumes« im Raumschiffinnern, in dem die Besatzung immer dann Schutz suchen kann, wenn eine »Solarbombe« ein Bündel kosmischer Strahlen verliert. Die Ingenieure werden diesen Schutzraum so klein wie möglich halten müssen, auch wenn sich die Besatzung mehrere Stunden oder sogar Tage darin aufhalten muß. Nach dem Stand der Dinge nimmt dieser ca. drei Quadratmeter große Raum einen wesentlichen Teil der Nutzlast in Anspruch. Auf leichtere Materialien kann man aber nicht

ausweichen, da sonst kein wirklicher Schutz vor kosmischen Strahlen gewährleistet werden kann.
Diese pessimistischen Schätzungen über die Unwahrscheinlichkeit interstellarer Flüge stehen meiner Meinung nach in direktem Zusammenhang mit den sogenannten unidentifizierten Flugobjekten. Ich glaube *nicht,* daß UFOs fremdartige Raumschiffe sind. In diesem Punkt bin ich unerbittlich, obwohl mir klar ist, daß diese Überzeugung im Widerspruch steht zu der herrschenden Meinung von etwa sechzig Prozent der erwachsenen Amerikaner. Viele Menschen, die meine Neigung zur Suche nach außerirdischem Leben kennen, erwarten von mir, daß ich für die UFO-Idee empfänglich bin. Sie kommen zu mir, um mir zu berichten, daß sie ein UFO gesehen haben oder daß sie sogar von Fremdlingen entführt worden sind.
Selbstverständlich lasse ich diese Leute ausreden, und ich habe viel Zeit damit verbracht, solche Berichte zu studieren. Einige Male war ich auch daran beteiligt, Berichte über UFOs zu untersuchen. Darunter befanden sich einige Objekte, die man nachweislich als riesige Meteoriten identifizierte, die flammend durch die Atmosphäre fielen. In diesen speziellen Fällen hofften meine Kollegen und ich, Meteoritenfragmente auf der Erde zu finden, und interviewten deshalb Augenzeugen der Abstürze. Wir wußten genau, was sie gesehen hatten, nämlich den Feuerball eines sehr hellen Meteoriten. Deshalb war ich höchst erstaunt zu hören, wie viele gesunde Durchschnittsbürger ein Raumschiff mit Besuchern von einem anderen Planeten an Bord und seltsam aussehende Kreaturen, die aus dem Raumschiff sprangen, »gesehen« haben wollten. Ihre Versionen waren etwas, das sie durch ihre eigene Phantasie in aller Unschuld zusammengebraut hatten. Die meisten UFO-Beobachtungen sind genau das: Fehlinterpretationen ganz natürlicher Phänomene – irdische

Flugkörper, Raumfähren oder Wetterballons. Allerdings stellen sich etliche Berichte auch als Schwindel oder Schabernack heraus. Ihre Zahl ist Legion.
Es gibt keinerlei greifbare Anhaltspunkte für die Behauptung, daß uns bereits ein fremdartiges Raumschiff besucht hat. So stark ich auch daran glaube, daß irgendwo im Universum intelligentes Leben existiert, ich bleibe bei meiner Meinung, daß UFOs keine außerirdischen Besucher sind. Sie sind die Produkte intelligenten Lebens *auf diesem Planeten.*
Bei meinen Gesprächen mit den *Auserwählten,* die behaupten, von UFO-Insassen Informationen erhalten zu haben, stellt sich das von ihnen gelieferte Material jedesmal als völlig unbedeutend heraus. Niemals war etwas darunter, das wir nicht bereits kannten, zudem besteht es meistens aus Freundschaftsbekundungen.
Und genau dieser Umstand macht jede Geschichte so absolut unglaubwürdig, denn wenn es einer Zivilisation gelänge, interstellare Reisen zu vollbringen – etwas, das ich mir selbst in meinen kühnsten Träumen nicht vorzustellen wage – dann würde diese Zivilisation doch wohl mit atemberaubenderen Neuigkeiten aufwarten! Hätte sie dann nicht Anhaltspunkte über die ultimativen Mysterien des Universums zu berichten? Ich bin sicher, sie würde es tun, und alles, was sie uns darüber mitteilten, wäre eine Offenbarung für uns. Nicht ein einziges Mal lieferte mir ein Bericht über einen *Kontakt* einen neuen, vorher unbekannten Tatbestand, den wir hätten überprüfen können.
Einige der selbsternannten Augenzeugen erzählen, daß die Fremdlinge Mysterien erforschen, die wir noch nicht gelöst haben, und daß sie ihre Geheimnisse bereits enthüllt hätten. Erstaunlicherweise erleiden die Augenzeugen gleichzeitig eine selektive Generalamnesie, so daß die hochinteressanten

Informationen der Außerirdischen so lange unergründet bleiben, bis die Zeit dafür gekommen ist. Diese Erklärung allerdings bringt meine Leichtgläubigkeit zum Zerreißen. Wiederum andere Menschen, mit denen ich mich unterhielt, sahen außerirdisches Leben als eine bedrohliche Aussicht, à la *Krieg der Sterne*. Sie fürchten, daß wir unterjocht werden könnten, so wie die primitiven Zivilisationen auf der Erde von technologisch höher entwickelten Gesellschaften. Aber alles, was wir über Physik und Astronomie wissen, überzeugt mich davon, daß die Außerirdischen nicht kommen werden, um uns anzugreifen oder aufzufressen. Ein Angriff würde sie – im Vergleich zu einem möglichen Gewinn – zu viele Ressourcen kosten. Sie werden per Radio Ferngespräche mit uns führen. Ich glaube, daß auch sie davon überzeugt sind, daß es sich nicht bezahlt macht, Dinge durch den Weltraum zu transportieren, solange man auch *Informationen* transportieren kann. Der Weg zum Informationstransport bei Lichtgeschwindigkeit liegt in der elektromagnetischen Strahlung. Radiowellen stellen die ökonomischste Art des Sendens und des Empfangens dar. Ich habe noch Barney Olivers Mutmaßung im Ohr: »Der Grund, warum sie nicht zu uns kommen, ist der, daß das Radio so gut funktioniert.« Eine annehmbare Lösung für Learys Weltraumkolonie-Problem zeichnete sich 1974, einige Jahre nach unserem Treffen, überraschend ab, in dem Jahr, als der Princeton-Physiker Gerard O'Neill seinen Plan zur Errichtung von Weltraumkolonien im großen Umfang darlegte. Indem er sich peinlich genau den Gesetzen der Wissenschaft unterwarf, demonstrierte O'Neill, daß es möglich war, zu einer wundervollen neuen Welt im All aufzubrechen, ohne die gesamte uns bekannte Energie zu vergeuden und ohne sich unbekannten Gefahren auszusetzen. Seine Antwort war, solche Kolonien aus dem Nichts heraus im erdnahen Orbit zu errichten, indem man sich Materialien vom Mond und von vorbeiziehenden Asteroiden holte und somit allen hinderlichen Umständen, die interstellare Flüge mit sich brachten, aus dem Wege ginge.

O'Neill stellte sich seine Außenposten als wahrlich bezaubernde Standorte vor, mit Landschaften, Seen, Flüssen und einer Kraft, die der irdischen Schwerkraft ähnelte und durch die langsame Rotation (eine Umdrehung pro Minute oder alle zwei Minuten) der Kolonie im Weltraum entstand. Eine typische Kolonie könnte etwa 40 Kilometer lang und mehrere Kilometer breit sein und mit ihrer langen Achse in Richtung Sonne zeigen. Riesige Spiegel, die so geneigt waren, daß sie das Sonnenlicht durch die Fenster reflektierten, würden innen für Tageslicht sorgen. Solche neuen Lebensräume wären zwar kostspielig, aber gar nicht so unsinnig.

Wahrscheinlich denken Sie zunächst, daß eine derartige Weltraumsiedlung ein schrecklicher Ort zum Leben wäre. Das muß nicht sein, denn sie könnte wirklich ideal sein, mit insektenfreien Hinterhöfen und maßgeschneidertem Wetter: Man öffnet die Spiegel weit, um sommerliches Hawaii-Klima zu genießen, oder man schließt sie fast ganz und erfreut sich eines winterlichen Klimas.

In diesem Szenario verlassen Zivilisationen schließlich ihre Heimatplaneten und bevölkern den Weltraum, wo einige Dutzend oder Millionen Wesen an speziell geschaffenen Standorten leben und arbeiten, die durch Solarenergie betrieben und durch ausgefeilte neue Techniken zur Nahrungsproduktion unterstützt würden. Nur Waldaufseher blieben auf der Erde zurück, die den Status eines Naturschutzparks erhielt. Die Menschen würden mit ihren Kindern mit dem Shuttleservice zur Erde hinunterreisen, um ihnen zu zeigen, wie schrecklich es für Oma und Opa gewesen war, die sich mit Tornados, Moskitos und anderen furchtbaren Naturgegebenheiten herumplagen mußten.

Ich besuchte einen von O'Neills ersten Vorträgen über die Weltraumkolonien in Princeton zu der Zeit, als er gerade sein bekanntes Buch *The High Frontier* schrieb. Er vermittelte mir den Eindruck eines erstklassigen Physikers und eines genialen Menschen, der sich auch im Ingenieurwesen hervorragend auskannte.

O'Neills Idee ergibt einen Sinn, da zum Aufbau von Weltraumkolonien in unserem eigenen planetarischen System weitaus weniger Energie benötigt würde – d. h. ungefähr ein Zehnmillionstel – als für die Reise zu einem anderen Stern. Und selbst wenn nun einige argumentieren, daß sehr hoch entwickelte Zivilisationen, wie die von Kardashev als Typ III eingestuften, Zugang zu weitaus größeren Energieressourcen haben als wir, so ist ein Faktor von zehn Millionen nur schwer zu überbieten.

Lord Kelvin sagte einmal, daß man so lange von der Wissenschaft nichts begreift, bis man entsprechende Zahlen findet. Wenn ich nun hergehe und die Idee interstellarer Reisen oder der Kolonisierung in Zahlen ausdrücke, wird deutlich, daß die Reisekosten zu einem anderen Stern zu hoch sind. Zivilisationen können sich nicht weit von ihrem Zuhause wegwagen. Das brauchen sie auch nicht. Es gibt genügend Sonnenenergie, um damit mehr als eine Milliarde Milliarden Menschen zu versorgen.

Ich teilte mit O'Neill die Auffassung, daß seine Kolonien in der Zukunft derart im Weltraum expandieren würden, daß sie schließlich die Galaxis förmlich infiltrierten – und dies in weniger als einer Million Jahre. O'Neill glaubte, daß man solche Distanzen durch Raketen erreichen könnte, die von einem System angetrieben werden, das Edward Purcell Jahre zuvor theoretisch erarbeitet hatte: der Kombination aus Materie und Antimaterie.*

Hypothetische, auf Zerstrahlung von Materie und Antimaterie basierende Antriebssysteme, die noch weit über unsere derzeitigen technischen Möglichkeiten hinausgehen, könnten, je nach Bedarf, das Raumschiff beschleunigen oder abbremsen. Die Materie-/Antimaterie-Partikel, die einander noch stärker anziehen als Magnete entgegengesetzter Pole, würden sich bei Kontakt unverzüglich gegenseitig vernichten, wobei die gesamte Masse auf die effizienteste Weise in Energie umgewandelt würde. Das Ergebnis wäre eine erhebliche Energiemenge, hauptsächlich in Form von Gammastrahlen.

Sollten fremdartige Zivilisationen solch unglaublich gefährlichere Raketen besitzen, was ich persönlich bezweifle, dann könnten wir sie durch ihre Gammastrahlen entdecken. Bei jedem Beschleunigen oder Bremsen hinterließen sie »Spuren« im Weltraum in Form dieser Gammastrahlen.

Ein britischer Raumschiff-Anhänger namens Anthony Martin prognostizierte diese Spuren als erster. Martin berechnete, daß eine Materie-Antimaterie-Rakete einen Monat lang gezündet werden müßte, um ihre Reisegeschwindigkeit zu erreichen, mit einer Beschleunigung im für einen lebenden Astronauten tragbaren Maße. Diese lange Periode der Raketenzündung würde ein auffälliges Gammastrahlenbündel produzieren. Es würde plötzlich auftauchen, wochenlang an-

---

* Zu jedem Partikel aus gewöhnlicher Materie, so wie ein Elektron oder Proton, gibt es einen entsprechenden Partikel aus Antimaterie, der die gleiche Masse, aber die umgekehrte elektrische Ladung besitzt. Ein Proton ist – um ein Beispiel zu nennen – ein positiv geladener Partikel aus Materie, und sein Antimaterie-Gegenstück ist das negativ geladene Antiproton. Auf der Erde existiert keine Antimaterie, außer in den Produkten nuklearer Aufspaltung, die Physiker in Teilchenbeschleunigern kreieren.

halten und eine verräterische Spur durch das interstellare Medium ziehen.*

Forscher haben mit Hilfe von Gammastrahlen-Detektoren an Satelliten hoch über der Erdatmosphäre nach diesen Spuren gesucht. Allerdings fand man bisher keine derartigen Zeichen interstellarer Reisetätigkeit. Die Gammastrahlenquellen, die bisher beobachtet werden konnten, sind entweder sehr regelmäßig und langlebig oder extrem flüchtig mit Ausstößen, die nur etwa eine Sekunde andauern.

Ein ganz offensichtliches Problem bei einer Materie-Antimaterie-Rakete ist, daß man Materie und Antimaterie so lange voneinander trennen muß, bis der Zeitpunkt für ihre Kollision gekommen ist, um das Gefährt irgendwohin zu befördern. Es ist recht einfach, Materie in einem aus Materie bestehenden Container zu lagern, aber wohin mit der Antimaterie? Der Antimaterietank muß ebenfalls aus Antimaterie bestehen, denn wenn er aus normaler Materie bestünde, würde er explodieren, sobald man Antimaterie in ihn hineingibt. Soweit ich weiß, ist ein realistischer Konstruktionsplan eines solchen Tanks für Antimaterie nach wie vor nicht mehr als ein Traum. Robert Forward, ein begnadeter Physiker, widmete diesem Problem seine Aufmerksamkeit, wobei er sein spezielles Augenmerk auf die Nutzung magnetischer Felder richtete, mit de-

* Martin führte auch das Projekt Orion der britischen Interplanetarischen Gesellschaft an, eine vor 20 Jahren angestellte Raumschiffmodell-Studie, die auf Wasserstoffbomben als Antriebsmöglichkeit vertraute. Der Gedanke dabei war, zu den Sternen zu gelangen und gleichzeitig eine nukleare Abrüstung vorzunehmen, indem man ein interstellares Raumschiff mit ca. 1000 Wasserstoffbomben an Bord in den Weltraum schoß. Von Zeit zu Zeit sollten die Astronauten eine Bombe abwerfen und explodieren lassen, um das Raumschiff auf diese Weise voranzutreiben. Hätten Sie vielleicht Lust, sich freiwillig als Passagier zu melden?

ren Hilfe für Antimaterie geeignete Tanks entstehen sollten. Bis diese Behälter gebaut werden können, werden O'Neills Kolonien wohl innerhalb des Sonnensystems bleiben, wo sie meiner Ansicht nach auch hingehören.
Die Frage, ob Zivilisationen innerhalb ihrer Galaxien verstreut sind, ist für die Suche nach außerirdischer Intelligenz ganz entscheidend. Einige Wissenschaftler vertreten die Meinung, daß die Kolonisierung für Zivilisationen des Weltraumzeitalters ein absolutes Muß darstellt. Da wir allerdings noch keine Hinweise darauf besitzen, denken sie, daß wir die erste – oder sogar die einzige – höherentwickelte intelligente Zivilisation in der Milchstraße sind.
Dieser Gedanke kam offenbar Enrico Fermi, einem mit dem Nobelpreis ausgezeichneten Physiker, zuerst. Fermi arbeitete in Manhattan maßgeblich an der Entwicklung der Atombombe mit. Während des Zweiten Weltkrieges – Fermi war damals außerordentlicher Direktor am *Los Alamos National Laboratory* – begann er, über außerirdisches Leben nachzudenken. Nach einer von ihm durchgeführten Analyse, die in etwa der entsprach, aus der die Drakesche Gleichung entstand, stellte er Schätzungen über die mögliche Anzahl von Zivilisationen an. Er kam zu dem Ergebnis, daß es eine ganze Menge geben mußte. Allerdings war kein deutlich sichtbares Zeichen ihrer Existenz entdeckt worden, was zu einem Paradoxon führte: »Wo sind sie?«
Es bereitete Fermi große Freude, die anderen Wissenschaftler in Los Alamos mit dieser Frage zu verwirren. Er kam auf einen Sprung in ihr Büro, um Kollegen und Mitarbeiter in ein zwangloses Gespräch über die Frage zu verwickeln, wie weit verbreitet Leben innerhalb des Universums wohl sei. Dabei begann er mit der Tatsache, daß in der ganzen Galaxis kontinuierlich neue Sterne entstehen. Er nahm an, daß planetarische Systeme häufig anzutreffen sind, weil das Sonnensystem kaum einzigartig ist, und vertrat die Ansicht, daß

es wahrscheinlich einfacher sein müßte, die Ursprünge des Lebens auf einem anderen Planeten zu duplizieren. (Zu dem Zeitpunkt hatten Miller und Urey ihr berühmtes Experiment noch nicht durchgeführt, so daß Fermi hier ein wenig spekulierte.) Die Frühgeschichte schien zu belegen, daß sich Intelligenz schon frühzeitig auf der Erde entwickelt hatte und daß man erwarten durfte, sie überall dort, wo Leben entstand, anzutreffen. Mit der Zeit würden intelligente Wesen Techniken entwickeln, die es ihnen ermöglichten, in den Weltraum zu reisen und jede Nische in der Galaxis auszufüllen. Aufgrund des Alters der Milchstraße müßten einige dieser Zivilisationen sehr alt und sehr hoch entwickelt sein. Außerdem müßten sie mittlerweile auf der Erde angekommen sein. Sind sie aber nicht.
»Wo sind sie dann?« – Angeblich antwortete Leo Szilard, Fermis in Ungarn geborener Kollege beim Manhattan-Projekt, auf diese Frage mit den Worten: »Sie sind unter uns, aber sie bezeichnen sich selbst als Ungarn.«
»Wo sind sie?« – Diese Frage fasziniert uns seit Bekanntwerden des sogenannten Fermi-Paradoxons natürlich ganz besonders.
Für dieses Paradoxon gibt es mehrere Lösungen, denn die Tatsache, daß »sie« nicht hier sind, beweist noch lange nicht, daß »sie« nicht existieren. Vielleicht befinden sie sich gerade auf dem Weg hierher, nur strömen sie nicht so schnell von ihrem Heimatplaneten nach außen wie Wellen in einem Teich, wie Fermi es sich vorstellte. Carl Sagan und William Newman zufolge könnte eine galaktische Bevölkerungsexpansion zunächst strahlenförmig beginnen, dann aber langsamer weitergehen, etwa so wie ein zielloser Spaziergang durchs All. In diesem Fall würde eine vollständige Besiedlung der Galaxis so lange dauern, wie sie alt ist. Demzufolge könnten die Außerirdischen vielleicht bereits morgen auftauchen!

Natürlich glaube ich nicht, daß sie das tun werden. Ich glaube überhaupt nicht, daß wir Besuch von Bewohnern von Planeten anderer Sterne bekommen werden, genausowenig wie ich glaube, daß wir in der Vergangenheit von Frühzeitastronauten oder UFOs, die mutmaßliche fremdartige Raumschiffe sind, bereits besucht worden sind.

Das von mir bevorzugte Argument hinsichtlich des Fermi-Paradoxons ist ganz einfach, daß es mehr Sinn ergibt, innerhalb unseres eigenen planetarischen Systems eine Kolonisierung zu betreiben, als die Kosten und Risiken einer außerplanetarischen Besiedlung auf uns zu nehmen. Hierzu müßte man eher in unserem heimischen System die von O'Neill beschriebenen Kolonien bauen, als irgendwo neue Planeten zu besiedeln oder Kolonien, die weit von unserer Erde entfernt sind.

»Wo sind sie?« – Sie leben vermutlich recht komfortabel und mit einer hohen Lebensqualität in der Nähe der Planeten, wo ihr Dasein begann. Wir können sie in großen Zahlen finden – durch ihre Radioübertragungen. Deshalb habe ich während der ganzen Jahre stets den Bau größerer und noch sensiblerer Empfänger befürwortet, um ihre Signale besser entdecken zu können.

Wenn ich der Überzeugung wäre, daß die Außerirdischen vom Himmel herabstiegen, würde ich mir keine weiteren Gedanken machen, sondern mich in einem Liegestuhl nach draußen setzen und auf ihre Ankunft warten. Oder auf eine Botschaft, vielleicht in Form einer Robotersonde, wie Ronald Bracewell, mittlerweile an der Stanford-Universität, sie propagierte. Er glaubt, Außerirdische könnten große Mengen Aufklärungsraumschiffe produzieren, die als die »Bracewell-Sonden« bekannt geworden sind, und je eines davon zu jedem zur Erforschung ausgewählten Sternenkandidaten senden. Einmal angekommen, würde eine solche Sonde den

Stern umkreisen und dabei nach Zeichen intelligenten Lebens auf den benachbarten Planeten Ausschau halten. Sollte sie irgendein Zeichen entdecken, würde sie den Heimatplaneten sogleich darüber informieren und eine Nachricht an die aufgespürte Zivilisation senden – oder auch nicht.

Wie interstellares Reisen stellen auch die Bracewell-Sonden ein extrem kostspieliges und grandioses Unterfangen dar. Um Erfolg zu haben, müßten Millionen solcher Sonden hinausgeschickt werden, von denen jede einzelne ein hochtechnisiertes Raumschiff ist, das eine enorme Reisegeschwindigkeit erzielt, in ein planetarisches System eindringen und sich selbst dort im Orbit installieren kann. Anschließend müßten die Sonden dort, voll funktionsfähig, bis zu Millionen von Jahren warten, während der Heimatplanet sie überwacht, um sie auf den neuesten Stand der Dinge zu bringen.

Da das Universum wahrscheinlich nur begrenzte Arten direkter Kontakte zwischen seinen Bewohnern zuläßt, halte ich es für die sinnvollste Lösung, den Weg über das Radio zu wählen, d. h., das Radiospektrum nach magischen Frequenzen zu sondieren und die Sterne nach Strahlenbündeln abzusuchen, die von fremdartigen Intelligenzen stammen könnten. Mit Informationen versehene Radionachrichten sind die Quelle, nach der wir bei der Suche nach außerirdischem Leben forschen.

Viele Fragen in der Physik und der Astronomie werden aus einer größtmöglichen Entfernung heraus beantwortet. Etwa durch teleskopische Beobachtungen oder manchmal auch von einem Sessel aus, so wie die gedanklichen Experimente Albert Einsteins. Manchmal allerdings weisen auch gewisse Lebenserfahrungen den Weg zu maßgeblichen Schlußfolgerungen.

Auf unserer Rückreise von einem internationalen Astronomiekongreß in Sydney unterbrachen Carl Sagan und ich die

Reise für ein paar Tage in Bora-Bora, in der Nähe von Tahiti. Dort beabsichtigten wir, an einem gemeinsamen Artikel über die Suche nach außerirdischer Intelligenz zu arbeiten, der später in der Zeitschrift *Scientific American* erschien. Unsere Freizeit wollten wir mit Schnorcheln verbringen, dem Sport, dem wir beide große Leidenschaft entgegenbrachten. Bora-Bora ist ein traumhaftes Plätzchen – eine wahre Bilderbuchinsel in der Südsee mit einer vulkanischen Erhebung in ihrer Mitte und einer ausgedehnten Lagune. Das Korallenriff der Lagune ist Schauplatz einer bunten Unterwasserwelt. Eines Tages, als Carl und ich nach dem Mittagessen am Pier des Hotels Bora-Bora standen und beobachteten, wie die Haie vorbeischwammen, bemerkten wir auch eine Gruppe polynesischer Kanus. Es handelte sich um Nachbauten früherer Auslegerboote, die das Hotel seinen Gästen zur Verfügung stellte.

»Weißt du«, grübelte Carl laut, »Polynesien wurde von Menschen besiedelt, die in solchen Booten Tausende von Kilometern über das offene Meer gefahren sind.« Er machte eine lange Pause. Als er weitersprach, war aus seinem Grübeln ein Entschluß geworden. Er wollte, daß wir der damaligen Siedler gedachten, indem wir uns selbst auf eine Entdeckungsreise begaben, und zwar zu einer der Küste vorgelagerten Insel, die wir weit hinter der Lagune sehen konnten. Ich mußte zugeben, daß dies eine hochinteressante Möglichkeit war, den Nachmittag zu verbringen. Also bestiegen wir das erstbeste Kanu und paddelten los.

Ungefähr auf halbem Weg zu der Insel sank das Kanu plötzlich. Wir hatten nicht bemerkt, wie langsam immer mehr Wasser eingedrungen war. Es sank aber nicht bis auf den Grund, sondern tauchte nur soweit unter, daß wir bis zur Brust im Wasser saßen. Wir müssen wie zwei aufblasbare Strandspielzeuge ausgesehen haben – Kopf und Schultern ragten aus dem Wasser hervor. Das Kanu, meinte Carl, würde vermutlich die Haie von einem Angriff abhalten, auf alle Fälle mußten wir uns aber schleunigst in Sicherheit bringen. Unsere einzige Chance bestand darin, weiterzupaddeln. Unser halbgesunkenes Kanu bot einen enormen Widerstand, außerdem war Paddeln in Schulterhöhe muskelkrampffördernd. Schließlich gelang es uns, auf diese Weise das Kanu an den weitentfernten Strand zu bringen.

Unsere Entdeckungstour auf der kleinen Insel ergab, daß sie nichts weiter vorzuweisen hatte als Kokospalmen und Ratten. Nicht gerade ein Ort, an dem wir unbedingt eine Nacht verbringen wollten. Andererseits konnte es Tage dauern, bis irgend jemand im Hotel unsere Abwesenheit bemerkte, und es wußte ja auch niemand, wo wir waren.

So wie die Angst vor den Haien uns beflügelte, von der Mitte der Lagune aus bis zum Strand zu gelangen, so inspirierten uns nun die Ratten, den Weg zurück nach Bora-Bora schleunigst zu finden. Wir sammelten einige Kokosnußschalen, die uns exzellente Schöpfeimer zu sein schienen, und versicherten uns gegenseitig, daß, wenn wir nur emsig genug waren, wir das Wasser ebenso schnell aus dem Kanu schöpfen konnten, wie es hereinströmte. Zu unserer großen Freude funktionierte der Plan. Am Ende hatten wir lediglich den Verlust meines Fotoapparates zu beklagen, der naß und daher völlig unbrauchbar geworden war. Carl hingegen hatte sinnvollerweise eine Unterwasserkamera mitgenommen, mit der er einige fantastische Schnappschüsse machte.

Später kamen wir zu dem Schluß, daß unsere Bootsfahrt eine aussagekräftige sinnbildliche Darstellung für interstellares Reisen war. Sie bestätigte unsere Überzeugung, daß Radiokommunikation viel einfacher und sicherer ist als ein direkter Kontakt.

Kostbarkeiten im tiefen Weltraum

Warum kann nicht jeder dieser Sterne oder
jede dieser Sonnen ein so großes Gefolge besitzen,
wie unsere Sonne sie mit ihren Planeten hat,
über denen ihre Monde auf sie warten?
... Sie müssen ihre Pflanzen und Tiere haben,
ja sogar ihre vernunftbegabten Kreaturen,
und diese als große Bewunderer und
sorgfältige Beobachter der Himmel –
ebenso wie wir.

Christiaan Huygens
Niederländischer Physiker und Astronom
des 17. Jahrhunderts

Was wäre das für ein grandioser Anblick: 1500 Radioteleskope, Seite an Seite an einem großzügigen Platz im Südwesten. Sie würden sich alle im Einklang miteinander bewegen, so synchron wie ein *Corps de Ballet*. Stellen Sie sich nur die riesige Ausdehnung ihrer weißen Schüsselantennen vor, die in der Wüstensonne schimmern, jede von ihnen wäre ganze 91,5 m groß, und jede würde einen unterschiedlichen Himmelsstreifen reflektieren, etwa so wie das komplizierte Auge eines Insekts.

Ich sehe mich schon durch diese Anlage gehen, winzig und verloren in den kornfeldähnlichen Reihen der Radioteleskope, die sich kilometerlang in jede Richtung erstrecken. Und was tun diese Teleskope? Sie lauschen. Gemeinsam sind sie

auf Ziele tief im Weltraum gerichtet, auf der Suche nach Signalen außerirdischer Intelligenz.
Die Rede ist von dem Projekt Zyklop, das im Sommer 1971 von einem 20 Ingenieure umfassenden Team ausgetüftelt wurde. Die Aufgabe dieses Teams lautete: Was benötigt man, um mit Hilfe aktueller Technologie außerirdische Intelligenz zu entdecken?*
Bei der Inbetriebnahme dieses Zyklop-Projektes könnte eine derart stattliche Ansammlung von Teleskopen selbst extrem schwache Signale von weit entfernten Zivilisationen aufspüren. Man könnte hervorragend damit lauschen und selbst interne Radio- und Fernsehfrequenzkommunikationen von Zivilisationen auffangen, die sich mehrere hundert Lichtjahre von uns entfernt befinden. Außerdem könnte Zyklop auch als leistungsstarker Sender zum Einsatz kommen, der auf die fremden Signale antwortet, um so Zeugnis von intelligentem Leben auf der Erde abzulegen. Leider ist und bleibt das Projekt Zyklop nur eine schöne Vorstellung. Nirgendwo auf der Erde existiert eine Radioteleskopanlage, die ihm in Größe und Reichweite entspräche.
John Billingham, Newcomer in der Bruderschaft derer, die nach Außerirdischen suchten, und früherer Luftfahrtphysiker bei der Royal Air Force, war der Initiator für den Entwurf des Projektes Zyklop. Obwohl er in England geboren und in Oxford sowie am Royal-Air-Force-Institut für Flugmedizin ausgebildet worden war, zog es ihn während der späten fünfziger Jahre immer wieder in die Staaten. Seine Sachkenntnis und sein Enthusiasmus verbanden sich harmo-

* Dieses Projekt war Teil einer Reihe von Sommerstudienprogrammen, die von der NASA und der amerikanischen Gesellschaft zur Ausbildung von Ingenieuren gefördert wurden.

nisch mit dem amerikanischen Interesse an Raketen und Astronauten. Billingham gelang es, eine Stelle bei der NASA zu erhalten, wo er 1963 zunächst am Zentrum für bemannte Raumfahrt (das mittlerweile Johnson Space Center heißt) in Houston arbeitete und später an das NASA-Forschungszentrum in Moffett Field wechselte. Einer von Billinghams zahlreichen Beiträgen zu dem Weltraumprogramm waren seine wassergekühlten Weltraumanzüge, die die *Apollo-11*-Astronauten bei ihrer Mondlandung trugen.

Von dem Augenblick an, als er von unseren aufkeimenden Bemühungen, andere Formen intelligenten Lebens im Weltraum zu entdecken, erfuhr, wandte sich sein Interesse von der Flugmedizin ab und hin zur interstellaren Kommunikation. Es macht ihm Freude, sich als Geburtshelfer zu bezeichnen, der die Entstehung der Suche nach außerirdischer Intelligenz, als ein von der NASA gefördertes Unternehmen, vorantrieb. Bevor Dr. Billingham die Initiative ergriff, begnügten sich die NASA-Exobiologen mit der Suche nach Mikroben auf anderen Planeten des Sonnensystems. Billingham überzeugte die Behörde davon, daß umfangreichere Lebensformen – darunter auch höher als unsere eigene entwickelte Zivilisation – zweifellos überall in der Galaxis existieren und daß die NASA nach ihnen suchen sollte.

Durch seine Arbeit an der Grenze zwischen menschlichen Bedürfnissen und Weltraumtechnologie leitete Billingham jährlich stattfindende Ferienprogramme für Ingenieur-Systemdesign in Zusammenarbeit mit der Stanford-Universität. Er wollte etwa zwanzig Fakultätsmitglieder von allen Universitäten des Landes während der Sommersemesterferien zu einem Treffen nach Ames einladen und mit ihnen einen gangbaren Weg ausarbeiten, um ein interessantes Projekt zu initiieren – beispielsweise eine bemannte Mondbasis.

Zu Billinghams großen Talenten zählt seine Fähigkeit, fremde Menschen zusammenzubringen und als ein Team arbeiten zu lassen. Er selbst gilt als jemand, der sehr hart arbeitet und besonders in Detailfragen äußerst penibel ist. Er gehört zu den Menschen, denen nicht das Geringste entgeht. Gleichzeitig besitzt er Humor und die geschliffene, charmante Art eines englischen Gentlemans.
Billingham beschloß, das Sommerprogramm 1971 einer Studie für den Empfang interstellarer Signale zu widmen. Klug wie er ist, gewann er auch meinen alten Freund Barney Oliver, der das Projekt mit ihm zusammen leiten sollte.
Barney, Mitglied des Delphin-Ordens, arbeitete als Vizepräsident für Forschung und Entwicklung bei Hewlett-Packard, wo er an der Entwicklung unzähliger technischer Neuheiten – vom Taschenrechner bis zur Atomuhr – beteiligt war. Im Laufe seiner Tätigkeit, die die Patentierung von sage und schreibe fünfzig eigenen elektronischen Erfindungen umfaßte, hatte Barney sich nach wie vor seiner großen Leidenschaft gewidmet: der außerirdischen Kommunikation. Dies tat er, indem er wissenschaftliche Artikel über die damit verbundenen technischen Probleme verfaßte, Vorträge zu dem Thema hielt und an entsprechenden Fachkonferenzen teilnahm. Erfreut ergriff er die Gelegenheit, mit Billingham zusammenzuarbeiten, und Hewlett-Packard gewährte ihm großzügig einen dreimonatigen »Urlaub« während der Sommermonate.
Auf Olivers und Billinghams Einladung beteiligten sich einige anerkannte Leute an dem Ames-Projekt. Unter ihnen Charles Seeger, der Bruder des bekannten Folksängers, der das Radioastronomie-Projekt in Cornell etablierte. Ein weiterer Projektteilnehmer war Robert Dixon von der Ohio-State-Universität, der in der Zwischenzeit das größte in den USA durchgeführte Langzeitprojekt zur Suche nach außerir-

discher Intelligenz durchgeführt hatte. (Mehr darüber später in diesem Kapitel.)
Barney, selbst ein Industriegigant und auch ein gigantischer Mann, taufte das Projekt »Zyklop«, nach dem Riesen in der griechischen Mythologie, dessen einziges Auge so groß und rund wie ein Rad war. (Zunächst spielte Barney mit dem Gedanken, es »Argus« zu nennen, nach dem mythologischen Wächter mit den hundert Augen, verwarf diese Idee allerdings wieder, da Argus auch der Name eines billigen Fotoapparates war.)
Bevor die Ingenieure den Versuch unternahmen, einen Entwurf zu Papier zu bringen, besuchten sie zahlreiche Vorlesungen führender Autoritäten über Themen, die mit ihren Projektaufgaben in Verbindung standen. Philip Morrison beschäftigte sich damit, was Zyklop entdecken könnte, Ronald Bracewell mit dem Entwurf der fünf Teleskope umfassenden Anlage in Stanford, Sebastian von Hoerner mit prinzipiellen Gestaltungsfragen bei großen Radioteleskopen und vieles andere mehr. Leider hatte ich keine Gelegenheit, mit der ursprünglichen Gruppe zu sprechen, obwohl ich später in die Veröffentlichung darüber einbezogen wurde, welche Aufgaben die einzelnen Mitglieder erfüllten. Nachdem ich Billingham dann kennengelernt hatte, fuhr ich oft nach Ames, um dort Vorträge anläßlich verschiedener Workshops und Seminare zu halten.
In jenem Sommer lernten die Ingenieure des Projektes Zyklop eine andere Seite der Astronomie kennen, nicht etwa Astrophysik oder planetarische Astronomie, sondern die Exobiologie. Sie beschäftigten sich mit einer Idee, die einige von ihnen vorher als Science-fiction-Stoff ansahen und die sie nun in einem Entwurf für ein reelles wissenschaftliches Projekt mit weitreichenden humanitären Zielen sahen. Die Suche nach außerirdischem Leben, die lange Zeit als hoch-

spekulative Phantasie einiger weniger Menschen wie mir galt, gewann plötzlich neue Bedeutungen. Der Entwurf, der Ende des Sommers entstanden war, versprach eine Suchkapazität von bisher nie dagewesener Sensibilität.

Barneys Bericht über die Arbeit der Projektgruppe füllte ein dickes Buch mit astronomischen Daten, mathematischen Gleichungen, Graphen und Diagrammen – durchwirkt von Hinweisen auf die Bedeutung dieses von ihm verfolgten Bestrebens für die Menschheit. Sein besonderes Anliegen war dabei, herauszustellen, daß wir notwendigerweise die Verantwortung für das Maßhalten auf unserem Heimatplaneten übernehmen müssen, damit wir uns nicht selbst durch eine kulturelle Fehlleistung ausrotten. Er verdeutlichte, daß die Suche nach außerirdischer Intelligenz keine Vernachlässigung irdischer Belange wie menschlichen Leides und ökologischer Krisen impliziert. Im Gegenteil: Gerade die Suche nach außerirdischer Intelligenz ermöglicht eine neue Sicht der Dinge, indem sie eine neue Perspektive schafft, nämlich die vom Weltraum aus auf die Erde, und dies aus der Sicht möglicher anderer Existenzen.

»Legt man die Suche nach anderem intelligenten Leben zugrunde, so ist dies die Annahme, daß der Mensch sich nicht auf dem Höhepunkt seiner Entwicklung befindet, sondern daß er möglicherweise sehr weit davon entfernt ist und daß er lange genug existieren kann, um eine Zukunft zu erleben, die so weit über unser Vorstellungsvermögen hinausgeht, wie unsere heutige Zeit für den Cromagnonmenschen unvorstellbar war«, schrieb Barney. »Um dies zu tun, muß der Mensch natürlich die ihn betreffenden ökologischen Probleme lösen. Diese Probleme haben einen ebenso dringlichen wie zwingenden Stellenwert, und eine Lösung darf nicht hinausgezögert werden. Ebensowenig dürfen wir die Lösungsversuche dadurch schmälern, daß wir uns auf anderen

Gebieten verausgaben. Aber ... das Bestreben, andere Lebensformen zu entdecken, verleiht der Überlebensfrage eine höhere Bedeutung und legt mehr – und nicht etwa weniger – Gewicht auf die Ökologieproblematik. Die beiden Aspekte sind eng miteinander verbunden, denn wenn es uns gelingen sollte, ein weiteres Zeitalter zu überleben (und uns weiterzuentwickeln), besteht die Chance, daß andere Rassen dies auch tun, und das verringert das Problem eines Austausches.«

Der Zyklop-Bericht erwähnte auch die potentielle Existenz einer galaktischen Kulturengemeinschaft, wobei jede einzelne ihre Individualität aufrechterhielt, bei der aber alle Kulturen von dem Gesamtwissen der Gruppe profitierten. »Der Stolz, mit dem wir uns mit dieser Supergesellschaft identifizieren und Beiträge zu ihren Langzeitzielen leisten könnten«, so erklärte Barney, »würde unserem irdischen Leben neue Dimensionen verleihen, die die Menschheit sich nicht einmal annähernd vorstellen kann.«

Zum ersten Mal wurde der potentielle Nutzen aus interstellaren Kontakten in einem offiziellen Regierungsdokument dargelegt. Etwa 20 000 Menschen forderten den Zyklop-Bericht an (und lasen ihn vermutlich auch).

Hätte man das Projekt Zyklop realisiert, hätte es Arecibo in den Schatten gestellt und mit seinem Multimillionen-Dollar-Preisschild die Kosten des *Apollo*-Projektes weit übertroffen. Tatsächlich schreckten die immensen Kosten (die 1971 veranschlagten 10 Milliarden Dollar entsprächen heute über 50 Milliarden!) viele Menschen ab, selbst einige, die den Suchbestrebungen an sich sehr positiv gegenüberstanden. Sie beklagten, daß Zyklop keine Suche ermöglichte, bevor man nicht astronomische Summen in das Projekt investiert hatte. In einer noch negativeren Interpretation wurde der Bericht so ausgelegt, daß die NASA nicht eher etwas in dieser Richtung unternehmen sollte, bis sie es sich leisten könnte, ein Projekt in der Größenordnung von Zyklop zu finanzieren. Dieses Mißverständnis traf uns sehr. Aus heutiger Sicht würde ich sagen, daß diese Auslegung eine mehrjährige finanzielle Beteiligung der NASA vereitelte.

Barney und Billingham hatten gehofft, Zyklop schrittweise von dem Zeichenbrett in die Realität umsetzen zu können. Ihrer Ansicht nach lag die große Stärke des Zyklop-Planes in der sukzessiven Aufstockung von Antennen, bis eine ausreichend große Anzahl existierte, mit der man ein fremdes Signal entdecken konnte. Dieser Plan bedeutete, daß ein minimaler Aufwand nötig war, um bereits einen Erfolg erzielen zu können. Allerdings begriffen dies nur wenige Menschen; alles, was die anderen sahen, waren die beeindruckenden Bilder von 1500 Empfangsschüsseln – das Projekt Zyklop in seiner Vollendung. In gewisser Weise wurden Barney und Billingham die Opfer ihrer eigenen enormen Fähigkeiten und des Könnens von Rick Guidice, dem Künstler, dessen drei Zeichnungen der kompletten Zyklop-Anlage dem veröffentlichten Bericht beigefügt wurden. Als Barney und Billingham erkannten, daß das Projekt von der Öffentlichkeit falsch verstanden wurde, ließen sie neue Zeichnungen der Anlage anfertigen, die eine Darstellung mit einer einzigen Antenne, eine weitere mit zehn und eine dritte Version mit hundert Antennen umfaßten. Aber es war bereits zu spät, um Zyklop nach einem bescheidenen Unterfangen aussehen zu lassen.

Dennoch veränderte Zyklop ihr Leben und darüber hinaus auch die Ansicht der NASA über Leben im Weltraum. 1976 beauftragte die NASA Billingham mit der Leitung der exobiologischen Abteilung in Ames, ließ ihn einige Studien durchführen und finanzierte kleinere Projekte zur Suche nach außerirdischer Intelligenz. All das machte »J. B.«, wie

Billingham liebevoll genannt wird, zu dem ersten Mann in den Vereinigten Staaten, der eine zivile Gruppe leitete, die hochoffiziell fremdartige Zivilisationen anerkannte.

Ich für meinen Teil muß gestehen, daß ich mir von ganzem Herzen wünschte, Zyklop würde tatsächlich realisiert. Gern hätte ich diese Anlage irgendwo in der Wüste gesehen; meinetwegen auch, wie eine spätere Studie es vorschlug, im Weltall, wo sie allerdings noch weitaus teurer geworden wäre. Ich nutzte jeden öffentlichen Vortrag, den ich damals hielt, um für Zyklop Propaganda zu machen und nannte dieses Projekt die beste Perspektive unseres Weltraumprogramms. Nach wie vor betrachte ich dieses Projekt als die lohnendste Investition aller Zeiten von Steuergeldern.

Nach dem Ende des Projektes Ozma im Jahre 1960 fand das Projekt Zyklop die erste ernstzunehmende Beachtung im Hinblick auf die praktischen Fragen bei der Suche nach außerirdischem Leben. Ozma und Zyklop repräsentierten die gegenteiligen Extreme ein und derselben Idee: Während Ozma nur minimale Ausrüstungskosten erforderte und lediglich einige hundert Stunden wertvoller Beobachtungszeit an einem einzigen Teleskop beanspruchte, benötigte Zyklop riesige Geldsummen für den Bau zahlreicher Teleskope, die eine kontinuierliche Suche nach fremdartigen Signalen zum Hauptziel hatten.

Die beiden Projekte unterschieden sich in einem weiteren wichtigen Aspekt: Ozma hatte tatsächlich stattgefunden, Zyklop hingegen war nur eine grandiose Vision. Der nächste Versuch, interstellare Signale aufzuspüren, lag daher logischerweise viel näher an Ozma als an Zyklop.

Ozpa, wie der Radioastronom Gerritt Verschuur Ozmas Nachfolgeprojekt humorvollerweise betitelte, ging zurück an den Schauplatz der ursprünglichen Suche – an das National Radio Astronomy Observatory in Green Bank, West Virginia. 1971 benutzte Verschuur sowohl das 42,6-m-Teleskop als auch das 91,5 m große Instrument für seine Beobachtungen von insgesamt neun Sternen. Ich hatte bei Ozma zwei Sterne mit einem einzigen Teleskop abgesucht, insofern stellte Verschuurs Versuch eine eindeutige Verbesserung dar, obwohl er alles in allem seinen Beobachtungen nur dreizehn Stunden widmete. Er untersuchte wie ich den Wasserloch-Bereich, hatte aber im Vergleich zu meinem einen nun 384 Kanäle zur Verfügung. Das erlaubte ihm, gleichzeitig auf 384 Frequenzen zu suchen.*

Danach folgte eine andere Suchaktion, die sich innerhalb der vier Jahre zwischen 1972 und 1976 entwickelte und wieder abflaute und bei der das große 91,5-m-Teleskop in Green Bank zum Einsatz kam. Ozma II war das Geistesprodukt zweier Männer: Patrick Palmer von der Chicagoer Universität und Ben Zuckerman von der Maryland-Universität. Sie verbrachten insgesamt 500 Stunden damit, Hunderte von Sternen (um genau zu sein: 674) auf der 21-cm-Frequenz zu beobachten, wobei sie das gleiche 384-Kanal-System wie Verschuur anwandten.

Parallel dazu strengten Forscher in Australien, Frankreich, Kanada und nicht zu vergessen in der Sowjetunion ihre eigenen Suchaktionen an. Es gab sogar einen kleinen Versuch vom Weltraum aus. Hierbei verwendete man den Koperni-

---

* Seit jenem Versuch folgte Verschuur vielen Wegen auf der Suche nach Fremdlingen, die auch ausgiebige Interviews mit Menschen, denen angeblich Außerirdische begegnet waren, umfaßten. Einige seiner Gesprächspartner behaupteten sogar, selbst Außerirdische zu sein. Verschuur, der als Astronomiedozent an der Universität von Maryland arbeitet, opponiert gegen die aktuellen Suchaktivitäten. Er denunziert diejenigen unter uns, die heute aktiv an der Suche arbeiten, indem er behauptet, wir würden ein quasireligiöses Ziel verfolgen. Wir sehen das allerdings nicht so.

kus-Satelliten, um nach ultravioletten Laserstrahlen intelligenter Herkunft von drei Sternen zu suchen. (Eine Liste der Suchaktivitäten finden Sie im Anhang B.)

Ich habe nichts über die Ergebnisse dieser Bemühungen erwähnt, weil es keine gab. All diese klein angelegten, isolierten Forschungsversuche sondierten sozusagen das Terrain des Kosmos. Astronomen bereiteten sich gedanklich auf die Möglichkeit vor, außerirdisches Leben zu entdecken, und experimentierten mit technischen Ausrüstungen, um Erfahrungen zu sammeln.

Ich persönlich empfand es als äußerst positiv, daß neue Wissenschaftler ihre Energie diesem Thema widmeten und sich öffentlich zu dem Lager derer bekannten, die bereits danach suchten. Allerdings erwartete keiner von uns, daß diese zaghaften Schritte Erfolge in Form von entdeckten Zivilisationen einbrachten. Immer noch suchten wir nicht ernsthaft genug, um in der Lage zu sein, auch etwas zu finden. Die greifbaren Resultate dieser Versuche stellten sich in Form einer wachsenden Unterstützung für das Forschungskonzept ein; darüber hinaus stießen immer mehr interessierte Menschen in unser Lager – ein wachsendes Kontingent begabter Individuen, die künftige Aktivitäten durch ihr Wissen bereichern würden.

Robert Dixon war ein typischer Vertreter dieser neuen Generation von Wissenschaftlern. Er vereinte technisches Wissen und emotionales Engagement für das Thema. Diese Kombination könnte die Suche eines Tages zum Erfolg führen. In den späten sechziger Jahren hatte Dixon als Student des Elektroingenieurwesens der Ohio-State-Universität, in Zusammenarbeit mit John Kraus, detaillierte Karten des Radiohimmels erarbeitet. Gemeinsam entdeckten und katalogisierten sie rund 20 000 neue Radioquellen mit einem Teleskop, das Kraus gebaut und »Großes Ohr« getauft hatte.

Dieses Instrument ähnelt eher einem metallischen Footballfeld, ist allerdings größer als drei solcher Spielfelder und arbeitet mit einem sensiblen 21-cm-Empfänger.
Als 1972 die finanzielle Unterstützung für das Kartenprojekt auslief, stand das große Teleskop ungenutzt herum und drohte dahinzurosten. Dixon, damals Junior-Fakultätsmitglied und Zyklop-Veteran, schlug Kraus vor, eine Suchaktion nach außerirdischen Signalen zu beginnen. Als Direktor des Observatoriums stimmte Kraus zu und gewährte seine volle Unterstützung. Schon 1973 lief ihre Suche als Vollzeitversuch, und damit war die Ohio-State-Einrichtung die erste, deren Teleskop ausschließlich für die Suche nach außerirdischer Intelligenz zur Verfügung gestellt wurde.
Andere Forscher mochten mit mageren Fördermitteln und dürftigen Budgets gearbeitet haben; der Dixon-Kraus-Versuch aber lief während der ersten Jahre ohne jegliche Bezuschussung! Die beiden opferten dem Versuch ihre gesamte freie Zeit und erzielten damit bei einigen Studenten eine Art Tom-Sawyer-Effekt, der sie dazu veranlaßte, sich geradezu glücklich zu schätzen, in den Nachtstunden und an den Wochenenden an dem Projekt mitarbeiten zu können. Außerdem erfreuten sich die Forscher eines regen Zustroms an neuen Geräten. Einige Studenten der unteren Semester entwickelten eine beachtliche Strebsamkeit, als sie herausfanden, daß es ihnen echte Bonuspunkte von Dixon einbrachte, wenn sie neue Empfängerkomponenten für den Versuch entwarfen und bauten. Zwei weitere freiwillige Helfer, die im nahegelegenen Columbus ihrem Beruf nachgingen – der eine als Elektroingenieur bei dem Bell-Telephone-Laboratorium, der andere als Radioastronom an der Franklin-Universität – gesellten sich einzig und allein aus Liebe zur Arbeit zu dem Dixon-Kraus-Team.
Eines Nachts – es war im August 1977 – sah sich Jerry Eh-

man, ein Astronomieprofessor an der Franklin-Universität, die Computerausdrucke an und stieß dabei auf ein Signal mit zahlreichen Anzeichen von Intelligenz. Es wurde auf der 21-cm-Frequenz empfangen, die kein irdischer Sender und auch kein Satellitensender benutzen durfte.*

Außerdem war das Signal sehr stark – ungefähr dreißigmal stärker als die Hintergrundgeräusche, und es lief nur über einen der fünfzig Empfängerkanäle, was es zu einem extremen Nahbandsignal machte, mit dem Anschein von Künstlichkeit. Die Art und Weise, wie es durch den Teleskopstrahl kam, zeigte, daß es sich mit den Sternen bewegte und daher tatsächlich außerirdischer Natur sein mußte, nicht so wie ein eindringendes Flugzeug oder eine Raumsonde. Das ultimative Intelligenzmerkmal aber war die Art, wie sich das Signal selbst an- oder ausschaltete, während es sich im Teleskopstrahl befand.

Mit seiner seltsamen Form kann das Ohio-State-Teleskop simultan zwei Strahlenbündel (also zwei Sichtweisen des Himmels, die nur leicht voneinander abweichen) auffangen; anschließend vergleicht es automatisch die beiden Sichtweisen, um so irdische Störungen ausschließen zu können. Üblicherweise wird ein Himmelsobjekt zweimal in Ohio State aufgezeichnet, d. h. je einmal pro Strahlenbündel. Dieses spezielle Signal erschien aber nur einmal. Es schaltete sich selbst aus, nachdem es sich im ersten Strahlenbündel gezeigt hatte.

---

* Die intelligent erscheinenden Signale, die ich zunächst von den Plejaden während meiner Harvard-Zeit und später im Verlauf des Projektes Ozma von Epsilon Eridani empfangen hatte, kamen ebenfalls auf der 21-cm-Frequenz, stellten sich aber als irdische Störungen heraus, die in diesen geschützten Bereich eingedrungen waren. Demzufolge ist die 21-cm-Frequenz (1420 Megahertz) noch kein ausreichender Beweis für den außerirdischen Ursprung eines Signals.

Oder es schaltete sich selbst just in dem Moment an, bevor sich das zweite Strahlenbündel auf die stellare Nachbarschaft konzentrierte. Wie dem auch sein mochte, das Signal war unterbrochen, etwa so wie das Läuten eines Telefons oder das Klick-klack eines Morsecodes, und kein ständiges Brummen. Immer öfter hatten Astronomen über die Wahrscheinlichkeit gesprochen, daß außerirdische Signale eher vorübergehend sein mußten, so wie dieses, und nicht konstant.
»Wow!« Ehman schnappte nach Luft. Das Auftauchen des Signals auf dem Computerausdruck verblüffte ihn dermaßen, daß er tatsächlich »Wow!« an die entsprechende Stelle des Papierrandes schrieb. Seither ist dieses Phänomen unter der Bezeichnung »Wow«-Signal bekannt.
Bis heute bleibt das »Wow« ein bemerkenswertes Signal. Es gilt als eines der vielversprechendsten, die wir je entdeckt haben, ein echter »Kandidat« für den wirklichen Nachweis außerirdischer Intelligenz. Allerdings wiederholte sich das »Wow« wie alle vorhergegangenen, von uns entdeckten »Kandidaten« niemals wieder. Weder an der Ohio-State-Universität noch sonst irgendwo hat man genau dieses Signal je wieder gehört. Daraus müssen wir schließen, daß das »Wow« entweder ein ausgesprochen schwer erklärbarer Zufallstreffer oder aber »die Entdeckung« gewesen ist.
Oft ist die Stille lauter als Worte, und so können uns flüchtige Signale sehr wichtige Hinweise auf Außerirdische geben, die wir nicht erwartet haben. Der Weltraum könnte voll von solchen Signalen sein, die, eines nach dem andern, wie Regentropfen auf unseren Planeten fallen, von denen jeder einen kleinen, kaum wahrnehmbaren Spritzer verursacht, der dann wieder verschwindet. Meine eigene Beobachtungserfahrung, die bei jeder Empfängerreaktion von möglicherweise intelligenter Herkunft besondere Aufmerksamkeit hervorrief, zeigt mir, daß ständig schwache Signale aus dem

Lärm herauszuströmen scheinen. Wenn ich die Aufzeichnungen betrachte, habe ich oft das gleiche Gefühl wie bei einem Spaziergang im tiefsten Wald, wo ich nur ab und zu vage und kurze Erinnerungen an die zivilisierte Welt um mich herum spüre – das Brummen eines Jets hoch über mir, ein weit entferntes Autohupen oder die schwache Stimme eines Menschen, der jemanden ruft. Könnte es sein, daß wir während unserer Radiobeobachtungen permanent das Murmeln zahlloser anderer Zivilisationen hören, die wie der Wind um die Erde streichen?

Unsere Erwartungen und Hoffnungen gehen dahin, daß wir dauerhafte Signale finden. Unser Wunsch in der Rolle der Zuhörer ist der nach lauten, beständigen Signalen, die wochenlang oder sogar monatelang bestehen. In einem solchen Fall würden wir bei der Überprüfung unserer Aufzeichnungen das Signal genau dort wiederfinden, wo es auftauchte, bereit, sich einer Unmenge von bestätigenden Überprüfungen und bekräftigenden Beobachtungen anderer Astronomen an anderen Teleskopen zu unterziehen.

Ich gebe zu bedenken, daß wir keine regelmäßigen Signale ausstrahlen. Wir wissen nichts über die Bedürfnisse, Wünsche und Strategien derer, die diese Signale empfangen könnten. Es widerstrebt mir, mich an Psychogrammen der Außerirdischen zu versuchen, weil dies sehr irreführend sein kann. Außerdem sind wir darin absolute Amateure. Aber stellen Sie sich dennoch einen Moment lang vor, Sie wären eine technisch hoch entwickelte Zivilisation mit dem Wunsch nach Kommunikation mit anderen Individuen im Weltraum. Sie besäßen einen für diese Zwecke geeigneten Sender und verfügten über eine bestimmte Energiemenge, die Sie zur Signalübertragung verwenden dürften. Sie könnten sich dafür entscheiden, kontinuierlich in alle Richtungen zu senden, so daß Sie mit einer einzigen Antenne in der Lage wären, die

halbe Himmelssphäre um Sie herum zu erleuchten, und die gesamte Sphäre, wenn Sie zwei Antennen an den entgegengesetzten äußersten Punkten Ihres Planeten aufstellten. Das wäre ein hervorragender Aufmerksamkeitserreger, da er permanent eingeschaltet wäre. Jemand, der nun auf der richtigen Frequenz mit ausreichender Sensibilität in Ihre Richtung blickt, wird sicherlich Ihre Signale empfangen. Problematisch dabei ist allerdings, daß Sie enorme Energiemengen mit Ihren zwei Sendern und den beiden Stationen mit den Steuergeneratoren verbrauchen, die Sie benötigen, um ein diffuses und schwaches Signal zu erzeugen, das man über sehr große Entfernungen nicht wahrnehmen kann.
Jetzt stellen Sie sich bitte vor, daß Sie dieselbe Energiemenge gebündelt in einem dichten Strahl verwenden. Mit der ganzen konzentrierten Kraft, die nun in eine Richtung zielt, könnte Ihr Signal 1 000 000mal stärker werden und selbst in riesigen Entfernungen wahrnehmbar sein. Ein außerirdisches Arecibo könnte, wenn es auf diese Weise genutzt würde, mitten in das Zentrum der Galaxis treffen oder bis an ihr äußerstes Ende reichen. Der schwache Strahl würde nur ein Millionstel der Himmelssphäre zu jeder beliebigen Zeit erhellen. Daher stehen auch die Chancen für andere, ihn zu entdecken, bei nicht mehr als 1:1 000 000, selbst wenn sie wüßten, wo sie nach Ihnen suchen sollten!
Möglicherweise wäre Ihre beste Entscheidung als Rundfunksender die, einen Fächerstrahl auszusenden. Bei dieser Übertragungsart konzentriert sich die Energie in einem engen Himmelswinkel, etwa so wie die Form eines Leuchtturmfeuers. Da Ihr Planet rotiert, schweift dieser Fächerstrahl über den Himmel und erleuchtet dabei jeden Tag für eine gewisse Zeit einen großen Teil der Himmelssphäre. Die Intensität des rotierenden Fächerstrahls ist ungefähr 50 000mal stärker als ein weitverstreutes Signal und somit auch bei grö-

ßeren Entfernungen viel einfacher zu entdecken. Wahrscheinlich könnten Sie damit sogar das ganze Universum erhellen, aber je nachdem, wie Ihr Planet rotiert, könnte jede Entität das Signal lediglich für zehn Minuten pro Jahr oder zehn Minuten pro Jahrzehnt empfangen. Vielleicht handelte es sich um eine solche Art der Signalgebung, die wir mit dem »Wow« und manch anderen »Kandidaten« entdeckten. Wie Sie sehen, ist diese Strategie für den Rundfunksender die vielversprechendste Sendemethode, allerdings gestaltet sie die Aufgabe des Zuhörers recht schwierig.

Der Zuhörer müßte auf jeden Fall für eine wachsame Aufsicht sorgen. Damit meine ich einen diensthabenden Astronomen, der sich jederzeit sofort an das flüchtige Signal heften und es zweimal prüfen kann, bevor es wieder verschwindet. Mit einer schnellen Reaktionszeit könnte ein präsenter Beobachter die Antenne so steuern, daß sie das Signal für eine Sekunde einfängt und vielleicht für eine Drittelsekunde im Teleskopstrahl halten kann. Dies würde bedeuten, daß das Signal aus großer Entfernung kommt und sich mit den Sternen bewegt. Somit stünde ein »Kandidat« fest.

Anschließend würde der Beobachter nach weiteren intelligenten und künstlichen Anhaltspunkten im Signal selbst forschen. Eine enge Bandbreite bei der Frequenz wäre zum Beispiel ein Zeichen dafür. Eine hundertprozentige Polarisierung (d. h., alle Radiowellen des Signals oszillieren oder rotieren unisono) gilt als weiterer klarer Beweis der Künstlichkeit. Der definitivste aller Hinweise wäre natürlich eine im Signal codierte Information: beispielsweise eine Flut von Bits oder binären Zahlen, oder aber unübliche Geräusche, oder Fernsehbilder.

Leider besteht an den meisten Observatorien keine Möglichkeit der unmittelbaren Untersuchung oder der Rückverfolgung von Signalen. Meist ist das Budget zu gering, um jemanden zu bezahlen, der die Daten just in dem Moment, wenn sie ankommen, entsprechend bearbeitet. Üblicherweise entdecken Beobachter die möglichen Signal-»Kandidaten« erst Stunden oder sogar Tage nach dem eigentlichen Ereignis, wenn sie wie Jerry Ehman ganze Berge von Computerausdrucken aufarbeiten. Immer noch geben auf diese herkömmliche Art gefundene Entdeckungen Anlaß zu einem frohlockenden »Heureka!« oder zu einem atemlosen »Wow«, aber dann ist es zu spät, um noch irgend etwas zu überprüfen. Im Idealfall würde ein Forschungsprogramm so viele Mitarbeiter beschäftigen, daß man von jedem beteiligten Radioastronomen verlangen könnte, sich täglich eine gewisse Zeit mit der Überwachung der eingehenden Daten zu befassen und somit, falls erforderlich, allzeit zu entsprechenden Reaktionen bereit zu sein. Wie das Projekt Ozma allerdings zeigte, müssen all diese Astronomen auch anderen Forschungsinteressen und Pflichten nachgehen, um die eigene Vitalität zu gewährleisten. Darüber hinaus sollten sie sich nur für eine überschaubare Dauer, etwa vier Stunden ohne Unterbrechung, der Suche widmen, um die Langeweile außen vor zu lassen.

Bald nach der Aufregung über das »Wow«-Signal kam das Ohio-State-Forschungsprogramm fast zum Erliegen. Fehlende finanzielle Unterstützung konnte ihm all die Jahre nichts anhaben, aber die Zukunft sah von dem Moment an düster aus, als die Universität das Gelände unterhalb des Observatoriums an einen Mann verkaufte, dem ein benachbarter Golfplatz gehörte. Der neue Besitzer nahm sich vor, das Teleskop auszurangieren, um an der Stelle freies Gelände für eine weitere Spielfläche zu schaffen. Letztendlich blieb das Teleskop dank zäher Verhandlungen und öffentlicher Proteste verschont; jetzt allerdings muß dafür ein jährlicher Beitrag an den Golfclub gezahlt werden. Ich erweise John

Kraus, der in der Zwischenzeit in den Ruhestand getreten ist, meine Ehrerbietung, und besonders erweise ich sie Bob Dixon, der auch heute noch, trotz aller Unbill, die Suche weiterführt.*

Im Jahre 1973, als Kraus und Dixon ihr Observatorium eher mit dem Gebetbuch als mit einem dicken Sparbuch über Wasser hielten, geriet ich durch unerwartete Reichtümer in Höhe von 9 Millionen Dollar staatlicher Zuschüsse in Verlegenheit. Sie wurden für die Verbesserung des Arecibo-Observatoriums in Puerto Rico bewilligt. Zwischen 1970 und 1981 war ich Direktor des *National Astronomy and Ionosphere Center,* einer staatlichen Forschungseinrichtung, die das Arecibo-Teleskop mit der dazugehörigen Belegschaft sowohl in Puerto Rico als auch an der Cornell-Universität in Ithaca umfaßte.

Dank der während des Hurrikans Inez bewiesenen Stabilität des Teleskops finanzierten NSF und NASA die weitere Stabilisierung der Plattform, den Einbau von neuem Empfänger- und Sendermaterial sowie die komplette Neubeschichtung der Reflektorschüssel. Mit dem massigen durchhängenden Drahtgeflecht in der Schüssel konnten wir uns nicht länger begnügen. Dieses Geflecht war ausgewählt worden, damit es zu einer im Wind schwingenden Plattform paßte.

Unsere stabile Plattform verlangte allerdings eine ebene und harte Oberfläche, die Strahlung im kurzen Wellenlängenbereich vernünftig fokussierte, so wie wir es bei der Suche nach außerirdischer Intelligenz benötigten. Das Observatorium wurde förmlich auseinandergenommen, um es anschließend unter dem Gesichtspunkt größerer Genauigkeit, umfassenderer Deckung der Wellenlängen und besserer Auflösung

* In den vergangenen Jahren gewährte John Billinghams Gruppe bei der NASA dem Ohio-State-Projekt übrigens einige finanzielle Unterstützung.

neu aufzubauen. Natürlich bedeutete dies eine Arbeit, die mehrere Jahre in Anspruch nahm und darauf ausgelegt wurde, wissenschaftliche Beobachtungen für eine langfristig angelegte Forschungsarbeit zu ermöglichen.

Zunächst rissen wir das alte Drahtgeflecht aus der Reflektorschüssel heraus, Abschnitt für Abschnitt, etwa so, wie eine Spinne ihr Netz aufbaut. Wir rollten es zusammen und entsorgten den Draht, indem wir ihn den Farmern der Umgebung schenkten. Sie fanden ihn bestens geeignet für die Einzäunung ihrer Hühnergehege.

Anschließend tauschten wir den Draht gegen rund 40 000 glänzende, perforierte Aluminiumpaneele aus, die wir auf speziell geformte Aluminiumrahmen montierten. Statt den Transport so vieler zerbrechlicher Paneele über die korkenzieherähnliche Straße, die nach Arecibo führte, zu riskieren, entschieden wir uns für den Bau einer Aluminiumfabrik auf dem Observatoriumsgelände, in der wir unser benötigtes Material selbst herstellten.

Unsere Fabrik vor Ort produzierte circa 300 Tonnen Aluminium, darunter die Paneele, sowie weitere 446 Kilometer Aluminiumgürtel, die wir in die Gitterrahmen einarbeiteten. Während der Umbauarbeiten fiel mir einmal auf, daß ein 446 Kilometer langer Gürtel nahezu ausreichen würde, um ein Schutzgeländer um die ganze Insel von Puerto Rico zu ziehen.

Im Gegensatz zu dem alten Drahtgeflecht stellt die ebene Aluminiumoberfläche ein regelrechtes Präzisionsinstrument dar. Sie arbeitet ungefähr zehnmal so genau wie die alte. Jedes einzelne Paneel kann individuell eingestellt werden, dank eines unter der Oberfläche verlaufenden speziellen Kippwagensystems. Außerdem können wir die gesamte Oberfläche der Schüssel so überwachen, daß die Abweichung pro Nacht weniger als einen Zentimeter beträgt.

Die Paneele und ihre Aluminiumrahmen ruhen auf einem Netzwerk von Stahlkabeln, die die Schüssel in Ost-West- und Nord-Süd-Linien durchziehen. Über Verbindungskabel führen sie zu Tausenden von Betonblöcken, die im Boden um die Schüssel herum und unter ihr verankert sind. Bei den Renovierungsarbeiten verlegten wir etwa 65 Kilometer Kabel und plazierten weitere 1500 Betonanker, um es zu halten. Allein in diesen neuen Ankern befand sich so viel Beton (3135 m^3), wie wir zum Bau des höchsten Stützturms am Observatorium benötigt hatten.
Schon bald nach dem Beginn unserer Arbeiten stellte sich heraus, daß sich der Boden am südöstlichen Rand der Schüssel hob. Dies war der Teil, der ursprünglich auf Schutt und Geröll gebaut worden war. Mit dem zusätzlichen Gewicht, das nun zu halten war, benötigten wir ein neues Fundament, das im Kalkgestein 15 Meter tief verankert werden mußte. Also beförderten wir per Schiff von Houston ein Bohrgerät herbei, das für Ölquellen verwendet wurde, und bohrten damit 80 Löcher durch den Erddamm in den Felsen. Mit einem im Durchmesser etwa 1 Meter großen Stahlrohr füllten wir Beton in jedes Bohrloch. Wir verbanden die Rohre durch Stahlkabel mit anderen, kürzeren Rohren, die in den Berg hinter der Schüssel getrieben wurden. Die Konstruktion ähnelte schließlich einer gigantischen Eisenbahnbrücke, die jedoch im Erdinnern versteckt war.
Von oben aus betrachtet, bemerkt man die Vegetation, die sich dort gebildet hat, nicht, wenn man aber den gewundenen Pfad unter der Reflektoroberfläche entlanggeht, muß man sich seinen Weg durch eine dichte Pflanzenwelt bahnen, die den Erdboden vor dem Auswaschen bewahrt. Die gesamte schüsselfüllende Ausdehnung von Beton, Stahl und Aluminium hängt letztendlich von den so zerbrechlich wirkenden Farngewächsen und Orchideen ab, die den Boden

zusammenhalten. Die Aluminiumpaneele, von denen jedes einzelne Tausende kleiner Löcher aufweist, bilden einen höchst ungewöhnlichen Baldachin. Sie lassen zwar den Regen ungehindert durchfließen, aber nur so viel Sonnenlicht hinein, wie vergleichsweise auf der Marsoberfläche scheint. Die Farne wachsen und gedeihen dennoch prächtig.

Im November 1974 gaben wir nach Beendigung der anstrengenden Verbesserungsarbeiten eine große Party und feierten die neugewonnenen Fähigkeiten des Teleskops, indem wir sein Können auf die denkbar aufregendste Weise erprobten. Wir bereiteten eine Nachricht für Außerirdische vor, die wir während der Einweihungszeremonie in den Weltraum schicken wollten. (Das nachfolgende Kapitel behandelt die ausführliche Diskussion hierüber sowie Informationen über andere interstellare Nachrichten, die ich mitgestaltete.)

Jetzt war das Teleskop bereit, um nach Zeichen außerirdischer Intelligenz zu suchen. Im Eifer der Umbauarbeiten hatte ich dieses Ziel zwar stets vor mir, aber nun, nachdem wir fertig waren, fühlte ich mich einfach zu erschöpft, um ein solches Projekt zu realisieren. Carl Sagan begann, Druck auf mich auszuüben. Er war begierig darauf, mit mir gemeinsam von Arecibo aus nahegelegene Galaxien zu erforschen, seit ich ihm diesen Vorschlag 1971, anläßlich unserer Byurakan-Konferenz, unterbreitet hatte.

»Laß uns anfangen«, drängte mich Carl am Telefon. Beide hatten wir unsere Büros in dem Gebäudekomplex für Weltraumwissenschaften in Cornell, und jedesmal, wenn ich ihn dort oder sonst irgendwo auf dem Campus traf, wiederholte er seine Bitte: »Laß uns anfangen.« Also formulierten wir einen entsprechenden Vorschlag mit der Bitte um Beobachtungszeit für unser Projekt, dem wir übrigens nie einen besonderen Namen gaben. Unsere Idee bestand darin, hinter die Milchstraße zu schauen, wo wir gleichzeitig mehrere komplette Galaxien studieren konnten, in der Hoffnung, dort sehr alte Zivilisationen aufzuspüren.

Zu dieser Zeit hatte Ron Bracewell von der Stanford-Universität gerade ein neues Buch mit dem Titel *Der galaktische Club* geschrieben, in dem er die These aufstellte, daß sich viele hochentwickelte Zivilisationen möglicherweise bereits in Kontakt mit anderen befinden. Er hielt es für möglich, daß diese Clubmitglieder starke Strahlungen aussandten – beispielsweise in Form von Fächerstrahlen –, um die Aufmerksamkeit neuer potentieller Mitglieder, wie uns, auf sich zu lenken.

Diese Strahlenbündel könnten uns aufmerksam werden lassen und uns die Frequenz mitteilen, auf die wir unsere Empfänger einstellen mußten, um so all die erstaunlichen Informationen der kollektiven »Cluberfahrung« zu erhalten. Arecibo war (und ist) das Teleskop, das mit größter Wahrscheinlichkeit solche Übertragungen aufspüren und empfangen kann.

Auch der Zyklop-Bericht erwähnte eine hochentwickelte Supergemeinschaft, die die Erde eines Tages als Mitglied akzeptieren könnte. Natürlich könnte es ebensogut zahlreiche Zivilisationen im Weltraum geben, die weniger entwickelt waren. Nahezu jede Auslegung der Drakeschen Gleichung ließ darauf schließen, daß fremdartige Zivilisationen sich auf verschiedenen Entwicklungsstufen ausbreiten. Allerdings war es höchst unwahrscheinlich, eine technisch weniger entwickelte Zivilisation als die unsere zu entdecken, weil sie noch keine Radios entwickelt haben könnten, durch die wir sie mit Hilfe unserer Teleskope entdecken konnten. Aber alle, die höher entwickelt sind als wir, könnten gezielt in unsere Richtung senden. Wir dürfen als nahezu sicher annehmen, daß jede Zivilisation, die wir entdecken, unseren Ent-

wicklungsstand übertrifft, vielleicht um Tausende oder sogar Millionen von Jahren.
So wie wir bei sichtbaren Sternen und Radioquellen eine große natürliche Helligkeitsvielfalt feststellen, können wir davon ausgehen, eine enorme Vielfältigkeit bei denen durch fremde Zivilisationen übermittelten Energiehöchstwerten anzutreffen. Selbst wenn nur ein verschwindend geringer Prozentsatz von Außerirdischen höchste technische Vollkommenheit erlangt hat, könnten ihre Lebensformen hell am Himmel erstrahlen, dank ihrer Radio- und Fernsehübertragungen, ihrer radioastronomischen Aktivitäten und ihrer Kommunikation mit den Planeten anderer Sterne. Auch wenn wir durch riesige Entfernungen voneinander getrennt wären, würden sie immer noch heller leuchten als vergleichsweise anspruchslose, nähergelegene Zivilisationen und wären durch ihre Helligkeit einfacher zu entdecken.
Carl und ich planten, nach intelligenten Signalen von vier Galaxien zu suchen, die direkt hinter der Milchstraße angesiedelt sind. Durch das Abtasten ganzer Galaxienblöcke in einem Beobachtungsvorgang würden wir in der Lage sein, eine enorm große Sternenmenge gleichzeitig zu sehen. Eine sehr effiziente Arbeitsweise, wie es schien. Statt der zwei nahe gelegenen Sterne, die ich bei meiner ersten Suchaktion in Green Bank beobachtete, würden Carl und ich nun -zig Millionen entfernter Sterne in Null Komma nichts abtasten können. Sollte es auch nur eine einzige Superzivilisation in einer Galaxie geben, würden wir sie finden. Wenn ein kleiner Außenposten einer frühen Zivilisation fähig war, Signale zu senden, die 1 000 000mal stärker waren als unsere, dann müßten wir diesen von ihrem Heimatplaneten ausgehenden Strahl, der 1 000 000mal heller leuchtet, als es auf dieser Wellenlänge üblich ist, auch sehen. Diese unnatürliche Helligkeit wäre ein sicherer Hinweis darauf, daß andere intelli-

gente Wesen von sehr unterschiedlichen Welten aus zum nächtlichen Himmel aufschauen und sich die gleichen Fragen stellen, die auch uns beschäftigen.
Selbst wenn sie unbeabsichtigt senden, könnten wir sie immer noch entdecken, vorausgesetzt, ihre Signale sind stark genug. In Arecibo emittiert das zur Planetenstudie eingesetzte Radarsystem ein Bandbreitensignal, das mit einem analogen Instrument noch von dem anderen Ende der Milchstraße aus entdeckt werden könnte. Auf seiner ganz speziellen Radarfrequenz erscheint Arecibo zehnmillionenmal heller als die Sonne!
Die großen Mehrkanalempfänger, in die ich schon so lange meine Hoffnungen gesetzt hatte, waren jetzt verfügbar. So deckte Arecibo nun mehr als 1000 Kanäle gleichzeitig ab, im Vergleich zu dem einen Kanal, der mir 1960 bei meinem Projekt Ozma noch zur Verfügung stand. Damit waren wir fähig, simultan 1008 Frequenzen zu überwachen.
Carl und ich quartierten uns in einem kleinen Strandhotel in Guajataca ein, da die Besucherunterkünfte des Observatoriums alle belegt waren. Teils bedingt durch die von uns reservierte Teleskopzeit, teils durch die Uhrzeit, zu der unsere Zielgalaxien sichtbar wurden, und nicht zuletzt aufgrund der schwierigen Fahrtstrecke über die engen und kurvenreichen Straßen zum Observatorium baten wir den Nachtportier, uns einige Stunden vor Sonnenaufgang zu wecken. Die einzigen Hotelgäste, die ebenfalls zu dieser Zeit auf den Beinen waren, konnten wegen ihres Sonnenbrandes, den ihnen das tropische Klima beschert hatte, keinen Schlaf finden.
Ich fuhr, während Carl mit geschlossenen Augen neben mir saß und ebenso geräuschvoll wie mühsam an einigen Scheiben ausgetrockneten Knoblauchbrotes kaute, das wir vom letzten Abendessen aufgehoben hatten. Während der Projekttage sollte das unser ganzes Frühstück sein, was wir nicht

sonderlich tragisch empfanden, denn sobald wir den Kontrollraum betraten, hielt uns unsere Spannung aufrecht. Als der nächtliche Himmel pink wurde, steuerten wir die Teleskopantenne und überprüften die Displays der Instrumente nach Strukturen, die nicht rein zufällig entstanden sein konnten – Strukturen, die Absicht und Intelligenz verrieten. Alle 30 Sekunden sollten nun 100 000 Transistoren die aufgezeichneten Emissionen in den Observatoriumscomputer übertragen. Anschließend würden die in jedem der über 1000 Kanäle aufgefangenen Informationen eine Welle blinkender grüner Punkte im Oszilloskop erzeugen. In 0,01 Sekunden untersuchten wir einen größeren Teil des Weltraumes, als ich es 1960 in zwei Monaten tat.

Als Hauptziel wählten wir M-33*, den Großen Nebel im Triangulum.

Dies ist eine nahegelegene Spiralgalaxie, die in ihrem Aussehen eher an Andromeda erinnert, allerdings nicht so groß ist. Es war beeindruckend, daß wir sie mit unseren Instrumenten in voller Größe sehen konnten, wohingegen unser Teleskop bei Andromeda nur die Hälfte zu erfassen vermochte. Unsere weiteren Ziele waren Zwerggalaxien, klein genug, um ihr gesamtes Erscheinungsbild mit einer Einstellung des Teleskopstrahls aufzufangen.

---

* Das »M« bedeutet Messier – Charles Messier, ein französischer Astronom des 18. Jahrhunderts und ein Kometenjäger, der es sich zur Aufgabe machte, all die verschwommenen Objekte am Himmel zu katalogisieren, die keine Kometen waren. Später stellte sich heraus, daß es sich bei den meisten dieser Objekte um Galaxien und Emissionsnebel handelte. Messier vergab seine Katalognummern eher aufs Geratewohl und ließ das korrekte Aufsteigen oder die Deklination außer acht, also die Breite und die Länge der Himmel. Sein erster Katalogeintrag, M-1, ist heute besser unter der Bezeichnung Crabnebel bekannt, der die hellste und wichtigste kosmische Radioquelle darstellt.

Bei dieser Suchaktion – genau wie 15 Jahre zuvor bei dem Projekt Ozma – war ich im Kontrollraum anwesend. Ich beobachtete die hereinkommenden Spektren. Carl und ich beobachteten alles gemeinsam, aber schon bald stellte sich heraus, wie unterschiedlich wir an die Aufgabe herangingen. Carl, der einen Großteil seiner Zeit damit verbrachte, andere Planeten mit Hilfe von Vorbeiflügen und mittelbaren Landungen, wie beispielsweise bei den Marsmissionen der Mariner- und Vikingraumsonden, zu erforschen, war daran gewöhnt, minütlich neue Entdeckungen zu machen. Als er im Kontrollraum des JPL saß, strömten alle paar Minuten phänomenale Bilder anderer Welten herein, und alle anwesenden Wissenschaftler mußten sich beeilen, um eine Erklärung für die fremden und neuen Beobachtungen zu finden, wobei sie kaum Zeit für ein staunendes »Ah« oder »Oh« hatten.
Unsere Radiosuchaktion glich trotz ihrer exotischen Zielsetzung sehr der üblichen Astronomieroutine, bei der endlose Stunden lang überhaupt nichts passierte. Ich glaube, Carls vorangegangene Erfahrungen hatten ihn hierbei hoffen lassen, sofort ein fremdartiges Signal zu entdecken. Bereits die erste halbe Stunde unseres Versuchs, Galaxien zu durchkämmen, ließ uns auf etwa zehn Milliarden Sterne schauen. Vielleicht hätte das schon ausreichen sollen. Nachdem eine ganze Stunde vergangen war und wir immer noch nichts gefunden hatten, konnte ich Carls Enttäuschung deutlich spüren. Einige Tage später langweilte ihn der Anblick der unspektakulären grünen Punkte auf dem Bildschirm sogar ein wenig. Und wer konnte ihm das übelnehmen?
Auch ich war durchaus nicht immun gegen das Gefühl von Enttäuschung und Langeweile – nur besser an eine langsamere Enträtselung der Mysterien des Universums gewöhnt. Im Gegensatz zur Jagd nach Pulsaren oder dem Kartographieren des Radiohimmels geht die Suche nach außerirdi-

schem Leben ganz besonders langsam voran. Aus diesem Grund kann auch kein Astronom dieser Aufgabe seine ganze Zeit widmen. Die ereignislosen Zeiträume sind zu lang, als daß ein aktiver Geist sie tolerieren könnte. Gleichzeitig dachte ich aber, als ich Carl dabei beobachtete, wie er aus dem Fenster des Kontrollraumes schaute, daß es bei den Suchaktionen immer Platz für Menschen geben wird. Wir werden stets Astronomen brauchen, die ankommende Daten sorgfältig studieren, um sie zu beurteilen und nicht zuletzt, um die Erfahrung des »großen Augenblicks« zu erleben, wenn dieser Augenblick letztendlich kommt.
Carl und mir war es in Arecibo nicht vergönnt, während unserer 100 Beobachtungsstunden von Sternen anderer Galaxien einen Entdeckungsboom zu erleben. Dennoch beendeten wir unser Experiment damit, daß wir eher unsere Methoden als unsere Resultate hinterfragten. Immerhin hatten wir nur auf einigen wenigen Frequenzen gesucht, und dies auch nur für jeweils etwa eine Minute pro Stern. Hierbei konnte es leicht passieren, daß wir die falsche Frequenz oder die falsche Zeit gewählt hatten. Das negative Ergebnis bewies also noch gar nichts. Es bedeutete auch nicht, daß unsere Strategie unzureichend war. Carl und ich wissen, daß wir unsere Suchaktion ausweiten und wiederholen sollten, was wir eines Tages auch tun werden. Aber als wir 1976 unser Projekt zu Ende führten, ging man in Arecibo wieder zur Tagesordnung über, und die Frage, ob die anderen Galaxien bewohnt waren, stand nach wie vor unbeantwortet im Raum.
Ungefähr zu jener Zeit erreichte der Zyklop-Bericht, der immer noch in wissenschaftlichen Kreisen kursierte, Jill Tarter, eine Berkeley-Absolventin der Astrophysik. Sie beschäftigte sich mit theoretischen Forschungen nach unsichtbaren Daseinsformen. Eines ihrer speziellen Interessensgebiete waren

mögliche Sterne, die niemals erfolgreich strahlen. (Sie nannte sie »braune Zwerge«.) Darüber hinaus erforschte sie die »fehlende Masse«, die unsichtbare, hypothetische Masse, die, wie viele Astronomen glauben, zwischen den sichtbaren Galaxien existiert, da es offenbar nicht genug Materie gibt, die eine ausreichend starke Anziehung unter den Galaxienhaufen gewährleistet. An der Universität von Kalifornien genoß Jill Tarter den Ruf einer Person, die leidenschaftlich nach dem schwer zu Erklärenden forscht. Unentdeckte fremdartige Zivilisationen paßten genau in ihr Bild des Universums, und so entschloß sie sich, danach zu suchen.

Es war eine beachtliche Entscheidung von Jill, mit der Suche nach außerirdischer Intelligenz zu beginnen. Immerhin war sie nicht nur eine sehr junge Wissenschaftlerin, sondern auch eine Frau. Ihrer Karriere hätte eine derartige Forschungsaufgabe weitaus mehr Abbruch tun können als dem Werdegang anderer Wissenschaftler. Aber Jill bewies ihre charakteristische intellektuelle Unabhängigkeit und folgte ihren Interessen.

Jills Mädchenname lautet Cornell, und sie ist weitläufig mit Ezra Cornell, dem Gründer der gleichnamigen Universität, verwandt. In seinem Testament verfügte dieser, daß alle männlichen Nachkommen, die den Namen Cornell tragen, an der Universität eine kostenlose Ausbildung erhalten sollten. Als erster weiblicher Nachkomme, der dieses Privileg für sich beanspruchte, wurde Jill von der traditionsgebundenen Universitätsverwaltung glatt abgelehnt. Bezeichnenderweise erhielt sie am gleichen Tag von Procter & Gamble ein noch besseres Ausbildungsangebot. Es umfaßte neben den Kosten für den Unterricht auch die Ausgaben für die gesamte Literatur und für die Lebenshaltung. Damit war sie in der Lage, in Cornell zu studieren und dort ihren Abschluß als Physikingenieurin zu machen. Jill war nicht nur groß und ebenso entschlossen wie gutaussehend, sie war auch die einzige Frau in ihrer Klasse. Aber Jill, die schon in der Oberschule den Stock als Tambourmajorin schwang, fühlte sich nicht ein bißchen unbehaglich dabei, sich für ein traditionell männlich dominiertes Gebiet entschieden zu haben.*

Zu der Zeit, als ich in Cornell lehrte, gehörte Jill zur Studentenschaft, allerdings hatte sie keinen meiner Kurse belegt. Ich wünschte, sie hätte es getan, so daß ich mich nun mit den Lorbeeren schmücken könnte, sie als Wissenschaftlerin gewonnen zu haben, die heute als einer der führenden Forscher dieses Gebietes gilt. Aber diese Ehre gebührt Stuart Bowyer, einem Röntgenstrahlenastronom, mit dem Jill in Berkeley zusammenarbeitete. Bowyer legte ihr die Zyklop-Studie vor und teilte später auch ihr Engagement für dieses Thema. Er ersann eine neue Vorgehensweise, die ihm den Einstieg in dieses Forschungsgebiet ohne jegliche finanzielle Unterstützung und sogar ohne eigene Beobachtungszeit an einem Teleskop ermöglichte.

Er und Jill sammelten alte, ausgediente Instrumente, die sie so aufarbeiteten, daß sie im Huckepackverfahren auf ein anderes Teleskop montiert werden konnten, das andere Astronomen für andere Zwecke einsetzten. Zunächst probierten sie ihre Technik an dem 26-m-Teleskop des Hat-Creek-Radioobservatoriums der kalifornischen Universität, unweit vom Mount Shasta, aus. Bowyer und Tarter sowie auch einige weitere tollkühne Berkeley-Kollegen hängten eine kleine

---

* Heute ist Jill oft die einzige Frau bei Astronomiefachtagungen – eine Situation, die sie mit großer Selbstsicherheit meistert. Als ich Carl Sagans Roman *Kontakt* las, mußte ich unweigerlich immer dann an Jill denken, wenn die Rede von der Romanheldin Eleanor Arroway war, die das Observatorium leitet, an dem die erste intelligente Nachricht außerirdischer Herkunft empfangen wird.

Black Box an das hinterste Ende des Teleskops, einen kleinen Spion, der sie mit der gleichen aufgefangenen Radioenergie versorgte, die auch die (rechtmäßigen) Forscher empfingen. (Ist die hereinkommende Energie erst einmal verstärkt, kann sie auf mehrere Empfänger verteilt werden, ohne Verluste bei der Entdeckbarkeit von Signalen.) Mit Hilfe eines geschenkten Computers, den Jill für ihre speziellen Zwecke programmiert hatte, analysierten sie die geborgten Daten auf intelligente Signale. Sie nannten ihren Versuch *Projekt Serendip*.

Wie Jill erzählte, mußte sich das System in Hat Creek ganz alleine durchschlagen, da weder sie noch Bowyer einen triftigen Grund für eine dortige Anwesenheit besaßen. Niemand sonst hatte jedoch Zeit, sich um ihre Instrumente zu kümmern. Manchmal erlitt die Black Box Störungen, weil sie sich selbst ausschaltete, was jedoch niemand in dem Augenblick, in dem es geschah, bemerkte. So konnten ein bis zwei Wochen vergehen, bevor Jill oder Bowyer zu einem turnusmäßigen Check vorbeikamen und feststellten, daß das Gerät tagelang nicht funktioniert hatte.

Serendip stellte eine völlig neue Richtung in der Suche dar, eine, wie Jill es nannte, »parasitäre Suchweise«. Es folgte einem sehr alten Prinzip der menschlichen Entdeckungen: Man bediente sich aller verfügbaren Mittel, um sich neue Wege zu bahnen. Kolumbus wartete nicht auf die Erfindung des Flugzeugs, bevor er sich aufmachte, um Amerika zu entdecken. Weder Bowyer noch Tarter wollten auf Zyklop warten. Wenn Zyklop zu groß und zu teuer war, dann mußte es eben andere Wege zur Universalgemeinschaft intelligenten Lebens geben.

Serendip blieb insgesamt neun Jahre lang in Hat Creek, bevor es nach Green Bank verlegt wurde, wo man es auf dem Rücken des 91,5-m-Teleskops willkommen hieß. Nach zwei

Jahren reibungsloser Symbiose zwischen dem gigantischen Instrument und der kleinen Black Box erlitt das Teleskop seinen berühmten Zusammenbruch, und so fand Serendip II ein rasches Ende. Wie bereits erwähnt, lag die Ursache des Zusammenbruchs in strukturellen Verschleißerscheinungen, allerdings brachten einige Zeitungen in ihrem Enthusiasmus eine andere Erklärung heraus: Wütende Außerirdische hatten das Teleskop zerstört, um die Erdlinge an der Überwachung ihrer Signale zu hindern. Vorübergehend heimatlos geworden, zog man mit Serendip weiter nach Arecibo, wo es bei einer Studie über Radiostörungen unterstützend mitwirkte, und kehrte später wieder nach Berkeley zurück. Nun wird mit Serendip III eine neue Huckepack-Generation in Arecibo kontinuierlich zum Einsatz kommen.

Der Name Serendip stammt aus einer Geschichte von Horace Walpole mit dem Titel *Die drei Prinzen von Serendip,* die davon handelt, wie zufällig wünschenswerte Entdeckungen gemacht werden. Später machte Jill daraus ein Kurzwort für »Search for Extraterrestrial Radio Emission from Nearby Developed Intelligent Populations«, was soviel bedeutet wie »Suche nach extraterrestrischen Radioemissionen von nahegelegenen entwickelten, intelligenten Populationen«.

In den ganzen Jahren hatte auch unser Delphin-Orden ein Akronym für das Unternehmen des Radiosignalaustausches in den Galaxien entwickelt, das wir CETI nannten, für »Kommunikation mit extraterrestrischer Intelligenz«. Wir sprachen es mit einem weichen »C«, also »Setie«, aus, so wie in Tau Ceti (dem ersten von dem Projekt Ozma untersuchten Stern in der Konstellation Cetus, dem Wal). Diese Kurzform, die unsere Bemühungen so treffend umschrieb, besteht vermutlich schon seit unserem Treffen des Delphin-Ordens, das 1961 stattfand. Im Jahre 1971, während des Byurakan-Meetings, schenkten uns unsere sowjetischen Gastgeber kleine Anstecknadeln mit der Aufschrift CETI, die mittlerweile zu einem international anerkannten Emblem geworden sind.

Ungefähr Mitte der siebziger Jahre erfuhren wir, daß der Gebrauch des Wortes *Kommunikation* als ziemlich arrogant empfunden wurde, da wir noch niemanden gefunden hatten, mit dem wir hätten kommunizieren können. Wir *suchten* immer noch. Also änderten wir unser Kurzwort in SETI, die »Suche nach extraterrestrischer Intelligenz«. Als erste akzeptierte die NASA den neuen Namen, um die wachsende Einbindung dieser Vorgehensweise in andere Forschungsaktivitäten auch benennen zu können. Schon bald darauf wurde SETI zu einem international anerkannten Begriff, nicht nur, was den Namen betraf, sondern auch in bezug auf neue Forschungsprojekte, die an dem deutschen Max-Planck-Institut für Radioastronomie in Effelsberg und an dem niederländischen *Westerbork Synthesis Radio Telescoop* durchgeführt wurden.

Auch die Sowjets hatten mehrere neue Projekte in Arbeit und luden uns 1981 zu einer zweiten internationalen Konferenz nach Tallinn in Estland ein. Sie hätte sich wirklich nicht krasser von unserer ersten, äußerst angenehmen Zusammenkunft in Byurakan unterscheiden können, sowohl was den Geist der Konferenz und die dortigen Lebensbedingungen, aber auch was das Wetter betraf. Im Dezember ist Tallinn ein Ort, an dem man ohne weiteres erfrieren kann. Ich erinnere mich, daß die Sonne dort nie vor dem späten Vormittag aufging, wenige Stunden am Horizont verharrte und nach dem Mittagessen bereits wieder unterging. Von 4 Uhr nachmittags an war es stockfinster, und der Wind heulte ununterbrochen. Gleichgültig, ob ich um 9 Uhr morgens oder um 5 Uhr nachmittags aus meinem Hotelfenster sah, im düsteren Licht der spärlichen Straßenbeleuchtung bot sich mir immer dasselbe Bild: In langen Reihen schleppten sich die Estländer durch die Dunkelheit zu ihrer Arbeit oder nach Hause zurück, ihre Körper schräg nach vorn gebeugt, während sie sich durch den wirbelnden Schnee vorwärtskämpften.

Der Umstand, daß das Meeting in Tallinn, nur vier Stunden mit der Fähre vom finnischen Helsinki entfernt, stattfand, reduzierte unsere Reisekosten erheblich. Mit einem sehr geringen Budget flog ich gemeinsam mit acht anderen Amerikanern – unter ihnen auch Barney Oliver und Bob Dixon – zu der Konferenz. Carl war dieses Mal nicht dabei, allerdings befanden sich sechs Ausgaben seines Buches *Kosmos* in meinem Gepäck. Dies hatte zur Folge, daß ich am Zoll so lange warten mußte, bis ein sowjetischer Beamter jede einzelne Seite jedes der sechs Bücher genau untersucht hatte. Anschließend inspizierte er noch meine sämtlichen Dias, von denen ich mehrere hundert mitgenommen hatte. Ich denke, daß er im Grunde weniger nach Spionagematerial suchte als nach Bildern eines jungen Mädchens im Bikini oder ähnlichem.

Wir wurden in einem relativ hübschen, von den Finnen gebauten Hotel untergebracht; leider war die Verpflegung durch die Hotelküche nicht sonderlich erwähnenswert. Zu der Zeit wurde die Sowjetunion bereits von einer gewissen Nahrungsmittelknappheit geplagt. Das Küchenpersonal des Hotels stahl vermutlich den größten Teil der besseren Waren, um ihre Familien vor dem Verhungern zu bewahren, und überließ den Gästen die minderwertigen Reste.

Es waren freudlose Tage für Estland. Dennoch behandelte man uns Gastwissenschaftler, wo immer es möglich war, geradezu fürstlich. Wenn wir täglich in unserem Privatbus vom Hotel zum Konferenzort pendelten, fuhr uns eine Polizeieskorte voraus, die für freie Fahrt sorgte, indem sie den übrigen Verkehr an jeder Kreuzung stoppte.

Ursprünglich befand sich in unserer Gruppe nur eine Frau – Jill Tarter –, bis wir in unserem estländischen Bus eine weitere, russische Dame vorfanden, die aus Moskau stammte und uns als unsere Dolmetscherin vorgestellt wurde. Bereits nach zwei Minuten hatten wir herausgefunden, daß sie so gut wie gar kein Englisch sprach. Aber sie war erstaunlich attraktiv und trug neben einem Pelzmantel Designergarderobe, die mit Sicherheit nicht in den estländischen Geschäften erhältlich war. Bei jedem Mann der Gruppe suchte sie Anschluß – leider vergeblich. Da niemand von uns Interesse an ihr bekundete, nahm sie im hinteren Teil des Busses Platz, schmollte und ignorierte uns alle während der vier folgenden Konferenztage. Die Übersetzerpflichten überließ sie einem zweiten (männlichen) Dolmetscher, der beide Sprachen ausgezeichnet beherrschte.

Die sowjetische Presse verfolgte uns auf positive Weise. Reporter strömten fast scharenweise herbei und stritten sich um unsere Aufmerksamkeit. Für eine Gruppe von Astronomen, in denen die Mitbürger ihres Heimatlandes Mitglieder einer eher zweifelhaften Disziplin sahen, war dies ein erfreulicher, aber unbekannter Zustand. Die Fernsehberichterstattung über unseren Besuch umfaßte Nachrichtensendungen und einen mehrstündigen Beitrag zur besten Sendezeit, in dem mich der prominente sowjetische Kosmonaut Vitaly Sevastianov interviewte.

Später erfuhr ich, daß das lokale Publikum für solche staatlichen Sendungen nicht besonders zahlreich war. Zwar ragte ein gigantischer Fernsehturm, von dem alle staatlichen Sender übertragen wurden, dominant in der Landschaft von Tallinn empor, allerdings mußte ich feststellen, daß alle Fernsehantennen auf den Häuserdächern eindeutig nicht in Richtung dieses Turmes zeigten, sondern in Richtung Helsinki, das ungefähr 100 Kilometer über den Golf von Finnland entfernt lag. So konnten die Estländer alle das westliche Fernsehen empfangen, und ihre Lieblingssendung war nach eigenen Aussagen »Dallas«.

Das Meeting selbst war, um die Wahrheit zu sagen, nicht besonders anspruchsvoll. Einige der sowjetischen Beiträge konnte man nur als peinlich bezeichnen. So wurde in einem Vortrag beispielsweise vorgeschlagen, die folgende Nachricht auszusenden: $10^2 + 11^2 + 12^2 = 13^2 + 14^2$. Was das sollte? Nun, diese Gleichung sei eine Denksportaufgabe, so hieß es, und weil die Summen auf jeder Seite der Gleichung 365 ergeben, also die Zahl der Tage eines irdischen Jahres. Im gleichen Beitrag hieß es ferner, daß Außerirdische vielleicht die Erdrotation reguliert hätten, um diese phänomenale Gleichung hervorzubringen!

Ich erinnere mich auch daran, daß Bilder, die von der Viking-Raumsonde aufgenommen wurden, Zeugnis über die Existenz mammutartiger, von Fremdlingen errichteter Monumente auf dem Mars ablegen sollten. Ein Wissenschaftler vertraute uns sogar seine Idee an, daß bestimmte sterbende Sterne, die als *blaue Kämpfer* bekannt sind, von Außerirdischen am Leben gehalten werden: Die Fremdlinge warfen Wasserstoffblöcke in die Sterne, um deren nukleares Feuer zu schüren.

Shklovsky, wie immer eine ausdrucksstarke Persönlichkeit, hatte irgendwann genug, stand auf und feuerte eine Tirade gegen seine allzu phantasiebegabten Kollegen, die seiner Ansicht nach schlechte wissenschaftliche Leistungen zeigten. Dem folgte ein Wortgefecht, in dessen Verlauf Shklovsky »falsche Logik!« schrie, während seine Widersacher eifrig die Berichte von über Leningrad gesichteten UFOs verteidigten.

Auf der anderen Seite gab es auch einige hervorragende Beiträge, die von Shklovsky, Kardashev, Troitsky und anderen

Teilnehmern vorgetragen wurden. Einen maßgeblichen Vortrag aus unserer Gruppe hielt Barney über die mögliche gute Sichtbarkeit von extrem langsam pulsierenden Signalen Außerirdischer. Als Dixon anschließend über das Ohio-State-Programm berichtete, gaben die Details des »Wow«-Signals Barneys Ausführungen zusätzliches Gewicht.

Ich steuerte eine Idee bei, die ich gemeinsam mit einem Cornell-Absolventen namens George Helou in Arecibo entwickelt hatte. Während unserer jahrelangen Suche nach außerirdischen Signalen hatten wir Radioastronomen uns stets auf die extremen Nahbandsendungen konzentriert. Wir erwarteten einfach von intelligenten Signalen, daß sie eine nahe Bandbreite hatten, damit sie als künstliche Signale identifizierbar sind. Darüber hinaus können Nahbandsignale auch über große Entfernungen hinweg gesendet werden, wobei sie immer noch ihre Identität bewahren. Je näher die Bandbreite einer Sendung ist, desto stärker erscheint das Signal auf seiner Frequenz und desto leichter ist es zu entdecken.

Unsere große Hoffnung, daß außerirdische Signale eine extrem nahe Bandbreite besitzen, beeinflußte unsere technische Ausrüstung. Wir strebten immer nähere Kanäle an, in der Hoffnung, so die allernächsten und am besten entdeckbaren Signale einzufangen.

Helou und ich stellten fest, daß Nahbandsignale breiter werden, wenn sie im interstellaren Weltraum vorbeiziehende Wolken mit freien Elektronen durchdringen. Wenn Radiowellen einer einzigen Frequenz eine solche Elektronenwolke durchqueren, hat die Bewegung der Wolke auf sie einen Dopplereffekt, der ihre Frequenz ändert. Die Wellen wandern dann auf separaten Kurven und wechselnden Wegen durch den Weltraum. Dies bewirkt, daß ein Signal, welches von einem entfernten Stern als einzelne Nahbandfrequenz

ausgeht, auf der Erde in einem kleinen Frequenzbereich ankommt, da es beim Durchqueren der Elektronenwolken eine Streuung erfahren hat. (Selbst Radiosignale werden auf ihrem Weg verstreut.)
Diesen Effekt stellten wir zunächst während unserer Beobachtungen des Crabnebels fest. Einzelfrequenz-Radioemissionen des Crab, die sich ihren Weg durch die Elektronenwolken bahnten, erfuhren eine höchst subtile Abweichung von einer geraden Linie, um schließlich mit einer Verzögerung von einigen Tausendstelsekunden statt im selben Moment in Arecibo anzukommen. Ein derart geringfügiger, aber dennoch meßbarer Effekt reichte immerhin aus, um Frequenz und Bandbreite des Signals empfindlich zu beeinflussen.*
Damit geben die Wolken ein niedrigeres Limit für die Enge der Bandbreite vor, die wir von Außerirdischen zu empfangen hoffen. Diese natürliche Restriktion wird seither als »Drake-Helou-Limit« bezeichnet. Es besagt, daß kein interstellares Radiosignal – unabhängig davon, wie nah es bei seiner Aussendung ist – die Erde mit einer Bandbreite erreicht, die näher ist als einige Hundertstel Hertz. Wenn wir unsere Empfänger auf noch nähere Bandbreiten auslegen, werden wir die Signale, nach denen wir so engagiert suchen, sicherlich verpassen.
SETI-Forscher in den Vereinigten Staaten, so erklärte ich den Teilnehmern in Tallinn, berücksichtigten diese limitie-

* Ob Multifrequenz oder Breitbandsignale – durch den Transit über die Elektronenwolken kommen Signale aus dem Weltraum auch zu unterschiedlichen Zeiten an. Der Signalteil mit der höchsten Frequenz kommt zuerst, gefolgt von den mittleren und niedrigen Frequenzen. Ein Signal mit einer sehr weiten Bandbreite kann mehrere Minuten für seine vollständige Ankunft benötigen.

renden Faktoren bereits bei den Entwürfen für neue Empfängersysteme.

Darüber hinaus deutete das Drake-Helou-Limit auch auf eine neue Region des elektromagnetischen Spektrums hin, wo wir logischerweise nach außerirdischer Intelligenz suchen könnten. Wir hatten unsere Untersuchungen auf die Region konzentriert, in der das Universum am dunkelsten und am ruhigsten ist: das Wasserloch. Unsere auserwählte »magische Frequenz« war die 21-cm-Linie, die Morrison und Cocconi bereits in ihrer Pionierarbeit vorschlugen und die ich ebenfalls für mein Projekt Ozma wählte. Auch zwanzig Jahre später erschien es uns nach wie vor sinnvoll, daß alle technologisch höher entwickelten Zivilisationen die offensichtlichen Vorteile erkennen würden, die eine Nutzung dieser ruhigen Zone des Radiospektrums mit sich brachte. Dort würden sich ihre Strahlenbündel oder andere Signale am ehesten deutlich abheben und bemerkt werden. Aber nun gab es ein neues Problem. Diese niedrigen Frequenzen im Wasserlochbereich wurden mit an Sicherheit grenzender Wahrscheinlichkeit durch die Elektronenwolken beeinträchtigt. Signale von sehr hohen Frequenzen würden ihre Reise über interstellare Entfernungen hinweg sehr viel besser überstehen. Je höher die Frequenz eines Signals an seinem Ausgangspunkt ist, desto geringer ist die Streuung durch die Elektronenwolken im Weltraum.

Hierbei handelt es sich um eine wahrnehmbare Tatsache. Außerirdische müßten sich nicht die Mühe machen, Theorien aufzustellen, um dies herauszufinden; sie würden es wie wir im Laufe der ganz normalen Radioastronomieforschung erkennen. Folglich besteht die beste Möglichkeit, ein Signal unverfälscht zu lassen, darin, es bei sehr hohen Radiofrequenzen zu übertragen, die wesentlich höher sind als die Frequenzen des Wasserlochs.

»Wenn wir völlig logisch denken wollen, so wie Mr. Spock vom Raumschiff Enterprise es täte«, legte ich dar, »dann müssen wir *beide* Phänomene berücksichtigen: die ruhigste Gegend des Universums *und* das Drake-Helou-Limit. Dann nämlich kommen wir zu einer optimalen Frequenz von ungefähr 70 Gigahertz. Hier kann das am ehesten entdeckbare Signal mit dem geringsten Energieaufwand entstehen.«

Plötzlich standen alle Konferenzteilnehmer auf, um sich einen Kaffee zu holen. Ich hatte eine Bombe platzen lassen. Die 70-Gigahertz-Region ist für irdische Beobachtungsposten nämlich völlig unzugänglich, da sie durch den Sauerstoff in unserer Atmosphäre förmlich abgeblockt ist. Sollte meine These korrekt sein, müßten wir schon eine Weltraumbeobachtungsstation installieren, entweder im niedrigen Erdorbit oder auf der erdabgewandten Seite des Mondes.

Auch heute noch würden die meisten Astronomen am liebsten den Kopf in den Sand stecken, wenn ich bei Konferenzen über diese Idee spreche. Dem Laien, der mit den technischen Methoden oder den Zielen von SETI nicht vertraut ist, mögen solche Gedanken unerträglich geheimnisvoll und weit hergeholt erscheinen. Warum soll man soviel Zeit darauf verwenden, herauszufinden, was Außerirdische tun könnten? Welchen Stellenwert haben solche Bestrebungen in einer Welt voller hungernder Kinder und zur Neige gehender natürlicher Ressourcen? Ich kenne eine Menge Leute, die argumentieren, daß wir versuchen müssen, zunächst einmal unsere ökonomischen und politischen Krisen auf der Erde zu bewältigen. Wir müssen alle Lebensbedingungen in Ordnung bringen, angefangen bei der Gefahr der zunehmenden Erdtemperatur bis hin zum Blutvergießen durch den weltweiten Terrorismus, die nicht nur unsere Lebensqualität bedrohen, sondern auch unsere Existenz.

Ich stimme zu, daß diese Themen von absoluter Dringlichkeit sind, gleichzeitig glaube ich jedoch nicht, daß im Vergleich dazu die Suche nach außerirdischem Leben irrelevant oder gar trivial ist. Ganz im Sinne des Zyklop-Berichtes bleibe ich bei meiner Überzeugung, daß das Forschen nach anderen Lebensformen im Universum kein überflüssiger Luxus, sondern essentieller Bestandteil der Schaffung eines besseren Lebens für die Menschheit ist.

In den sechziger und siebziger Jahren lenkte die Weltraumforschung die Aufmerksamkeit auf die zerbrechliche Schönheit unseres Heimatplaneten. Der Blick auf die Erde aus der Weltraumperspektive bewirkte bei vielen von uns ein schockartig einsetzendes tiefes ökologisches Bewußtsein. Heute, in den neunziger Jahren, verheißen diese Nachforschungen Hilfe, um uns vor dem Hintergrund des Universums unseren richtigen Platz zuzuordnen, eines Universums, in dem andere Lebensformen möglicherweise unsere Misere teilen und uns durch gemeinsame Umstände und Erfahrungen zu neuen Erkenntnissen verhelfen und dadurch wesentlich bereichern können.

Wahrscheinlich gibt es keinen schnelleren Weg zur Weisheit als das Studium höher entwickelter Zivilisationen. Alleine von der Existenz anderer Zivilisationen im Weltraum zu erfahren, auch wenn sie nicht weiter entwickelt sind als wir, könnte aus ganzen Nationen neue Zweck- und Interessensgemeinschaften bilden. Denn die Suchaktion selbst erinnert uns daran, daß die Unterschiede zwischen den einzelnen Völkern völlig unwesentlich sind im Vergleich zu den Unterschieden zwischen verschiedenen Welten. Ein ausdrückliches Ziel interstellarer Kommunikation ist es, die Erdenbewohner zusammenzuführen und uns klar zu machen, in welch enger Beziehung wir im Vergleich zu den Lebensformen außerhalb unseres Planeten zueinander stehen.

Dieser Tenor weltweiter Gemeinschaftlichkeit findet in der

Flagge der Erde mit ihren einfachen, bunten Kreisen, die den blauen Planeten, den weißen Mond und die gelbe Sonne vor dem schwarzen Hintergrund des Weltraums veranschaulichen, seinen Ausdruck; diese Flagge weht an jedem Observatorium der Welt, das sich an SETI-Aktivitäten beteiligt. Mit ein Grund für unsere Suche ist es, unser gemeinsames Erbe zu erforschen und zu bestätigen.

Die Entdeckung, daß wir die Galaxis oder das Universum mit anderen empfindungsfähigen Wesen teilen, würde unser Verständnis des Lebens umkehren und unsere Perspektive darüber, was Menschsein bedeutet, ändern. Ich betrachte es als eine Art des Erwachens, ähnlich dem, das Kopernikus' revolutionärer Idee folgte, die Erde sei nicht der Mittelpunkt des Universums. Diese Enthüllung war von enormer sozialer Bedeutung und gilt sogar als einer der Schlüsselfaktoren in der Entwicklung der Demokratie. Die Entdeckung anderer Lebensformen würde uns dazu verhelfen, die menschliche Natur viel besser zu verstehen und unsere Augen für die Tatsache zu öffnen, daß das Schicksal viele Möglichkeiten für uns bereithält, aus denen wir wählen müssen.

Ich hoffe sehr, daß eine fremdartige Zivilisation uns umfangreiche Bibliotheken voller nützlicher Informationen übergeben wird, die wir dann nach unserem Gutdünken nutzen können. Diese »galaktische Enzyklopädie« wird ein Potential für Verbesserungen unseres Lebens schaffen, die wir nicht vorhersagen können. Während der Renaissance überschwemmten wiederentdeckte Texte und neue Erkenntnisse das mittelalterliche Europa mit dem Licht der Gedanken, des Staunens, der Kreativität und der Experimentierfreudigkeit sowie der Entdeckung der natürlichen Welt. Eine neue und weitaus bewegendere Renaissance wird durch den Reichtum fremdartiger wissenschaftlicher, technischer und soziologischer Informationen entfacht, die auf uns zukommen.

Ich kann nur erahnen, was uns eine deutlich höher entwickelte Zivilisation alles beizubringen vermag. Ihre Vorstellungskraft ist sicherlich genau so gut wie meine, aber gestatten Sie mir, eine meiner bevorzugten Was-wäre-wenn-Fragen an Sie heranzutragen: Was wäre also, wenn *sie* unsterblich sind?

Meiner Ansicht nach könnte Unsterblichkeit bei Außerirdischen durchaus üblich sein. Unter Unsterblichkeit verstehe ich die unbegrenzte Möglichkeit eines lebenden Wesens, eine wachsende und kontinuierliche Zahl individueller Erfahrungen zu sammeln. Ich glaube, dies könnte in etwa durch die Entwicklung von Methoden zur Ausschaltung des Alterungsprozesses entstehen oder durch Methoden, mit denen man altersbedingte Krankheiten und Schwächen heilen und für eine unbegrenzte Zeit vermeiden kann.

Selbst wir Menschen sind diesen Fähigkeiten näher, als viele annehmen. Die meisten von uns sehen den langsamen Verfall unserer Organe und unserer mentalen Prozesse als unabwendbares Naturgesetz. Das ist es aber keineswegs. In der Chemie des Lebens gibt es nichts, das nach Verschleiß und Tod verlangt. Das System, mit dem die genetische Information durch das DNS-Molekül geleitet wird, ist extrem robust und gewährleistet einen hohen Schutz vor Degeneration. Wir altern und sterben nur, weil wir so programmiert wurden. Ähnlich verhält es sich mit den Lachsen, die plötzlich alt werden und wenige Tage nach dem Laichen sterben. Der Tod gibt einer Generation die Möglichkeit, für eine neue Platz zu machen. Aber der Tod kann überlistet werden. Wissenschaftlern gelang es bereits, das Gen zu lokalisieren, das für unser Altern verantwortlich ist. Es liegt auf dem Chromosom Nr. 1 der menschlichen DNS. Wird dieses Chromosom im Laborversuch aus den menschlichen Zellen entfernt, hören diese Zellen auf zu altern.

Einige Fremdlinge wissen vielleicht schon, wie man Unsterblichkeit von einzelnen Zellen auf ganze Organismen transferiert. Oder sie könnten in der Lage sein, den Erfahrungs- und Wissensschatz eines alten Gehirns in ein junges zu transferieren, vielleicht sogar in das Gehirn eines Klons oder der exakten Kopie eines Wesens, dessen Individualität erhalten werden muß. In einer solchen Gesellschaft könnte der Tod dann nur noch durch die physische Zerstörung des Individuums, beispielsweise bei einem Unfall oder durch Mord, eintreten.

Obwohl wir einige Unterschiede zwischen unserem Leben und dem von unsterblichen Individuen begreifen können, geht doch die Gesamtheit aller Unterschiede zwischen uns weit über unser Verständnis hinaus. Die Unsterblichen müssen ein fanatisches Sicherheitsbestreben haben, und jedes Gerät oder Fortbewegungsmittel muß so konstruiert sein, daß daraus unter keinen Umständen eine tödliche Gefahr entstehen kann. Geschwindigkeitsbeschränkungen zur Vermeidung lebensgefährlicher Zusammenstöße gäbe es so gut wie nicht, weil die Notwendigkeit, schnell irgendwohin zu gelangen, fehlt. Auch Kriege würden zwischen Unsterblichen nicht geführt, weil sie sich nicht den Risiken eines Kampfes aussetzen würden.

Meiner Ansicht nach dürfte eine Zivilisation von Unsterblichen eine äußerst rege Forschung nach Kommunikation mit anderen intelligenten Zivilisationen betreiben. Kommunikation wäre für sie nicht nur ein Mittel, außerhalb ihres eigenen planetarischen Systems Kurzweil zu finden, sondern dürfte ihnen auch den ultimativen Schutz vor Schaden bieten.

Unter Berücksichtigung ihres Respekts für den Erhalt individueller Leben würden sie alle erdenklichen Vorsichtsmaßnahmen gegen physische Bedrohungen von anderen Planeten treffen. Sicher würden sie die extrem hohe Unwahrscheinlichkeit interstellarer Besuche oder Angriffe begrüßen, aber sie würden eine absolute Gewährleistung ihrer Sicherheit vorziehen. Zunächst könnte ihnen als beste Lösung dazu einfallen, sich zu verstecken und vielleicht sogar die Übertragung von Radiosignalen zu verbieten, die von anderen Zivilisationen entdeckt werden könnten.

Ich glaube, daß ihnen schon bald eine bessere Strategie einfallen würde, die anderen Gesellschaften ebenfalls zur Unsterblichkeit verhelfen könnte. Somit müßten sie sich nicht mehr mit dem Gedanken quälen, durch militärische Aktionen bedroht zu werden, weil die von ihnen angeleiteten Gesellschaften den heiligen Wunsch nach persönlicher Sicherheit entwickeln würden. Darum erwarte ich auch von den Unsterblichen, daß sie ihr Unsterblichkeitsgeheimnis unter jungen, technisch voranstrebenden Zivilisationen aktiv verbreiten, um so das Leben von Wesen wie uns zu ändern.

Wenn ich manchmal die funkelnden Sterne im paillettenhaften Panorama des nächtlichen Himmels betrachte, frage ich mich, ob sich unter ihren gängigen interstellaren Botschaften auch das große Lehrbuch befindet, das uns zeigt, wie man für immer leben kann.

Der Beweis für intelligentes Leben auf der Erde

Dies ist ein Geschenk von einer kleinen weit entfernten Welt, eine Aufzeichnung unserer Geräusche, unserer Wissenschaft, unserer Bilder, unserer Musik, unserer Gedanken und unserer Gefühle. Wir bemühen uns, unsere Zeit zu überleben, so daß wir in Ihre hineinleben können. Wir hoffen, daß wir eines Tages, wenn wir die Probleme, denen wir gegenüberstehen, gelöst haben, einer Gemeinschaft galaktischer Zivilisationen beitreten können. Diese Aufzeichnung verdeutlicht unsere Hoffnung und unseren Entschluß sowie unsere gute Absicht in einem weiten und ehrfurchtgebietenden Universum.

US-Präsident Jimmy Carter 1977
Botschaft aus der Bildplatte der Voyager-Raumsonde

Wenn man nach außerirdischem Leben forscht, wenn man darüber nachdenkt, welche Frequenzen die richtigen seien und welche Gestalt eine fremdartige Nachricht haben könnte, dann denkt man früher oder später über Strategien nach, eigene, verständliche Signale an »sie« zu schicken.

Mein erster Denkversuch in dieser Richtung überraschte mich im Jahre 1961, kurz nach der Konferenz des Delphin-Ordens. Durch sie war das Konzept unserer Suche so deut-

lich bestätigt worden, daß Kommunikation fast zum Greifen nahe schien.
Was würde ich einem Außerirdischen mitteilen? Welchen Präzedenzfall hätte ich für einen derart außergewöhnlichen kulturellen Austausch? Eigentlich keinen. Als ich auf der Oberschule Russisch lernte, wies ich die Idee zurück, mit einem englischsprechenden russischen Schüler eine Brieffreundschaft einzugehen. In meinen Augen gab es einfach zu viele linguistische und politische Barrieren. Die Aufgabe, die nun vor mir lag, war eine bei weitem größere Herausforderung, vergleichbar mit der, einen Liebesbrief an eine Frau zu schreiben, die ich nie getroffen habe und die nicht nur eine fremde Sprache spricht, sondern auch noch irgendwo unter einer mir unbekannten Adresse wohnt. Möglicherweise könnte sie nicht lesen, ja vielleicht nicht einmal sehen. Es könnte sich sogar herausstellen, daß sie gar keine Frau ist, sondern ein Wal oder vielleicht eine Blume, oder aber eine Spinne oder ein Virus oder irgend etwas, das ich mir nicht einmal vorstellen konnte.
Ich dachte daran, eine beabsichtigte Nachricht zu entwerfen, die für eine außerirdische Intelligenz bestimmt und leicht zu entschlüsseln war. Zunächst stellte ich fest, daß *unbeabsichtigte* Nachrichten bereits auf einer kontinuierlichen Basis ausgesendet werden, und zwar in Form von Fernsehsendungen. Dank des Fernsehens waren wir schon Jahre zuvor zu einer jederzeit entdeckbaren Zivilisation geworden, genauer gesagt, seit den späten zwanziger Jahren. Mir war bewußt, daß Episoden von *Ich liebe Lucy* und *Onkel Miltie* bis hin zu den Sternen vordrangen, und durch die zunehmende Sendekapazität wurden die Signale mit jedem Jahr stärker. Es war schon ein ernüchternder Gedanke, daß das erste Zeichen irdischer Intelligenz aus dem Munde eines Fernsehkomikers kommen könnte! Aber zu dieser Zeit beunruhigte mich un-

ser interstellares Image nicht. Ich versuchte nur herauszufinden, welche Signale über extrem große Entfernungen hinweg mit Radioteleskopen, die nicht viel größer waren als unsere eigenen, noch empfangen werden konnten. (1978, also Jahre später, fand Woodruff Sullivan, Professor für Astronomie an der Washingtoner Universität in Seattle, durch Satellitenstudien heraus, daß die aus der Entfernung stärkste und am einfachsten zu entdeckende Nachricht bei der Übertragung des *Football Super Bowls* entsteht. Ein Signal, das von mehr Sendern übertragen wird als irgendein anderes auf der Welt.)

Für mich schien die Form der Fernsehübertragungen, wenn schon nicht ihr Inhalt, das ideale Medium zu sein, um Außerirdischen etwas zu signalisieren. Wir könnten in der Lage sein, eindeutige interstellare Nachrichten zu senden, indem wir Bilder übermittelten, die den gewöhnlichen Fernsehbildern glichen.

Wir könnten fast auf die gleiche Weise mit Außerirdischen kommunizieren, wie wir unseren Kindern das Sprechen beibringen, also ihnen Bilder zeigen und die einzelnen Dinge darauf erklären. *Dies ist ein Mensch. Dies ist der Planet Erde. Dies ist unser Stern, die Sonne.* Auf jeden Fall ist es möglich, in einem anderen Land, dessen Sprache man nicht versteht, viel durch das Fernsehen zu lernen, die Landessprache eingeschlossen.

Will man ein Bild mit der Geschwindigkeit von Licht über interstellare Entfernungen aussenden, sollte es so einfach wie möglich sein. Je klarer die Information, so dachte ich, desto weniger konnte es auf seinem Weg entstellt werden. Ich beschloß, die erste Nachricht ganz in Schwarz und Weiß zu halten, ohne graue Schatten. Schwarz und Weiß reichen vollkommen aus, um die wesentlichen Charakteristika jedes beliebigen Bildes zu skizzieren. Außerdem konnte ein simples nichtfarbiges Bild leicht von allen bekannten Kommunikationssystemen übermittelt werden, wie die abwechselnden Nullen und Einsen der Computersprache, wie die Punkte und Striche des Morsecodes oder wie zwei Töne von unterschiedlicher Frequenz, die per Radioteleskop in den Weltraum geschickt werden.

Ich fing an, mit Bleistift eine Nachricht auf einem karierten Blatt Papier zu konstruieren. Einige Kästchen malte ich schwarz aus, andere ließ ich weiß. Ich brauchte einige Zeit, um mich an diese Art des Zeichnens zu gewöhnen, ohne den Luxus von Kurven. Aber ich stellte fest, daß ein einfaches Muster von schwarzen und weißen Punkten mit wenig Platz auskam, um viele Dinge auszudrücken. Alles, was ich zu sagen hatte, packte ich in ein Gitter aus 551 Kästchen. Für diese seltsame Zahl gab es einen besonderen Grund:

Gemäß der konventionellen Lehre der wissenschaftlichen Informationstheorie sollten 551 Zeichen in etwa dem Informationsgehalt von 25 englischen Worten entsprechen. Das ist nicht unbedingt einfach, denn wie allgemein bekannt kann ein einziges Bild mehr als 10 000 Worte wert sein. Meine Nachricht hatte mit ihren 551 Zeichen einen weitaus größeren Informationsgehalt, als ich mit 25 Worten hätte zum Ausdruck bringen können, gleichgültig wie sorgfältig ich diese Worte auch gewählt hätte. Meine Nachricht drückte mehr aus, weil sie in erster Linie ein Bild war. Zugegeben, für viele mag es wie ein fremdartiges Kreuzworträtsel aus der Sonntagszeitung ausgesehen haben, aber es war immerhin ein Bild (siehe Abbildung). Und es war noch in anderer Hinsicht bemerkenswert: Die Nachricht bestand aus wissenschaftlichen Konzepten, von denen ich wußte, daß wir sie mit den Empfängern gemeinsam hatten. Unsere gemeinsame Sprache – nennen wir sie Radioteleskop – gewährleistete, daß wir beide die Physik und die Astronomie verstanden,

und diese Wissenschaften lieferten eine geeignete Kurzschrift, mit der sich große Ideen ausdrücken ließen.
Es gelang mir, in meine 551 Zeichen alle folgenden Fakten über uns Menschen in der Rolle von »Außerirdischen« hineinzupacken:

- Eine schematische Zeichnung meines Sonnensystems, obwohl sein Stern gezwungenermaßen ein Querformat bekam, und der neun Planeten, die zugegeben leider wie Kästchen aussahen.
- Grobe Diagramme der Sauerstoff- und Kohlenstoffmoleküle, um etwas über meine Lebenschemie auszusagen.
- Ein kurzes Selbstportrait, welches zeigte, daß sich mein Kopf oben und meine beiden Beine auf dem Boden befinden.
- Eine Auswahl der Zahlen 1 bis 5 im binären Code. (Da es keinen Grund gibt, anzunehmen, daß alle Lebensformen 10 Finger besitzen, zähle ich statt bis zehn nur bis zwei, um das einfachste Zahlensystem anzuwenden.)
- Die Zahlen 4 Milliarden, 2000 und 5 im gerade beschriebenen binären Code. Ich zog eine diagonale Linie (in Kästchen) von mir zu der größten Zahl, die ich neben den vierten Planeten unserer Sonne setzte, um zu zeigen, daß es dort Milliarden solcher Wesen wie mich gab. Die zweite Zahl neben dem dritten Planeten sollte verdeutlichen, daß einige tausend Wesen meiner Art diese Welt kolonisiert hatten. Die dritte und kleinste Zahl, die ich neben den zweiten Planeten setzte, bedeutete die Nachricht, daß wir eine Forschergruppe dorthin schickten, um den Ort zu erforschen.
- Unter meinem Bild befand sich ein Symbol. Es unterschied sich von den Zahlen, da es eine gerade Anzahl von Zeichen hatte, während die Zahlen mit einer ungeraden

Anzahl geschrieben waren, um sich auch als Zeichen abzuheben. Dies, so hoffte ich, würden meine Dolmetscher verstehen, war ein Wort. Es war vier Zeichen lang und ergab meinen Namen »Vier Zeichen«. Bei künftigen Nachrichten könnte ich auf diesen Namen zurückgreifen und müßte nicht mehr mein Bild dazumalen, das immerhin die Hälfte des verfügbaren Platzes beanspruchte.

- Ein Diagramm zu meiner Linken sollte meine Größe verdeutlichen: 31. Dabei kam als die einzig mögliche Maßeinheit die Wellenlänge der Übertragung in Frage, die zehn Zentimeter beträgt. Durch diese Rechnung wurde ich 310 Zentimeter groß.

Nachdem ich dies vollbracht hatte und mich durch die dabei entstandene Erheiterung wirklich 3,10 m groß fühlte, schrieb ich das Bild in eine lange Reihe aus lauter Nullen und Einsen um. Ich versuchte nicht, das Format der 29 mal 19 Kästchen einzuhalten, das ich in meiner Zeichnung benutzt hatte. Ich schrieb sie einfach der Reihe nach auf weißes Papier und setzte dabei so viele Zeichen in eine Linie, wie die Blattränder es gestatteten. Als Test schickte ich die Nachricht ohne Hinweise und Erläuterungen per Post an alle Mitglieder des Delphin-Ordens und versah sie nur mit einem kurzen Anschreiben:
»Hier ist eine hypothetische Nachricht aus dem Weltraum. Sie enthält 551 Nullen und Einsen. Was sagt sie uns?«
So kam die Botschaft also nicht als Bild, sondern als eine Serie von Nullen und Einsen an. Die Empfänger sollten herausfinden, daß es als Bild gedacht war, und es als solches wiederherstellen. Außerirdische stünden vor dem gleichen Problem, wenn ich ihnen die Nachricht via Radioteleskop übermittelte, weil die Informationen aus dem Weltraum als eine Serie von Zeichen ankämen, eines nach dem anderen.

Ausschnitt aus der Zeichnung, die ich als Entwurf einer irdischen Botschaft an Außerirdische anfertigte

Um ihnen bei diesem großen Begriffssprung zu helfen, hatte ich in die Nachricht eine wichtige Lösungshilfe eingebaut, die zeigen sollte, wie man die Zeichen richtig anordnen mußte, um das Bild erscheinen zu lassen.
Diese Hilfe bestand in der ungewöhnlichen Zahl 551, die etwas mit dem Konzept der Primzahlen zu tun hat. Primzah-

len können nur durch sich selbst geteilt werden und durch 1. Die Besonderheiten meines fremdartigen Lebens hatte ich auf einem Raster von 29 Kästchen in der Höhe und 19 Kästchen in der Breite aufgezeigt. Dieses Format wählte ich, weil 29 und 19 beides Primzahlen sind. Miteinander multipliziert ergeben sie 551, und diese Zahl läßt sich wiederum nur durch 551, 29, 19 oder 1 teilen. Auch wenn 551 selbst keine Primzahl ist, ist sie doch das Produkt zweier solcher Zahlen. Der erste offensichtliche Punkt bei meiner Nachricht war, daß sie 551 Informationszeichen enthielt. In dieser Zahl lag die eigentliche Schwierigkeit, und die Empfänger mußten sie schon sehr genau analysieren, um die besondere Bedeutung zu erkennen. Wenn sie aber erst einmal festgestellt hätten, daß 551 durch 29 und 19 teilbar war und durch sonst keine Zahl – außer durch 551 und 1 natürlich –, würden sie erkennen, daß die Nachricht zweidimensional und ein Bild war. Man konnte die Zeichensequenz entweder in 29 Reihen zu 19 Zeichen oder in 19 Reihen zu 29 Zeichen auslegen. Die Empfänger müßten beide Konfigurationen ausprobieren, um zu sehen, welche die richtige war, aber dies herauszufinden sollte nur wenige Augenblicke dauern. So zumindest dachte ich es mir.

Ich erhielt nur eine einzige Antwort mit einem erfolgreichen Lösungsversuch. Als Reaktion von Barney Oliver kam eine neue Sequenz von Nullen und Einsen. Primzahlen definierten sie. Es handelte sich um eine ebenso simple wie inspirierende Nachricht, die nur aus einem Bild bestand: ein Martiniglas mit einer Olive darin. Barney hatte zwar meine Absicht verstanden, aber die Nachricht nicht vollständig erfaßt. Daß die Symbole Zahlen darstellen sollten, war seiner Aufmerksamkeit entgangen. Die Nachricht war einfach zu schwer zu dechiffrieren.

Ein wenig entmutigt, schickte ich die Nachricht noch anderen Leuten, unter ihnen einige Nobelpreisträger. Nicht einer von ihnen erzielte ein erfolgreiches Ergebnis. Allerdings kam eine hochinteressante Interpretation von einem Wissenschaftler, der das Muster der Nullen und Einsen für die Quantenzahlen hielt, die die Anordnung der Elektronen in einem Eisenatom beschreiben. Er lag ziemlich daneben. Vielleicht lag auch eher ich mit dem Aufbau meiner Nachricht daneben.

Trotz allem druckte man diese Nachricht etwa ein Jahr später in einer Zeitschrift für Amateur-Codeknacker ab. Kurz nach Erscheinen dieser Ausgabe erhielt ich einen Brief von einem Elektronikingenieur aus Brooklyn, der meine Mitteilung dechiffriert und die Nachricht wirklich verstanden hatte. Er war der einzige Mensch, der sie jemals korrekt interpretieren konnte. Bis heute begreifen die meisten Leute den Sinn nicht, selbst dann nicht, wenn sie es als Bild vor sich sehen. Gut, sie verstehen die Bedeutung der Kreatur und erkennen das Sonnensystem, aber der Rest ist ein einziger Wirrwarr. Die Erfahrung lehrte mich zwei Dinge: Erstens war meine Nachricht zu überladen und zu verwirrend. Zweitens sollten wir sicherstellen, daß wir an dem Tag, an dem wir tatsächlich eine außerirdische Botschaft erhalten, begeisterte Amateur-Codeknacker zu Interpretationszwecken hinzuziehen, weil sie es außergewöhnlich gut verstehen, Muster, Symbole und Abstraktionen zu analysieren.

Barney Oliver griff meinen Versuch auf, um ihn durch eine längere und weniger überladene Mitteilung zu verbessern, die intelligente Wesen beiderlei Geschlechts mit einem Kind in ihrer Mitte darstellte. Dies sollte zeigen, daß die Wesen nicht völlig ausgewachsen geboren werden, sondern sich aus kleineren Exemplaren erst entwickeln. Übrigens wird dieses Bild in den meisten Büchern, die sich mit den Möglichkeiten interstellarer Kommunikation beschäftigen, verwendet.

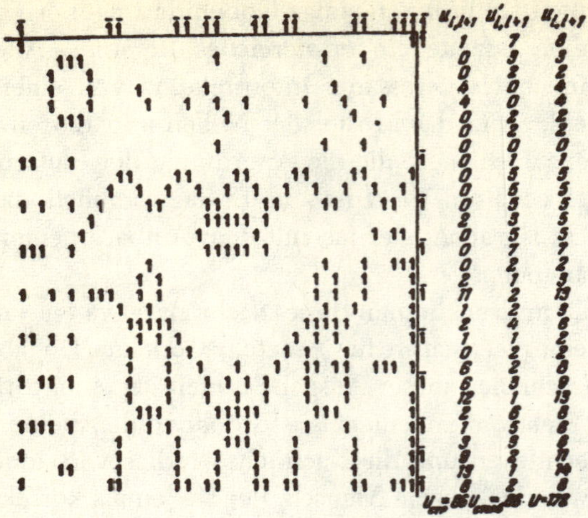

Barney Olivers überarbeitete Nachricht. Sie zeigt Erwachsene beiderlei Geschlechts mit einem Kind in der Mitte.

Obwohl wir voller selbstbeweihräuchernder Gefühle waren, mußten Barney und ich zugeben, daß wir nicht die ersten Menschen waren, die die Idee zur Kommunikation mit Außerirdischen in Betracht zogen. Bereits 1820 schlug Karl Friedrich Gauß, der große deutsche Mathematiker und einstige Direktor des Göttinger Observatoriums, vor, ein Gebilde im sibirischen Wald anzupflanzen, das groß genug war, um von Außerirdischen gesehen zu werden. Er wollte ein riesiges Weizenfeld in der Form eines rechtwinkligen Dreiecks anbauen. Flankierend sollten an jeder Seite des Dreiecks – wie ein lebendes, dem Pythagoras gewidmetes Denkmal – große rechteckige Ansammlungen von Pinien stehen. Aus der Luft betrachtet, würde dieses Vegetationsbild den Satz des Pythagoras versinnbildlichen, nach dem das Quadrat über der Hypotenuse eines rechtwinkligen Dreieckes

Bernard M. (»Barney«) Oliver, SETI-Pionier und ehemaliger Vizepräsident für Forschung und Entwicklung bei Hewlett-Packard. Er lieferte eine Reihe nützlicher Ideen für SETI (Foto: NASA).

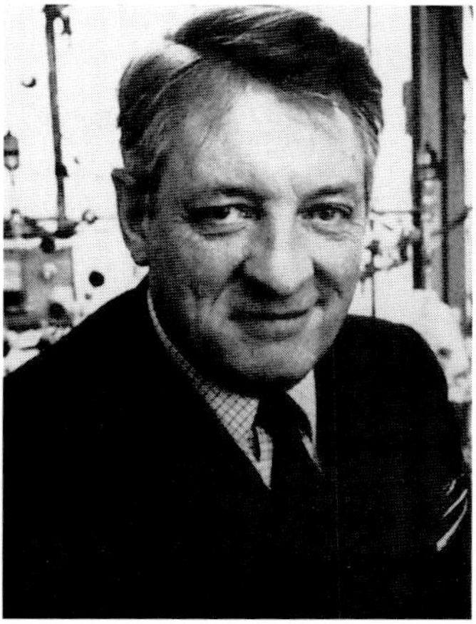

John (»JB«) Billingham, Physiker und Leiter des SETI-Büros am NASA-Ames-Forschungszentrum. Er war es, der das SETI-Projekt ins Leben gerufen hat (Foto: NASA).

Jill C. Tarter ist Projektwissenschaftlerin des NASA-SETI-Mikrowellen-Beobachtungsprojekts und damit sowohl eigentliche Projektleiterin als auch erfahrenste SETI-Forscherin (Foto: SETI Institute).

Kent Cullers, blind von Geburt an, ist der verantwortliche Forscher für das Aufspüren von Signalen beim NASA-SETI-Mikrowellen-Beobachtungsprojekt (Foto: NASA).

Der weitläufige Campus des NASA-Ames-Forschungszentrums in Moffet Field, Kalifornien, ist die Zentrale des Mikrowellen-Beobachtungsprojektes (Foto: NASA).

Anläßlich der ersten Konferenz der Forschungsgruppe für das NASA-SETI-Projekt im März 1991 haben sich die Projektteilnehmer zum Gruppenbild versammelt. In der ersten Reihe (von links nach rechts) Barney Oliver, David Latham, Chris Neller und Thomas Pierson, dahinter Peter Boyce, Michael Klein und Thomas Pierson, in der dritten Reihe rechts Kent Cullers, in der vierten Jill Tarter (Foto: NASA).

Die Teilnehmer der im August 1991 abgehaltenen amerikanisch-sowjetischen SETI-Konferenz stellen sich in den eigens für diese Veranstaltung bedruckten T-Shirts den Fotografen. Mit ihren Nummernschildern werben Mike Klein vom JPL (JPL SETI) und seine Frau Barbara (RN 4 SETI), der in England geborene John Billingham (SIR SETI), Frank Drake mit einer Kurzform der Drakeschen Gleichung (N EQLS L) für das Forschungsprojekt. Im Rollstuhl in der ersten Reihe David Brocker, der Programm-Manager des NASA-SETI-Projekts, dahinter die Co-Autorin Dava Sobel (Foto: SETI Institute).

Im kalifornischen Goldstone steht diese 64 m große Schüssel, die zum Deep Space Network der NASA gehört und bei SETI für die zielgerichtete Suche eingesetzt wird (Foto: NASA).

Ein Gegenstück zur Goldstone-Schüssel steht im australischen Tidbinbilla und dient der zielgerichteten Suche von der südlichen Hemisphäre aus (Foto: NASA).

Das 42,6 m große Äquatorial-Teleskop in Green Bank ist eine der kompliziertesten und kostspieligsten Anlagen dieser Art. Ab 1995 soll es exklusiv für SETI-Aufgaben eingesetzt werden.

Diese so harmlos aussehenden Metallkästen haben es im wahrsten Sinne des Wortes »in sich«. Denn sie verbergen das 15-Millionen-Kanal-Empfangssystem für die NASA-SETI-Ganzhimmelüberwachung (Foto: Jet Propulsion Laboratory).

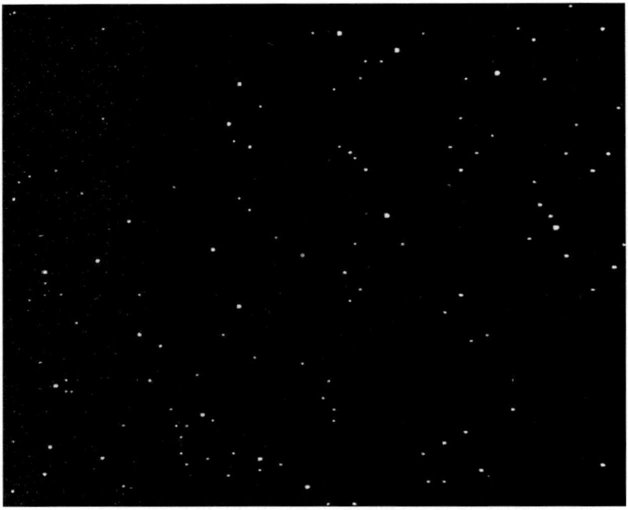

Was wie ein Sternenfeld aussieht, ist in Wirklichkeit ein Bildschirm voller »Blinker«, von denen jeder einen Radiokanal repräsentiert, der Signale oder außergewöhnliche Geräusche empfängt. Der aufmerksame Beobachter könnte vielleicht eine Serie entdecken, die wie ein intelligentes Signal erscheint.

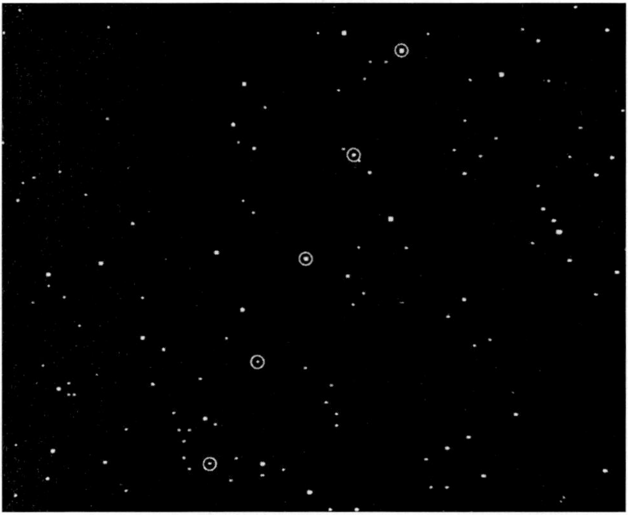

Zieht man Kreise um die auffälligen »Blinker«, wird das Muster deutlich. Das SETI-Computersystem benötigt nur Bruchteile von Sekunden, um aus der gigantischen Vielfalt von Radiosignalen und Radiogeräuschen derart auffällige Impulsfolgen herauszufiltern (Fotos: NASA).

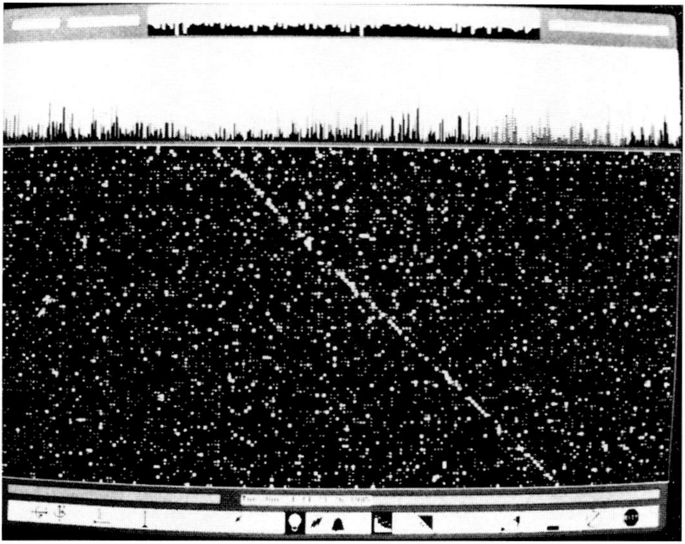

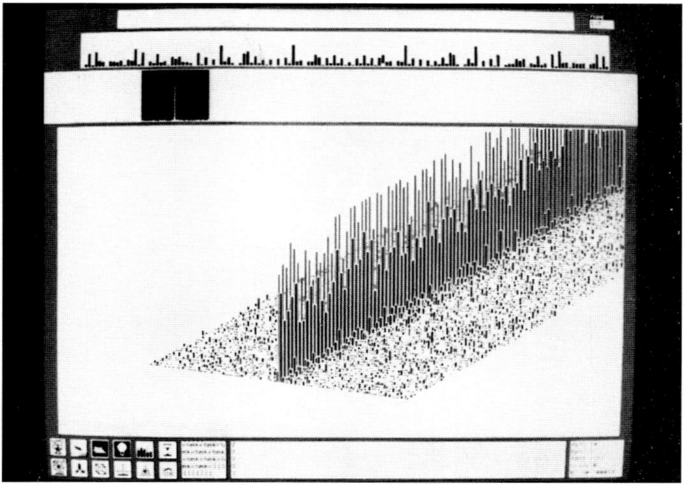

Diese diagonal verlaufende Spur auf dem SETI-Multikanal-Spektrumanalysator ist ein bestätigtes intelligentes Signal aus rund 5 Milliarden km Entfernung – nicht von Außerirdischen, sondern von der Raumsonde Jupiter 10 (oben). Der dreidimensionale Graph bietet eine alternative Möglichkeit, das oben durch Blinker wiedergegebene Signal optisch darzustellen (Fotos: NASA).

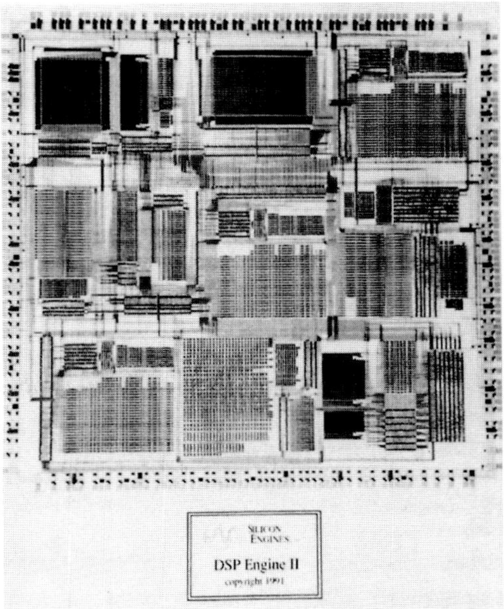

Dieser Computerchip, nicht größer als eine Briefmarke, dient dem NASA-SETI-System als Radioempfänger. Er enthält nicht weniger als 276 000 Transistoren und hat damit die Leistung eines eigens für diesen Einsatz programmierten Supercomputers (Foto: Silicon Engines).

Der Forschungssatellit IRAS (Infrared Astronomical Satellite) umkreist die Erde auf der Suche nach anderen Planetensystemen im Kosmos. Dabei wurden bereits protoplanetarische Urnebel nachgewiesen. Außerdem entdeckte IRAS einige junge Sonnen, die aller Wahrscheinlichkeit nach von Planeten begleitet werden (Foto: JPL).

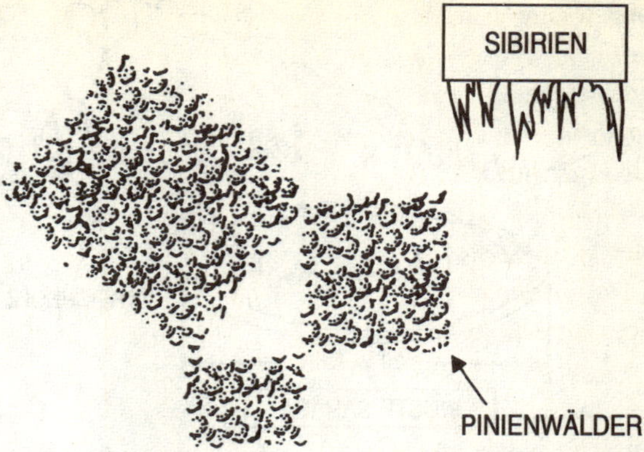

Der 1820 vom Mathematiker Karl Gauß entworfene Vorschlag, um unsere Existenz anderen Bewohnern des Sonnensystems mitzuteilen

gleich der Summe der Quadrate über den Katheten ist. Gauß' Vater war Gärtner, ein Umstand, der die Materialwahl des Sohnes beeinflußt haben könnte.

Auf alle Fälle glaubte Gauß, daß diese ungewöhnliche Kultivierung für starke Teleskope auf dem Mond oder anderen Planeten sichtbar wäre. Fremdlinge, die das Zeichen entdeckten, würden dank dieser mathematischen Heldentat erkennen, daß es intelligentes Leben auf der Erde gab. Dennoch fand dieser Vorschlag, sich Außerirdischen mitzuteilen, niemanden, der ihn finanzierte.

1840, also zwanzig Jahre später, entwickelte der Wiener Astronom Joseph von Littrow eine ähnliche Idee. Er schlug vor, etwa vierzig Kilometer große Löcher in Form von Kreisen, Dreiecken und anderen Figuren in der Sahara auszuheben. Sodann sollte eine bemerkenswert geniale Technologie zum Einsatz kommen: Er wollte die Löcher mit Kerosin füllen und mit Hilfe eines Streichholzes anzünden, um so im

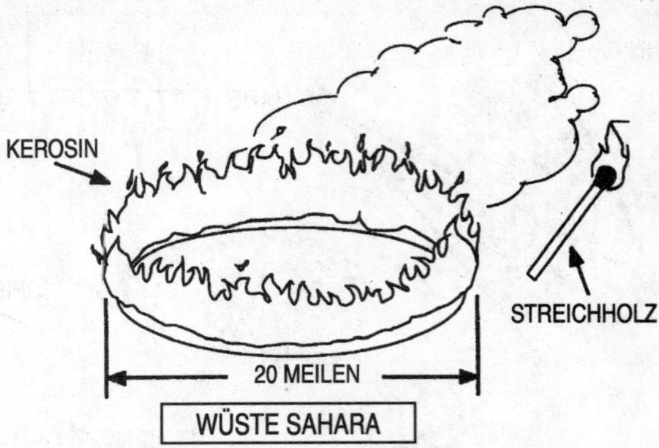

Die Idee des Physikers Joseph von Littrow aus dem Jahr 1840 zur interplanetarischen Kommunikation

Sonnensystem sichtbare brennende geometrische Figuren zu schaffen. Auch sein Vorschlag fand keinen Sponsor.
Der französische Physiker Charles Cros hatte 1869 den Plan, mit einer Ansammlung von Spiegeln das Sonnenlicht auf den Mars zu reflektieren. Die gigantischen Spiegel sollten sich in einer bestimmten Anordnung über ganz Europa verteilen, die Außerirdische erkennen würden, zum Beispiel in Form der Sternenanordnung des Himmelswagens. Dadurch würden »sie« ebenfalls erkennen, daß es auf der Erde intelligentes Leben gab. Leider gelang es Cros ebenfalls nicht, sein Projekt umzusetzen.
So war im Jahre 1899 Nikola Tesla, ein Elektroingenieur, der erste, dem es glückte, eine für den außerirdischen Gebrauch bestimmte, beabsichtigte Radionachricht zu konzipieren und auch abzuschicken. J. Pierpont Morgan gewährte Tesla die notwendigen Gelder für den Bau eines riesigen Radiosenders in Colorado Springs, der mit einer extrem großen Drahtspirale versehen war. Die Höhe des Transformators betrug fast

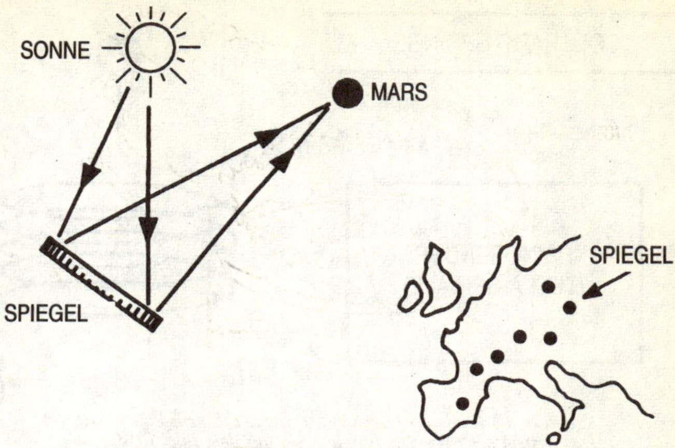

Der Vorschlag des Physikers Charles Cros aus dem Jahr 1869, um Signale an Außerirdische zum Mond zu schicken

23 m. Als man ihn einschaltete, standen den Menschen im Umkreis von mehreren Kilometern die Haare zu Berge. Mit diesem Instrument *empfing* Tesla auch Signale. Es waren eigenartige, regelmäßige Zwitschergeräusche, die wirklich intelligent aussahen, und so glaubte Tesla, er habe eine fremde Zivilisation entdeckt. Über diese Erfahrung schrieb er: »In mir wächst das Gefühl, daß ich der erste war, der den Gruß eines Planeten an einen anderen hörte.«

Heute, da wir wissen, auf welchen Frequenzen Teslas Instrument empfangen konnte, glauben wir, daß er ein unter der Bezeichnung »Whistlers« bekanntes natürliches Phänomen wahrnahm. Dabei handelt es sich um elektromagnetische Niedrigfrequenzwellen, die durch Blitze entstehen und sich sehr langsam auf den magnetischen Feldlinien der Erde bewegen. Sie verursachen Folgen von zwitschernden Pfeiftönen – ähnlich wie das Geräusch eines Feuerwerkskörpers,

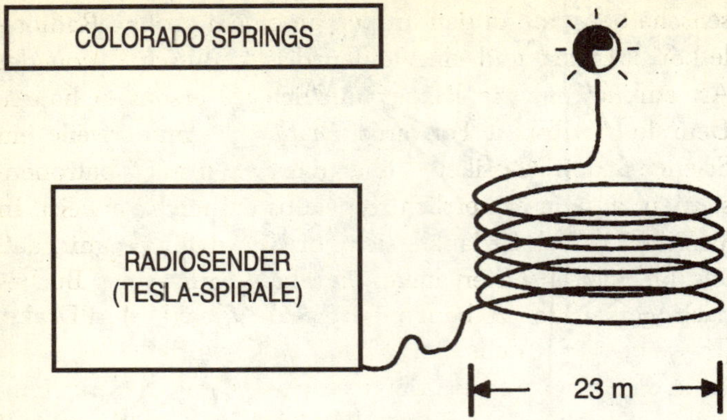

Das System des Erfinders Nicola Tesla aus dem Jahr 1899 zur Nachrichtenübermittlung an Außerirdische

der explodiert ist und beginnt, vom Himmel herunterzufallen. Zweifellos war Tesla der erste, der die »Pfeifer« wahrnahm, konnte aber ihren wahren Ursprung nicht erklären, und deshalb wurde seine Entdeckung auch nie anerkannt. Auch Guglielmo Marconi, Erfinder der Radiokommunikation, lauschte nach Signalen aus dem Weltraum. 1922 hörte er dann die gleichen zwitschernden Töne, die Tesla beschrieben hatte. Marconi empfing sie an Bord seiner Luxusyacht *Electra,* die er, mit Radiogeräten ausgestattet, mitten in den Atlantischen Ozean gebracht hatte, weit weg von den meisten durch Menschen erzeugten Störungen. Wie Tesla gelang es auch Marconi nicht, die »Pfeifer« als solche zu erkennen. Was meine eigenen Entwürfe von Kommunikationsmöglichkeiten mit Außerirdischen angeht, hatte ich sie für einige Zeit beiseite gelegt und fand sie zu meinem Erstaunen in einigen Werken der Trivialliteratur unter der Rubrik »Fiktion« wieder. Der Schriftsteller James Gunn schrieb in seinem Roman *Die Zuhörer* beispielsweise über eine Gruppe von Wissenschaftlern, die in den Tropen an einem großen Radioteleskop arbeiten und eine außerirdische Botschaft von der Art empfangen, wie Barney und ich sie ersonnen hatten. Dem folgte Robert Forwards *Drachenei* – mittlerweile ein Science-fiction-Klassiker – über das Leben auf Neutronensternen, in dem er herrlich respektlos auf mich verweist. In Wahrheit jedoch bedankte sich Forward dafür bei mir, daß ich ihn dazu inspiriert hatte, die Hauptfigur seines Buches nach meiner Frau zu benennen: Amalita Shakhashiri Drake. (Ihr richtiger Name ist Amahl; der Rest stimmt.)

Mein erstes ganz reales Erlebnis mit außerirdischer Kommunikation erfuhr ich im Dezember 1969, als Carl Sagan und ich an einer Konferenz der amerikanischen Astronomiegesellschaft teilnahmen, die in einem großen Hotel von San Juan in Puerto Rico stattfand. Ich betrachte es als besondere Ironie des Schicksals, daß wir erst den weiten Weg nach Puerto Rico auf uns nehmen mußten, um dort während einer Kaffeepause eines unserer wichtigsten Gespräche zu führen, da wir doch beide damals in Cornell arbeiteten, und zwar sogar im selben Gebäude, und oft gemeinsam zu Mittag aßen.

Carl kam direkt vom NASA-Hauptquartier in Washington. Er war sehr aufgeregt, als er mich in der Lobby des San Jeronimo Hilton ansprach. Mit wissenschaftlichen Projektkollegen, die an *Pioneer 10* arbeiteten, hatte er an einem Meeting teilgenommen; *Pioneer 10* war eine Raumsonde, die bald zu einer Mission zum Jupiter starten und nahe genug an ihn herankommen sollte, um umfangreiche Beobachtungen über den Planeten und seine Monde anzustellen und Tausende von Bildern zur Erde zu übertragen. Im Laufe ihrer Manöver würde die Raumsonde fast den Jupiter erreichen und eine ausreichend hohe Geschwindigkeit erzielen, um das Sonnensystem verlassen zu können.

Carl zeigte sich besonders von diesem Punkt sehr angetan, weil seine Bedeutung gerade bei ihm ihre volle Wirkung erzielte. Als erstes von Menschen gebaute Objekt, das aus der Schwerkraft der Sonne heraustrat, würde *Pioneer 10* durch eigene Antriebskraft ohne genaues Ziel zwischen den Sternen herumreisen und vielleicht zu den entferntesten Punkten der Galaxis gelangen.

Carl erklärte, daß Eric Burgess, der für die Zeitschrift *The Christian Science Monitor* schrieb, und Richard Hoagland, Dozent an einem Planetarium, ihn auf diese erstaunliche Tatsache aufmerksam gemacht hatten. Sie beide waren an Carl herangetreten, wohl wissend, wie sehr er sich für die Exobiologie interessierte und natürlich auch, wie bedeutend er als experimentierfreudiger Fachmann für die planetarische Wissenschaft war. Sie hofften, ihn für ihre Idee empfänglich zu machen. Da *Pioneer 10* der erste interstellare Erdbote war, sollte die Raumsonde eine Nachricht transportieren. Falls sie dann zufällig irgendwann von intelligenten Wesen gefunden würde, erhielten diese auf diese Weise Grüße von den Schöpfern der Raumsonde. Burgess und Hoagland vertraten darüber hinaus die Ansicht, daß, wenn irgend jemand die Verantwortlichen bei der NASA von dem Wert einer solchen Nachricht überzeugen könnte, diese Person Carl Sagan sein müßte.*

---

* Seit kurzem verfolgt Hoagland einen neuen Kurs, einen, der in gewisser Weise das Gegenteil unserer Absichten darstellt. Seine ganze Aufmerksamkeit richtet sich auf das sogenannte Gesicht auf dem Mars. Dabei handelt es sich um einen Berg auf diesem Planeten, der auf Bildern von Raumsonden zu erkennen ist und der, wenn die Sonne in bestimmten Winkeln auf ihn fällt, eine vage Ähnlichkeit mit einem menschlichen Gesicht hat. Wie der Mann im Mond ist auch das Gesicht auf dem Mars nichts anderes als ein Zufallsprodukt von Topographie und Fotografie. Aber Hoagland und seine Anhänger bestehen darauf, daß dieses Gesicht

Sofort stürzte sich Carl auf diese Idee und war gerade von der NASA offiziell damit beauftragt worden, eine entsprechende Nachricht zu konzipieren, als wir in Puerto Rico aufeinanderstießen. Carl hatte sich bereits gedanklich mit der Sache beschäftigt und stellte sich eine Metallplatte mit einer besonderen Gravur als geeignetes Objekt vor. Mir erschien das sehr sinnvoll, da eine Metallgravur unter Weltraumbedingungen vermutlich mehrere Milliarden Jahre lang lesbar bleiben würde, wenn nicht sogar länger. Inhaltlich sollte die Nachricht etwas über die Natur des menschlichen Lebens aussagen. Außerdem sollte sie Hinweise auf Ort und Zeit enthalten, zu der *Pioneer 10* als technologischer Bote unserer Zivilisation in den Weltraum startete.

Als wir in der Hotellobby standen, bat mich Carl, an dieser Botschaft mitzuarbeiten. Der nächste Teil unserer Konferenz stand unmittelbar bevor. Die anderen Teilnehmer liefen eilig mit ihren leeren Tassen und Tellern umher und machten sich zu den nächsten Gesprächsrunden auf den Weg. Kaum hatte ich die Worte »Ja, natürlich!« ausgesprochen, da bombardierten Carl und ich uns schon förmlich mit Ideen, was wir alles in die Nachricht einbringen könnten. Die Metallplatte bot Platz für sage und schreibe 100 000 Zeichen, die es mit Informationen aufzufüllen galt. Wir konnten also eine weitaus anspruchsvollere Nachricht entwerfen, als die zwischen Barney und mir

---

eine Nachricht von Außerirdischen ist, die unsere Aufmerksamkeit erregen möchten. Zufällig befinden sich noch einige Steinformationen in der Nähe des Gesichts, die entfernt an Pyramiden erinnern. Grund genug für einige Leute, das Gesicht zu einer Kultfigur zu erheben. So entstand um das Gesicht eine ganze Mythologie, und selbst Bücher wurden schon darüber geschrieben. Die meisten Leute finden allerdings, daß bei näherer Betrachtung der Bilder – und selbst ein oberflächlicher Blick würde in diesem Fall ausreichen – klar wird, daß das Gesicht nichts anderes ist als die Seite eines Berges.

ausgetauschten binären Codes darstellten. Es bestand sogar die Möglichkeit, Strichzeichnungen von Menschen beizufügen, und wir einigten uns sofort darauf, dies auch zu tun.

Sodann kamen wir auf den Gedanken einer galaktischen Karte, die die Position der Erde im Weltraum markierte. Eine Möglichkeit war es, die Erdposition im Verhältnis zum Großen Bären und verschiedenen anderen Konstellationen zu veranschaulichen. Die Art und Weise, wie sich Konstellationen im Laufe der Zeit ändern, würde in der Nachricht das Sendedatum auf plus/minus 10 000 Jahre bestimmen. Durch die Entfernungen der Konstellationen vom Sonnensystem würde die Karte den Sendeort in einer Größenordnung von zwanzig bis dreißig Lichtjahren festlegen; dies war keine exakte Angabe, aber immerhin ein Anhaltspunkt.

Ich meinte eine bessere Idee zu haben. Zu dieser Zeit forschte ich gerade sehr ausgiebig an Pulsaren. Mir schien, daß diese schnell pulsierenden Radioquellen eine weitaus bessere Möglichkeit boten, historische Zeit- und Ortsangaben über uns zu machen. Mit Hilfe einer Auswahl bekannter Pulsare, von denen jeder seine ganz charakteristische und sehr genau gleichbleibende Frequenz besaß, konnten wir den Standort unseres Sonnensystems angeben. Da diese Frequenzen nur äußerst geringe Abweichungen von manchmal nicht mehr als dem Bruchteil einer Milliardstelsekunde pro Tag aufwiesen, sind sie sowohl geeignete Zeitmesser als auch Ortsangaben. Die Verlangsamung ihrer Perioden kann darüber hinaus sehr exakt gemessen werden. Einer Zivilisation, die klug genug wäre, die *Pioneer-10*-Botschaft aufzufangen und zu deuten, würde die Differenz der Pulsarfrequenzen zwischen denen auf der Gravur und denen bei der Entdeckung der Nachricht zeigen, wieviel Zeit vergangen war, seit die Karte angefertigt wurde.

Es war also beschlossene Sache. Wir würden eine Pulsarkarte der Milchstraße verwenden. Meine Aufgabe bestand darin, sie anzufertigen, und zwar möglichst schnell, da die Zeit drängte. Obwohl der Start der Raumsonde noch in weiter Ferne lag, blieb uns für die Arbeit an der Nachricht nur ein Monat Zeit. Die NASA benötigte das fertige Produkt sobald wie möglich, denn selbst diese kleine Platte, an der wir arbeiteten, erforderte eine umfangreiche Neuanalyse des Raumsondenentwurfes. Die zusätzliche Last der Nachrichtenplatte würde den Schwerpunkt und das Gewicht von *Pioneer 10* verändern. Die erneute Überarbeitung stellte für die NASA zwar einen erheblichen Aufwand dar, aber sie übernahm die Mehrarbeit bereitwillig, als man die öffentliche Bedeutung dieser Grußbotschaft erkannte.

Meine Pulsarkarte ähnelte in gewisser Weise einer Spinne mit zu vielen Beinen. Es war eine Sternenexplosion mit 14 geraden Linien, wobei jede Linie einen Pulsar darstellte. Die proportionale Länge der jeweiligen Linien stand für ihre Entfernung von dem zentralen Punkt, der Sonne. Entlang jeder Linie schrieb ich die Pulsarperiode in binären Zahlen, wobei ich die Strahlung des Wasserstoffatoms als eine universelle Einheit für Zeit und Länge verwendete.*

---

* Nach den Gesetzen der Quantenmechanik kann das Wasserstoffatom mit seinem einen Elektron nur in zwei möglichen Zuständen existieren – einmal im Hochenergie- und zum anderen im Niedrigenergiezustand – und von einem zum anderen Zustand überwechseln. Dabei absorbiert es Energie in Form eines einzelnen Photons. Dieses Photon besitzt eine spezifische Wellenlänge und eine entsprechende Frequenz, das heißt ein Zeitintervall von einer Spitzenphase zur nächsten. Auf der Erde beträgt die Wellenlänge 21 cm und die Frequenz 1420 Megahertz – weniger als eine Milliardstelsekunde. Andere Zivilisationen im Weltraum würden natürlich andere Maßeinheiten als Zentimeter, Megahertz und Sekunden benutzen, aber die tatsächlichen Werte dieser Basismaße des Wasserstoffatoms blieben die gleichen.

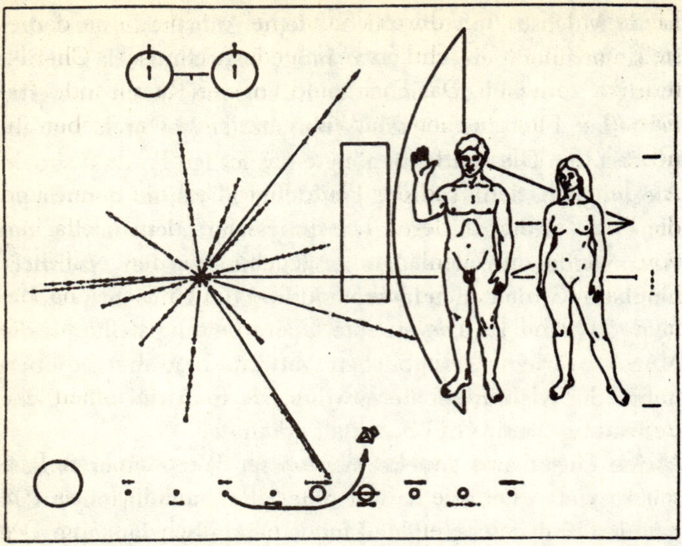

Diese Nachrichtenplatte trugen Pioneer 10 und Pioneer 11 auf ihren Flügen zum Jupiter in die Tiefen des Alls.

Diese Werte würden jedem begabten Astronomie- oder Physikstudenten geläufig sein, gleichgültig, auf welchem Planeten er lebt. Um den Empfängern der Botschaft zu zeigen, daß die Basisstrahlung der Wasserstofflinie gleichzeitig der universelle Zeitmesser und Zollstock war, also der Schlüssel für die verwendeten Zeit- und Längeneinheiten, fügten wir eine graphische Darstellung des Wasserstoffatoms über der Pulsarkarte hinzu.

Linda Salzmann Sagan, Carls damalige Frau, war die Künstlerin, die das für die galaktische Ausstellung bestimmte Bild zeichnete. Ihr Werk, das auf eine goldeloxierte Aluminiumplatte geätzt wurde, zeigte einen nackten Mann, der eine Hand zum Gruß erhob, und eine nackte Frau neben ihm.

Linda hatte sie mit durchschnittlicher Körpergröße dargestellt und ihnen absichtlich verschiedene ethnische Charakteristika verliehen. Das Paar stand vor der Raumsonde *Pioneer 10,* die im gleichen Maßstab gezeichnet war, neben ihnen lag die Pulsarkarte.
An dem unteren Rand der Platte fügte Carl die Sonne und die Planeten hinzu, deren Durchmesser in dem Vielfachen von Wasserstoffwellenlängen angegeben wurden. Auf ihrer Flugbahn dahingleitend, die vom Planeten Nr. 3 ausging, befand sich eine kleine schematische Zeichnung von *Pioneer 10.* Man sah, wie sich die Raumsonde zwischen dem größten und dem geringelten Planeten aus der planetarischen Anordnung emporhob.
Niemand von uns war auf die irdische Resonanz der Botschaft vorbereitet, die sie im März 1972 anläßlich des *Pioneer-10-*Starts und ihrer Veröffentlichung nach sich zog. Der Ärger begann, als Printmedien und Fernsehsender die Nachricht *zeigten,* die – igitt! – nackte Menschen darstellte. Die *Chicago Sun-Times* versuchte, die anstößigen Organe zu retuschieren. Von der ersten bis zur letzten Ausgabe, in der die Zeitung darüber berichtete, eliminierte sie sukzessive einen Teil der geschlechtsspezifischen Merkmale nach dem anderen.
Es folgten böse Briefe an die Herausgeber. So veröffentlichte die *Los Angeles Times* beispielsweise einen, der die NASA für die Verbreitung von »Obszönitäten« – noch dazu auf Kosten des Steuerzahlers – im Weltraum öffentlich rügte. Feministinnen beschwerten sich darüber, daß die Frau auf dem Bild dem Manne untergeordnet zu sein schien. Außerdem staunten wir darüber, daß Weiße bemängelten, die menschlichen Figuren sähen zu weiß aus, wohingegen Farbige die Ansicht vertraten, sie sähen zu schwarz aus. Offensichtlich war es so, daß sich Vertreter aller Rassen in der

Darstellung wiedererkannten und etwas gegen ihr Aussehen einzuwenden hatten.

Bei der kanadischen Fernsehgesellschaft entstand eine regelrechte Krise, als ich die Bildplatte anläßlich einer Vormittags-Talk-Show beschrieb. Nie zuvor hatte das kanadische Fernsehen Bilder nackter Menschen gezeigt. Trotzdem gingen keine Beschwerden bei der CBC ein. Nach Hause zurückgekehrt, überraschte uns unser eigener Hausverwalter des Weltraumforschungsgebäudes damit, daß er unsere Bemühungen gereizt als »Pornographie« brandmarkte.

Von den Herausgebern der britischen Presse wurden wir heruntergeputzt, weil wir die Ausarbeitung der Nachricht alleine bewältigt hatten, anstatt eine große ökumenische Gemeinschaft um uns zu versammeln, die gemeinsam daran hätte arbeiten können. Letzteres leuchtete mir als legitimer Kritikpunkt ein, der nur in Anbetracht des Zeitdrucks, unter dem wir gestanden hatten, nicht ganz berechtigt war.

Das Aufsehen, das die *Pioneer-10*-Platte erregte, machte sie, was Carl und mich betraf, zu einem Erfolg. Wir hatten angefangen, mehr über eine Nachricht *an* die Erde nachzudenken, als uns Gedanken über eine Nachricht *von* der Erde zu machen. Wir hatten gehofft, daß sich die Idee nachhaltig durchsetzen würde, daß wir nicht alleine im Universum sind, daß andere eines Tages von unserer Existenz erfahren und daß gewisse Formen des Kontaktes und der Kommunikation möglich sind.

Eine Zeitlang tauchte die *Pioneer-10*-Botschaft überall auf, fast schon wie ein Symbol der Zeit. Graffitikünstler kopierten sie auf Wände. Cartoonisten parodierten sie auf originelle Weise. (Ein Cartoon zeigte eine Gruppe »kleiner grüner Männchen«, die die Platte untersuchten, und einer von ihnen kommentierte: »Ich stelle fest, daß die Erdlinge genau wie wir aussehen, bloß tragen sie keine Kleidung.«) Einige

Geschäftsleute ließen das Design sogar auf T-Shirts drucken. Und dann, im Mai 1973, reproduzierte selbst die NASA die Botschaft: auf der Antennenhalterung von *Pioneer 11*. Diese Raumsonde war die Zwillingsschwester von *Pioneer 10* und ebenfalls dafür vorgesehen, das Sonnensystem zu verlassen. Es ist durchaus möglich, daß beide Sonden, obwohl sie nun unsere Nachricht hin zu den Sternen tragen, diese doch nur den Menschen *unseres* Planeten überbringen. Denn letztendlich sind weder *Pioneer 10* noch *Pioneer 11* dazu bestimmt, zu einem bestimmten Stern zu gelangen. Beide Raumsonden absolvierten ihre eigentlichen Aufgaben *innerhalb* des Sonnensystems, indem sie Bilder aufnahmen und Daten an die Erde zurücksandten, bis eine Beschleunigung durch die Schwerkraft eines gigantischen Planeten sie zu Punkten jenseits des Sonnensystems beförderte. Die Wahrscheinlichkeit, daß eine der beiden Raumsonden auf irgendeinem Planeten eines anderen Sternes landen wird, ist praktisch gleich Null. Ein Fremdling, der versuchen würde, von einem Raumschiff aus eine Pioneer-Sonde zu bergen, müßte wirklich ausgesprochen clever sein: zunächst einmal, um sie überhaupt zu entdecken, dann, um sie aufzufangen, und schließlich, um damit etwas Sinnvolles anzufangen. Auf der Erde hingegen hatte das Ganze eine eindeutige Wirkung. Und es ebnete den Weg für weitere solcher Botschaften.
Tatsächlich ergab sich die nächste offizielle Gelegenheit, eine Nachricht auszuarbeiten, schon 1974, gerade ein Jahr nach dem Start von *Pioneer 11*. Das Arecibo-Teleskop war zuvor zusammengebrochen und soeben wieder mit einer wesentlich besseren Konfiguration aufgebaut worden, was es möglich machte, weiter als je zuvor mit diesem Instrument in den Weltraum einzudringen. Ich plante eifrig neue SETI-Aktivitäten, bei denen wir die am weitesten entfernten Sterne abtasten konnten, die wir bislang untersucht hatten.

Die Verbesserungsarbeiten an dem Teleskop hatten insgesamt drei Jahre harte Arbeit und empfindliche Störungen in unserem Programmablauf am Observatorium verursacht. Nun aber war das Teleskop so verändert, daß wir im Grunde genommen ein völlig neues Instrument vorfanden, das es verdiente, mit einer großen Gala erneut eingeweiht zu werden.

Bei neuen Schiffen vollzieht man dies in Form einer Taufe, bei der eine Champagnerflasche an den Bug des Schiffes geworfen wird; neue staatliche Teleskope werden üblicherweise durch Festreden und Ansprachen von Astronomen und behördlichen Abgesandten eingeweiht. Als Direktor des staatlichen Astronomie- und Ionosphären-Zentrums (NAIC), welches das Teleskop für Cornell und die NSF betrieb, fiel mir die Aufgabe der Festaktgestaltung zu. Glücklicherweise stand mir Jane Allen, meine äußerst fähige Verwaltungsassistentin, zur Seite, die wirklich wußte, worauf es bei solchen Anlässen ankam, und die die Vorbereitungen für unser Fest übernahm. Sie schlug vor, die Zeremonie mit der Übertragung einer Radiobotschaft an Außerirdische zu beginnen. Es war der erste beabsichtigte Radiokommunikationsversuch, der in den interstellaren Weltraum gesendet wurde. Ohne einen Augenblick zu zögern, stimmte ich zu, überglücklich, diese Nachricht als mein Projekt betrachten zu können.

Ich begann sogleich, das alte Nullen-und-Einsen-Modell zu überarbeiten, entschlossen, dieses Mal eine deutlichere Nachricht als bei meinem Erstversuch mit dem Orden der Delphine zu entwickeln. Die gesamte NAIC-Belegschaft erhielt von mir ein Memo mit der Bitte um Anregungen für die Botschaft. Ich wollte dieses Mal nicht der alleinige Verfasser sein, weil ich mir in Erinnerung rief, wie sehr die *Pioneer-10*-Platte als das Werk einer kleinen Elite kritisiert worden war. Leider folgten nur vier Studenten meiner Aufforderung, und so saß ich schließlich trotz meiner ökumenischen Absichten und ihrer guten Vorschläge alleine da, um die Nachricht selbst zu verfassen.

Ich folgte dem Grundgedanken meiner Green-Bank-Botschaft, bei der ich unser Sonnensystem und einen Erdling menschlicher Größe gegen den 3,10 m großen »Außerirdischen« im Original austauschte. Außerdem vergrößerte ich den Entwurf zugunsten der Deutlichkeit, so daß das fertige Bild nun aus 73 Reihen zu je 23 Zeichen bestand, was einer Summe von insgesamt 1679 Zeichen entsprach. Dies war auch die obere Grenze für die Länge der Botschaft, da bei einer Sendegeschwindigkeit von 10 Zeichen pro Sekunde die 1679 Zeichen gerade noch unter drei Minuten zu senden waren. Eine noch umfangreichere Nachricht, so fürchtete ich, wäre für die Festgäste langweilig gewesen.

Die Nachricht begann mit der Aufzählung der Zahlen eins bis zehn im Dualsystem. Anschließend benutzte ich die Zahlen, um die für unser irdisches Leben essentiellen Moleküle zu zeichnen und zu benennen: Wasserstoff, Kohlenstoff, Stickstoff, Sauerstoff und Phosphor. Ebenfalls in chemischen Formeln beschrieb ich die Bestandteile der Komponenten unseres genetischen Materials, der DNA. Die Nachricht enthielt außerdem eine graphische Darstellung der Doppelhelix der DNS-Moleküle, die genau bis zum Kopf der menschlichen Gestalt reichte und so eine Verbindung zwischen ihnen herstellte. Innerhalb der Doppelhelix stellte ein in die Länge gezogener Block die Zahl 3 Milliarden dar, die die Komplexität unseres genetischen Materials versinnbildlichte. (So viele Codezeichen existieren in einem Molekül der menschlichen DNA.) Rechts von der Gestalt gab eine weitere große Zahl, 4 Milliarden, Aufschluß über die Bevölkerungszahl der Erde.

Diagramm der Arecibo-Radionachricht, die 1974 zum Kugelsternhaufen im Sternbild des Herkules gesandt wurde

Meine Menschengestalt trug sehr zu meinem Kummer ganz eindeutig männliche Züge. Als ich jedoch mit der mir zur Verfügung stehenden Anzahl von Zeichen versuchte, ein eher neutral aussehendes Wesen zu entwerfen, ähnelte das Ergebnis eher einem Gorilla als einem Menschen. Also ließ ich es lieber männlich als affenartig aussehen. Unbewußt habe ich vielleicht versucht, es mir ähnlich sehen zu lassen, als ob ich mich selbst à la *Star Trek* hinaufbeamte. Ich muß zugeben, daß ich sogar die Größe des Menschen notierte (die Zahl links von der Figur), die 14 betrug. Aufgrund der Wellenlänge der Übertragungsfrequenz, 12,6 cm, stellte sich heraus, daß der Mensch 1,80 m groß war – genau wie ich. Was für ein Zufall!

Unter der Gestalt plazierte ich die Sonne und die Planeten, wobei der dritte Planet von der Sonne aus über den anderen stand, fast genau zwischen den beiden Füßen des Menschen, um ihn so als bewohnte Welt zu kennzeichnen. Unter dem Sonnensystem befand sich die schematische Darstellung eines Teleskops mit einem Durchmesser von 305 m, das man, wie ich hoffte, als das Instrument erkennen würde, mit dem die Botschaft gesendet wurde.

Zunächst einmal übermittelte ich die Nachricht in der Mittagspause in den Cornell-Fakultätsclub an Carl. Carl war Direktor des Universitätslaboratoriums für planetarische Studien, das nicht zum NAIC gehörte, so daß er mein Memo mit der Bitte um Anregungen auch nicht erhalten hatte. Die meisten Dinge fand er sehr schnell heraus, was mich unendlich freute. Darüber hinaus machte er einige Änderungsvorschläge, die ich in die Nachricht einarbeitete. Mir war allerdings klar, daß Carls rasches Verständnis noch lange keine Garantie dafür sein konnte, daß ein Außerirdischer bei der Entschlüsselung denselben Erfolg haben würde.

Ich dachte, daß die Botschaft die Informationen enthielt, die für die Kreaturen im Weltraum, die sie eines Tages entdecken könnten, am relevantesten, interessantesten und wichtigsten waren. Dennoch versicherte ich mir immer wieder, daß der spezielle Inhalt eigentlich nicht der entscheidende Aspekt war. Vielmehr stellte die Form der Botschaft eine Nachricht an sich dar, die durch periodische Wiederholungen noch verstärkt werden konnte. Die Sendestärke des Arecibo-Senders betrug etwa eine halbe Million Watt, die sich allerdings in einem Strahl mit einer effektiven Leistung von circa 20 Trillionen Watt konzentrierte. Auf ihrer spezifischen Wellenlänge würde die Nachricht heller strahlen als die Sonne. Dies, so glaubte ich, müßte ausreichen, um Aufmerksamkeit zu erregen.

Dank Arecibos neuer Fähigkeiten, sich auch über endlos erscheinende interstellare Entfernungen hinweg Gehör zu verschaffen, konnten wir nun ein Ziel für unsere Botschaft auswählen und ziemlich sicher sein, es auch zu treffen. Es schien, als könnten wir die größte Meilenzahl mit der Nachricht erreichen, wenn wir auf einen Teil des Himmels zielten, wo die Sterne am dichtesten waren. Ich schaute mir einige Himmelsaufnahmen an und fand heraus, daß sich mittags gegen 13 Uhr am Tag unserer Einweihung, also genau zu dem Zeitpunkt, an dem die Feier beginnen sollte, ein dichter Sternenhaufen von insgesamt rund 300 000 Sternen (und möglicherweise ebenso vielen Planeten) fast direkt über uns befinden würde. Damit stand unser Ziel fest: M-13, der Kugelsternhaufen im Sternbild Herkules. Die Tatsache, daß der Haufen 24 000 Lichtjahre entfernt ist, dämpfte meinen Enthusiasmus nicht im mindesten. Schließlich ging es um eine kosmische Aktion, die auch in kosmischer Zeitrechnung arbeiten durfte. Sollte allerdings die Botschaft eine Antwort nach sich ziehen, würde wohl niemand mehr von uns in der Nähe sein, um sie zu hören.

Irgendwie gelang es uns, die Botschaft bis zu dem Einweihungstag und der Ankunft der 250 Gäste und Redner mehr oder weniger geheimzuhalten. Sie versammelten sich unter einem seitlich geöffneten Partyzelt mit Blick auf die riesige Reflektorschüssel des Teleskops und auf die in der Mittagssonne schimmernde neue Aluminiumoberfläche.

Um den Vorführungseffekt noch zu steigern, hatten einige Mitarbeiter dafür gesorgt, daß auch das Übertragungsgeräusch der Nachricht simultan über Lautsprecher zu hören war. Als die Reden beendet waren, kündigte eine laute Sirene an, daß der große Hängearm des Teleskops sich in seine Ausgangsposition bewegte. Dann erfüllten die zweistimmigen Töne der Botschaft die Luft wie das Klimpern einer seltsamen Musicalmelodie auf einem gigantischen Synthesizer. Dieses Lied, das so einzigartig und voller Sehnsucht war, bewegte uns tief. An jenem Nachmittag in tropischer Hitze sah ich, wie Frauen in ärmellosen Kleidern plötzlich eine Gänsehaut bekamen, und ich sah, wie sich die Augen manch eines nüchternen Wissenschaftlers mit Tränen füllten. Auch meine taten es.
Oben im Kontrollraum entdeckte der Ingenieur Henry Cross noch eine weitere Dimension bei der Übertragung, die uns allen entgangen war. Die ersten sechs Töne – vier kurze Piepser, gefolgt von zwei kurzen Piepsern – ergaben im Morsecode ein Wort, und so begann unsere Nachricht mit dem Wort »Hallo«.
Nachdem die Feier selbst und auch das anschließende Mittagessen vorüber waren und alle Gäste zu den Bussen zurückgingen, hatte die Nachricht die Nähe von Plutos Umlaufbahn erreicht. Sie verließ bereits das Sonnensystem – nicht wie bei einem Raumschiff nach mehreren Flugjahren, sondern nach einer Reise von nur wenigen Stunden.
Durch Presseberichte erreichte die Neuigkeit der Übertragung unserer Botschaft einen Tag darauf Europa, wo sie einen ernsthaften Unmutsausbruch von Sir Martin Ryle, dem englischen Hofastronomen, auslöste. Sein Schreiben an den Präsidenten der IAU brachte seine Geringschätzung über unsere Aktion und seine Ängste zum Ausdruck, daß wir den gefährlichen Schritt gewagt hatten, uns mit dieser Nachricht

selbst in der Galaxis zu verraten. Er war davon überzeugt, daß wir die gesamte Menschheit an Außerirdische mit möglicherweise schlechten Absichten ausgeliefert hatten, die nun Jagd auf uns machen könnten. Er war derartig darauf versessen, sicherzustellen, daß nie wieder eine solche Nachricht ausgesendet würde, daß er von den IAU-Verantwortlichen verlangte, die Aktion in einer offiziellen Resolution zu verurteilen.

Nun, man muß wissen, daß Ryle in Astronomenkreisen in dem Ruf stand, manchmal etwas exzentrisch zu sein, und bei wissenschaftlichen Zusammenkünften schon mal einen regelrechten »Koller« bekam. Wenn beispielsweise eine Gruppe von Wissenschaftlern Ergebnisse von Beobachtungen präsentierte, die sein Observatorium theoretisch auch hätte machen können, es aber nicht getan hatte, ging er oft aus dem Besprechungszimmer und legte sich in der Halle auf ein Sofa, um zu weinen. Aber Ryle war nun einmal der Hofastronom – trotz seiner skurrilen Art. (Etwas später in demselben Jahr wurde ihm der Nobelpreis für Physik für die Entwicklung maßgeblicher Techniken in der Radioastronomie verliehen.) Ich konnte ihn daher nicht so einfach ignorieren.

Also schrieb ich Sir Martin, um ihm das mitzuteilen, was ich Ihnen bereits erklärt habe: Es ist zu spät, um sich darüber zu sorgen, daß wir uns verraten könnten. Dies ist bereits geschehen und wird täglich mit jeder Fernsehübertragung, mit jedem militärischen Radarsignal und jedem Raumflugkommando wiederholt. Ich erklärte ihm auch die Gründe, aus denen ich mich nicht davor ängstigte, daß Außerirdische unseren Standort kennen. Sie sind einfach zu weit von uns entfernt, um eine Gefahr darstellen zu können. Außerdem glaube ich auch nicht, daß sie irgendwann eine Bedrohung für uns darstellen werden. Ich denke, daß feindlich gesinnte, zum Krieg entschlossene Stämme – seien sie nun irdischer oder außerirdischer Herkunft – sich mit ihren eigenen Waffen vernichten werden, lange bevor sie auch nur über interstellare Reiseversuche nachdenken. Die friedvolleren Nationen, die sich mit der Wissenschaft befassen und vielleicht das Geheimnis der Unsterblichkeit gelüftet haben, werden sich eher wohlwollend, scheu und in ihrer Kontaktfreudigkeit aus gutem Grund sehr zurückhaltend verhalten. Ryle schien mit meinem Brief zufrieden zu sein. Jedenfalls hörte ich nichts mehr von ihm, obwohl die IAU nie ein Verbot für interstellare Nachrichten erließ.

Carl und ich hatten also grünes Licht für weitere Versuche. Und so setzten wir uns im Januar 1977 erneut zusammen, um die letzte unserer interstellaren Botschaften zu planen. Sie sollte als Passagier an Bord der beiden Voyager-Sonden reisen, die im darauffolgenden August und September zu ihren Jupiter- und Saturnmissionen aufbrachen (eine Voyager-Sonde besuchte auch Uranus und Neptun) und über die Grenzen des Sonnensystems gelangen sollten.

Wieder trafen wir uns anläßlich einer Konferenz der amerikanischen Astronomiegesellschaft, dieses Mal allerdings in Honolulu in einer wesentlich besser vorbereiteten Situation. Carl und seine Familie hatten einen hübschen Bungalow auf dem Gelände des Kahala-Hilton-Hotels gemietet, in den sie mich einluden. Direkt vor dem Häuschen lag eine malerische Lagune, die von zwei dressierten Delphinen bewohnt wurde. Bei geöffneten Fenstern konnten wir hören, wie sie zusammen spielten, schwammen und durch ihre Luftlöcher atmeten. Sie waren uns Menschen eine wertvolle Quelle der Inspiration.

Wie üblich hatten wir wenig Zeit, und so zogen wir ernsthaft in Erwägung, lieber Kopien der *Pioneer-10*-Platte mitzuschicken, als etwas Neues zu entwerfen und uns abermaliger

Kritik aussetzen zu müssen. Aber in Carls Ohren klang Musik. Dieses Mal sollte die Nachricht Musik enthalten und Carl gab sich davon überzeugt, daß unsere Musik ein wahres Maß unserer Errungenschaften darstellte. Die Herausforderung lag darin, diesen Plan zu verwirklichen. Wir dachten an eine Tonbandaufnahme, waren aber nicht überzeugt, daß dieses Medium den richtigen Stoff für eine interstellare Kommunikation abgab. Ein Band war zu schwach und zu dünn. Da die Langlebigkeit eine Grundvoraussetzung war, brauchten wir Materialien, die so robust waren wie die *Pioneer-10*-Metallplatte.

Aufgrund meiner immer noch vorhandenen starken Affinität für Bilder dachte ich, daß sie einen Teil der Nachricht bilden sollten. Carl vertrat die gleiche Ansicht über Musik. Plötzlich kam mir der Gedanke, daß wir beide Arten der Botschaft, also die visuelle und die akustische, mit Hilfe einer phonographischen Aufzeichnung zusammenbringen könnten. An sich war eine phonographische Aufnahme eine gravierte Wachsplatte. Wir konnten statt dessen eine Metallplatte nehmen, eine Aufzeichnung der musikalischen Auswahl anfertigen und auf derselben Platte auch Bilder in Form von Fernsehbildern aufzeichnen.

Fernsehbilder werden als kontinuierliche Signale über einen großen Bereich von Radiofrequenzen übermittelt. Ich war sicher, daß es einen Weg gab, um die Bildfrequenzen in die wesentlich niedrigeren Frequenzen der phonographischen Aufnahmen zu übersetzen. Damit könnten wir Musik, Bilder und verschiedene Geräusche der Erde kombinieren. Wir stellten uns vor, wir würden sogar Bilder mit den dazugehörigen Geräuschen mischen, beispielsweise eine Szene am Times Square mit dem Verkehrslärm und anderen Straßengeräuschen, die man dort hören konnte. Am Ende würden wir noch die Aufzeichnung zusammen mit ihrer entsprechenden

Abspielvorrichtung der Voyager-Sonde mit auf den Weg geben. Diese Perspektive begeisterte Carl.
Glücklicherweise klärte uns niemand darüber auf, daß die für unseren kühnen Vorschlag notwendige Technologie noch gar nicht existierte. Es gab einfach keine Möglichkeit, Fernsehbilder mit einem Phonographen »aufzunehmen«. Und so waren wir voll glückseliger Ignoranz in unserem hawaiianischen Bungalow emsig damit beschäftigt, Berge von Papierblättern aus dem hoteleigenen Schreibwarengeschäft mit Listen von Bildideen und Titeln berühmter Musikwerke zu füllen, die wir der Nachricht beifügen wollten.
Wie es manchmal eben so ist, geschah folgendes: Als Carl den Aufzeichnungsentwurf der NASA verkaufte und eine Expertengruppe engagierte, um die eigentliche Produktion durchzuführen, hatte plötzlich jemand genau die Apparatur erfunden, die wir benötigten. Es war ein von der Firma Colorado Video Inc. in Denver entwickelter Spezialcomputer, der fernsehtypische Signale in viel niedrigere Frequenzen umwandelte. Diese Frequenzen konnten für sämtliche Verwendungszwecke benutzt werden – von der Aufnahme auf Phonographen bis hin zur Übertragung via Telefonleitungen. Die Erfindung kam gerade rechtzeitig, und wir sind der CVI unendlich dankbar für die Bereitstellung dieses Computers und der Serviceleistungen ihrer Fachkräfte für das Voyager-Projekt.
Zu Beginn unserer Planung dachten wir, daß wir der Nachricht nicht mehr als zehn Bilder beifügen könnten, weil ich mir ausgerechnet hatte, daß jedes Bild etwa drei Minuten auf unserer Aufzeichnung beanspruchen würde. In der Praxis benötigte das clevere CVI-Elektroniksystem lediglich acht Sekunden Aufzeichnungszeit für ein Bild. Damit hatten wir nun Platz für mehr als hundert Bilder, plus eineinhalb Stunden für Musik, gesprochene Grüße und andere Geräu-

sche der Erde, die auch den Gesang der Buckelwale, einen Kuß, einen Herzschlag sowie die Schockwelle beim Start einer Saturn-V-Rakete umfaßten. Der gesamte Informationsgehalt der interstellaren Voyager-Aufzeichnung betrug 10 Millionen Zeichen und war damit weit informativer als jeder vorausgegangene Versuch einer Nachrichtenaufzeichnung.

Man sollte annehmen, daß es einfacher ist, diese Informationsfülle zusammenzustellen, als zu versuchen, das Wesentliche des menschlichen Daseins in die knappe Sprache der *Pioneer-10*-Platte oder der Arecibo-Botschaft zu fügen. Dem war aber nicht so. Mehr Zeit bedeutete mehr Möglichkeiten, und noch immer mußten die Möglichkeiten begrenzt werden, um dem erlaubten Platz zu entsprechen. Rückblickend bin ich dankbar, daß die Technologie zur Herstellung von Videodiscs erst nach dem Voyager-Start verfügbar wurde. Denn obwohl eine Videodisc im Grunde genommen eine Ewigkeit existieren kann, hätten wir eine Ewigkeit benötigt, um sie mit Informationen zu füllen, weil ihre Aufnahmekapazität von circa 50 000 Bildern immens ist. Ich kann mir wirklich nicht vorstellen, wie ich mit einem derartigen Volumen umgegangen wäre. Ich fürchte, die Nachricht hätte unsere Erde nie verlassen.

Unsere Arbeit brachte auch, was nicht weiter erstaunlich war, große Ängste und viele schlaflose Nächte mit sich, in denen wir uns mit dem Projekt beschäftigten. Glücklicherweise konnten wir auf die Unterstützung zahlreicher talentierter Menschen zählen, die uns dabei halfen, die Probleme zu lösen – es würde zu weit führen, sie alle hier namentlich zu erwähnen. Maßgeblich an dem Projekt beteiligt waren sicherlich die Schriftstellerin Ann Dryan (die heute mit Carl verheiratet ist), die einen Großteil der Geräusche auf der Erde, wie zum Beispiel von Vulkanen und Donner bis hin zu Grillen, Fröschen und Gelächter, für uns sammelte; der

Künstler Jon Lomberg suchte zahlreiche Bilder aus, und der Schriftsteller Timothy Ferris traf mit Unterstützung von musikwissenschaftlichen Beratern die Auswahl der Musikstücke. An einem Punkt kam, wie ich mich entsinne, ziemliche Verwirrung auf. Es betraf das Protokoll, das in allen Sprachen der Erde Grußworte zu den Sternen zusammenstellen sollte, was beinahe die gesamten Vereinten Nationen in Aufruhr versetzte.

Ich war für die Bilderauswahl verantwortlich. Unsere Arbeitsgruppe beschloß, nur solche Informationen weiterzugeben, die Außerirdische nicht bereits durch eigene Aktivitäten kannten. Das bedeutete, daß wir nicht viel über die Wissenschaften, das Universum oder die Mathematik aussagten. Dafür konzentrierten wir uns mehr auf Bilder von Blumen, Bäumen, Tieren, Ozeanen, Wüsten, Supermärkten, Autobahnen, Häusern und Menschen, die mit allen möglichen alltäglichen und auch außergewöhnlichen Dingen beschäftigt waren. Mir schien es wichtig, die Menschheit sowohl mit den Schwächen als auch mit den Stärken ihrer Technologie darzustellen. Daher entschied ich mich für ein Bild, das während einer Antarktisexpedition entstand und einen gigantischen Traktor zeigte, der hoffnungslos über einer Gletscherspalte festhing.

Wir wollten auch Bilder von nackten Menschen mitschikken, aber von welchen? Von denen, die uns am bezauberndsten und schönsten erschienen? Durchschnittsmenschen sehen jedenfalls nicht so aus. Wenn wir ein ehrliches Portrait zeichnen wollten, mußten wir Menschen in ihrer Lebensmitte zeigen, mit dicken Bäuchen, Buckeln und Hängeschultern. Schließlich aber wurde diese grundsätzliche philosophische Überlegung gegenstandslos, weil die NASA eifrig darauf bedacht war, keinen erneuten Zusammenstoß wegen frontaler Nacktheit zu riskieren.

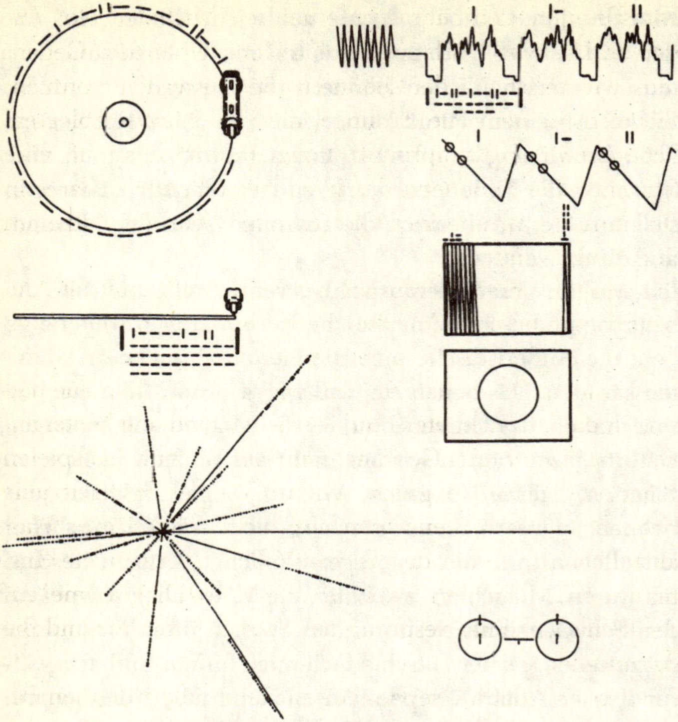

Behälterhülle mit der audiovisuellen Aufzeichnung, die Voyager 1 und 2 ins All trugen

In der fotografischen Endauswahl, die wir der NASA zur Verabschiedung vorlegten, fügten wir ein Bild bei, das einen nackten Mann und eine schwangere, nackte Frau zeigte, die sich an den Händen hielten. Es war ein Teil einer Reihe über die menschliche Reproduktion, eine ästhetische Darstellung dieses Lebensaspektes und nicht im entferntesten lüstern zu nennen. Aber die NASA, die sich immer noch an den *Pioneer-10*-Skandal erinnerte, lehnte das Bild ab. Statt dessen schlug man Fotografien berühmter Statuen wie Michelangelos *David* vor. Dies ließ mich zögern. Ich lächelte bei dem Gedanken, wie solche Bilder fehlinterpretiert werden konnten: Vielleicht würden alle Erdlinge, die ihre Kleider ablegten, zu Stein? Als Kompromiß einigten wir uns auf eine schwarzweiße Silhouette des händchenhaltenden Paares in Diagrammform mit einer Querschnittansicht des Babys im Körper der Mutter.

Die fertige Aufnahme war aus Kupfer gepreßt und mit Aluminium ummantelt. Auf der Aluminiumhülle gab es noch Platz für Hinweise. Dafür stand uns soviel Fläche zur Verfügung, wie wir sie damals für unser ganzes Kommuniqué hatten, und wir zeichneten ein Aufsichts- und ein Seitenansichtsdiagramm als Gebrauchsanweisung zum Abspielen der Platte. Daneben gaben wir an, wieviel Spielzeit jede Plattenseite besaß, wenn man die 21-cm-Zeitskala des Wasserstoffatoms wie bei der *Pioneer-10*-Platte verwendete. Insgesamt befanden sich zwei der *Pioneer-10*-Diagramme auf der Hülle: der Energiesprung des Wasserstoffatoms und die Pulsarkarte.

Für den Fall, daß diese Hinweise einem außerirdischen Publikum nicht ausreichen sollten, um das Datum unserer historischen Aufnahme zu bestimmen, überzogen wir die Hülle mit einem extrafeinen Film aus reinem Uran 238. Durch seinen natürlichen Verfall im Laufe der Zeit würde dieser winzige Hauch radioaktiven Materials einen weiteren Zeitmesser liefern, der etwas über das Alter der Aufnahme aussagte.

Das letzte Diagramm erklärte, wie die Bildsignale von Tönen in Bilder übersetzt werden mußten. Es ist in der Tat recht kompliziert zu verstehen. Die Außerirdischen werden etwas zu entdecken haben, das keineswegs offensichtlich ist. Dreht sich die Platte auf einem Plattenteller mit der Nadel in der Furche, entsteht durch die Nadel eine variable Spannung. Nun müssen sie bestimmen, wie sie diese Spannung nutzen – ob sie Töne oder Bilder oder sonst etwas wollen. Dies läßt sich nur durch Versuche herausfinden. Auch dann bleibt es ein Puzzlespiel, weil die Musik rhythmisch ist. Sie hat einen Takt. Aber auch die Fernsehbilder haben einen Takt. Wenn ich einige davon für Sie summen sollte, würden sich die Fernsehbilder wie *klick* brumm *klick* brumm *klick* brumm anhören. Es gibt einen klickenden Ton, gefolgt von einem Brummen, und das bei jeder der 512 Linien, aus denen jedes einzelne Bild besteht.

Mit ein wenig Glück wird dieser Teil der Platte, der so wenig mit der eigentlichen Musik, den Stimmen und den anderen Geräuschen zu tun hat, die Fremdlinge erkennen lassen, daß sie die *Klick-brumm-*Sequenzen irgendwie anders interpretieren müssen. Diese Erkenntnis hängt aber davon ab, ob sie das Prinzip der Musik verstehen. Wenn ja, dann werden sie es vielleicht herausfinden. Wenn sie allerdings keinerlei Erfahrung mit Musik haben sollten, werden sich Musik und Bilder für sie nicht wesentlich voneinander unterscheiden. Selbst wenn die Fremdlinge Musik liebten, glaube ich, daß sich ihre eigene von der unsrigen derart unterscheiden dürfte, daß sie es vorziehen könnten, lieber unseren Bildern zu lauschen! Ich stelle mir vor, wie sie mit ihren Walkmen auf dem Kopf herumlaufen und glücklich mit ihren Tentakeln zu den Bildern schnippen, das Zeug aber, das wir Musik nennen, als rätselhaften und abscheulichen Lärm betrachten. Ich glaube, daß Fremdlinge, die keinerlei Ahnung von *Tönen* haben, versuchen könnten, alle Informationen in Bilder umzusetzen. Die echten Bilder würden deutlich erscheinen, wohingegen die Musik einem Gemälde von Jackson Pollock gleichkäme – ich hoffe, sie schätzen abstrakte Malerei.

Im Ernst – auch hier ist das Medium die Botschaft, wie Marschall McLuhan sagen würde. Selbst wenn die Aufnahme in einer beliebigen außerirdischen Welt ihr Dasein als rätselhafte Ikone fristete, würde man sie dort als ein künstlich geschaffenes und technologisch entwickeltes Ding von offenbar intelligentem Ursprung betrachten.

Hätten wir Erdlinge zum Zeitpunkt des Voyager-Starts eine Compact Disc von einer fremdartigen Zivilisation erhalten, hätte ich sicherlich nicht gewußt, was ich damit anfangen sollte. Dennoch wäre es die Bestätigung meiner kühnsten Träume gewesen.

Da wir mit der Voyager-Aufzeichnung in Zeitnot gerieten, mußten wir die Geräusche und die Musik getrennt von den Bildern aufnehmen. Wie sehr wünsche ich mir, daß wir beides miteinander hätten vermischen können, so wie wir es ursprünglich beabsichtigten. Ach, hätten wir doch nur mehr Zeit gehabt!

Ich schätze, daß das Jammern nach mehr Zeit sprichwörtlich allgegenwärtig unter den Zivilisationen ist, die noch nicht die Unsterblichkeit erlangt haben. Vielleicht verstehen ja die Empfänger der Voyager-Platte unsere Misere. Dann könnten sie uns als immerhin intelligent genug für das Arrangement dieser Multimediabotschaft einschätzen und wüßten, daß wir nur zu sehr in Eile waren, um sie perfekt zu gestalten. Daraus würden sie ganz richtig folgern, daß die absendende Zivilisation der Vorbereitung interstellarer Botschaften keine so große Bedeutung beigemessen hat wie der Vorbereitung des Raumschiffes, das die Botschaft mit sich führte.

Vielleicht sitzen sie da und nicken sich weise zu oder machen sonst eine Geste, die bei ihnen als Nicken gilt, und erinnern sich an die Anfänge ihrer eigenen Zivilisation, als jedes Projekt noch ein Wettlauf mit der Zeit war. Während sie gemächlich mit der Deutung unserer Nachricht beginnen, denn ob es Tage oder Zeitalter in Anspruch nimmt, spielt für sie keine Rolle, haben sie möglicherweise Mitleid mit den Musikmachern der Aufnahme, die nun schon eine Milliarde Jahre tot sind. Damals war auch ihre Zivilisation sterblich, und immer in Eile, und sie erkannten noch nicht den Wert, den der Kontakt zur Gemeinschaft galaktischer Zivilisationen besitzt.

Ein kleiner, blauer Schemel?

Eben darum glaube ich aus theologischer Sicht,
daß es ein Wesen namens Gott gibt,
und daß ER so unendlich groß ist in seiner Intelligenz,
seinem Frieden und seiner Macht, daß ich die Grenzen dessen,
was ER geschaffen haben könnte, nicht zu setzen vermag.
ER hat den Urknall geschaffen …
ER könnte vorgesehen haben,
daß er sich in Milliarden verschiedener Richtungen entwickelt,
Milliarden von Lebensformen und Milliarden von
Arten intelligenter Wesen eingeschlossen.
Als Theologe würde ich sagen, daß diese
beabsichtigte Suche nach außerirdischer Intelligenz
(SETI) auch eine Suche nach einem besseren
Gottesverständnis ist – durch seine Werke,
und besonders durch die Werke, in denen ER sich
am deutlichsten widerspiegelt.
Andere als uns zu finden würde bedeuten,
IHN besser zu kennen.

Theodore M. Hesburgh
Universität von Notre-Dame

Es war einer dieser Tage, an denen alles schiefläuft und an denen ein Tiefschlag dem nächsten folgt, ein Tag, an dem ich wünschte, im Bett geblieben zu sein. Es war Donnerstag, der 16. Februar 1978, der Tag, an dem Senator William Proxmire sein »Goldenes Vlies des Monats« an SETI verlieh.

Bitte verwechseln Sie das jetzt nicht mit dem vielgepriesenen Goldenen Vlies, nach dem Jason in der griechischen Mythologie suchte! Proxmires Version war seine ureigene, grelle Art, Forschungsprojekte niederzuschmettern, um Publicity für sich zu machen. Den Begriff verwendete er im negativen Sinne, um damit auszudrücken, daß die Regierung um ihr Geld betrogen wurde.

Proxmire verlieh seine »Auszeichnung« an Studien, die nicht seine Vorlieben betrafen oder die ihm unsinnig erschienen, gleichgültig, ob er etwas davon verstand oder nicht. Er zeigte lange Listen mit Projekten, die von Regierungsstellen subventioniert wurden, vom staatlichen Gesundheitsinstitut über die staatliche Stiftung für Wissenschaften bis hin zu den Streitkräften und bedauerte jene, die er betrogen glaubte. Dann erhob er seine Stimme und beschwerte sich lauthals darüber, daß der Kongreß Steuergelder für sinnlose Zwecke vergeudete. Oftmals kam das Aufsehen, das Proxmire mit seinen Aktionen erregte, für die betroffenen Forscher einem Urteilsspruch gleich, die anschließend hart dafür kämpfen mußten, um erneut finanzielle Unterstützung zu erhalten. Manch einer verdiente dieses Schicksal auch. Aber in anderen Fällen wurde gute Arbeit vorzeitig durch die Art und Weise beendet, wie der Senator sie in der Presse darstellte.

Bei Proxmires »Opfern« handelte es sich ausnahmslos um Projekte, die man leicht vor einem Laienpublikum ins Lächerliche ziehen konnte, womit man natürlich einen großen Medienerfolg erntete. Am häufigsten wählte er deshalb Studien über Sex, und sein erster Angriff ging in die Richtung, daß hier die Natur der menschlichen Liebe ausgebeutet und verunglimpft werden sollte. Als Proxmire auf SETI stieß, hatte er Visionen von kleinen grünen Männchen, von den Schlagzeilen im *National Enquirer* möchte ich erst gar nicht berichten.

Der Schock traf uns aus heiterem Himmel – ohne jegliche Vorwarnung. Auf einmal hatte der Senator in Washington eine Pressekonferenz einberufen, um mitzuteilen, daß die NASA nun auf dem Niveau von *Krieg der Sterne* oder *Begegnung der Dritten Art* nach intelligentem Leben im Weltraum suchte. Er wünschte, daß dieses Projekt »für einige Millionen Lichtjahre zurückgestellt wird«, wie er sich ausdrückte, wobei ihm offenbar entgangen war, daß ein Lichtjahr ein Maß für Entfernungen, nicht aber für Zeit ist. Sein Hauptvorwurf gegen das Projekt war die Tatsache, daß außerirdische Zivilisationen viel älter sein könnten als wir.

»Sollten wir von ihnen gesandte Botschaften empfangen«, erklärte Proxmire, »dann sind diese wahrscheinlich nicht nur vor der Entdeckung Amerikas oder vor Christi Geburt abgeschickt worden, sondern bevor die Erde selbst entstand. Das überwältigend Einzigartige ist, daß solche Zivilisationen, selbst wenn sie einmal existierten, nun ausgestorben und nicht mehr existent sind.«

Sei es wie es will, selbst wenn *sie* tot und vergangen sind, so wäre es immer noch verblüffend, eine Nachricht von ihnen zu erhalten und die Antwort auf eine der drängendsten Fragen der menschlichen Philosophie zu bekommen, die lautet: Sind wir die einzigen intelligenten Wesen im Universum? Abgesehen davon studieren wir immer noch ebenso sorgfältig wie fleißig unseren Dickens, die alten Griechen und natürlich auch die Bibel. Eine gute Botschaft behält ihre Bedeutung noch lange nach dem Tode ihres Verfassers. Mir kam es so vor, als hätte sich Proxmire mit seinem Argument selbst zum Narren gemacht.

Aber Proxmire lenkte völlig unbeeindruckt alle Lacher direkt auf SETI. Er erschien wie ein Volksheld, der ein abstruses Unterfangen anprangerte. Ich befürchtete, daß das »Goldene Vlies« SETI vernichten könnte. Das Projekt, das sich letztlich einen guten Ansatzpunkt bei der NASA erkämpft hatte, lief nun Gefahr, als Resultat dieser »Auszeichnung« aus der Budgetplanung herausgeworfen zu werden. Meine Sorge war wohlbegründet, wie sich später herausstellte.

Proxmire verurteilte SETI als ein NASA-Unternehmen und ließ in seinen Zitaten nie meinen Namen oder den eines anderen Beteiligten verlauten. Aber da ich mich so sehr mit dieser Aufgabe identifizierte, hätte er mich auch gleich persönlich angreifen können. Daher empfand ich es als schmerzhaft, wie er meine Arbeit öffentlich denunzierte, obwohl ich genau wußte, daß es ungerechtfertigt war.

Frustriert und wütend machte ich mich daran, eine passende Antwort zu verfassen. Wenn die Zeitungen mich um einen Kommentar zum »Goldenen Vlies« baten, sagte ich ironisch, daß ich für den Senator eine Mitgliedschaft in der »Flacherden-Gesellschaft« anstrebte. Ich dachte, daß er dort eine Menge Anhänger finden würde. Zu meinem Erstaunen rief mich einer seiner Mitarbeiter an und erkundigte sich allen Ernstes, ob Mr. Proxmire auch ein Zertifikat oder eine Plakette der »Flacherden-Gesellschaft« erhalten würde, die man rahmen und in seinem Büro aufhängen könnte. Wie sich herausstellte, sollte er nichts dergleichen bekommen.

Die »Flacherden-Gesellschaft«, ursprünglich in England gegründet, hatte ihren Hauptsitz nach Barstow in Kalifornien verlegt, wo der amtierende Präsident lebte und eine Tankstelle betrieb (und zwar in einer Gegend, die recht flach war). Die Gesellschaft ignorierte die Tatsache, daß Astronauten eine perfekt gerundete Erde fotografiert hatten; ihre Mitglieder machten der Raumfahrtbehörde sogar den Vorwurf des Betruges. Nun, der Präsident zeigte sich schockiert über meinen Antrag, Proxmire in die Gesellschaft aufzunehmen. Er lehnte den Antrag auf Mitgliedschaft des Senators ab, noch bevor ich ihn formulieren konnte.

»Ich weiß, wer Sie sind, Frank Drake«, schrieb mir der »Flacherden-Präsident« in einem wütenden Brief, »und ich weiß auch, was Sie vorhaben. Sie wollen mich dazu benutzen, um einen anderen lächerlich zu machen, aber dabei werde ich nicht mitspielen. Ich werde nicht zulassen, daß Senator Proxmire als Mitglied der ›Flacherden-Gesellschaft‹ zugelassen wird, damit Sie sich dann über ihn und unsere Gesellschaft lustig machen können.« Ich fand den Brief erfrischend aufrichtig und auch beeindruckend. Selbst der Präsident der flachen Erde erkannte die Fehler in Proxmires Logik! Obwohl der Mann die fundamentalsten Tatsachen der modernen Astronomie ignorierte, mußte ich zugeben, daß er seine Prinzipien hatte. An diesem Punkt ließ ich alle Gedanken an Vergeltungsmaßnahmen gegen Proxmire fallen, aber er hatte seinen Krieg gegen SETI noch nicht beendet.

Proxmires Auszeichnung hatte den bereits von mir befürchteten bitteren Effekt: Unsere Gelder wurden gekürzt. Irgendwie gelang es John Billingham, während dieser düsteren Zeit unsere Hoffnung dadurch aufrechtzuerhalten, indem er verschiedene nach seinem Ermessen verwendbare Gelder in die SETI-Forschung einfließen ließ. In einem Jahr war es ihm möglich, 500 000 Dollar zu erhalten, im nächsten Jahr waren es eine Million Dollar, die für das große NASA-Vorhaben, das Ames-Forschungszentrum und das Jet Propulsion Laboratory in einem gemeinsamen Projekt zu vereinen, bestimmt waren. Gemeinsam sollten die beiden Zentren an der Entwicklung der Hardware (Multi-Multikanalempfänger) und der Software (in diesem Fall Computerprogramme zur Analyse der empfangenen Signale nach intelligenten Mustern) für eine ernsthafte Forschung arbeiten. Sobald die notwendigen Mittel zur Annäherung an den kosmischen Heuhaufen bereitstünden, würde Ames eine zielgerichtete Untersuchung von etwa tausend sonnenähnlichen Sternen durchführen, und das JPL würde den ganzen Himmel in einem Großversuch überwachen.

Dieses Projekt versprach bedeutende Fortschritte auf dem Gebiet der Signalverfahrenstechnik, und Billingham war so überzeugend in seinen Darstellungen, daß es ihm gelang, auch weiterhin die Zustimmung der NASA für unsere SETI-Aktivitäten zu gewinnen. Innerhalb der Behörde gelang es ihm tatsächlich, genügend Unterstützung zu erhalten, daß SETI sogar in dem staatlichen Haushaltsplan für das Steuerjahr 1982 auftauchte.

Der benötigte Betrag belief sich auf 2 Millionen Dollar jährlich für die folgenden sieben Jahre.*

Proxmire, damals der mächtige Vorsitzende des Bewilligungsausschusses im Senat, wurde wütend. Die Tatsache, daß die NASA trotz seiner Verunglimpfung überhaupt mit dem SETI-Projekt fortfuhr, bedeutete für ihn einen Affront. Und nun besaßen sie auch noch die Unverschämtheit, um mehr Geld zu bitten!

»Ich dachte immer, daß, wenn sie sich auf die Suche nach Intelligenz begeben, sie am besten hier in Washington anfangen sollten«, erklärte Proxmire in seinem typischen Oratoriumsstil vor dem gesamten Senat. »Es ist schon schwer genug, hier auf intelligentes Leben zu stoßen. Es könnte sogar schwerer sein, es hier zu finden – möchte ich einmal sagen –, als es außerhalb unseres Sonnensystems zu entdecken.«

---

* Dies ist für ein NASA-Projekt ein sehr geringer Betrag, für die akademische Astronomie allerdings eine große Geldsumme. Um Ihnen einmal einen Anhaltspunkt über die Größenordnungen zu geben, möchte ich erwähnen, daß Weltraumprojekte üblicherweise in die Milliarden gehen, während der Gesamtetat des staatlichen Astronomie- und Ionosphären-Zentrums sich beispielsweise von 1981 bis 1982 auf ganze vier Millionen Dollar belief.

Dem fügte er noch hinzu: »Wenn wir der NASA weiterhin erlauben, Signale einer hypothetischen intelligenten Zivilisation abzufangen, dann schicken wir genau das falsche Signal zu dem amerikanischen Steuerzahler.«

Proxmire schlug seine eigene Korrektur zu der Debatte um den Staatshaushaltsplan vor. Seine Klausel forderte, daß »keines dieser Finanzmittel zur Unterstützung der Definition und der Entwicklung von Techniken verwendet werden darf, die darauf abzielen, außerirdische Radiosignale auf ihren intelligenten Ursprung hin zu untersuchen«. Unsere Suche charakterisierte er in eindeutigen, niederschmetternden und rüden Worten als »ein Projekt, das garantiert scheitern muß«.

Proxmires Korrekturvorschlag wurde angenommen. Für den Senat waren das kleine Fische. Niemandem kam es in den Sinn, dafür seine politischen Verbindungen oder seine Gunst einzusetzen. Innerhalb des Kongresses hatte SETI nur einige wenige Freunde, unter ihnen Senator Harrison »Jack« Schmitt aus New Mexiko, der Erinnerungen an seinen Mondspaziergang als Apollo-Astronaut pflegte. Die SETI-Befürworter versuchten, Proxmire zu stoppen, leider ohne Erfolg. Die Einstellung der staatlichen Zuschüsse brachte das NASA-SETI-Projekt an den Rande des Untergangs.

Einige meiner Kollegen verschönerten daraufhin entsprechend sarkastisch die Drakesche Gleichung. Wenn sie Interviews gaben oder Vorträge hielten, bauten sie einen neuen Faktor in die Gleichung ein, den ich »f_g« nenne, für die Anzahl der Planeten, die ausschließlich von wissenschaftlich weise gewählten Vertretern regiert werden. Wenn also jede Zivilisation einen Proxmire hat, dann ist $f_g = 0$ und somit $N = 0$. Dadurch bedingt würde es keine entdeckbaren Fremdlinge im Weltraum geben, weil uns die Erfahrung lehrt, daß

man nur einen einzigen Proxmire benötigt, um eine Zivilisation ihrer Mittel zur Kommunikation mit ihren kosmischen Ebenbildern zu berauben.
In dem Moment trat Carl auf den Plan. Er ritt wie die Kavallerie zum ersten großen Gegenangriff heran. Carl war damals vermutlich Amerikas bekanntester Wissenschaftler, teils durch sein Buch *Die Drachen von Eden,* das ihm 1978 den Pulitzer-Literaturpreis bescherte, und teils durch *Kosmos,* seine Fernsehserie mit den Bestseller-Begleitbüchern. Außerdem war er Präsident einer kürzlich gegründeten, sehr bekannten Organisation mit dem Namen »Die planetarische Gesellschaft«, die sich aus Bürgern zusammensetzte, die sich allesamt der planetarischen Forschung und der Suche nach außerirdischem Leben widmeten.
Es gelang Carl, in Washington eine Audienz bei Proxmire zu bekommen. Carl nutzte sie für einen einstündigen Privatunterricht über die wahre Bedeutung und den Zweck, mit SETI fortzufahren. Während dieses Vortrages begriff Proxmire letztendlich den tieferen Sinn einer Entdeckung von höherentwickelten Zivilisationen im Weltraum. Er erkannte, daß, wenn solche Gesellschaften ihr nukleares Zeitalter überlebt hatten, wir es auch könnten, indem wir ihrem Beispiel oder vielleicht auch ihren Anweisungen folgten. Noch bevor Carl das Senatsgebäude verließ, hatte Proxmire im stillen seine Denkweise über SETI geändert. Dank seiner neuen Einsicht war er bereit, es fortan nicht mehr als finanzielles Fiasko abzuwerten, sondern es als Anleitung für eine friedvolle Zukunft zu betrachten. Allerdings ließ er darüber nichts in der Öffentlichkeit verlauten. Er tat das, was ein guter Politiker unter solchen Umständen immer tut: Anstatt seine Position umzukehren und nun für das einzutreten, was er einst denunziert hatte, schwieg er einfach.

Natürlich war der Schaden bereits angerichtet. Für SETI war im Budget kein Geld vorgesehen. Unmittelbar nachdem der Proxmire-Verbesserungsvorschlag im Sommer 1981 angenommen wurde, erhielt John Billingham von der NASA Anweisungen zur Fertigung eines Ablaufplanes. Das ist die Methode, mit der man NASA-Projekte peu à peu in einem langsamen Prozeß auslaufen läßt; nur selten geschieht dies von heute auf morgen. Man gewährte uns noch ein Jahr, woraufhin John zwei Pläne präsentierte: einen zur Beendigung und einen zur Wiederbelebung von SETI. Letzterer Plan beeindruckte die beiden NASA-Verwaltungschefs, James Beggs und Hans Mark, derartig, daß sie alle Hürden nahmen, um SETI wieder auf den Etatvorschlag für das nächste Steuerjahr zu setzen. Da Proxmires Einwände diesmal ausblieben, wurde SETIs finanzielle Unterstützung im Steuerjahr 1983 wiederhergestellt und seither trotz einiger fast geglückter Versuche einiger personifizierter Proxmires nie wieder angefochten.

So schickte sich beispielsweise im Sommer 1990 der Abgeordnete Ronald Machtley aus Rhode Island an, das SETI-Projekt aus dem 91er Budget der NASA zu eliminieren. Er bewies eine bemerkenswerte Ignoranz unserer Arbeit und auch der allgemeinen wissenschaftlichen Entwicklung gegenüber, als er seinen Kommentar im *Congressional Record* abgab: »Wir haben keinen – und ich wiederhole: keinen – wissenschaftlichen Beweis dafür, daß außerhalb unserer Galaxis etwas existiert … Ich denke, daß unsere Wähler mit uns darin übereinstimmen, daß Gelder nicht für Neugierde ausgegeben werden sollten … Wenn dort draußen wirklich eine superintelligente Lebensform existiert, wäre es dann nicht einfacher, daß wir sie rufen lassen und wir ihnen nur zuhören?« (Genau das übrigens war es, was unser Projekt vorschlug!) Zur Unterstützung fügte Silvio Conte aus Massa-

chusetts hinzu: »Natürlich gibt es fliegende Untertassen und höherentwickelte Zivilisationen im Weltraum. Aber wir müssen doch dieses Jahr nicht sechs Millionen Dollar dafür ausgeben, nur um die Existenz dieser elenden Kreaturen zu bestätigen. Wir brauchen nur 75 Cents, um uns eine Boulevardzeitung im Supermarkt zu kaufen. Schlüssige Beweise für diese verschlagenen Kreaturen gibt es doch mittlerweile an jeder Ecke im ganzen Land.« Dieses Mal half uns die enorme öffentliche Unterstützung, die Wogen zu glätten, insbesondere die Flut von Zuschriften, die den Kongreß überschwemmte und deren Absender Lehrer und Hochschulprofessoren waren. Letztendlich wurde das SETI-Budget nicht nur wiederaufgenommen, sondern sogar erhöht.
Im Sommer des Jahres 1991 schlug Senator Richard Bryan aus Nevada vor, die SETI-Unterstützung zu beenden und die Gelder für Ausbildungszwecke an der Universität von Nevada, in Las Vegas, einzusetzen. Möglicherweise hielt er das für eine clevere Methode, dort ein Footballteam zu rekrutieren, das so gut war wie die Basketballmannschaft. Aber selbst in Las Vegas wurde Bryans Idee als verrückt bewertet, und so war es auch in den Leitartikeln der lokalen Presse zu lesen. Der Senat ignorierte ihn einfach.
1982 suchte Carl weitere Unterstützung für SETI, indem er eine Petition durch die wissenschaftlichen Kreise kursieren ließ, um die Bestätigung von einigen der weltbesten Forscher zu erlangen. Unter den Unterzeichnern befanden sich sieben Nobelpreisträger: David Baltimore; Melvin Calvin von dem ursprünglichen Delphin-Orden; Sir Francis Crick, der an dem Byurakan-Meeting teilgenommen hatte; Manfred Eigen; Gerhard Herzberg; Linus Pauling (ein zweifacher Preisträger – er erhielt sowohl den Nobelpreis in Chemie für seine Studien der molekularen Strukturen als auch den Friedensnobelpreis) sowie Edward Purcell, der Physi-

ker, der interstellare Raketen auf die Rückseite von Cornflakesschachteln verbannen wollte.*

Die Unterzeichner bildeten ein veritables Who is Who der Wissenschaften; dazu gehörten außerdem Stephen Jay Gould, Stephen Hawking, Marvin Minsky, Lewis Thomas und Edward O. Wilson. Unter den siebzig Namen fand man auch viele treue Freunde und Befürworter von SETI: Nikolai Kardashev, Iosif Shklovsky und Vasevolod Troitsky aus der Sowjetunion, David Heeschen und Sebastian von Hoerner aus Green Bank sowie Philip Morrison, Barney Oliver und Theodore Hesburgh. Natürlich unterzeichneten auch Carl und ich.

Die Petition erschien im Oktober 1982 in *Science* in Form eines Briefes von Carl an den Herausgeber. In einer Fußnote wurden die Namen der Unterzeichner in alphabetischer Reihenfolge genannt, und der Brief endete mit den klangvollen Worten: »Wir fordern die Organisation dringend zu einer koordinierten weltweiten und systematischen Suche nach außerirdischer Intelligenz auf.«

Zwar war die Petition ergötzlich und glorifizierend, sah allerdings ein wenig nach Selbstbedienung aus. Die meisten Universitätsprofessoren, wissenschaftlichen Medaillenträger und andere wichtige Größen unseres Lagers hatten bekundet, SETI von Anfang an unterstützt zu haben – noch bevor wir unser Projekt SETI nannten. Nun, üblicherweise gibt es immer einige »Suspekte«. Vielleicht hatte unsere Petition aus diesem Grunde nicht den durchschlagenden Erfolg.

---

* In den Jahren seit dem Erscheinen der Petition erhielt ein weiterer Unterzeichner den Nobelpreis in Physik: Subrahmanyan Chandrasekhar, ein in Indien geborener Astronom und hervorragender Theoretiker, der unter Otto Struve am Yerkes-Observatorium studierte und heute an der Chicagoer Universität lehrt.

Auf der anderen Seite gab Carls planetarische Gesellschaft, die er zusammen mit dem JPL-Direktor Bruce Murray gegründet hatte, dem positiven Verlauf der Ereignisse einen starken Impuls. Aus der Quelle der Gruppe flossen nichtstaatliche Gelder in vielversprechend scheinende Weltraumprojekte. Sie finanzierte die Projekte, die die NASA nicht unterstützen wollte oder konnte, unter ihnen mehrere SETI-Systeme.

Die planetarische Gesellschaft machte einige ernsthafte Weltraumenthusiasten auf sich aufmerksam, die ihr Interesse an der Thematik außerhalb des Bereichs konventioneller wissenschaftlicher Aktivitäten bekundeten. Carl und seine Frau Ann Druyan gewannen Steven Spielberg, dessen phantasievoller Film *E.T.* 1982 SETI unterstützte, indem er schnell zu dem bekanntesten Kinostreifen der Filmgeschichte wurde und »extraterrestrisch« zu einem alltäglichen Begriff werden ließ. Spielberg bot Carl 100 000 Dollar zur Unterstützung eines SETI-Projektes durch die planetarische Gesellschaft an. Wie passend, daß ein Teil der durch *E. T.* eingespielten Einnahmen – der im Film übrigens das Radio benutzte, um »nach Hause zu telefonieren« – nun dazu diente, die Radiosuche nach den wirklichen *E. T.s* zu unterstützen.

Eine besonders starke und neue Bestätigung für SETI kam völlig unerwartet von der staatlichen Akademie der Wissenschaften in Form eines Berichtes, der zur Bewertung und Einschätzung des amerikanischen Astronomiebudgets bestimmt war. Die Verfasser des Berichtes waren Astronomen, die einem Hosenbandorden-Ausschuß angehörten, ohne Verbindungen zu SETI und ohne ein sonderlich starkes persönliches Engagement. Dennoch befürworteten sie in ihrer Empfehlung, daß für die Suche nach fremdartigen Signalen ein Gesamtbetrag von zwanzig Millionen Dollar für die achtziger Jahre zur Verfügung gestellt werden sollte. Dies war etwas mehr, als die NASA von dem Kongreß gefordert hatte. Zum ersten Mal erntete SETI Lorbeeren von Outsidern.

Dieser 1982 entstandene Bericht war der dritte einer Reihe von Bewertungen, die alle zehn Jahre mit dem Ziel erarbeitet werden, den Kongreß auf langfristige Ziele und unterstützungswürdige Projekte hinzuweisen. Behörden wie die NASA und die NSF schwören darauf, wenn sie ihre Haushalte planen. Obwohl die in den Berichten abgegeben Empfehlungen nicht verbindlich sind, repräsentieren sie doch die übereinstimmende Meinung der führenden amerikanischen Astronomen und haben dadurch ein beachtliches Gewicht.

George Field, ein erstklassiger Astronom und Theoretiker und damaliger Direktor des Harvard-Smithsonian-Zentrums für Astrophysik, leitete die Bedarfsfestlegungsgruppe. Ihre Mitglieder wurden unter der Bezeichnung »Field-Komitee« durch die Ergebnisse ihrer zweijährigen Zusammenarbeit an dem Field-Report bekannt. Field hatte in Harvard bereits sein Doktorexamen absolviert, als ich dort noch studierte. Außerdem arbeitete er für den beratenden Ausschuß des NAIC, während ich gerade dort als Direktor tätig war. Wir kannten uns also seit geraumer Zeit recht gut. George Field setzte seinen Mann, John Hancock, auf die SETI-Petition an, und ich diente dem Field-Komitee durch meine Mitarbeit in einem Beratungsausschuß. Am Ende aber war es weder Field noch Drake, sondern das gesamte Komitee, das die folgende veröffentlichte Würdigung des SETI-Projektes bestätigte:

»Das Komitee erkennt an, daß dieses Forschungsprojekt sich deutlich von dem abhebt, was normalerweise mit astronomischer Forschung assoziiert wird, und daß intelligente Organismen ebensolche Bestandteile des Universums sind wie

Sterne und Galaxien; Untersuchungen darüber, ob ein Teil der elektromagnetischen Strahlung, die heute auf der Erde ankommt, von intelligenten Wesen aus dem Weltraum erzeugt wird, sollten demzufolge als ein legitimer Bereich der Astronomie angesehen werden. Darüber hinaus sind es die Techniken der Astronomie, die heute die effektivste Möglichkeit darstellen, auf ein SETI-Programm für die achtziger Jahre einzuwirken ...

Man kann sich kaum eine aufregendere astronomische Leistung vorstellen oder eine, die einen größeren Einfluß auf die menschliche Wahrnehmung haben könnte, als die Entdeckung außerirdischer Intelligenz.«

Diese Worte hätten von mir stammen können.

Der Sieg in dem Budgetkampf des Kongresses und die im Field-Report ausgesprochene Anerkennung galten als Indikatoren für SETIs neue Legitimität. Das Bewußtsein über Fremdlinge, die nicht einem Science-fiction-Werk entstammen, war gewachsen. Zahlreiche SETI-Aktivitäten wurden durchgeführt, was dem Projekt eine allgemeine Aufmerksamkeit – sowohl im positiven als auch im negativen Sinne – einbrachte. Beides ereignete sich schon sehr bald.

Als nächster erschien Michael Papagiannis, Vorsitzender der Astronomieabteilung an der Bostoner Universität, auf dem Plan. Er drängte die IAU, unsere Suche zu einem weltweiten Ziel zu erklären. Papagiannis selbst war nie ein aktiver SETI-Forscher gewesen und hatte sich auch in der Astronomie nicht unbedingt einen Namen gemacht, bevor er sich zum Sprecher unserer Sache ernannte. Aber er hatte sich ganz entschieden dafür ausgesprochen, innerhalb der IAU eine neue Kommission zu gründen, die sich mit SETI und artverwandten Themen befassen sollte.

Die IAU, die weltweit ranghöchste Vereinigung professioneller Astronomen, zu der neben den gewählten Mitgliedern etwa 7000 Personen gehören, ist eine Arbeitsgemeinschaft mit großer Rechtsautorität. Sie benennt alle kosmischen Objekte, von neuen Monden des Sonnensystems bis hin zu kürzlich von Raumsonden entdeckten Gebilden auf den Planeten. Sie bestimmt außerdem die Längen- und Breitenkoordinaten der Erde sowie deren himmlische Gegenstücke, die unter den Begriffen Geradeaufsteigung und Deklination bekannt sind. Durch ihre Verantwortlichkeit für die Überwachung der zivilen Zeit entscheidet die IAU, wenn in einem Jahr eine Schaltsekunde hinzugefügt werden muß. Darüber hinaus definiert sie in ihrer Normabteilung kosmische Einheiten wie Parsec und Lichtjahr.*

Als Papagiannis mit seiner Kampagne begann, bestand die IAU bereits aus fünfzig Kommissionen, die sich solch bekannten Themen wie den Planeten, Galaxien und interstellarer Materie widmeten. Die neue Arbeitsgemeinschaft, für die Papagiannis kämpfte, würde Kommission Nr. 51 sein – natürlich nur unter der Voraussetzung, daß er die konservativen europäischen Astronomen des IAU-Sekretariats zur Zustimmung bewegen konnte. Er begann mit einer Flut von Briefen an diese IAU-Autoritäten und versuchte, sie anschließend dadurch zu beeindrucken, daß er anläßlich der

---

* Als Mitglied der IAU-Radioastronomiekommission nahm ich einmal an einer Mammutdebatte teil, in der der Wert »Jansky«, die passend benannte Einheit der Intensität für kosmische Radioquellen, festgelegt werden sollte. (Der vorgeschlagene Wert von 10^{-26} Watt pro Quadratmeter und Hertz kam einigen Kommissionsmitgliedern abnorm vor, weil er sich nicht glatt durch 3 dividieren ließ, so wie die Exponenten der meisten wissenschaftlichen Einheiten.) Ich entsinne mich auch an eine große Panik bei der Festlegung neuer galaktischer Koordinaten, nachdem Radioastronomen durch ihre Entdeckungen bewiesen hatten, daß das korrekte Zentrum der Milchstraße weit von dem Ort entfernt lag, der jahrzehntelang als das Zentrum angesehen wurde.

1979 in Montreal stattfindenden IAU-Konferenz einen speziellen, SETI gewidmeten abendfüllenden Vortrag organisierte. Es war eine Generalversammlung, ein Zehn-Tage-Marathontreffen der gesamten Mitgliederschaft, das in dieser Form alle drei Jahre einmal stattfand und auf dem man offizielle Geschäfte abwickelte, spezielle Symposien hielt und berühmte Wissenschaftler, wie Carl Sagan und Stephen Hawking, hochinteressante Vorträge halten ließ.

Es reizte mich sehr, einer der Referenten des SETI-Programms in Montreal zu sein, und es wurde ein riesiger Erfolg. Wir erreichten ein Publikum von mehr als 1000 Konferenzteilnehmern. Der IAU-Präsident, der Generalsekretär und das gesamte Exekutivkomitee, die man mit wenigen Ausnahmen als eine Gruppe alter Konservativer beschreiben kann, waren von dem Inhalt und dem Anklang dieses Symposiums derart beeindruckt, daß sie Papagiannis erklärten, er könne ein Komitee zusammenstellen, um seine neue Kommission zu planen. Der einzige Haken an der Sache war allerdings der, daß er damit noch drei Jahre bis zur nächsten IAU-Generalversammlung warten mußte, die im Sommer 1982 im griechischen Patras stattfinden sollte.

Zusammen mit Papagiannis, Jill Tarter, Nikolai Kardashev, Ron Brown aus Australien, George Marx aus Ungarn und anderen bekannten SETI-Persönlichkeiten war auch ich unter den Komiteemitgliedern. Ich erinnere mich an unser Treffen in einem brütendheißen Klassenzimmer, das einen ganzen heißen Tag lang dauerte. Wir steckten das Betätigungsfeld der neuen Kommission ab und betitelten sie »Kommission 51: Bioastronomie: Suche nach außerirdischem Leben«.

»Bioastronomie« war ein Wort, das Papagiannis geprägt hatte. Er definierte es als das Studium astronomischer Phänomene, die sich auf das Leben beziehen. Die Mitglieder der

Kommission 51 würden Studien über Themen wie die planetarische Entstehung, die Fülle planetarischer Systeme, interstellare Chemie, die Chemie auf Planeten und natürlich die Entdeckung von außerirdischer Intelligenz betreiben. Einige der Planungsmitglieder hatten für die Bezeichnung »Astrobiologie« gestimmt, die wir allerdings wieder verwarfen, weil dabei die Betonung auf Leben statt auf Astronomie lag. In dieser Beziehung waren die SETI-Unterstützer gebrannte Kinder, weil der Ausdruck »Exobiologie« lange Zeit ins Lächerliche gezogen wurde, da man sie als gegenstandslose Wissenschaft bezeichnete. Bioastronomie hingegen – mit der Betonung auf Astronomie – war etwas, auf das wir unsere Teleskope richten konnten.

Als wir schließlich dem Exekutivkomitee unsere Argumentation vortrugen, genehmigte es die neue Kommission und ernannte Papagiannis zu ihrem ersten Präsidenten.*

Der Aufbau der Kommission 51 verlieh SETI denselben Status, wie ihn das Studium der Sterne und Galaxien in den Augen der Astronomen dieser Welt hat. Damit konnte nicht mehr daran gezweifelt werden, daß unsere Arbeit legitime Astronomiewissenschaft war.

Dennoch verschwanden die Verleumder nicht, obwohl SETI mehr und mehr Anerkennung und Würdigung erfuhr.

Natürlich kannten wir diese Lästerer aus den frühesten Tagen unserer Aktivitäten. Als Morrison und Cocconi damals ihren

---

* 1985, in Neu-Delhi, wurde ich ihr zweiter Präsident, gefolgt von George Marx (1988) und Ron Brown (1991). 1994, in Den Haag, wird Jill die nächste Präsidentin sein. Die Kommission 51 zählt mittlerweile 300 Mitglieder und ist damit eine der größten IAU-Kommissionen. Da IAU-Mitglieder nicht gleichzeitig in mehr als drei Kommissionen tätig sein dürfen, engagiere ich mich in Nr. 51, in Nr. 40: Radioastronomie und in Kommission 16: Physikalische Studien von Planeten und Satelliten.

Artikel über die Durchführbarkeit einer Suche nach Signalen Außerirdischer schrieben, schickten sie vorab eine Kopie an Sir Bernard Lovell mit der Bitte um seinen Kommentar. Lovell war der Gründer und der Direktor des Jodrell-Bank-Radio-Observatoriums in England, das damals die größte Antenne der Welt besaß. Lovell war entschieden gegen die Entdeckung anderer Zivilisationen – weder mit seinem eigenen Teleskop noch mit einem anderen Instrument sollten dahingehende Versuche unternommen werden. Er erklärte, daß die Wahrscheinlichkeit, eine solche Entdeckung zu machen, so gering sei, daß er nicht einsähe, warum man in derartige Versuche große Summen investieren solle.

Vermutlich sprach Lovell für ein Drittel der wissenschaftlichen Gemeinschaft, wenn er argumentierte, daß eine konzentrierte Suchaktion im Verhältnis zu ihren Erfolgsaussichten viel zuviel kosten würde, weil sich das Entdecken anderer Zivilisationen als äußerst kompliziert erweisen könnte. Zumindest schloß er sich in seinen Meinungsäußerungen nicht der Gruppe an – die vielleicht noch einmal ein Drittel aller Wissenschaftler ausmachte –, die solche Projekte als vollkommen unsinnig erachtete. Sie nahm nämlich an, daß wir keinerlei Erfolgsaussichten besaßen, weil es ihrer Meinung nach nämlich überhaupt kein intelligentes Leben gab, das wir dort hätten finden können. Leider zählte sich Lovell nicht zum letzten Drittel, das die Suchbemühungen als wirklich förderungswürdig betrachtete. (Immerhin änderte er später seine Ansichten.)

Die darauffolgenden zwei Jahrzehnte wurden zur Bestätigung der bereits genannten bahnbrechenden Entwicklung: die Aufstellung des NASA-SETI-Programms, die Viking-Raumsonden-Expedition zur Suche nach Leben auf dem Mars, die Bestätigung von SETI im Field-Report und die Gründung der Kommission 51. Das Ergebnis war, daß der

Sinn und der Wert dieser Suche, zumindest im Prinzip, für alle Wissenschaftler jeder Disziplin in der ganzen Welt akzeptabel wurden. Selbst diejenigen, die die Idee einer aktiven Suche nicht unterstützten, mußten zugeben, daß andere Lebensformen irgendwo im Weltall existieren müssen und daß wir eines Tages in der Lage sein könnten, sie zu finden. Mit großer Einstimmigkeit sprachen sie sich dafür aus, daß eine Suche grundsätzlich stattfinden sollte, ließen aber die Frage nach Umfang und Kosten einer solchen Forschungsaufgabe offen.

In den späten siebziger Jahren teilten vielleicht neunzig Prozent der Wissenschaftler den Glauben an die Existenz von Leben auf anderen Planeten der Galaxis. Aber immer noch erhoben aus den restlichen zehn Prozent Andersdenkende ihre Stimmen und bestanden darauf, daß die Kosten unserer Neugier zu hoch seien, oder sie blieben stur bei ihrer Ansicht, daß es dort rein gar nichts zu entdecken gäbe. Die Erde, so argumentierten diese, muß Gottes kleiner, blauer Schemel sein, die einzige Hochburg des Lebens in der ganzen unendlichen Weite des Universums.

So dachte auch Michael Hart vom Trinity College, ein Physiker, der begann, seine »einsamen« Ideen im *Quarterly Journal of the Royal Astronomical Society* zu veröffentlichen. Hart glaubte zunächst einmal, daß fast keiner der Planeten bewohnbar war, gleichgültig, wo er lag oder wie er beschaffen war. Die Erde sei ein Glücksfall. Er stellte Computermodelle der planetarischen Klimata her, um seine Argumentation zu beweisen.

Die Modelle zeigten, daß im Laufe der Geschichte jedes beliebigen sonnenähnlichen Sternes die dortigen Bedingungen Leben auf jeden Fall unmöglich machen würden. Entweder wurde Leben schon bei seiner Entstehung vereitelt, oder es würde nur entstehen, um dann vernichtet zu werden. Nun war aber eine genaue Wettervorhersage für eine gute Lebensprognose eine unsichere Angelegenheit. Hart argumentierte, daß, wenn der Erdorbit nur wenige Prozent kleiner oder größer wäre, es auch auf der Erde kein Leben gäbe. Unser Ökosystem habe seine Nichtexistenz nur um Haaresbreite verpaßt. Und unser Planet sei der einzige, der Leben zulasse.

Ich muß mir nicht die Mühe machen, Harts Logik zu widerlegen oder händeringend nach Argumenten zu suchen, da seine Computermodelle diese Logik selbst zerstörten. Zunächst einmal hatte er vergessen, den Effekt von Wolken im Klimakomplex zu berücksichtigen, und als er Wolken in seine späteren Modelle einbezog, erreichte er damit nur, daß sie sich genau in entgegengesetzter Weise verhielten, wie sie es in Wirklichkeit tun.*

Darüber hinaus zeigen Studien frühzeitlicher Gebirge, daß die Durchschnittstemperaturen der Erde sich kaum geändert haben, obwohl die Sonne damals um dreißig Prozent schwächer schien als heute. Sicher hätten Sie erwartet, daß sich die Erdtemperatur aufgrund der Sonnenintensität deutlich ändert, so wie Hart behauptete. Dem ist jedoch nicht so. Selbst während der Eiszeit sank die allgemeine Durchschnittstemperatur um nicht mehr als 5 °C – statt um 30 °C, wie Harts Modell zu zeigen versuchte.

---

* Selbst heute, wo uns weitaus bessere Modellsysteme, als Hart sie besaß, zur Verfügung stehen, können Wissenschaftler das Erdklima immer noch nicht exakt genug modellieren, um aussagefähige Vorhersagen über drängende Probleme, wie beispielsweise die Vergrößerung des Ozonlochs, zu machen. Wir verstehen einfach nicht alle Faktoren, die zu einem Klimawechsel beitragen, und auch nicht die Herkunft und Stärke der selbstkorrigierenden Mechanismen, die unser Klima beeinflussen. Was wir durch all unsere Beobachtungen aber wissen, ist, daß es sich um selbstregulierende Mechanismen handelt, die das Klima stabilisieren.

In einem weiteren Versuch bot Hart die Erklärung an, weshalb die Abwesenheit von Siedlern anderer Sterne bewies, daß wir doch alleine sind. Er erläuterte – wie im Fermi-Paradox –, daß, sobald eine intelligente Zivilisation damit beginne, eine andere zu kolonisieren, sie ihre gesamte Galaxis innerhalb weniger Dutzend Millionen Jahre besiedeln kann, was in der kosmischen Zeitrechnung nur so lange wie ein Augenzwinkern dauerte.
Mit anderen Worten, wenn das möglich war, dann mußte es bereits geschehen sein, und da es nicht passiert ist, sind wir die erste, wenn nicht sogar die einzige technologisch entwickelte Zivilisation. – Fermi selbst hatte das Argument nie so weit geführt. Er fragte nur »Wo sind sie?« und entschied, daß wir nicht genug wußten, um diese Frage zu beantworten.
Als Hart jedoch die These wieder aufnahm, gelangte er zu einem unumstößlich negativen Ergebnis, obwohl er nicht mehr konkrete Informationen besaß als Fermi.
Harts Beweisführung – wenn man das einmal so nennen möchte – zeigte, daß die Suche nach anderem intelligentem Leben Zeitverschwendung war. Unterstützung erfuhr Hart durch Frank Tipler, einen Vertreter der mathematischen Physik von der Tulane-Universität in New Orleans. Tiplers Serie von insgesamt drei Artikeln erschien zwischen 1980 und 1981 in derselben Zeitschrift, dem *Quarterly Journal of the Royal Astronomical Society*. Das Kernstück seiner Hypothese hing ebenfalls von der Annahme ab, daß andere Zivilisationen die Galaxis bevölkern würden – allerdings nicht durch Kreaturen, sondern in Form von Robotern.
Tiplers Roboter waren die ursprünglich von dem Mathematiker John von Neumann erfundenen »universellen Konstrukteure«. Ich kann mir vorstellen, daß von Neumann, der bereits 1957 starb, sich angesichts des Mißbrauchs seiner

theoretischen Maschinen im Grabe umdrehen würde. Er hatte sie nämlich als eine Übung in Logik vorgesehen und die These aufgestellt, daß es möglich sein müßte, eine Maschine mit Hilfe einer begrenzten Materialmenge zu konstruieren, die genügend Informationen speicherte, um sich selbst zu reproduzieren. Die Krux an der Von-Neumann-Maschine war ihr Informationsgehalt, der einem genetischen Code ähnelte und einem Erinnerungsspeicher, der dazu geeignet war, die Selbstvervielfältigung dieser Maschine zu steuern, und zwar mit sämtlichen verfügbaren Materialien (sogar mit ungeeigneten).

Stellen Sie sich einmal vor, Sie sollten eine Von-Neumann-Maschine entwerfen, die in der Sahara funktionieren muß. Sie würden sie so programmieren, daß sie begreift, daß sie mit Sand arbeiten muß. Dann soll die Maschine ganz alleine eine Silikonfabrik zur Produktion von Transistoren bauen. Sie muß Erz fördern und Eisen gewinnen oder auch Titan für die mechanischen Teile. Genau hier beginnt die Herausforderung für eine Maschine mit einem bekannten Ziel. Wenn Sie nun vorhaben, diese Maschine auf einem unbekannten Planeten eines anderen Sternensystems »auszusetzen«, wo die genauen Angaben über die verfügbaren Materialien allenfalls der subjektiven Schätzung von irgend jemandem unterliegen, dann vervielfältigen sich die Probleme bei dem Entwurf sehr schnell.

Jedenfalls äußerte Tipler die Hypothese, daß fremdartige Zivilisationen, wenn überhaupt welche existierten, die Galaxis mit Von-Neumann-Maschinen besiedeln würden. Das würde bedeuten, daß überall widerliche Roboter sämtliche Sanddünen umgraben. Die offensichtliche Tatsache, daß sich so etwas nicht ereignet hatte, gab ihm Anlaß zu seiner Schlußfolgerung, daß die Menschheit die einzige vorhandene technologisch entwickelte Zivilisation ist. Die klare Wi-

derlegung seines Hexenszenarios lautet einfach: »Warum? Zu welchem Zweck?« Und außerdem: Wer kann behaupten, daß es nicht doch einen Zauberer in der Galaxis gibt?
Ich argumentierte dagegen, jedoch nicht persönlich, da ich Tipler nie kennengelernt hatte, sondern durch einen Artikel in der Fachzeitschrift *Physics Today,* in der eine Zusammenfassung seiner dreiteiligen Serie veröffentlicht wurde. Selbst wenn es uns gelingen sollte, die enormen Schwierigkeiten bei dem Bau einer Von-Neumann-Maschine zu meistern, so widersprach ich, stünden wir vor der schwer handhabbaren Herausforderung, diese über interstellare Entfernungen zu transportieren, um sie in einem anderen Sternensystem landen zu lassen, wie bereits beschrieben. Außerdem könnte ich mir mehrere Umstände vorstellen, die die Abwesenheit von Fremdlingen auf der Erde erklärten und dennoch besagten, daß es »sie« dort draußen gab. Das heißt:

- Sie wollen weder Geld noch Energie in den Versuch interstellarer Reisen investieren.
- Sie sehen keinen persönlichen Nutzen in dem Bau einer kostspieligen Armee dieser Von-Neumann-Maschinen.
- Sie begnügen sich damit, ihr eigenes Sternensystem zu bevölkern, und lassen die Galaxis in Frieden.
- Wie wir betrachten sie Radiokommunikation als die vielversprechendere Alternative und engagieren sich dafür, auch wenn das Thema bei uns noch umstritten ist.

Einer meiner damaligen Studenten, Nathan (»Chip«) Cohen, beschäftigte sich ebenfalls mit Tiplers Standpunkt. In einem genialen Brief bediente sich Cohen Tiplers ureigener Logik, um – ja, Sie lesen richtig – zu beweisen, daß Tipler überhaupt nicht existierte!
»Haben Sie Frank Tipler je gesehen?« schrieb Cohen. »Es

gibt nur 4×10^9 (4 Milliarden) Menschen auf diesem Planeten; sicherlich würde eine intelligente Kreatur einen direkten Weg finden, um ihre Anwesenheit zumindest einem angemessenen Teil der Bevölkerung bekanntzugeben.«

»Vielleicht haben wir Frank Tipler nicht gesehen, weil wir nicht gründlich genug hingeschaut haben. Wenn wir jedoch eine verständliche und methodische Suchaktion nach ihm unternähmen (in New Orleans?), dann könnten wir durchaus in der Lage sein, eine definitive Entscheidung über seine Existenz zu fällen.«

Aus dem gleichen Grund, so folgerte Cohen, müßten wir zunächst in einer konzentrierten Aktion versuchen, Außerirdische zu entdecken, bevor wir darüber entschieden, ob sie existieren.

Die Existenz Außerirdischer ist kein Problem, das sich auf theoretischer Ebene lösen läßt, gleichgültig, wie zwingend die Argumente auch erscheinen. SETI ist per Definition eine experimentelle Wissenschaft. Wir können sinnvolle Experimente durchführen, um zu entdecken, ob irgendeine andere Zivilisation möglicherweise versucht, mit uns zu kommunizieren. Durch eine entsprechende Entdeckung können wir beweisen, daß sie existieren. Aber selbst im ungünstigsten Fall, d. h., wenn wir keine derartige Entdeckung machen, ist unser Scheitern noch kein Beweis dafür, daß Fremdlinge nicht existieren.

Es gibt eine beliebige Anzahl von Szenarien, in denen Leben existiert, selbst hochgradig intelligentes Leben, aber es bleibt unentdeckt. Sollten beispielsweise bestimmte Fremdlinge Glasfaserstoffe für ihre gesamten Kommunikationsvorgänge in ihrer Welt benutzen, dann werden keine Radiowellen ausgestrahlt, und die Zivilisation bliebe für uns unsichtbar. Daher können wir niemals die Nichtexistenz von intelligentem oder anderem Leben im Universum garantieren.

Keine noch so große Zahl gescheiterter SETI-Versuche erbringt den Beweis, daß wir alleine sind. Wir können nur nachweisen, daß es Leben gibt.

Ich persönlich glaube nicht, daß wir mit leeren Händen aus unserer Suchaktion gehen werden. Alle auf der Erde beobachteten physikalischen Prozesse haben irgendwo ihre Gegenstücke. Die Chance, daß ein beliebiger irdischer Prozeß einzigartig im Universum ist, dürfte die unwahrscheinlichste aller Möglichkeiten sein. Andere intelligente Lebensformen werden sich äußerlich sehr von uns unterscheiden – sie könnten dem Wesen aus *E. T.* ähneln oder uns durch ihre Schönheit blenden –, aber, da bin ich sicher, Leben selbst ist ein weit verbreitetes Phänomen.

Innerhalb der wissenschaftlichen Gemeinschaft bleibt Tipler SETIs lautstärkster Kritiker. Unsere Differenzen dauern nach wie vor an. In seinem letzten Schlag strapazierte er das umstrittene anthropische Prinzip, welches besagt, daß das Universum genau so gemacht wurde, wie es ist, damit wir leben können. Oder Sie drehen es herum, dann heißt es: Wir existieren nur, weil das Universum so ist, wie es ist. Eine in der Tat freimütige und vernünftige Stellungnahme. Wir erkennen an, daß die physikalischen Konstanten unseres Universums, also die Geschwindigkeit des Lichts, die Ladung des Elektrons usw., genau so sein müssen, wie sie sind, damit wir hier leben können. Wären sie nur geringfügig anders, gäbe es kein intelligentes Leben. Überhaupt gäbe es dann gar kein Leben. In Tiplers Sichtweise impliziert das anthropische Prinzip auch, daß das Universum so präzise programmiert ist, daß es nur eine intelligente Spezies beherbergen kann: uns.

Ich und die meisten anderen Wissenschaftler teilen diese Meinung nicht. Unser Universum mag vielleicht nur Leben auf Kohlenstoffbasis zulassen, aber selbst diese Voraussetzung bedeutet so gut wie keine Eingrenzung für mögliche Formen von Leben. Allein auf diesem Planeten besteht alles aus Kohlenstoff, von schwefelfressenden Würmern bis hin zu Rotholzbäumen und uns. Ich denke, daß unser Universum zahllose Arten der Intelligenz zuläßt. Es enthält auch zahlreiche Energiequellen in der riesigen Vielfalt der Sterne, von denen viele lange genug existieren, um intelligentes Leben entstehen zu lassen.

Die Beschaffenheit unseres Universums fördert die Existenz zahlreicher Zivilisationen in ihm. Mehr als das, seine spezifische Struktur gestattet eine Vielfalt von anderen, separaten Universen, die für uns immer unsichtbar bleiben. Einige von ihnen könnten auch lebende Wesen beherbergen.

Der Physiker John A. Wheeler von der Princeton-Universität und der Universität von Texas, der das anthropische Prinzip sehr eingehend studierte, war der erste, der bemerkte, daß unser Universum ungeheuer gleichförmig ist. Sicher, in den letzten Jahren haben wir entdeckt, daß es in der Einteilung der Galaxien Klumpen, Gesteinsschichten, Mauern und Leeren gibt, aber überall herrscht eine bemerkenswerte Ausgeglichenheit, die wir nur schwer verstehen können, bis wir annehmen, daß unser Universum als ein kleines Stück aus etwas viel Größerem und Turbulenterem hervorgegangen ist.

Nach Wheelers Theorie teilte sich dieses größere Etwas schon im ersten Sekundenbruchteil nach dem Urknall in eine Vielzahl separater Universen. Die traditionelle Interpretation des Urknalls besagt, daß sich der initiale Energieschub selbst in die Sterne und Galaxien umwandelte, die wir um uns herum sehen. Wheeler hingegen machte aus dem Großen Knall einen noch größeren, einen Megaknall, der rund 10^{50} (eine kaum vorstellbare Mammutzahl) individuelle Universen entstehen ließ.

Leider werden wir nie eines dieser Universen dahingehend untersuchen können, welche Bedingungen dort herrschen. Die meisten anderen Universen müssen andere physikalische Gesetze haben als wir und unterschiedliche Kräfte, die sie steuern. Stellen Sie sich beispielsweise ein Universum vor, in dem die physikalischen Kräfte konspirativ die gesamte Materie zu einem einzigen massiven Objekt zusammenfallen lassen. Nun ändern Sie die physikalischen Gesetze und Kräfte geringfügig, um ein anderes Universum zu bilden, in dem es nichts außer dunklem Staub gibt, oder Planeten, aber keine Sterne. Ich könnte mir alternative Universen vorstellen, in denen es nicht einmal elektromagnetische Strahlung gibt. In den meisten dieser Universen machen die Umstände die Entwicklung von Leben unmöglich. Ich bin ganz zufrieden mit der Idee, daß es nur ein Universum gibt, unseres nämlich, das genau richtig ist für das Leben, und daß wir exakt aus diesem Grunde existieren. In unserem Universum, von dem wir wissen, daß Leben dort einmal entstanden ist, denke ich, können wir davon ausgehen, daß Leben mehr als einmal auf all seinen 10^{22} Sternen entstand. 1981, als ich gerade damit abgeschlossen hatte, auf Tiplers frühe Angriffe zu reagieren, brachten der Astronom Robert Rood und der Physiker James Trefil ihr moderates Anti-SETI-Buch *Sind wir alleine?* heraus. Auf der Basis solider wissenschaftlicher Argumentation schlußfolgerten sie, daß wir keine ausreichenden Beweise besäßen, nachdrücklich auf der Existenz von Leben irgendwo in der Galaxis zu bestehen.* Ihr Verleger hatte ihnen mehrere Talk-Show-Auftrit-

* Erst neulich brachte das Cable News Network einen kurzen Beitrag über SETI und bat seine Zuschauer um ihre telefonische Meinungsäußerung zu der Frage: »Glauben Sie, daß es intelligentes Leben im Weltraum gibt?« Nicht weniger als 86 Prozent der Anrufer stimmten mit Ja.

te versprochen, wie ich erfuhr, als ich zu einem Streitgespräch mit Rood in die Sendung *Guten Morgen, Amerika* eingeladen wurde. Dies war, soweit ich weiß, die erste Fernsehpräsentation der Drakeschen Gleichung. Ich weiß nicht, wer von uns in den Augen der Zuschauer als Gewinner aus dieser Debatte hervorging, obwohl ich gerne glauben möchte, daß ich es war.

Später, in einem wesentlich subtileren Angriff, führte Bob Rood gegen SETI ähnliche Gleichungen und Argumente an, um zu beweisen, daß Einhörner im mittelalterlichen Frankreich existierten, wo sie Anlaß zu vielen Spekulationen und Forschungsaktivitäten gaben. In der Tat erfüllten Einhörner wichtige Zwecke. Sie bestätigten die Gültigkeit gewisser Bibelpassagen und beschäftigten zahlreiche Künstler und Schriftsteller, ganz zu schweigen von den Verkäufern der Einhorn-Hörner (die vermutlich von Nashörnern oder Rhinozerossen stammten), die man für ein universelles Gegenmittel bei Vergiftungen hielt. Die Menschen *brauchten* die Vorstellung von dem Einhorn, argumentierte Rood, und diese Vorstellung diente ihrer Psyche. Heute könne man in etwa das gleiche über die Vorstellung von Außerirdischen sagen, folgerte er, nämlich, daß sie modernes Wunschdenken verkörpern.

Für diese Analogie applaudierte ich Rood, nicht nur, weil seine Argumentation Intelligenz bewies, sondern auch, weil sie peinlich genau recherchiert war. Mir gefallen gute Argumente wirklich, solange sie eine intellektuelle Vollständigkeit aufweisen. Wissenschaften gedeihen durch Skepsis, und jeder, der eine fundierte Meinung über SETI äußern möchte, darf mich damit gern eines Besseren belehren. Wütend werde ich nur dann, wenn die Einwände nicht fundiert oder voreingenommen und trügerisch sind, besonders, wenn derjenige, der sie äußert, Einfluß auf den staatlichen Geldbeutel ausüben kann.

Rood und ich haben uns immer sehr respektiert, zumal wir uns regelmäßig in Symposien über Fragen nach anderen Zivilisationen, interstellaren Reisen und ähnlich herausfordernden Themen gegenüberstehen. Kürzlich wurde er sogar selbst SETI-Forscher; er leitet in Green Bank zusammen mit Tom Bania von der Boston-Universität ein laufendes Forschungsprogramm. Obwohl Rood es für unwahrscheinlich hält, daß wir höherentwickelte außerirdische Zivilisationen entdecken werden, glaubt er, daß wir dennoch nach ihnen suchen sollten. Er weiß, daß das Theoretisieren allein die Existenz von außerirdischem Leben nicht beweisen (und nicht widerlegen) kann; dies können nur Beobachtungen.

Die meisten der von mir bislang erwähnten Gegner stellten die Existenz von Fremdlingen an sich in Frage und damit auch den Sinn einer Suche danach. Aber SETI hat auch einige Kritiker, die glauben, daß wir *nicht* alleine sind, und dennoch die Suche nach außerirdischem Leben ablehnen.

Der große Harvard-Anthropologe und Paläontologe George Gaylord Simpson ist wahrscheinlich der berühmteste Wissenschaftler, der jemals SETIs Grundgedanken völlig mißverstanden hat. Simpson schrieb einen Artikel mit dem Titel *Die Nicht-Prävalenz von Humanoiden,* der 1964 in *Science* veröffentlicht wurde und in dem Simpson zum ersten Mal das Basiskonzept total verfehlte. Später baute er diese Idee in seinem Buch *Diese Ansicht des Lebens* weiter aus. Auch heute noch gibt es Menschen, die sowohl Simpsons Artikel als auch sein Buch zitieren und damit sein Mißverständnis fortbestehen lassen. Was er nicht begriff, war das Wesen der Außerirdischen.

Simpson glaubte, wir suchten irgendwo im Kosmos nach anderen Menschen. Er gab sich große Mühe, zu demonstrieren, daß der verworrene Verlauf der Evolution niemals die

Produktion anatomischer Duplikate von menschlichen Wesen auf zwei oder mehr Planeten zuließ. Das ist wahr und wird auch allgemein anerkannt. Ich kenne auch keinen SETI-Forscher, der erwartet, von menschlichen Duplikaten oder Humanoiden oder gar Hominiden zu hören. (Wir würden jeden sofort fristlos entlassen, der solche irdisch-egozentrischen Ideen verbreitet!)

In Wahrheit ist die Existenz von Humanoiden auf der Erde das Ergebnis eines reinen Zufalls. Aber Intelligenz an sich kann und wird aller Wahrscheinlichkeit nach in beliebiger Anzahl von Gestalten entstehen. Vor 65 Millionen Jahren war ein Dinosaurier ungefähr so groß und schwer wie wir und gerade dabei, Intelligenz zu entwickeln. Paläontologen nennen diese Kreatur Sauriernithoide, was soviel bedeutet wie Reptil mit vogelähnlichen Füßen. Diese Saurier standen auf ihren Hinterfüßen und benutzten die vorderen dazu, ihr Futter zu fangen. Daumenähnliche Hände gestatteten ihnen ein präzises Zugreifen.

Am interessantesten aber ist, daß diese Saurier relativ große Gehirne hatten. Ihre Gehirnmasse betrug nicht, wie für andere Dinosaurier typisch, nur wenige Gramm, sondern mit rund 100 Gramm nur unwesentlich weniger als die eines Kindes. Hätten die Saurier noch zehn oder zwanzig Millionen Jahre leben dürfen, wären sie vielleicht die ersten intelligenten Kreaturen auf der Erde geworden. Bevor sie intelligent genug wurden, um sich vor Katastrophen schützen zu können, ereignete sich eine Katastrophe. Ein Asteroid streifte die Erde, löschte das Leben der großen Reptilien aus und überließ den Planeten den kleinen Säugetieren, aus denen sich der Mensch entwickelte.

Die Sauriernithoide sind ein Beispiel für Kreaturen, die auf der Erde zu einer sicherlich nichtmenschlichen Spezies von intelligentem Leben hätten führen können. Zur gegebenen

Zeit hätten sie dank ihrer Intelligenz wohl auch technologische Fragen meistern können.
Simpson allerdings konnte offenbar nicht verstehen, wie eine andere Kreatur außer dem Humanoiden ein Radioteleskop bauen sollte. Er ging davon aus, daß wir nach unseren Zwillingen suchten, und verspottete deshalb unsere Ziele. Simpson sagte nie, daß es keine anderen intelligenten Wesen im Universum geben könne, obwohl viele Leute ihm dies ganz selbstverständlich unterstellen. Sobald SETI-Kritiker Simpsons Schriften als Munition gegen uns verwenden, tun sie das in der Annahme, daß *Nicht-Prävalenz von Humanoiden* gleichbedeutend ist mit der Nichtvorherrschaft von denkenden Wesen, aber sie komplizieren damit nur Simpsons anfänglichen Fehler.
George Wald, Biologe an der Harvard-Universität und Nobelpreisträger für Physiologie, stieß mit uns auf einer anderen Schiene zusammen. Wald glaubt an die Existenz von Außerirdischen und geht davon aus, daß sie sich deutlich von uns unterscheiden, aber eines Tages gelangte er zu der Überzeugung, daß wir nicht nach ihnen suchen sollten. Warum nicht? Nun, weil es für uns äußerst deprimierend wäre, eine höher als die unsere entwickelte Zivilisation zu finden. Wald behauptete, daß dies bei uns zu einem globalen Minderwertigkeitskomplex führen müßte. Deshalb würde er bei jedem Radioteleskop, das zu der Entdeckung intelligenten Lebens geeignet war, am liebsten den Stecker herausziehen. Robert Sinsheimer, der bekannte Molekularbiologe und frühere Leiter der Kalifornischen Universität in Santa Cruz (mit dem mich mittlerweile eine echte Freundschaft verbindet), vertrat einst die gleiche Meinung.
15 Jahre lang, bis zu dem Zeitpunkt, als ich Wald 1988 bei einem Symposium in Los Alamos traf, vertrat er seine Überzeugung, daß die Entdeckung einer höher entwickelten Kultur unsere gesamte Zivilisation in tiefe Verzweiflung stürzen

würde. Dann kam der Moment, in dem wir uns Auge in Auge als Referenten zu dem Thema »Ungelöste Probleme in der Wissenschaft des Lebens« gegenübersaßen. Während einer der Diskussionsrunden zeigte ich Wald eine Analogie, die sein Denken beeinflußte. Wir alle wurden bereits mit genialen Ideen und Taten konfrontiert, die unsere eigenen Fähigkeiten weit übertrafen, erklärte ich. Dies ist außerdem für die meisten von uns eine kontinuierliche Erfahrung, die bei unseren Eltern und Lehrern beginnt. Das Resultat ist jedoch meist eher Inspiration statt Resignation. Es stellt eine Herausforderung für uns dar, weil wir wissen, daß wir genauso gut sein können wie andere, wenn wir uns genug darum bemühen. Der Effekt von SETI auf die menschliche Zivilisation wird vermutlich diesem Beispiel folgen.

Ich glaube nicht, daß das menschliche Gehirn in irgendeiner fundamentalen Weise begrenzt ist, sondern daß es jeder Intelligenz, die wir im Universum antreffen können, nachzueifern vermag, und ich hoffe, daß die Entdeckung von außerirdischem Leben mich bald in dieser Annahme bestätigen wird.

Unter all den entmutigenden Worten über SETI verwirrten mich die von Iosif Shklovsky, dem großen SETI-Pionier, am meisten; einige Jahre vor seinem Tod (er starb 1985) schien er einen massiven Gesinnungswandel zu durchleben.

Shklovsky, der einst die Suche nach außerirdischem Leben vorangetrieben hatte, blickte plötzlich ohne Perspektive auf die Möglichkeit, Radiokontakte mit fremdartigen Zivilisationen herzustellen. Wie gerne hätte ich ihn persönlich nach seinen Gründen dafür gefragt, aber während jener Jahre hatten wir keinen Kontakt zueinander. Nach einem Herzanfall unternahm er auch keine Auslandsreisen mehr. Ich vermutete, daß er diverse pessimistische Zahlen in die Drakesche Gleichung eingesetzt und dadurch das Vertrauen in die Sache verloren hatte.

Kürzlich erfuhr ich von Nikolai Kardashev, der schon seit seiner Studentenzeit eine enge Beziehung zu Shklovsky hatte, die bis zu dessen Tod andauerte, die wahre Geschichte. Tatsächlich hatte Shklovsky die Antwort auf die Drakesche Gleichung aus einem neuen Blickwinkel betrachtet. Er bezweifelte nicht etwa die Vielfalt der planetarischen Systeme oder anderer astronomischer oder biologischer Faktoren, die wir damals aufgestellt hatten, vielmehr stellte er den Wert von L, der Langlebigkeit von intelligenten Zivilisationen, in Frage.

Die politische Weltlage, so erklärte mir Kardashev, deprimierte Shklovsky so sehr, daß er einen Atomkrieg für unabwendbar hielt. Die Führer der Supermächte waren in seinen Augen zu schwach und zu ignorant, um einen drohenden nuklearen Holocaust zu verhindern. Wenn es unser Schicksal sein sollte, unsere Welt zu vernichten, was ihm wahrscheinlich erschien, dann war es ebenso denkbar, daß intelligente Fremdlinge ihre Welten ebenfalls schnell zerstört hatten. Technologisch entwickelte Zivilisationen mußten kurzlebige Phänomene sein, und daher konnten wir die Hoffnung begraben, je welche zu finden.

Für Shklovsky war es eine politische und nicht eine wissenschaftliche Kalkulation.

Wäre er nur ein paar Jahre älter geworden, hätte er Glasnost miterlebt und die Friedenswelle, die durch den Abbau von nuklearen Waffen über unsere Welt zog. Ich bin sicher, daß er seine Meinung noch einmal revidiert und mit seiner typischen Art, zu lächeln und den Kopf zu bewegen, seinen erneuten Enthusiasmus für SETI signalisiert hätte.

Keine größere Entdeckung

Während unsere Metallaugen in der tiefen Nacht wachen,
in der seit Anbeginn der Zeit ein Flüstern umhergeht,
richten wir unsere Ohren zum Firmament.

Wir lauschen auf dem vulkanischen Rand
von Flagstaff und in den Feldern hinter Boston,
mit einer imponierenden Anordnung,
die sich korallenähnlich strahlend
aus dem Wüstenboden erhebt,
mit Leitungsdrahtnetzen, die von Computerspinnen
in Puerto Rico überwacht werden.

Wir lauschen einem Geräusch, das hinter uns liegt
und noch weit hinter den anderen Geräuschen,
und suchen den Leuchtturm
in den Wellenbrechern unserer Unsicherheit,
ein elektronisches Murmeln,
ein helles, zaghaftes »Ich bin«.

Diane Ackerman
(aus: *Jaguar of Sweet Laughter*)

Da ich bereits seit meinen Anfängen als Astronom ein grauhaariger Seniorwissenschaftler bin, fielen mir in meiner Karriere zwei Rollen zu, von denen ich nie erwartet hätte, sie einmal zu spielen. Eine dieser Rollen war die der »Vaterfigur« an den Observatorien, an denen ich arbeitete.

Astronomen, die vor der Lichtverschmutzung und vor Radiostörungen fliehen, arbeiten in der Regel an abgeschiedenen Orten, wo sie sich dann – gleichsam in der Isolation – mit den Fragen nach der Form des Weltraums, der Natur der Materie und dem Ursprung des Universums beschäftigen. Dies ist zwar für die meisten von uns eine überaus interessante und befriedigende Aufgabe, aber dennoch kann die Leidenschaft für die Astronomie in Verbindung mit den Anforderungen des Alltags, den Ansprüchen der Familie, den finanziellen oder zwischenmenschlichen Problemen eine echte Belastung werden, ja sogar eine innere Krise heraufbeschwören. Im Laufe der Jahre gab es für mich zahlreiche Anlässe, um mich mit dem Inhalt derartiger Krisen vertraut zu machen. Aufmerksames Zuhören war oft die beste Art, Hilfe zu leisten. Aber ich mußte auch einige Male sehr schnell reagieren. Bei einem Vorfall war ich sogar gezwungen, jemandem, der seinem Leben ein Ende setzen wollte, ein geladenes Gewehr aus den Händen zu nehmen.
Nach diesen Erfahrungen ließ ich mich in Ithaca zu einem Krisenvermittlungsberater ausbilden. Ich war nicht länger bereit, anderen meine nur auf Instinkt basierende Fürsorge angedeihen zu lassen. Für die exzellente Schulung, die ich erhielt, übernahm ich im Gegenzug insgesamt zehn Jahre lang, an einem oder auch zwei Freitagen pro Monat, die Nachtschicht bei einer Telefonseelsorgeeinrichtung zur Selbstmordprävention in New York. Auch heute noch betrachte ich die vielen angstvollen Nächte, in denen ich mit wildfremden Menschen telefonierte, als eine meiner wichtigsten Arbeiten in meinem Leben. Ich erfuhr dabei die Befriedigung, vielen Menschen zu helfen, die nicht einmal mein Gesicht kannten. Ich konnte Tränen in Lachen verwandeln, und das ist das Beste, was man überhaupt leisten kann.
Meine zweite unerwartete Rolle, die des »Gründungsvaters«

bei der Suche nach außerirdischer Intelligenz, verdanke ich dem Kombinationseffekt aus meiner Haarfarbe und der Anzahl der Jahre, die seit dem Projekt Ozma vergangen sind. Heute bin ich bei wissenschaftlichen Zusammenkünften stets der, der die geschichtliche Entwicklung von SETI erläutert. Ein leicht beunruhigender Umstand, aber einleuchtend aus einer gewissen professionellen Übereinstimmung, da ich mich offenbar an einem Punkt des Lebens befinde, an dem man üblicherweise nur zurückblickt. Ich nehme es hin, und je mehr Perspektiven ich bei der Vergangenheit einbringe, desto intensiver hören mir die Menschen zu, wenn ich über die Zukunft spreche. Denn die historische Entwicklung von SETI auf den Punkt zu bringen heißt aufzuzeigen, daß wir eben erst mit der Suche begonnen haben.

Ich habe so viele Menschen getroffen, die zu denken schienen, daß wir im Verlauf der letzten dreißig Jahre den Himmel bereits komplett und kontinuierlich erforscht hätten. Die Tat, so glauben sie, sei vollbracht. Da wir dort draußen nichts gefunden haben, wäre eine Fortsetzung der Suche ebenso sinnvoll, wie ein totes Pferd anzutreiben. Tatsächlich aber haben wir bisher die Kombinationen von Frequenzen und Plätzen, an denen wir suchen können, nur ansatzweise gestreift.

In meiner historischen Analyse teilt sich die Suche nach außerirdischer Intelligenz in vier Epochen. Die erste führt uns um mindestens 3000 Jahre zurück, in eine Zeit, in der die Menschen damit begannen, das Universum ohne jegliche wissenschaftlichen Daten oder Methoden aufmerksam zu betrachten. Statt dessen benutzten sie philosophische Ansätze und besonders ihre Logik bei der Aufgabe, die Struktur, das Wesen, die Ursprünge und Historie des Universums und des Lebens an sich abzuleiten. Lucretius, der im 1. Jahrhundert nach Christi Geburt lebte, sprach von einer »großen Verteilung von Atomen« (ein Wort, das von seinem Vorgänger Demokritos geprägt worden war) und von einer »Kraft«, die Atome hierhin und dorthin trieb und die sich in »andere Teile des Universums mit Rassen anderer Menschen und anderer Tiere« entwickeln ließ.

Diese Annahme, daß die Geschehnisse auf der Erde sich auch anderswo zugetragen haben mußten, war eine philosophische Folgerung. Dieser Gedanke beschäftigte viele Menschen; sie diskutierten und stritten darüber, aber nachprüfen konnten sie ihn nicht. Tausende von Jahren, in denen sich die Menschen fragten, ob es außerirdisches Leben gab, gingen vorüber, aber niemand wußte, daß ihnen die Mittel fehlten, um solches Leben zu entdecken.

Den Beginn der zweiten Epoche lege ich in das 16. Jahrhundert, der Zeit der kopernikanischen Revolution. Damals fanden Astronomen wie Kepler und Galilei, die ein richtiges Teleskop benutzten, heraus, daß einige der anderen Objekte im Sonnensystem Planeten waren, die der Erde ähnelten. Nun konnten wissenschaftliche Beobachtungen das philosophische Argument stützen, das sich für anderes Leben im Kosmos aussprach und vielleicht sogar im Sonnensystem.

Ebenfalls während dieser zweiten Epoche, zu Beginn des 18. Jahrhunderts, entstanden wie beschrieben die ersten konkreten Vorschläge zur Signalgebung an unsere planetarischen Nachbarn. Die Physik, die frühe Forscher wie Gauß und Cros anwandten, war richtig, jedoch nur, was den qualitativen Aspekt betraf. Keiner dieser Wissenschaftler, nicht einmal die Ingenieure unter ihnen wie Tesla und Marconi, die das 20. Jahrhundert noch erlebten, besaßen irgendeine Vorstellung von den Kräften und der Sensibilität, die man benötigte, um Signale von einer Welt zur anderen zu übertragen oder zu entdecken. Daher waren auch ihre Experimente – obgleich sie sich auf dem richtigen Weg befanden – noch Schüsse ins Leere.

Die dritte Epoche begann 1959/60, als Wissenschaftler erstmals quantitative Messungen anwandten, um die Stärke möglicher Lebenszeichen zu ermitteln, die den interstellaren Weltraum durchquerten. Mit anderen Worten: Wir machten präzise Kalkulationen über die Entdeckbarkeit fremdartiger Signale und arbeiteten damit. Projekte, die bei Morrisons und Cocconis Vorschlag, nach Radiowellen zu suchen, und bei meiner Strategie für das Projekt Ozma begannen, resultierten aus einem umfassenderen Verständnis des Universums und einem echten Gefühl für die daran beteiligten Werte. Zum ersten Mal vereinte SETI gleichermaßen philosophische, qualitative und quantitative Elemente. Wissenschaftler führten etwa zwischen 1960 und 1989 rund sechzig Suchaktionen nach Außerirdischen durch. Bei den meisten handelte es sich allerdings um Projekte mit sehr niedrigem Budget, die mit übriggebliebenen Geldern und geborgten Beobachtungsstunden an Instrumenten durchgeführt wurden, die eigentlich für andere Zwecke konstruiert waren.
Die nun beginnende vierte Epoche hingegen arbeitet nicht nur quantitativ, sondern endlich auch gründlich. Die Projekte dieses Jahrzehntes sind die bisher umfangreichste Erforschung des kosmischen Heuhaufens. Dabei beziehe ich mich ganz besonders auf das NASA-SETI-Projekt, das durch Senator Proxmire beinahe zunichte gemacht worden wäre, das aber nun endlich richtig in Bewegung geraten ist.
Für mich ist es immer ein aufregender Moment, meinen historischen Überblick aus meiner Pionierperspektive vor einem großen Publikum zu präsentieren, das zumeist ernsthaft über SETI diskutiert. Meine erste derartige Vorstellung gab ich im Sommer 1991 anläßlich der amerikanisch-sowjetischen SETI-Konferenz auf dem Campus der Universität Santa Cruz in Kalifornien, wo ich Astronomie und Astrophysik lehre.

Es war die dritte der mittlerweile regelmäßigen Zusammenkünfte, der 1971 die Byurakan- und 1981 die Tallinn-Konferenz voranging. Unter den Zuhörern befanden sich sowohl Veteranen beider Länder aus den vorangegangenen Meetings als auch einige Mitglieder des ursprünglichen Delphin-Ordens. Aber neben, vor und hinter ihnen wurden die Reihen im Vortragsraum von einer viel größeren Anzahl junger Wissenschaftler mit neuen Ideen und enormen Talenten gefüllt, die sich uns erst kürzlich angeschlossen hatten.

Einer der sowjetischen Konferenzteilnehmer war Vladimir Kotelnikov, der distinguierte Vizepräsident der Sowjetischen Akademie der Wissenschaften und früherer Vorsitzende der Russischen Republik. Wie es sich für einen Mann seiner Position und seines Alters ziemte (er war 82!), kam der Akademiker Kotelnikov im grauen Anzug mit weißem Oberhemd. Letzteres tauschte er allerdings, ohne zu zögern, gegen ein witziges Konferenz-T-Shirt ein, auf das unser Universitätsmaskottchen gedruckt war: eine lächelnde Bananenschnekke, die statt ihrer Fühler Radioteleskope besaß, die sie auf die Milchstraße richtete.

Für mich persönlich kam der Höhepunkt der Konferenz am letzten Abend, als meine Familie und ich die sowjetischen Gäste und einige andere Teilnehmer zu einem Abendessen in unseren Garten eingeladen hatten. Es war ein wunderschöner Abend mit ungewöhnlich mildem Wetter, einem sehr guten Essen und dem Gefühl von kameradschaftlicher Verbundenheit. Meine beiden Töchter Nadia und Leila (elf und neun Jahre alt), die sich an den Konferenzvorbereitungen dahingehend beteiligt hatten, daß sie auf alle Namensschilder Bananenschnecken malten, unterhielten die Gäste. Leila spielte eine Saturnbewohnerin – sehr zu ihrem eigenen Vergnügen –, und Nadia diskutierte über den recht eleganten Artikel, den sie kürzlich über die Venustemperaturen verfaßt hatte. Später verteilten die Mädchen noch eine Auswahl von hübschen Geschenken, die meine Frau Amahl für die Kinder und Enkelkinder unserer Gäste ausgesucht hatte. Ich kann mich gut an mein Gefühl an diesem Abend erinnern: Nun, wenn ich nach all den Jahren Männer wie Nikolai Kardashev, Vladimir Kotelnikov, Yury Pariisky und ihre Kollegen in meinem Haus unter den Rotholzbäumen empfangen konnte, dann konnten wir sicherlich andere Freunde im kosmischen Wald finden, wovon wir ja schon so lange träumten. Mein Rolle als SETI-Historiker spiele ich übrigens nicht aus der leidenschaftslosen Sicht eines Gelehrten, sondern aus dem Blickwinkel eines Menschen, der viele entscheidende Ereignisse miterlebt hat und alle Hauptdarsteller sehr gut kennt. Immer noch steckt SETI in den – wenn auch ernsthaften – Anfängen, und es gibt mehr Geschichtliches zu tun als zu berichten. Ich weiß, daß die Chance, an dem bedeutendsten historischen Ereignis aller Zeiten teilzunehmen, heute größer ist als je zuvor.

Mein Engagement für SETI nahm im Laufe der Jahre immer mehr zu, weil SETI selbst immer bedeutender wurde. Heute beschäftigt SETI mehr Leute als je zuvor und verlangt ihnen mehr Zeit ab als früher. So ist Jill Tarter auch die erste Astronomin, die für SETI als vollzeitbeschäftigte Wissenschaftlerin arbeitet. Wenn sie sich nicht gerade mit ihrer Funktion als Projektwissenschaftlerin befaßt, dann reist sie nach Washington, um dort Kongreßabgeordneten das Projekt zu erklären. Paul Horowitz ist ebenso aktiv für SETI tätig. Trotz seines Lehrauftrages in Harvard leitet er seit 1977 die eine oder andere Forschungsaufgabe. In manchen Jahren tat er dies mit fast hundertprozentigem Zeiteinsatz, wobei er nicht nur ein neues Projekt leitete, sondern auch persönlich die unzähligen Verbindungsstücke zusammensetzte, aus denen die Ausrüstung bestand.

Paul sah mich erstmals im Herbst 1969, als ich nach Harvard zurückging, um dort die Loeb-Vorträge zu halten, an denen er teilnahm. Mein für das Jahr sehr passend gewähltes Thema waren die Pulsare. Während eines meiner Vorträge schweifte ich damals etwas vom Thema ab und sprach über die Wahrscheinlichkeit von außerirdischem Leben sowie über die Methoden, dieses zu entdecken. Paul hatte sich zu der Zeit in der Physikabteilung bereits dadurch einen Namen gemacht, daß er sowohl ein Genie in der Theorie als auch ein zupackender Elektronikenthusiast war, der nichts mehr liebte, als im Labor an technischen Ausrüstungen zu basteln. Wie Barney Oliver besaß auch Paul eine Vielzahl von Fähigkeiten – genau das, was SETI von seinen Forschern verlangt. Noch entscheidender aber war die Tatsache, daß der Umgang mit dem Thema Außerirdische ihn reizte wie kein anderes. Später sagte er mir einmal, daß meine Vorträge ihn wirklich fasziniert hätten. Sein Mentor in Harvard war kein Geringerer als Edward Purcell, der Physik-Nobelpreisträger, der während meiner Studentenzeit sämtliche Astronomiekolloquien besuchte. So stieß Paul auf keinen Widerstand, als er sich anschickte, zu einem Grenzgänger zwischen der Physik und der Astronomie zu werden.
1988, genau ein Jahr zuvor, hatte Paul bereits mit anderen Harvard-Physikern an der Ermittlung einer Lichtkurve von dem Pulsar im Crabnebel gearbeitet. Eine Lichtkurve ist eine Beschreibung der Art und Weise, wie sich die Lichtintensität eines Sternes im Laufe der Zeit verändert. Astronomen hatten Lichtkurven dazu benutzt, um von ihnen zahlreiche Informationen über andere Arten variabler Sterne abzuleiten, und man erhoffte sich, daß eine gut ausgearbeitete Lichtkurve für einen Pulsar Anhaltspunkte über seinen Emissionsmechanismus geben könnte. Viele führende Astronomen versuchten sich an den schwierigen Messungen, aber Paul

und seine Gruppe erzielten die besten Ergebnisse, und das, obwohl sie mit einem krummen, kleinen, alten Teleskop im wolkenreichen Massachusetts arbeiteten.
Eine unerfreuliche Geschichte, die mir anläßlich meiner Loeb-Vorträge widerfuhr, kann ich ebenfalls nicht vergessen. Eines Nachmittags wurde mir in dem Büro, in dem ich meinen Mantel abgelegt hatte, der Hotelschlüssel aus der Manteltasche gestohlen. Der Dieb – vermutlich in Harvard ausgebildet – durchsuchte mein Zimmer, während ich nichtsahnend mit den Signalen von Sternen beschäftigt war. Unter meinen Sachen im Hotel befand sich nichts Wertvolles, was man hätte stehlen können, nur ein paar Kleidungsstücke. Tatsächlich hatte der vermeintliche Dieb auch nichts mitgenommen. Rückblickend würde ich sagen, daß es mir für die eine Woche auch nichts ausgemacht hätte, wenn ich meines ganzen Geldes, meiner Kreditkarten und meiner Uhr beraubt worden wäre, nun, da Paul Horowitz zu unserem Team gehörte!*
1977 war ich endlich an der Reihe, Paul zu treffen, der zu dieser Zeit bereits als ordentlicher Professor für Physik in Harvard arbeitete. Er hatte eine sehr jugendliche Ausstrahlung mit seinem dichten dunklen Haar und war derartig überschwenglich in seiner Art, daß ich ihn fast für einen sei-

---

* Die Chance, brillante Überläufer zu gewinnen, ist in meinen Augen der beste Grund, Vorträge zu halten. Auf diese Weise rekrutierte ich auch Woodruff Sullivan, der, damals noch ein Teenager, an einem Sommerprogramm für betuchte Highschool-Schüler an der Texas-A & M-Universität teilnahm. Ich weiß noch, daß ich meinen Vortrag um 6 Uhr morgens halten mußte, weil das Klassenzimmer keine Klimaanlage besaß und daher die Vorlesungen in die frühen Morgenstunden vorverlegt wurden. Woody besitzt immer noch sein Notizbuch von damals und las mir daraus neulich die Einführung zu meinem Vortrag vor, die ihn dazu veranlaßt hatte, Radioastronom zu werden.

ner Studenten gehalten hätte. Er sagte, er wolle »in Puerto Rico nach Leben suchen«, seine ureigene Ausdrucksweise für den Antrag auf Beobachtungszeit in Arecibo, um intelligente Signale aus dem Weltraum zu entdecken. Ich war damals Direktor des NAIC und half ihm bei der Planung einer Suchaktion nach extremen Nahbandsignalen, die in dieser Art noch niemand durchgeführt hatte. Die Bandbreiten, die Paul auswählte, waren von der Größe, wie ich sie zusammen mit George Helou festgelegt hatte – durch das Drake-Helou-Limit von einigen Hundertstelumdrehungen pro Sekunde.

Wenig später nahm Paul, dank Jills Einfluß, ein von der NASA finanziertes Ames-Stipendium an, das von 1981 bis 1982 andauerte und es ihm ermöglichte, sowohl an dem Ames-Forschungszentrum als auch an der Stanford-Universität bei SETI mitzuarbeiten. So stieß er zu der Ames-Stanford-Gruppe und versuchte, eine SETI-Apparatur zu entwickeln, mit der die immense Anzahl von 128 000 separaten Kanälen analysiert werden konnte; mehr, als irgend jemand zuvor simultan überwacht hatte. Mit dieser Arbeit führte Paul den großen Ausbau von SETI-Hardware fort, den Barney Oliver und John Billingham in den siebziger Jahren begonnen hatten. Dies war das Präludium, das die vierte Epoche von SETI einleitete.

Allein die Anzahl der Kanäle in diesem Multikanalanalysator war an sich schon ein großer Fortschritt, aber Paul gestaltete darüber hinaus die Elemente noch so, daß sie tragbar waren. Man konnte die Anlage in drei kleine Kisten verpacken und sie an jedes beliebige Observatorium der Welt bringen. Sein von ihm »Koffer-SETI« getauftes System reiste zunächst nach Arecibo. Nachdem Paul mit der Anlage 250 Sterne untersucht hatte, nahm er sie 1983 mit nach Harvard zurück. Dort schloß er sie an eben das Teleskop an, das ich während meiner Studentenzeit mitgebaut und kalibriert und zur Beobachtung der Plejaden für meine Doktorarbeit benutzt hatte. Koffer-SETIs Wanderjahre waren damit beendet. Obwohl es nach wie vor tragbar war, verließ es das Harvard-Oak-Ridge-Observatorium nie wieder. Ein neuer Begriff – Projekt Sentinel – machte deutlich, daß Pauls Multikanalanalysator nun einem auserkorenen Teleskop angeschlossen war, das finanziell durch die planetarische Gesellschaft unterstützt wurde, um eine permanente SETI-Einrichtung zu sein.

Zum richtigen Zeitpunkt brachte Sentinel dann »METASETI«, die Megakanal-Extraterrestrische-Analyse hervor, bei der die Anzahl der Kanäle von 128 000 auf mehr als acht Millionen explodierte. (Dies war das Projekt, für das *E. T.* via Steven Spielberg und die planetarische Gesellschaft harte Dollars gezahlt hatten.) Paul benötigte die weiteren Kanäle, wie er sagte, um auf ein neues, von Phil Morrison initiiertes Konzept antworten zu können, der ihn in einem Brief daran erinnert hatte, daß alles im Universum in Bewegung sei.

»Sieh dir diesen Brief von Phil Morrison an!« Paul schwenkte ihn stolz bei einem kürzlichen SETI-Meeting, als ob er ihn eben erst mit der Post erhalten hätte. »Es ist fast so, als hätte ich mit Phil persönlich gesprochen. Er ist zunächst ganz formell mit der Maschine geschrieben, aber als Phil mit dem Brief fertig war, müssen ihm neue Ideen eingefallen sein, und deshalb hat er überall noch Symbole und Zeichen mit seinem Textmarker hinzugefügt.«

Es ist ja nicht nur so, daß jeder Teil des Universums sich von allen anderen Teilen wegbewegt, weil sich das Universum ausdehnt; auch die Sterne umkreisen die Zentren ihrer Galaxien und bewegen sich dabei zu uns hin und wieder von uns weg. Durch die Art und Weise, »wie die Dinge da draußen herumschwirren«, wie Paul sich ausdrückte, würden zusätzliche Kanäle helfen, die verwirrenden Effekte stellarer Bewegungen und der sie begleitenden Dopplereffekte zu klären. Man kann davon ausgehen, daß intelligente Radiosignale von weitentfernten Zivilisationen auf einer verlagerten Frequenz ankommen, so wie sich das Sternenlicht entfernter Sonnen durch die stellare Bewegung zu dem roten oder zu dem blauen Bereich des optischen Spektrums verschiebt. Daher gibt es keine Vorhersagemöglichkeit darüber, auf welchem Weg die Frequenz eines Signals sich verlagert, wenn man nicht weiß, wie sich sein Heimatstern bewegt. Aus diesem Grund kann eine Nachricht, die auf der Wasserstofffrequenz abgeschickt wurde, weit über oder unter dieser Frequenz enden, wenn sie ein auf der Erde befindliches Radioteleskop erreicht.

Dank META konnte Paul unzählige Frequenzen in unmittelbarer Nähe der Wasserstofflinie untersuchen und sie – eine Nahbandbreite nach der anderen – auf Millionen von Kanälen gleichzeitig sorgfältig prüfen, um die verschobenen Signale zu entdecken.

Im Jahre 1991 startete Paul sein zweites META-Projekt – ebenfalls durch die planetarische Gesellschaft finanziert – in der südlichen Hemisphäre, an dem argentinischen Radioastronomie-Institut in Villa Elisa. META II ermöglichte es den argentinischen Astronomen unter Leitung von Raul Colombo, den Bereich des südlichen Himmels zu beobachten, der von Cambridge aus nicht sichtbar ist. META II erschloß sehr wichtige neue Regionen der Milchstraße und gestattete einen deutlichen Blick auf die beiden Galaxien, die die nächsten Nachbarn der Milchstraße sind: die Magellanschen Wolken.

Nun, da META und META II erfolgreich verlaufen, träumt Paul bereits von seinem nächsten Projekt: BETA. Es soll ein neues System mit 100 Millionen Kanälen werden (»Es wird *besser* als META«, so verspricht er).

Paul hat wahrscheinlich umfangreichere Forschungen von wesentlich höherer Sensibilität als jeder Wissenschaftler vor ihm durchgeführt. Daher ist es auch nicht weiter verwunderlich, daß er etwas mit seinem System gehört hat. Paul besitzt Aufzeichnungen von rund sechzig Signalen, die allesamt hervorragende Kandidaten für *das Ereignis* sind. Allerdings laufen Pauls Forschungsreihen sozusagen automatisch, und zu dem Zeitpunkt, wenn er die Kandidaten anhand seiner Aufzeichnungsdaten entdeckt, also Stunden oder Tage nach dem eigentlichen Geschehen, ist es zu spät, um sie zu überprüfen. Sie nachträglich zu untersuchen, erweist sich als zwecklos, weil sie nicht mehr dort sind, wo sie waren. Natürlich sind die Zivilisationen noch dort – wenn sie es waren, die das Signal verursachten – aber sie haben aufgehört zu reden, zumindest für eine Weile. Vielleicht sind unterbrochene Fächerstrahl-Nachrichten, die unseren Weg immer nur für wenige Augenblicke kreuzen, dafür verantwortlich. Ich wünschte, Pauls Strategie würde einen Wissenschaftler vorsehen, der die Signale in dem Moment ihres Auftretens überprüft! Jedoch unterliegt Paul strengen Budgetvorgaben, und ich weiß, daß er es sich nicht leisten kann, jemanden nächtelang einzusetzen, um auf ein Ereignis zu warten.*

Bei dem neuen NASA-SETI-Mikrowellen-Beobachtungsprojekt wird sich das alles ändern, weil ich persönlich im Kontrollraum sitzen werde, oder Jill wird dort sein oder ein anderer Radioastronom, der sofort reagieren und den Si-

---

* Kürzlich gelang es Paul, das META-Kontrollsystem dahingehend zu verbessern, daß es bei Ankunft eines Signals automatisch ein zweites Mal »hinsieht«. Dies ist ein entscheidender Schritt in die richtige Richtung.

gnal-Kandidaten im Augenblick seines Auftauchens verfolgen kann. Dieses seit 1978 geplante und sukzessiv weiterentwickelte Projekt wird nun mit seiner methodischen Jagd beginnen. Dank seiner enormen Kapazität und Sensibilität übertrifft es sämtliche bisher durchgeführten Suchaktionen zusammen. Eine dreitägige Laufzeit kann hierbei mehr erfüllen als alles, was in den letzten drei Jahrzehnten getan wurde. Es verursacht mir schon ein seltsames Gefühl, wenn ich mir vor Augen führe, daß diese neue Methode lediglich eine Hundertstelsekunde für das Pensum benötigt, für das Ozma ganze 200 Stunden brauchte.

Bevor ich weiter über diesen langersehnten Versuch berichte, möchte ich mich für sein unglücklich gewähltes Kürzel »MOP« entschuldigen, obwohl ich an der Namensgebung in keiner Weise beteiligt war. Ich vermute, die NASA hoffte, damit den Himmel einmal so richtig sauberzukriegen, aber dies hat so gar nichts mit unseren Entdecker- und Forschergedanken zu tun. Der offizielle Start des Projektes wird – natürlich – auf den 500. Jahrestag der Entdeckung Amerikas durch Kolumbus fallen. Ich persönlich hatte übrigens für den Namen »AURORA« plädiert, was, wie ich finde, ein hübsches Wort ist, »Morgenröte« bedeutet und für »All Universe Radio Observations of Rational Activity« (zu deutsch: Radio-Beobachtungen rationaler Aktivitäten im ganzen Universum) hätte stehen können. Ich gebe zu, daß es ein leicht entstellter Begriff gewesen wäre, aber immer noch akzeptabler als MOP. Heute – wen wundert es – benutzt niemand diesen Namen; wir nennen das Projekt »NASA SETI«, um zu vermeiden, uns mit MOP lächerlich zu machen.

Was hat nun NASA SETI, das keine andere Suchaktion hatte? Die knappe Antwort lautet »alles«. Es hat alles, was frühere Suchen leisteten und alles, was nach unserem Wissen nie zuvor getan wurde.

Wie Ozma forscht NASA SETI bei einer Gruppe relativ nahe gelegener sonnenähnlicher Sterne nach Zeichen intelligenten Lebens. Aber während Ozma nur zwei Ziele kannte, ist NASA SETI auf 1000 Ziele gerichtet. Diese weitaus umfangreichere Zielsetzung stellt aber nur den einen Aspekt der Aufgabe dar. Der andere ist die sogenannte Ganzhimmelüberwachung, bei der regelmäßig das gesamte Volumen des Weltraums nach fremden Signalen, von jedem Stern und überall, abgetastet wird. Unsere duale Suchstrategie beschäftigt sich mit zwei möglichen Varianten der kosmischen Nachbarschaftsfindung: Entweder sind die am leichtesten zu entdeckenden Fremdlinge ganz in unserer Nähe (was die zielgerichtete Suche berücksichtigt), oder sie befinden sich sehr weit von uns entfernt, strahlen jedoch sehr helle Signale aus (diese berücksichtigt die Ganzhimmelüberwachung zusätzlich aus der zielgerichteten Suche).

Ähnlich wie das Ohio-State-Projekt ist auch NASA SETI ein laufender Versuch, der über Jahre andauern wird. Aber im Unterschied zu seinen »preiswerten« Vorgängern wird dieses Projekt nach erbittertem, aber erfolgreichem Kampf mit mehr als hundert Millionen Dollar staatlicher Subventionen gefördert. Während andere Versuche mit nicht mehr als einem Kopfnicken der NASA begannen und wieder endeten, erfreut sich NASA SETI der gleichen Anerkennung wie die Mission einer kleinen Raumsonde auf einem anderen Planeten. Dieser Missions-Status bedeutet, daß SETI von dem gesamten NASA-Management bis hin zur obersten Führungsspitze unterstützt wird.

Wie META und META II erstreckt sich NASA SETI über den ganzen Erdball und das Firmament. Es beansprucht mindestens fünf Teleskope: in Arecibo, in Green Bank, am Observatorium von Nancy in Frankreich, an der Goldstone Station in Kalifornien sowie an einer weiteren, identischen

NASA-Station im australischen Tidbinbilla. NASA SETI ist damit der erste wirklich weltweite kooperative Versuch, nach interstellaren Signalen zu suchen.
Anders als das Projekt Serendip oder Koffer-SETI stellt NASA SETI keinen Gast- oder Teilzeitversuch dar, sondern das umfangreichste eigenständige Projekt, das in Arecibo je durchgeführt wurde und bald ein eigens in Green Bank bereitgestelltes Teleskop beanspruchen wird. Mehr als hundert Menschen arbeiten an dem Projekt; ein rotierendes Team von Radioastronomen inbegriffen, das bereitsteht, um auf Signal-Kandidaten zum richtigen Zeitpunkt zu reagieren.
Die meisten amerikanischen Forscher suchten bisher nach Nahbandsignalen auf magischen Frequenzen, wie zum Beispiel der Wasserstofflinie. Wir nennen sie »magisch«, weil sie eine vernünftige Basis dafür besitzen, um logische Kommunikationskanäle zu sein. Ein Teil ihrer Magie besteht darin, daß sie sich in den ruhigen Zonen des elektromagnetischen Spektrums befinden. Darüber hinaus ist die Wasserstofflinie, die man als die magischste aller Frequenzen betrachtet, ein so fruchtbarer Boden für allgemeine Entdeckungen in der Radioastronomie, daß vermutlich Wissenschaftler aller Zivilisationen sie eingehend beobachten. Dafür müßte ein Signal auf dieser speziellen Frequenz auch die größte Chance haben, entdeckt zu werden. Die Wasserstofflinie wurde bereits von Morrison und Cocconi in deren bahnbrechendem Artikel vorgeschlagen, und auf ihr forschte auch ich bei meinem Projekt Ozma.
Obwohl es inhaltlich soviel wie »perfekt« oder »ideal« vermittelt, bedeutet »magisch« doch auch eine gewisse Mystik. Einige unserer magischen Frequenzen gehen auf die Zahlenkunde des Pythagoras zurück, wenn wir beispielsweise die Oberwellen bestimmen oder die Parallelanordnungen der Wasserstofflinie als zusätzliche Orte, an denen wir suchen.

Sämtliche Bemühungen von Paul Horowitz konzentrierten sich auf die Wasserstofflinie (1420 Megahertz) und die Hydroxyllinien (1612, 1665, 1667 und 1720 Megahertz) des Wasserlochs, ebenso wie die erste Oberwelle der Wasserstofflinie (2840 Megahertz). Dennoch stellen diese drei Regionen nur einen Bruchteil des ganzen Radiospektrums dar. Sogar mit seinen 8 Millionen Kanälen hat sich META der Wasserstoffregion verschrieben und die große Mehrheit möglicher anderer Frequenzen unberücksichtigt gelassen.

Magische Frequenzen besitzen eine ganz besondere Anziehungskraft, aber selbst die Menschen sind sich nicht darüber einig, welche von ihnen die besten sind. Kardashevs Positroniumlinie fesselt beispielsweise die Sowjets, und das Wasserloch begeistert die meisten Amerikaner, aber es gibt noch ein halbes Dutzend anderer magischer Frequenzen, die einige Forscher für gleichermaßen vielversprechend halten. Das Problem ist, daß man bei jeder Suche auf einer magischen Frequenz zunächst einmal davon ausgeht, daß Außerirdische auf einer ausgewählten Frequenz senden, und ob wir darüber hinaus wissen können, welche Frequenz dies ist.

Das NASA-SETI-Projekt unterläßt derartige Annahmen. Es tastet den Großteil der Frequenzen in dem Wasserlochbereich ab, die die Erdatmosphäre durchdringen. Dies bedeutet, daß wir eine wesentlich größere Chance als je zuvor haben, eine Nachricht zu entdecken, gleichgültig, ob die Fremdlinge eine Frequenz aus Gründen der Eignung wählen oder eine selbsterdachte Frequenz benutzen. Unsere neue Ausrüstung entbindet uns von der Pflicht, aus dem riesigen Angebot lediglich eine oder zwei Frequenzen auswählen zu müssen.

An dieser Stelle möchte ich erwähnen, daß die Arecibo-Botschaft von 1974 *nicht* auf einer magischen Frequenz gesendet wurde. Wir benutzten die Frequenz, die uns zur Verfügung stand, und dabei handelte es sich um die damalige Sendefrequenz des Arecibo-Radarsenders (2388 Megahertz). Sich für eine andere zu entscheiden hätte Millionen von Dollar gekostet.

Diese Frequenz wurde einmal willkürlich den radioaktiven Elementen zugeordnet, um Instruktionen an unsere eigenen Raumfähren weiterzuleiten. Es war also eine Frequenz, auf die man sich einfach geeinigt hatte, ohne Anspruch auf eine profunde, universelle Richtigkeit. Einige Radioastronomen regten sich sehr darüber auf, als sie erfuhren, daß wir uns des verfügbaren Frequenzbandes bedient hatten, statt auf einer magischen Frequenz zu senden. Offenbar, so wollten sie uns glauben machen, hatte unsere NAIC-Gruppe gegen die goldene Regel der außerirdischen Kommunikation verstoßen, die da lautet: »Sende so an andere, wie du von ihnen erwartest, daß sie an dich senden.« Die Entdeckung jener Botschaft durch eine fremde Zivilisation hätte daher sicher eine Flut von Doktorarbeiten nach sich gezogen, die sich mit der Frage beschäftigen: »Welches war die begründete und mystische Logik, die zur Auswahl dieser ganz spezifischen Frequenz führte?« (Vielleicht stellte sich heraus, daß es der Höhe *ihrer* großen Pyramide, geteilt durch p, entsprach. Wenn dem so sein sollte, dann wird »ihre« Version des *National Enquirer* die erste Zeitschrift sein, die über diese erstaunliche Tatsache berichtet.)

Wo andere Suchaktionen von bereits existierendem technischen Material abhängig waren, erforderte NASA SETI eine spezielle Hardware. Ein Teil der NASA-Subventionen mußte in diese neuen, zusätzlichen Geräte investiert werden. In Arecibo, dem Hauptbeobachtungssitz, bezweckt eine zweite große Verbesserungsaktion die Installation einer schüsselförmigen gregorianischen Beschickung, mit der die ganze Bandbreite der Radiofrequenzen empfangen werden kann. Die alten Beschickungen waren im Gegensatz dazu ja relativ frequenzspezifisch. Jedesmal, wenn man eine Frequenz außerhalb ihrer Reichweite beobachten wollte, mußte für jeweils rund 100 000 Dollar eine neue Beschickung entworfen und gebaut werden, oder man ging los und kaufte eine Fernsehantenne, so wie ich es während des Pulsarfiebers tat. Mit der neuen Beschickung wurde der Wechsel von einem Frequenzbereich zum anderen fast so einfach wie ein Knopfdruck. Außerdem erhöht die neue Vorrichtung die allgemeine Sensibilität des Teleskops um durchschnittlich das Dreifache, also eine 300prozentige Verbesserung. Schon während meiner Direktorenzeit am NAIC hatte ich auf einen Wechsel zu diesem Modus gedrängt, und so bin ich natürlich sehr glücklich, daß er nun endlich vollzogen wurde.

META stellte mit seinen acht Millionen Kanälen damals einen Weltrekord auf; NASA SETI verfügt über 28 Millionen Kanäle! Herzstück seiner Hardware ist ein Mechanismus, den man Multikanal-Spektrumanalysator nennt (in der hochgeschätzten Kurzsprache der NASA wird daraus MCSA). Der MCSA teilt die eingehenden Radiogeräusche in 14 Millionen Nahbandkanäle auf, kombiniert daneben die Signale von verschiedenen benachbarten Kanälen und schafft damit – für den Fall, daß die Außerirdischen diese benutzen – weitere 14 Millionen breiterer Bandbreiten.

Der MCSA basiert auf einer hochentwickelten Software, die in der Lage ist, sinnvolle Zusammenhänge aus den Millionen von Daten zu erkennen, die jede Sekunde ankommen. Die Software analysiert diese Daten, wobei sie nach Mustern sucht, die Intelligenz erkennen lassen, so schnell und so exakt, wie kein menschliches Gehirn dies tun könnte. Der menschliche Beobachter, dessen Mitarbeit bei dieser Suchaktion für mich unverzichtbar ist, greift in dem Augenblick

ein, *sobald* der Computer ein Alarmzeichen gibt, daß soeben ein Signal-Kandidat entdeckt wurde.
In der Vergangenheit konzentrierten sich die amerikanischen Versuche traditionell auf die Entdeckung kontinuierlicher Signale, während sich die Sowjets dazu entschlossen, nach pulsierenden Zeichen zu suchen, wie bereits beschrieben. NASA SETI zieht auch hier ein weites Netz. Mit seinem System kann jede Signalart, ob kontinuierlich, pulsierend oder polarisiert, empfangen werden; selbst warnende Signale, die in verschiedenen Kanälen zu unterschiedlichen Zeiten auftauchen, sind erfaßbar.
Dem Mann, dem wir all diese subtilen Möglichkeiten verdanken, via Software die Daten »anzuschauen«, war es nie möglich, ein Signal oder irgend etwas anderes in diesem Zusammenhang zu sehen – nicht einmal sein eigenes Gesicht. Er heißt Kent Cullers und ist von Beruf Physiker – und er ist blind. Seine Lieblingserinnerungen an seine Kindheit sind die allabendlichen Gutenachtgeschichten, die sein Vater ihm damals über die Astronomie erzählte. Kent war es, der an unsere Tür klopfte, um sein Wissen über Signalprozesse in die Dienste von SETI zu stellen, nachdem seine Frau ihm den gesamten Zyklop-Bericht vorgelesen hatte. (Dies war ein besonderer Liebesbeweis, denn die Lesung dauerte 24 Stunden!) Jetzt arbeitet Kent als Teamchef für Signalentdeckung für das NASA-SETI-Projekt.
Immer, wenn ich Kents Vorträge besuche, bewundere ich seine Art, wie er die Erwartungen seines sehenden Publikums erahnt und ihnen dadurch Genüge tut, indem er Dias und Tabellen in der korrekten Reihenfolge präsentiert, während er sein in Blindenschrift verfaßtes Konzept vorliest. Einmal, als wir gemeinsam zu einer Konferenz nach Ungarn reisten, machte ich ihn mit der Einrichtung seines Hotelzimmers vertraut, indem ich ihm die ungewohnte Hand-

dusche sowie weitere für ihn ungewöhnliche Dinge erklärte und seine Hände zur Kontrolle führte. Als wir das Zimmer verließen, um zum Abendessen zu gehen, führte ich ihn zur Tür und sagte, ohne nachzudenken: »Und hier ist der Lichtschalter. Er liegt rechts von der Tür, wenn du nachher wieder ins Zimmer kommst.« Daraufhin erinnerte er mich freundlich: »Danke, Frank, aber ich werde den Lichtschalter nicht brauchen.«

Kent hat als NASA-Angestellter einen Vollzeitjob in Ames, der einzig dem SETI-Projekt gewidmet ist. Viele andere Wissenschaftler, die eng mit ihm zusammenarbeiten, sind – wie Jill Tarter – nicht bei der NASA angestellt. Die Weltraumbehörde unterliegt einem dem Mandat des Kongresses unterstellten Personallimit, welches vermeiden soll, daß es zu einer unüberschaubaren Beamtenschaft anwächst. Aus diesem Grunde beträgt der tatsächliche wissenschaftliche Personalbestand der NASA nur zehn Prozent der an NASA-Projekten beschäftigten Kräfte. Der Rest wird von der NASA anderweitig für bestimmte Aufgaben rekrutiert. So sind beispielsweise die Mannschaften an den Abschußrampen eigentlich Angestellte kommerzieller Unternehmen wie etwa der Bendix Corporation. Was die Forschungsabteilungen angeht, so findet die NASA einen Großteil ihrer Vertragspartner an den Universitäten, obwohl die Fakultäten üblicherweise sehr hohe Pauschalen für ihre »Leihkräfte« berechnen, die Budgetreserven binnen kurzem erschöpfen können.

In Anbetracht dieses Budgetproblems von NASA SETI und dank der Ermutigung und des Rats von Barney und John Billingham leitete ich die Gründung einer gemeinnützigen Gesellschaft ein, des SETI-Instituts. Dies war eine Möglichkeit, die NASA mit talentierten Unterlieferanten zu versorgen und gleichzeitig überhöhte Pauschalen zu vermeiden.

Somit konnte ein Großteil der Gelder in die Wissenschaft fließen statt in die Verwaltung.
Im November 1984 nahm das Institut seine Tätigkeit auf und war berechtigt, jede Forschung, die im Zusammenhang mit Leben im Universum durchgeführt wurde, zu unterstützen. Unser vorrangiges Ziel war und ist es, NASA SETI bei der Suche nach geeignetem Personal und bei der Verwirklichung seiner wissenschaftlichen Ziele zu helfen. Wir übernahmen die Personalsuche sowie die Schreibarbeiten, und trotzdem beliefen sich unsere Pauschalkosten auf nur etwa ein Fünftel der Gebühren, die von einigen hiesigen Universitäten erhoben wurden.
Zunächst arbeitete das SETI-Institut mit drei Angestellten von einem Wohnwagen aus, der in Moffett Field stand. Einer von ihnen war Thomas Pierson, ein stämmiger junger Mann aus Oklahoma von imposantem Aussehen und extrem freundlichem Wesen, der mittlerweile zu unserem Geschäftsführer ernannt worden ist und es versteht, geradezu meisterlich den Dschungel der äußerst komplexen NASA-Bürokratie zu durchbrechen. 1989 hatten wir der NASA Verträge im Wert von zwei Millionen Dollar pro Jahr vermittelt, und mittlerweile sind unsere Aktivitäten auf weitere 19 Projekte angewachsen, darunter auch die Erforschung frühzeitlicher Bakterienarten, die auf den Ursprung von Leben auf der Erde zurückgehen. Die Zeit für den Umzug in ein neues Hauptquartier war gekommen, und wir mieteten im nahe gelegenen Mountain View einige Büroräume. Im Laufe der Jahre wurden die Institutsbelegschaft und auch die Projekte von Vera Buescher öfter, als ich es aufzählen könnte, unterstützt; sie ist unser »Feuerlöscher«, weil sie immer dann einspringt, wenn es irgendwo brennt. (Als das erste Datenanalyseprogramm für den MCSA geschrieben wurde, nannten wir es Vera,

unserer Kollegin zu Ehren, denn wie sie selbst konnte auch dieses Programm einfach alles.)

Das SETI-Institut wurde zu meiner bevorzugten Organisation und meine dortige Funktion als Präsident zu einer der angenehmsten Aufgaben, die ich je erfüllte. (Die vier Wissenschaftler – neben mir noch drei weitere Kollegen – die dort als Vorstand fungieren, tun dies übrigens ehrenamtlich.) Einer unserer umfangreichsten ständigen Aufträge ist ein wissenschaftliches Projekt zur Erarbeitung von Unterrichtsmaterial für Grund- und Mittelschulen. Das Thema »außerirdisches Leben« nimmt darin eine Art Magnetfunktion wahr, die die Schüler für SETI-verwandte Wissenschaften wie Chemie, Physik, Astronomie, planetarische Wissenschaften, Biologie und Evolutionslehre interessieren soll. Dennoch bleibt NASA SETI unser Hauptaufgabenfeld.

Während des NASA-SETI-Booms, als das Projekt im Vergleich zu allen vorangegangenen Forschungsaktivitäten eine immense Bedeutung erhielt, fragte ich mich irgendwann, ob ich wirklich einen weiteren quantitativen Vergleich brauchte, um zu überzeugen. Würde es die Dinge wirklich noch klarer werden lassen, wenn man sagen könnte, daß NASA SETI eine zigmillionenfache Verbesserung gegenüber den vergangenen Projekten darstellt? Vielleicht nicht. Vielleicht ist es jetzt wichtiger zu sagen, daß der Umfang unserer derzeitigen Bemühungen so vielversprechend ist, daß wir bereits darüber nachdenken sollten, was wir unternehmen, wenn wir tatsächlich ein Beweissignal für außerirdisches Leben empfangen.

John Billingham dürfte derjenige sein, der sich am intensivsten mit dieser heiklen Frage beschäftigt hat. In Zusammenarbeit mit weiteren SETI-Komiteemitgliedern der Internationalen Astronautik-Akademie (IAA) erstellte er eine »prinzipielle Deklaration betreffend die Aktivitäten, die der Entdeckung außerirdischer Intelligenz folgen«. Sie enthält sämtliche Schritte von der Überprüfung des Signals auf Echtheit bis hin zur Information der zuständigen Behörden über den Empfang einer außerirdischen Botschaft.

Diesem Dokument stimmte jede bedeutende internationale, professionelle Weltraumorganisation zu, so auch die IAA, das International Institute of Space Law, das Committee on Space Research, die Kommission 51 der internationalen astronomischen Vereinigung und die Commission J der Union Radio Scientifique Internationale. Im wesentlichen besagt Billinghams Protokoll folgendes: *Stelle sicher, daß du wirklich etwas erhalten hast; dann erzähle es JEDEM.*

Ich habe ausführlich darüber berichtet, wie man einen Signal-Kandidaten auf seine Echtheit überprüft, darüber, wie sich seine außerirdische Herkunft ableiten läßt und wie die besonderen Kennzeichen von Künstlichkeit ein Signal mit intelligenten Charakteristika von den anderen unterscheiden. Aber der ganzen Welt zu erklären, daß man die große Entdeckung in der Geschichte der Radioastronomie – vielleicht sogar in der Geschichte schlechthin – gemacht hat, erfordert noch viel weiter gehende Sicherheitsfaktoren.

Bei dem NASA-SETI-Projekt wird es kaum möglich sein, andere Observatorien zu bitten, die Funde zu überprüfen. Sollte das langersehnte Signal in Arecibo empfangen werden und ein schwaches Signal sein, was aller Wahrscheinlichkeit nach der Fall sein dürfte, dann könnte kein anderes Observatorium der Welt die gewünschte Überprüfung durchführen. Dies kommt daher, daß Arecibo von allen Teleskopen den größten »Einzugsbereich« besitzt und, nicht zu vergessen, die gregorianische Beschickung sowie andere spezielle Vorrichtungen. Selbst die anderen NASA-SETI-Instrumente in Frankreich oder Australien werden Arecibos breiter Frequenzspanne nicht gewachsen sein. Und sollte das

Signal in deren Frequenzbereich fallen, könnten sie es aufgrund unzureichender Sensibilität nicht hören. Arecibo ist ganz entschieden wesentlich sensibler als die anderen und sehr viel eher in der Lage, ein schwaches und zartes *»Hier sind wir!«* aus dem Durcheinander der kosmischen Geräusche herauszuhören.

Anstatt sich mit innerbetrieblichen Dingen wie Kontrollen und ähnlichem auseinanderzusetzen, werden die Leute in Arecibo (und ich hoffe, ich bin einer von ihnen, wenn es passiert) sich mehrere Tage lang eher damit beschäftigen müssen, ihre Daten zu prüfen und noch einmal zu prüfen, um das Signal, wenn möglich, ein zweites, drittes und viertes Mal zu lokalisieren, als zu riskieren, falschen Alarm zu geben. Nach mehreren Tagen würden dann wiederholte Beobachtungen eine lückenlose Beweisführung ergeben, die es gestattet, an die Öffentlichkeit zu gehen.

»Könnte nicht ein cleverer Mensch einen überzeugenden Schwindel inszenieren?« fragte mich vor einigen Jahren ein Hollywoodproduzent. »Gibt es keine Möglichkeit, das System zu überlisten und die Astronomen dahingehend zu täuschen, daß sie glauben, ein *E.T.*-Signal erhalten zu haben?« Der Produzent hielt mich für den geeigneten Mann, der sich einen solchen Schwindel ausdenken sollte. Er erklärte sich bereit, mir eine Menge Geld zu zahlen, und wollte einen derartigen »Plan« anschließend als Vorlage für ein Drehbuch benutzen. Ich nahm die Aufgabe an, nicht nur, weil sie mir Spaß machte oder weil mich das Geld lockte, sondern weil ich mir über eine mögliche Täuschung Gedanken machte, genau wie alle anderen Mitarbeiter von NASA SETI. Immer wieder dachte ich darüber nach, wie ich es anstellen sollte, und kam zu dem Ergebnis, daß eine Täuschung nicht machbar war. Es gibt wirklich keinen Weg, ein frisiertes Signal zu erzeugen, das den Anschein erweckt, aus einer Quelle zu stammen, die sich im Einklang mit den Sternen bewegt. Man könnte es wohl für eine Stunde lang überzeugend aussehen lassen, aber keinesfalls für längere Zeit. (Da somit der Entwurf für das zentrale Szenario des Filmemachers gescheitert war, erwartete ich kein Beraterhonorar, und ich erhielt natürlich auch keines.)

Unmittelbar nach der Entdeckung eines intelligenten Signals folgt die delikate Aufgabe, eine Antwort an die absendende Zivilisation zu schicken. Selbstverständlich habe ich intensiv darüber nachgedacht, was ich in einer solch glücklichen Situation antworten würde. Auf diese Gelegenheit habe ich immerhin mein Leben lang gewartet, und das Warten konnte weder mein Vertrauen noch meinen Enthusiasmus schmälern. Trotzdem kann ich nichts Genaueres sagen, denn wenn man ernsthaft nachdenkt, lautet die einzig mögliche Antwort auf die Frage »Was wirst du sagen?« schlicht »Es kommt darauf an.«

Es kommt auf die Art des Signals an und darauf, was es uns sagt. Es kommt auf die weltweite Reaktion an. Und auf die Entfernung, die die Nachricht zurückgelegt hat, denn wir werden keinen echten Dialog mit Zivilisationen führen, die unendlich weit von uns entfernt sind; nur ausgiebige Monologe, die sich auf dem interstellaren Postweg in der Ewigkeit kreuzen werden. Es kommt darauf an, ob wir das Signal verstehen. Da der Informationsgehalt einer solchen Botschaft so unendlich vielschichtig sein kann, wäre eine von langer Hand vorbereitete und irgendwo in den Akten ruhende Antwort allenfalls eine von vielen denkbaren Möglichkeiten zu reagieren. Sicher sollte jede Antwort vor ihrer Absendung weltweiten, gründlichen Überlegungen von erfahrenen Spezialisten unterliegen.

In einem immer wiederkehrenden Traum empfangen wir unser ersehntes intelligentes Signal von irgendwoher aus der

Galaxis. Das Signal ist eindeutig. Es wiederholt sich immer wieder und gestattet es uns dadurch, seine Quelle zu bestimmen, die etwa 20 000 Lichtjahre von uns entfernt liegt. Das Signal ist periodisch polarisiert, und offensichtlich hat es eine hohe Informationsdichte. Aber es wird durch so viele Nebengeräusche gestört, daß wir nicht eine einzige Information herausbekommen. So wissen wir also nur, daß eine andere Zivilisation existiert. Die Nachricht an sich können wir nicht dechiffrieren.
Sollte dieser Traum wahr werden, dann wird die dokumentierte Entdeckung fremdartiger Signale natürlich schon *die* große Neuigkeit sein. Gleichzeitig wird es ein Aufruf zum Handeln sein, der uns auffordert, das zu tun, was immer getan werden muß. Beispielsweise ein viel größeres Radioteleskopsystem zu bauen, um Informationen über diese Zivilisation zu erhalten, die uns zeigen, welche Geheimnisse die Außerirdischen mit uns teilen wollen.
So könnte unsere Antwort auf eine Nachricht von einer fremdartigen Zivilisation also eher eine Reaktion auf die *Situation* sein als eine tatsächliche Antwort an den Absender. Wir werden die ganze Welt über das Ereignis informieren und ihr mitteilen, daß wir den nächsten Schritt unternehmen, indem wir eine bessere Ausrüstung bauen, mit deren Hilfe wir die empfangene Nachricht auch verstehen wollen. Wie gerne würde ich in einer solchen Situation den Gang zum Kongreß übernehmen, um dort um Unterstützung für das neue Projekt zu bitten. Ich denke nicht, daß ich auf großen Widerstand stoßen würde.
Zu irgendeinem Zeitpunkt in nicht allzu ferner Zukunft werden wir ein gigantisches Teleskop bauen müssen – gleichgültig, was bei den aktuellen Forschungen herauskommt. Wenn es uns nicht gelingt, Signale zu finden, müssen wir auf ein größeres System umsteigen, um unsere Sensibilität und da-

mit die Chancen für eine Entdeckung zu steigern. Und wenn wir Erfolg haben sollten, dann werden wir die leistungsstärkeren Instrumente benötigen, um mehr Signale und weniger Geräusche zu empfangen. Sie sehen also, daß es keinesfalls zu früh ist, den nächsten Schritt zu planen. Das neue Teleskop könnte – im Stil von Zyklop – auf der Erde stehen; genausogut aber könnte es im Weltraum gebaut werden, mit Hilfe von Space-shuttles, die die Bauteile zu Astronauten hinaufbefördern, die dort ein Netzwerk mehrerer riesiger Schüsselantennen zusammensetzen und mit einem Schutzmechanismus gegen menschlich erzeugte Radioübertragungen versehen. Die Russen arbeiten bereits an einem solchen Entwurf.

Ich persönlich halte die Rückseite des Mondes für den wünschenswertesten Ort im Weltraum, an dem ein neues, grandioses Teleskop stehen sollte. Im ganzen Sonnensystem ist dies die einzige Stelle, die nicht ab und zu von irdischen Signalen bombardiert wird. Durch die Art und Weise, wie der Mond uns – während er uns umkreist – immer dieselbe Seite zuwendet, ist seine abgewandte Seite eine natürliche »Radio-Ruhezone«.

Auf dem Mond, wo die Schwerkraft nur ein Sechstel der irdischen beträgt, könnten wir konventionelle Materialien wie Stahl und Aluminium einsetzen, um ein 50 km großes Teleskop vom Arecibo-Typ zu bauen. Das Originalteleskop hat einen Durchmesser von 305 m, so daß die Mondversion etwa 150mal größer wäre und den Energie-Einzugsbereich um ein Vieltausendfaches erweitert. Es ist fast unvorstellbar, welche noch so schwachen Signale ein solches System entdecken könnte! Wir könnten es in die Spitze eines großen Kraters setzen und die Plattform sowie die Beschickungen mit leichten Spezialkabeln am Kraterrand befestigen. Kein Wind würde die Konstruktion in irgendeine Richtung bewegen. Natürlich hängt die Aufstellung dieses speziellen Instruments von einer vorab errichteten, bemannten Mondstation ab; glücklicherweise zählt eine solche Mondbasis bereits zu den erklärten Zielen der NASA.

Im Reich der ultimativen kosmischen Träume könnte die Sonne selbst als das beste aller Teleskope fungieren. Sie ist von Natur aus eine Gravitationslinse, die eine detaillierte Ansicht des ganzen Universums liefert. Aber so wie Archimedes prahlte, er könne die Welt bewegen, wenn er nur einen Platz hätte, an dem er stehen könnte, so müßten Astronomen Raumschiffe bis weit über die Grenzen unserer heutigen Möglichkeiten hinaussenden, um die Linsenfunktion der Sonne nutzen zu können.

Was uns beflügelt, ist unser Wissen, daß die enorme Sonnenmasse eine Kraftverstärkung und eine Bildschärfe verspricht, die unsere größten verfügbaren Teleskope in ungeahnter Weise übertreffen.

Die Gravitationslinse ist von schlichter Eleganz. Statt Lichtstrahlen dadurch in den Brennpunkt zu rücken, daß man sie mittels einer Glaslinse konzentriert oder sie mit Hilfe eines High-tech-Spiegels reflektiert, fokussiert die Sonne das Licht, indem sie den *Raum* verformt.

Das Konzept der Gravitationslinse geht auf Albert Einstein zurück. Die Sonne als massives Objekt verbiegt den Raum, den sie einnimmt. Dadurch wird das Licht, das von entfernten Sternen an der Sonne vorbeigleitet, von seiner direkten Bahn abgelenkt und letztendlich zur Sonne hingezogen.

Dieser besondere Aspekt von Einsteins Relativitätstheorie konnte direkt beobachtet werden. Arthur Stanley Eddington, der große Physiker und einer der wenigen Menschen, die die Theorie sofort begriffen, schlug vor, sie mit Hilfe einer Sonnenfinsternis zu überprüfen. Er wollte den Himmel während der Finsternis fotografieren, wenn der Mond das

Sonnenlicht verdeckte und die Sterne erst am Mittag sichtbar wurden. Dann sollte Monate später eine weitere Aufnahme gemacht werden, mit demselben Teleskop, vom selben Himmelsabschnitt, an dem sich die Sonnenfinsternis ereignet hatte, aber zu einem Zeitpunkt, zu dem sich die Sonne auf der anderen Seite der Welt befand. Es sollte sich herausstellen, daß dieselben Sterne jetzt *nachts* sichtbar wurden. Beim Vergleich der beiden Fotoplatten sollten die Sterne, die während der Sonnenfinsternis der Sonne am nächsten waren, ihre Position auf dem zweiten Bild verändert haben. Die Nähe der Sonne hätte ihr Licht auf dem Foto mit der Finsternis verschoben.

Eddington selbst leitete eine der Expeditionen, die 1919 dieses Experiment anläßlich der totalen Sonnenfinsternis auf Principe vor der Westküste Afrikas durchführten. Fünf Monate blieb er mit seiner Mannschaft dort und hatte Gelegenheit, denselben Himmelsabschnitt einmal mit und einmal ohne Sonne zu fotografieren. (Bereits 1912 hatte Eddington in Brasilien einen anderen Versuch unternommen, bei dem allerdings ungünstige Wetterbedingungen seine Beobachtungen vereitelten.) Unter enormen Schwierigkeiten gelang es Eddingtons Gruppe, in Principe eine Sternenlichtabweichung am Sonnenrand von einer Bogensekunde zu messen. Auf einer Fotoplatte entspricht dies einer Abweichung von weniger als einem Hundertstelmillimeter. Die Beobachtungen schienen zwar mit Einsteins Aussage übereinzustimmen, waren jedoch nicht präzise genug, um sie definitiv zu beweisen. In einer späteren Expedition reisten Astronomen des Lick-Observatoriums (meines jetzigen Zuhause) nach Australien, wo sie einer spektakulären Sonnenfinsternis beiwohnten, die 140 Sterne sichtbar werden ließ, und genügend Abweichungen messen konnten, um Einsteins Theorie schlüssig zu beweisen.

Heute können Radioteleskope derartige Vergleiche sehr schnell, einfach und auch präziser durchführen, ohne daß dafür spezielle Bedingungen, wie zum Beispiel eine totale Sonnenfinsternis, notwendig sind. Es gibt keinerlei Zweifel mehr daran, daß die Sonne eine außergewöhnlich starke Linse ist. Das Sternenlicht, das an der Sonne vorbeiläuft, weicht von einer imaginären Linie, die zwischen dem Sonnenzentrum und dem Zentrum der Sternenquelle verläuft, ab. Stellen Sie sich vor, Sie entspannen sich am Ende eines Tages und betrachten aufmerksam die untergehende Sonne. Neben dem orangefarbenen Sonnenhimmel und den für diese Tageszeit typischen Farbabstufungen existiert dort noch eine Flut von schwachem, abweichendem Sternenlicht aus dem ganzen Universum. Für Sie ist es unsichtbar, aber dennoch strömt es von den Sonnenrändern auf Sie ein und wird weit hinter Ihnen in perfekt scharfe Bilder konzentriert.

Wie weit hinter Ihnen?

Ungefähr 82 Milliarden Kilometer.

Der Einfachheit halber bezeichnen Astronomen die Entfernung zwischen Erde und Sonne als eine astronomische Einheit, statt die unförmige Zahl von 149 Millionen Kilometer zu benutzen. In dieser Rechengröße ergibt die Entfernung zum Brennpunkt der Sonne etwa 550 astronomische Einheiten. Das ist sehr weit draußen im Weltraum, weiter, als unsere Raumschiffe je reisen konnten. Es ist weit hinter Plutos Orbit, etwa 40 astronomische Einheiten entfernt, und ist trotzdem nur der kleinste Teil des Weges zum nächsten Stern, der 300 000 astronomische Einheiten weit von der Sonne entfernt ist.

Wenn wir ein Teleskop in diesen entlegenen Teil des Weltraumes schicken könnten, besäßen wir damit ein echtes Fenster zum Universum. Dort fänden wir nicht nur das Bild eines Sternes in einem Brennpunkt vor, sondern eine Sphäre von Brennpunkten, die die Bilder aller Sterne schaffen, deren Licht die Sonne passiert. Jeder Stern aus sämtlichen Galaxien ist hier anzutreffen. Es ist so, als ob die Sonne von einer riesigen Himmelssphäre voller extrem heller Bilder von entfernten Objekten umgeben wäre. Die Bilder erscheinen deshalb so deutlich, weil ihr Licht durch die gigantische Sonnenlinse konzentriert wird. Denn in ihrer Funktion als Teleskoplinse verfügt die Sonne über den 10 000fachen Einzugsbereich des Arecibo-Teleskops. Außerdem kann die Sonne jede Form von elektromagnetischer Strahlung gleichermaßen gut sammeln und auflösen. Sie vereint in sich die Funktionen sowohl von optischen Teleskopen als auch von Radioteleskopen, Infrarotteleskopen, Gammastrahlen- und Röntgenstrahlenteleskopen.

Die Sonne arbeitet wie eine sonderbar geformte Linse: ein dünner Ring mit einem Durchmesser von mehr als 1 448 000 Kilometer. Ihre Auflösung – oder Fähigkeit, Bilder scharf erscheinen zu lassen ist einemillionmal größer als die im besten Fall zu erzielende Auflösung, wenn man verschiedene große Teleskope zusammen benutzen könnte. Das heißt, die Sonne könnte Bilder von entfernten Sternen *und* deren Planeten projizieren und uns damit die denkbar besten Möglichkeiten zur Entdeckung extrasolarer Planeten geben. Damit nicht genug. Dank der bemerkenswerten Auflösungskapazität der Gravitationslinse könnten wir selbst bestimmte große Gebilde auf diversen Planetenoberflächen erkennen, die in etwa die Dimension eines Grand Canyon oder sagen wir des Mississippi haben.

Im Laufe meines historischen Überblicks über SETI sprach ich unter anderem über die Notwendigkeit großer Einzugsbereiche, um auch schwache Signale entdecken zu können, so wie Zyklop es uns ermöglicht hätte. Aber im Vergleich zu der solaren Gravitationslinse ist selbst Zyklop *winzig*. Für

SETI würde das bedeuten, daß der riesige Einzugsbereich der Sonne Radiosignale von Sendern, die nicht größer sind als Walkie-talkies, jenseits der Milchstraße auffangen kann. »Ich weiß genau, daß uns in diesem Augenblick das ganze Universum zuhört«, schrieb Jean Giraudoux in *Die Irre von Chaillot,* »und daß jedes unserer Worte bis hin zum entferntesten Stern hallt.« Diese poetische Paranoia ist eine glänzende Beschreibung dessen, was die Sonne mit ihrer Linsenfunktion für SETI bewirken könnte. Ich frage mich, ob uns andere Welten beobachten und jedem unserer Worte mit ihren großen stellaren Linsen lauschen.

Wir beginnen gerade erst, die Fähigkeiten des Gravitationslinsenphänomens zu erkennen. Wir haben noch nicht versucht, es zu nutzen. Noch ist es schwer abzuschätzen, wieviel technisches Wissen uns von der Möglichkeit trennt, ein Raumschiff zu entsenden, das in einer Entfernung von 550 astronomischen Einheiten die Sonne umkreist. Sollte uns das gelingen, müßten wir es nur mit einer kleinen Antenne ausstatten, die einen Durchmesser von vielleicht 9 m oder auch nur 90 cm hat, um die unendliche Vielfalt von Bildern und Geräuschen aufzufangen, die uns dort erwartet.

Unter Berücksichtigung aller bekannten Aspekte müßte das Raumschiff aber noch ein wenig weiter reisen. In einer Entfernung von genau 550 astronomischen Einheiten, wo das Licht, das den Sonnenrand passiert, konzentriert wird, würden wir Verzerrungen aufgrund der Sonnenatmosphäre und der Korona antreffen. Aber auch das Sternenlicht, das nicht so nahe an die Sonne herankommt, wird ebenfalls in den Brennpunkt gerückt, nur ein bißchen weiter draußen im Weltraum, wo die unverfälschten Bilder des Universums sichtbar bleiben. Es gibt eine unendliche Anzahl von Himmelssphären, die beim Radius von 550 astronomischen Einheiten beginnen und dann ins Weltall ausstrahlen wie die

Ringe um einen Stein, den man ins Wasser geworfen hat. Jede dieser Sphären besitzt ihre eigene Gestalt im Universum. In einer Entfernung von 1000 astronomischen Einheiten von der Sonne müßten die Sichtbedingungen ideal sein. Das Jet Propulsion Laboratory befaßt sich bereits mit der Durchführbarkeit einer Mission in diese Region, weil sie in der Oort-Wolke liegt, einem fruchtbaren Ort für Kometen, der das Sonnensystem umgibt. Das JPL hofft, dort die Partikel und die magnetischen Felder der Wolke zu messen und gegebenenfalls sogar Kometen aus geringer Entfernung zu fotografieren. Sollte ich noch da sein, wenn diese Mission gestartet wird, werde ich versuchen, sie davon zu überzeugen, ein kleines Radioteleskop am Raumschiff anzubringen. Mein Gefühl sagt mir, daß wir dann bereits ein außerirdisches Signal erhalten haben werden. Angespornt durch das Gefühl einer galaktischen Kameradschaft, das es in uns auslöst, werden wir nach weiteren Signalen suchen, die schwächer und weiter entfernt sind, denn das Entdecken einer Zivilisation wird beweisen, daß es noch viele andere gibt, die wir finden können. Ich bezweifle nicht, *daß* es geschehen wird. Meine Frage ist nur *wann?*

Die Stille, die wir bislang erfahren haben, ist keineswegs bedeutsam. Immer noch haben wir nicht lange genug oder intensiv genug gesucht. Wir haben noch nicht den großen Batzen des kosmischen Heuhaufens durchforstet. Ich könnte spekulieren, daß »sie« uns beobachten, um zu sehen, ob wir es wert sind, daß sie sich mit uns unterhalten. Vielleicht handeln sie auch nach dem ethischen Grundsatz »In der Galaxis gibt es nichts umsonst«, was bedeuten würde, daß, wenn wir schon der Gemeinschaft höherentwickelter Zivilisationen beitreten wollten, wir dafür auch genau so hart arbeiten müßten wie sie. Vielleicht schicken sie uns ein Signal, das wir nur entdecken können, wenn wir in unsere Suchbemühungen ebensoviel Mühe legen wie sie in die Absendung des Signals. NASA SETI ist der Anfang des ersten bedeutenden Versuchs, die Ernsthaftigkeit unserer Absichten zu demonstrieren.

Daher lautet die Lektion, die wir aus all unseren vorangegangenen Suchaktionen gelernt haben: Die größte Entdeckung ist nicht einfach zu machen. Wenn es bei SETI je Pessimisten gab, dann gibt es sie heute sicher nicht mehr. In gewisser Weise bin ich darüber froh. Der unbezahlbare Nutzen, den uns die Kenntnisse und die Erfahrungen eines interstellaren Kontaktes bringen werden, sollte uns nicht einfach zufallen. Um seinen Wert schätzen zu können, sollten wir bereit sein, maßgebliche Anteile unserer Talente, unseres Vermögens, unserer intellektuellen Energie und unserer Geduld aufzuwenden. Wir müssen bereit sein, zu schwitzen, zu kriechen und zu warten.

Wir haben das Ziel noch nicht erreicht, es ist jedoch in greifbare Nähe gerückt.

Epilog

Ich weiß nicht, wie ich auf die Welt wirke,
aber auf mich selbst wirke ich wie ein kleiner Junge,
der am Strand spielt und sich damit vergnügt,
ab und zu einen glatteren Kieselstein
oder eine hübschere Muschel als üblich zu finden,
während der große Ozean der Wahrheit
völlig unentdeckt vor ihm liegt.

Sir Isaac Newton

So viel ist während der letzten drei Jahrzehnte, seit SETI begann, geschehen – und alles war gut. Wir wurden Zeugen der rigorosen Metamorphose von kalten und unfruchtbaren interstellaren Wolken zu reichen planetarischen Systemen. Wir sahen den zaghaften Tanz der Sterne, mit dem sie uns offenbaren, daß ihre Partner tatsächlich Planeten sind. Das Corps der Tänzer scheint zahllos zu sein. Und wie schon vor dreißig Jahren ist das Universum im Bereich der Mikrowellenstrahlung immer noch am dunkelsten und ruhigsten. Dort können die schwachen Strahlen intelligenten Lebens die Dunkelheit durchbrechen und inmitten des Mißklanges der unintelligenten Signale von Objekten des mechanischen Universums hörbar werden.

Hier auf der Erde erlebten wir zwei bedeutende Entwicklungen. Durch die nahezu explosionsartigen Fortschritte in der Computertechnologie wurde unsere Suchkapazität für außerirdisches Leben etwa alle 235 Tage verdoppelt. Und es ist kein Ende abzusehen. Gleich große Bedeutung hat die Tatsache, daß überraschend viele unserer brillantesten Wissenschaftler ihre Talente und Karrieren SETI widmeten. Beides war notwendig, um eine Suchaktion zu verwirklichen, die der Aufgabe gewachsen war, all die Sandkörner an einem riesigen Strand nach einigen raren und kaum sichtbaren Kostbarkeiten zu durchforsten.

Um mit Newtons Worten zu sprechen: Bei unseren bisherigen Versuchen konnten wir nur hier und da am Strand einen Stein oder eine Muschel umdrehen, in der vagen Hoffnung, darunter das Sandkorn zu finden, nach dem wir suchen. Jetzt erst verfügen wir über das Sieb, über die Ideen, das Geschick, die Zeit und besonders über die Hingabe, die wir benötigen, um dieses Sandkorn zu finden – gleichgültig, in welches Versteck die Kinder ferner Welten es gelegt haben.

Ausblick

Nachdem der amerikanische Kongreß im Oktober 1993 die entsprechenden Forschungsetats gestrichen hatte, schien die Zukunft des SETI-Projekts eine Zeitlang sehr ungewiß. Doch wie so oft im »Land der unbegrenzten Möglichkeiten« triumphierten zuletzt Engagement und Enthusiasmus über politische Sachzwänge und die Engstirnigkeit der Bürokraten: Unter der Bezeichnung »Projekt Phoenix« riefen die mit SETI befaßten Wissenschaftler eine private Stiftung ins Leben, und dieser gelang es in kürzester Zeit, private Mittel in Höhe eines halben Jahresetats für das Forschungsvorhaben zu mobilisieren. Die Geldgeber finden sich überwiegend in Industrie- und Wirtschaftskreisen, und es ist kein Wunder, daß dabei die Vertreter der sogenannten Zukunftstechnologien an der Spitze stehen. Unter den zahlreichen Sponsoren finden sich so prominente Namen wie William Hewlett und David Packard, Gordon Moore, Mitgründer des Prozessorenherstellers Intel Corporation, sowie Paul Allen, der Mitbegründer des Softwareriesen Microsoft.
Die Mittel ermöglichen es dem SETI-Institut, die von der NASA entwickelten Digitalempfänger zu verbessern und seine Forschungen am Parkes Radio Astronomy Observatory in New South Wales, Australien, fortzusetzen, bis das Observatorium von Arecibo nach gründlicher Modernisierung Mitte 1995 wieder zur Verfügung stehen wird. Dabei reichen die langfristigen Planungen bis ins nächste Jahrhundert. Die Suche nach »Signalen von anderen Welten« geht weiter!

Der Verlag

Anhang

Bibliographie

Ashpole, Edward. *The Search for Extraterrestrial Intelligence.* London: Blandford, 1989.

Asimov, Isaac. *Asimov's Biographical Encyclopedia of Science and Technology.* Garden City, N. Y.: Doubleday, 1972.

Billingham, John, ed. *Life in the Universe.* Cambridge, Mass.: MIT Press, 1981.

Blum, Howard. *Out There.* New York: Simon & Schuster, 1990.

Bova, Ben, und Byron Preiss, eds. *First Contact.* New York: New American Library, 1990.

Bracewell, Ronald N. *The Galactic Club.* Stanford, Calif.: Stanford Alumni Association, 1974.

Cameron, A. G. W., ed. *Interstellar Communication.* New York: W. A. Benjamin, 1963.

Cohen, Nathan. *Gravity's Lens.* New York: John Wiley & Sons, 1988.

Drake, Frank D. *Intelligent Life in Space.* New York: Macmillan, 1962.

Forward, Robert. *Dragon's Egg.* New York: Ballantine, 1980.

Goldsmith, Donald. *The Quest for Extraterrestrial Life.* Mill Valley, Calif.: University Science Books, 1980.

Goldsmith, Donald, und Tobias Owen. *The Search for Life in the Universe.* Menlo Park, Calif: Benjamin/Cummings, 1980.

Gunn, James. *The Listeners.* New York: Charles Scribner's Sons, 1972.

Hey, J. S. *The Evolution of Radio Astronomy.* New York: Neal Watson, 1973.

Lilly, John C. *Man and Dolphin.* Garden City, N. Y.: Doubleday, 1961.

McDonough, Thomas R. *The Search for Extraterrestrial Intelligence.* New York: John Wiley & Sons, 1987.

Mamikunian, Gregg, und Michael H. Briggs, eds. *Current Aspects of Exobiology.* Pasadena, Calif.: Jet Propulsion Laboratory, 1965.

Morrison, Philip, John Billingham und John Wolfe, eds. *The Search for Extraterrestrial Intelligence.* NASA Report SP-419. Washington, D. C.: U. S. Government Printing Office, 1977.

Oliver, Bernard M., und John Billingham, eds. *Project Cyclops.* NASA Report CR-114445. Moffett Field, Calif: NASA/Ames Research Center, 1973.

Overbye, Dennis. *Lonely Hearts of the Cosmos.* New York: Harper-Collins, 1991.

Papagiannis, Michael D., ed. *Strategies for the Search for Life in the Universe.* Boston: Reidel, 1980.

Ponnamperuma, Cyril, und A. G. W. Cameron, eds. *Interstellar Communication.* Boston: Houghton Mifflin, 1974.

Rood, Robert, und James S. Trefil. *Are We Alone?* New York: Charles Scribner's Sons, 1981.

Sagan, Carl. *Contact.* New York: Simon & Schuster, 1985.

Sagan, Carl, ed. *Communication with Extraterrestrial Intelligence.* Cambridge, Mass.: MIT Press, 1973.

Sagan, Carl, et al. *Murmurs of Earth.* New York: Random House, 1978.

Shklovsky, Iosif. *Five Billion Vodka Bottles to the Moon.* New York: W. W. Norton, 1991.

Shklovsky, Iosif, und Carl Sagan. *Intelligent Life in the Universe.* San Francisco: Holden-Day, 1966.

Sullivan, Walter. *We Are Not Alone: The Search for Intelligent Life on Other Worlds.* New York: McGraw-Hill, 1964.

Swift, David W. *SETI Pioneers.* Tucson: The University of Arizona Press, 1990.

White, Frank. *The SETI Factor.* New York: Walker, 1990.

Glossar

Antimaterie Materie, die aus negativ geladenen Protonen und positiv geladenen Elektronen besteht. In der Natur existiert nur wenig Antimaterie, da sie bereits sehr bald nach ihrer Bildung zerstört wird.

Äquatorialträger siehe Polarträger

Archimedes Griechischer Physiker und Mathematiker (287–212 v. Chr.). Er entdeckte unter anderem das Hebelgesetz.

Astronomische Einheit (AE) Die durchschnittliche Entfernung zwischen der Sonne und der Erde, also $1{,}496 \times 10^8$ km.

Azimutalträger Teleskop-Zusatz mit einer horizontalen und einer vertikalen Achse. Dreht sich das Teleskop um diese beiden Achsen (üblicherweise von einem Computer überwacht), kann ein Beobachter es ausrichten und gleichzeitig die Erdrotation ausgleichen.

Bandbreite Breite des von einem Rundfunkempfänger bei einer bestimmten Einstellung empfangenen Frequenzbandes. Moderne SETI-Ausrüstung verfügt über Empfänger mit mehreren Millionen von Nahbandkanälen.

Bewohnbare Zone Die Region um einen Stern, in der die Bedingungen für die Entwicklung von Lebensformen geeignet sein können.

BETA Milliarden-Kanal-Versuch zur Suche nach außerirdischen Signalen.

Binärer Code Ein Nachrichten-Codiersystem, in dem nur zwei Zeichen verwendet werden. Dies können z. B. Kommata und Striche, Nullen und Einsen oder zwei verschiedene Töne sein.

Bracewell-Sonden Hypothetische, unbemannte Raumflugkörper, die zu anderen planetarischen Systemen fliegen und sie nach Zeichen intelligenten Lebens untersuchen, so wie von Ronald Bracewell vorgeschlagen.

Caltech The California Institute of Technology, Pasadena.

CERN Centre Européen Recherche Nucléaire (Europäisches Zentrum für Nuklearforschung), Genf, Schweiz.

CETI Kurzwort für Kommunikation mit außerirdischer Intelligenz.

Crabnebel Der Überrest einer Supernova-Explosion im Stier, die 1054 in China von Beobachtern aufgezeichnet wurde.

CSIRO Commonwealth Scientific and Industrial Research Organisation, Sydney, Australien.

CTA-102 Radioquelle, die zuerst von Caltech-Wissenschaftlern katalogisiert, später als Quasar identifiziert und 1965 von sowjetischen Wissenschaftlern fälschlicherweise für eine Typ-III-Zivilisation gehalten wurde.

Delphin-Orden Informelle Vereinigung von Wissenschaftlern, die an einer Kommunikation mit außerirdischem Leben interessiert sind. Gegründet wurde der Orden im November 1961 anläßlich einer Konferenz in Green Bank, West Virginia.

Dopplereffekt Der Effekt, den die Bewegung einer Lichtquelle auf die von ihr ausgestrahlten Lichtwellen hat. Der österreichische Physiker und Mathematiker Christian Johann Doppler (1803–1853) beschrieb als erster die Beziehung zwischen dem Ertönen eines Geräusches und der Bewegung seiner Quelle zum Hörer hin oder vom Hörer weg: Der Ton wird lauter, wenn sich die Quelle nähert, und leiser, wenn sie sich entfernt. Dasselbe Phänomen wird bei elektromagnetischer Strahlung von Sternen beobachtet, und zwar durch eine Blau- oder Rotverschiebung im Sternenspektrum.

Drakesche Gleichung Formel zur Schätzung der Anzahl von höherentwickelten, intelligenten Zivilisationen im Weltraum.

Dyson-Sphären Eine riesige künstliche Hülle, die höherentwickelte außerirdische Zivilisationen um einen Stern herum bauen könnten, um dessen Energie für ihre Zwecke zu nutzen; Freeman Dyson entwickelte als erster diese Theorie.

Elektromagnetische Strahlung, elektromagnetisches Spektrum Ein Strom winziger Energieteilchen, die Photonen genannt werden. Die elektrischen und magnetischen Energiefelder dieser Photonen vibrieren mit einer für die Strahlung charakteristischen Wellenlänge. Elektromagnetische Strahlung ist von den kürzesten bis zu den längsten Wellen aufgeteilt in Gammastrahlen, Röntgenstrahlen, Ultraviolettstrahlen, sichtbares Licht, Infrarotstrahlen und Radiostrahlen.

Exobiologie Das Studium von außerirdischem Leben.

Fermi, Enrico In Italien geborener Physiker (1901–1954), dem 1938 für seine Arbeit auf dem Gebiet der nuklearen Physik der Nobelpreis verliehen wurde. Sie bildete die Grundlage für die Atomspaltung und den ersten Atomreaktor.

Fermi-Paradox Die scheinbare Unvereinbarkeit zwischen der Wahrscheinlichkeit der Existenz anderer Zivilisationen und den fehlenden Beweisen dafür, daß sie jemals die Erde besucht haben.

Frequenz Anzahl der Radiowellen, die pro Sekunde übertragen oder empfangen werden. Signale mit kurzen Wellenlängen haben hohe Frequenzen, Signale mit langen Wellenlängen niedrige Frequenzen.

Fresnel, Augustin Jean Französischer Physiker (1788–1827) und Begründer der Refraktionstheorie.

Galileo Galilei Italienischer Astronom (1564–1642), der die Ideen des Kopernikus befürwortete und Beobachtungen anstellte, um sie zu unterstützen. Als erster benutzte er ein Teleskop, mit dem er Berge auf dem Mond, die Phasen der Venus und die vier großen Monde des Jupiter entdeckte, die ihm zu Ehren »Galileische Satelliten« genannt werden.

Gammastrahlen Elektromagnetische Strahlung mit extrem kurzen Wellenlängen – noch kürzer als bei Röntgenstrahlen.

Geschützte Frequenz Radiofrequenz, die aufgrund ihrer Bedeutung für Forschungsaufgaben in der Radioastronomie für sämtliche irdischen Benutzer gesperrt ist.

Gigahertz (GHz) siehe Hertz, Heinrich

Gravitationslinse Ein beliebiger Stern oder ein massives Himmelsobjekt, das Licht und andere elektromagnetische Strahlung entsprechend den Relativitätsgesetzen konzentriert und es in einen oder mehrere Brennpunkte im Weltraum bringt.

Green Bank Sitz des NRAO in den Allegheny Mountains in West Virginia. Oft wird es als informeller Name für das dortige Observatorium benutzt.

Heisenberg, Werner Deutscher Atomphysiker (1901–1976), dem 1932 der Nobelpreis für seine Formulierung des Unschärfeprinzips verliehen wurde. Dies besagt, daß es unmöglich ist, gleichzeitig die präzise Position eines Objektes und seine Geschwindigkeit zu bestimmen.

Hertz, Heinrich Deutscher Physiker (1857–1894) und Entdecker der Radiowellen. Die Meßeinheiten für Radiofrequenzen werden nach ihm benannt: ein Hertz (Hz) = eine Umdrehung pro Sekunde; ein Megahertz (MHz) = eine Million Umdrehungen pro Sekunde; ein Gigahertz (GHz) = eine Milliarde Umdrehungen pro Sekunde.

Himmelsüberwachung SETI-Forschungsstrategie, mit der der ganze Himmel beobachtet wird, oder soviel, wie man davon mit einem vorgegebenen Teleskop beobachten kann, im Gegensatz zur Erforschung spezifischer Ziele.

Hubble, Edwin Amerikanischer Astronom (1889–1953), der die Galaxien klassifizierte und zeigte, daß das Universum sich ausdehnt.

Hydroxyl Verbindung eines Sauerstoffatoms mit einem Wasserstoffatom. Ein zusätzliches Wasserstoffatom macht aus Hydroxyl ein Wassermolekül.

IAU International Astronomical Union, Paris, Frankreich.

Infrarot Der Bereich des elektromagnetischen Spektrums zwischen optischen Strahlen und Radiostrahlen. Die meisten Infrarotstrahlen aus dem Weltraum dringen nicht in die Erdatmosphäre ein und müssen von Satelliten oder von sehr hoch fliegenden Flugkörpern aus beobachtet werden.

IRAS InfraRed Astronomy Satellite. Das Gerät wurde 1983 gestartet, um Infrarotemissionen mit unübertroffener Sensibilität am gesamten Himmel zu beobachten.

Jansky, Karl Physiker am Bell Telephone Laboratory (1905–1950), der als erster Radiogeräusche aus dem Weltraum entdeckte. Die Einheit für die Intensität kosmischer Radioquellen wurde nach ihm benannt.

Jodrell Bank Sitz des 76,2 m großen Teleskops, das in den fünfziger Jahren in England gebaut wurde.

Kardashev-Zivilisationstypen Siehe Typ-I-, II- und III-Zivilisationen.

Kelvin Lord Kelvin, als William Thomson geboren (1824–1907), war schottischer Mathematiker und Physiker; eine seiner zahlreichen Arbeiten, die absolute Temperaturskala, wurde nach ihm benannt.

Kepler, Johannes Deutscher Astronom und Mystiker (1571–1630). Er erarbeitete die beiden ersten Gesetze der Planetenbewegung (Ellipsensatz und Flächensatz).

Kopernikanische Revolution Nach dem Tode des polnischen Astronomen (1473–1543) wurde ein Buch von ihm veröffentlicht, das Anlaß zu einem Umdenkprozeß gab. Darin behauptete er, daß die Sonne und nicht die Erde das Zentrum des Sonnensystems sei.

Kosmische Strahlen Hochenergetische Atompartikel von der Sonne und anderen Quellen im tiefen Weltraum; die Erdatmosphäre schützt uns vor den meisten dieser Strahlen, allerdings stellen sie für Astronauten, die sich auf interplanetarischen Missionen befinden, eine Gefahr dar.

Lichtjahr Entfernung, die das Licht in einem Jahr zurücklegt, d. h. 9,461 × 10^{12} km.

Lowell, Percival Amerikanischer Astronom (1855–1916), der glaubte, eine höherentwickelte Zivilisation auf dem Mars entdeckt zu haben.

Magische Frequenz Radiofrequenz, die Wissenschaftler für geeignet halten, um dort nach außerirdischen Signalen intelligenten Ursprungs zu suchen.

Maser Kurzwort für Microwave Amplification by Stimulated Emission of Radiation.

Maxwell, James Clerk Schottischer Mathematiker und Physiker (1831–1879). Er zeigte, daß die Saturnringe aus Tausenden kleiner Körper bestehen müssen, und war der erste, der eine korrekte Theorie über die elektromagnetische Strahlung erarbeitete.

META Megakanal-Versuch zur Suche nach außerirdischen Signalen.

Meteor Wird allgemein als Sternschnuppe bezeichnet. Er erscheint als Leuchtvorgang am Himmel, wenn ein Stück interplanetarischen Schutts oder Gerölls die Erdatmosphäre streift.

Meteorit Fragment eines Meteors, das den Flug durch die Erdatmosphäre übersteht und den Erdboden erreicht.

Meteoroid Interplanetarisches Geröll, wie z. B. Fels- oder Eisstücke, die nicht in die Erdatmosphäre eintreten.

NAIC The National Astronomy and Ionosphere Center, Ithaca, New York, und Arecibo, Puerto Rico.

NASA Abkürzung für The National Aeronautics and Space Administration, mit Sitz in Washington D. C.

Nebel Objekt von wolkenähnlichem Aussehen, entweder dunkel oder hell, im tiefen Weltraum. Die Milchstraße weist zahlreiche Nebel auf, die aus Gas oder Staub bestehen und die Form von Wolken haben.

Neutron Ungeladenes Elementarteilchen mit etwa der Masse eines Protons.

NRAO The National Radio Astronomy Observatory mit Hauptsitz in Charlottesville, Virginia, und wichtigen Beobachtungsstationen in Green Bank, West Virginia; Socorro, New Mexico, sowie Tucson, Arizona.

NSF The National Science Foundation mit Sitz in Washington D. C., eine staatliche amerikanische Einrichtung, die einen Großteil der astronomischen Forschungen in den USA unterstützt.

Ozma (auch: Projekt Ozma) Erste moderne Radiosuche nach außerirdischen Signalen intelligenter Herkunft. Wurde 1960 in Green Bank, West Virginia, durchgeführt.

Parametrischer Verstärker Gerät, das die Empfangssensibilität eines Radioteleskops maßgeblich verbessert. Ein früher Prototyp wurde beim Projekt Ozma eingesetzt.

Parsec Astronomische Entfernungseinheit, d. h. $3{,}086 \times 10^{13}$ km.

Photon siehe Elektromagnetische Strahlung

Pioneer 10 und 11 US-Raumsonden, die durch und über das Sonnensystem hinaus flogen und mit Nachrichtenplatten ausgerüstet sind, die für Außerirdische bestimmt sind.

Polarisierte Emissionen Elektromagnetische Strahlung, in der die Wellen alle auf gleiche Weise vibrieren. Polarisierung ist charakteristisch für intelligente Signale; die Wellen in den meisten natürlichen Signalen sind im Gegensatz dazu vermischt und zerstreut.

Polarträger Teleskopzusatz mit einer »polaren« Achse, die parallel zur Erdachse verläuft, und einer zweiten Achse, die im rechten Winkel zur ersten steht.

Positroniumlinie Magische Frequenz, die von Nikolai Kardashev für SETI-Zwecke vorgeschlagen wurde. Sie ist eine Radiospektrallinie, die von einem atomähnlichen Gebilde ausgestrahlt wird, das aus einem Positron und einem Elektron besteht. Beide umkreisen ihr gemeinsames Gravitationszentrum.

Pulsar Überreste eines sterbenden Sternes, der als Supernova explodiert ist. Pulsare sind Radioquellen mit periodisch schwankender Intensität.

Pythagoras Griechischer Philosoph (582–497 v. Chr.), der an eine mathematische Grundlage für das Universum glaubte und lehrte, daß die Erde rund sei. Er bewies, daß das Rechteck über der Hypotenuse eines rechtwinkligen Dreiecks gleich der Summe der Rechtecke über den Katheten ist.

Quasar oder **quasistellares Objekt** Extrem weit entferntes Himmelsobjekt, das aussieht wie ein Stern, da es so kompakt erscheint. Es ist aber der Kern einer turbulenten Galaxis, die enorme Energiemengen absondert, möglicherweise weil Materie dabei in ein zentrales Schwarzes Loch fällt.

Relativistische Rakete Hypothetisches Raumschiff, das mit einem größeren Bruchteil der Lichtgeschwindigkeit reisen kann.

Schwarzes Loch Ein kollabierender Stern oder ein anderes Objekt, das so dicht ist, daß nichts, nicht einmal das Licht, seiner starken Gravitationskraft entfliehen kann.

Sensibilität Die Empfindlichkeit eines Radioempfängers. Je größer seine Kraft und Sensibilität, desto besser sind seine Chancen, schwache Signale zu entdecken.

SETI Kurzwort für Suche nach außerirdischer Intelligenz.

Solarwind Ständiger Strom von Atompartikeln, die aus der oberen Sonnenatmosphäre herausfliegen.

Spektrallinien Helle und dunkle Linien, die in den Spektren von Objekten wie Sternen, Planeten, Galaxien und Radioquellen auftauchen. Es gibt sie im gesamten elektromagnetischen Spektrum. Sie können dazu benutzt werden, die chemische Zusammensetzung eines Objektes zu bestimmen sowie seine Geschwindigkeit und seine Temperatur.

Spektrum Die Intensität der elektromagnetischen Strahlung eines Objektes (normalerweise) auf allen beobachteten Wellenlängen.

Struve, Otto Berühmter Astrophysiker (1897–1963), der als einer der ersten Menschen die Ansicht vertrat, daß Milliarden anderer Sterne planetarische Systeme besitzen, die Leben beherbergen könnten. Als Direktor des NRAO half Struve 1960 beim Aufbau der Suche nach außerirdischer Intelligenz.

Superzivilisation Höherentwickelte außerirdische Zivilisation, wie bei Typ III beschrieben.

Supernova Eine seltene stellare Explosion, bei der ein massiver Stern seine äußere Hülle abwirft und dabei für eine kurze Zeit bemerkenswert hell erstrahlt. Während der Explosion kann er mehr Licht abstrahlen als alle anderen Sterne seiner Galaxis zusammen.

Synchrotronstrahlung Blauweißes Licht und andere Emissionen, die von geladenen Atompartikeln – üblicherweise von Elektronen – abgegeben werden, wenn sie sich in magnetischen Feldern bewegen.

Transitinstrument Radioteleskop, das sich nicht bewegen kann, um der Erdrotation entgegenzuwirken. Solche Teleskope bewegen sich gewöhnlich nur um eine horizontale Ost-West-Achse. Zusammen mit der Erdrotation erlaubt ihnen diese Bewegung, einmal pro Tag auf ein bestimmtes Ziel zu zeigen.

Typ-I-Zivilisation In Nikolai Kardashevs Klassifikationsschema ist dies eine Zivilisation, die lediglich die auf ihrem Planeten verfügbare Energie aus natürlichen Quellen, wie z. B. Öl und Wasserkraft, nutzt. Wir sind eine Typ-I-Zivilisation.

Typ-II-Zivilisation Höher entwickelt als die Typ-I-Zivilisation, weil sie die gesamte Energie ausnutzt, die von ihrem Stern ausgesendet wird.

Typ-III-Zivilisation Die höchstentwickelte Zivilisation, die fähig ist, den vollen Energieoutput ihrer ganzen Heimatgalaxis auszunutzen.

Ursuppe Die chemische Zusammensetzung irdischer Ozeane und Seen zu dem Zeitpunkt, als die ersten Organismen entstanden.

Viking US-Raumsonde, die 1976 zum ersten Mal auf dem Mars landete und Proben des roten Gesteins sammelte, das nach Spuren mikroskopischer außerirdischer Lebensformen untersucht wurde.

Voyager 1 und 2 Zwei US-Raumsonden, die das Sonnensystem erkundeten und es anschließend verließen. Sie führen eine interstellare Aufzeichnung mit sich – eine Nachricht an Außerirdische in Tönen und Bildern.

Wasserloch Dunkle, ruhige Zone des elektromagnetischen Spektrums, die als mögliche Frequenz für außerirdische Kommunikation betrachtet wird.

Zeemaneffekt Die Änderungen, die magnetische Felder in den Spektren der elektromagnetischen Strahlung verursachen. Der Nachweis des Zeemaneffekts ist eine ausgezeichnete Möglichkeit, um die Stärke von magnetischen Feldern im interstellaren Weltraum zu messen.

Zielgerichtete Suche SETI-Suchstrategie zur Untersuchung bestimmter Sterne oder Galaxien – im Gegensatz zu einer Beobachtung des gesamten Himmels.

Zyklop (auch: Projekt Zyklop) Hypothetische Anordnung von bis zu 1500 Radioteleskopen, die für SETI-Zwecke eingesetzt werden sollten. Das Projekt wurde 1971 unter der Schirmherrschaft der NASA entwickelt, aber nie in die Tat umgesetzt.

Das SETI-Projekt im Überblick

Eine Zusammenfassung von Suchaktivitäten, angefertigt von Jill Tarter

Jahre	Teilnehmer	Observatorium	Aktivitäten
1960	Drake (»Ozma«)	NRAO	Untersuchung von 2 Sternen
1964–65	Kardashev, Sholomitsky	Crimea Deep Space Station	Untersuchung von 2 Quasaren
1966	Kellerman	CSIRO, Aust.	Galaxienuntersuch. 1934–63
1968–69	Troitsky, Gershtejin, Starodubtsev, Rakhlin	Zimenkie, UdSSR	Untersuchung von 11 Sternen und der Galaxie M-31
1968–82	Troitsky	Gorky, UdSSR	Ganzhimmeluntersuchung
1969–83	Troitsky, Bondar, Starodubtsev	Gorky, Krim, Murmansk und Primorsky-Region	Ganzhimmeluntersuchung nach sporadischen Pulsaren
1970–72	Slysh, Pashchenko, Rudnitsky, Lekht	Nancy (Frankr.)	Untersuchung von 5 OH-Mikrowellen
1970–72	Slysh	Nancy	Untersuchung von 10 nahegelegenen Sternen
1971, 1972	Verschuur (»Ozpa«)	NRAO	Untersuchung von 9 Sternen

Jahre	Teilnehmer	Observatorium	Aktivitäten
1972	Kardashev, Popov, Soglasnov u. a.	Krim	Untersuchung des galaktischen Zentrums
1972–74	Kardashev, Gindilis, Popov, Soglasnov, Spangenberg, Steinberg u. a.	Kaukasus, Pamir, Kamchatka, Mars 7 Raumfahrzeug	Suche nach Pulsaren
1972–76	Palmer, Zuckerman (Ozma II)	NRAO	Untersuchung von 674 Sternen
1972–76	Bridle, Feldman (»Qui Appelle?«)	Algonquin Radio Observatory, Ontario	Untersuchung von 70 Sternen
seit 1973	Dixon, Ehman, Raub, Kraus	Ohio State University Radio Observatory	Ganzhimmeluntersuchung
1973–74	Shvartsman u. a. (»MANIA«)	Special Astrophysical Observatory, UdSSR	Untersuchung von 21 besonderen Objekten nach kurzen Lichtimpulsen
1974	Wishnia	Kopernikus-Satellit	Untersuchung von 3 Sternen nach ultravioletten Laserstrahlen
1975, 1976	Drake, Sagan	NAIC	Untersuchung von 4 Galaxien nach Typ-II-Zivilisationen

Jahre	Teilnehmer	Observatorium	Aktivitäten
1975–79	Israel, De Ruiter	Westerbork Synthesis Radio Telescope, Niederlande	Untersuchung von 50 Sternen-Radiofeldern
1976–85	Bowyer u. a. (»SERENDIP«)	Hat Creek Radio Observatory, University of California, Berkeley	Ganzhimmeluntersuchung
1976	Clark, Black, Cuzzi, Tarter	NRAO	Untersuchung von 4 Sternen mit Hochfrequenzauflösung
1977	Black, Clark, Cuzzi, Tarter	NRAO	Untersuchung von 200 Sternen
1977	Drake, Stull	NAIC	Untersuchung von 6 Sternen
seit 1977	Wielebinski, Seiradakis	Max-Planck-Institut für Radioastronomie, Deutschland	Untersuchung von 3 Sternen nach pulsierenden Signalen
1978	Horowitz	NAIC	Untersuchung von 185 Sternen
1978	Cohen, Malkan, Dickey	NAIC, Hat Creek, CSIRO	Untersuchung von 25 kugelförmigen Haufen
1978	Knowles, Sullivan	NAIC	Untersuchung von 2 Sternen

Jahre	Teilnehmer	Observatorium	Aktivitäten
1978	Makovetskij, Gindilis u. a.	Zelenchukskaya, RATAN-600, UdSSR	Untersuchung von Barnards Stern nach pulsierenden Signalen
1978–80	Harris	*Pioneer Venus* und *Verena-11*- und -*12*-Raumsonde	Studium von 54 Gammastrahlenausbrüchen auf Spuren im Weltraum
seit 1978	Shvartsman u. a. (»MANIA«)	Special Astrophysical Observatory	Untersuchung von 93 Objekten nach optischen Zeichen von Typ-II- oder -III-Zivilisationen
1979	Cole, Ekers	CSIRO	Untersuchung von nahe gelegenen Solaryp-Sternen
1979	Freitas, Valdes	Leuschner Observatory, University of California in Berkeley	Suche nach interstellaren Sonden nahe dem Erde-Mond-System
1979–81	Tarter, Clark, Duquet, Lesyna	NAIC	Untersuchung von 300 Sternen
1979–82	»SERENDIP«	JPL, University of California in Berkeley	Parasitäre Suche mittels Black Box
1980	Witteborn	NASA, University of Arizona, Mount Lemon	Untersuchung von 20 schwachstrahlenden Sternen nach Dyson-Sphären

Jahre	Teilnehmer	Observatorium	Aktivitäten
1980–81	Suchkin, Tokarev u. a.	Nirfi, Gorky und Gaish, Moskau	Suche nach Radarreflexionen von Artefakten im Erde-Mond-System
1981	Lord, O'Dea	University of Massachusetts	Suche nach Signalen entlang der Rotationskurve der Galaxis
1981	Isrsel, Tarter	Westerbork	Untersuchung von 85 Sternenfeldern
1981–88	Biraud, Tarter	Nancy	Untersuchung von 343 Sternen
1981	Shostak Tarter (»Signal«)	Westerbork	Suche nach pulsierenden Signalen aus dem galaktischen Zentrum
1981	Talent	Kitt Peak National Observatory	Untersuchung von 3 Sternen nach Spektralspuren von nuklearen Abfällen
1981–82	Valdes, Freitas (»SETA«)	Kitt Peak	Suche nach einzelnen Artefakten im Erde-Mond- und Sonne-Erde-System
1982	Horowitz, Teague, Linscott, Chen, Backus (»Koffer-SETI«)	NAIC	Untersuchung von 250 Sternen und anschließend von 150 Sternen auf magischen Frequenzen

Jahre	Teilnehmer	Observatorium	Aktivitäten
1982	Vallee, Simard-Normandin	Algonquin	Suche nach stark polarisierten Signalen aus dem galaktischen Zentrum
1983–85	Horowitz (»Sentinel«)	Oak Ridge Observatory	Automatisierte Ganzhimmeluntersuchung
1983	Damashek	NRAO	Suche nach Pulsaren
1983	Valdes, Freitas	Hat Creek	Untersuchung von 92 Sternen nach Zeichen von Fusionstechnologie
seit 1983	Gulkis	NASA Deep Space Network, Tidbinbilla, Australien	Ganzhimmelüberwachung der südlichen Hemisphäre
1983–88	Gray	Small SETI Observatory	Himmelsüberwachung durch Amateure
1983–88	Stephens	Hay River	Nördliche Himmelsüberwachung, Amateur-Observatorium
1984	Slysh	*Reliikt*-Satellit	Ganzhimmelüberwachung nach Dyson-Sphären
seit 1985	Horowitz (»META-SETI«)	Oak Ridge	Himmelsüberwachung mit 8 Millionen Kanälen
seit 1985	Bowyer, Wertheimer, Lampton (»SERENDIP II«)	NRAO	Automatisierte Suche im Huckepackverfahren an Radioastronomie-Observatorien

Jahre	Teilnehmer	Observatorium	Aktivitäten
1986	Mirabel	NRAO	Untersuchung des galaktischen Zentrums sowie 33 nahegelegener Sterne
seit 1986	Colomb, Martin, Lemarchand	Instituto Argentino de Radioastronomia	Untersuchung von 80 Solartyp-Sternen in der südlichen Hemisphäre
1986	Arkhipov	Molonglo Survey Catalog of Radio Sources	Studium von Radioquellen in der Nähe von Solartyp-Sternen als Zeichen extraterrestrischer industrieller Aktivität
1987	Tarter, Kardashev, Slysh	Very Large Array, New Mexico	Untersuchung einer Infrarotquelle nahe des galaktischen Zentrums nach Dyson-Sphären
1987	Gray	Oak Ridge	Suche nach der Quelle des »Wow!«-Signals
seit 1992	NASA SETI Microwave Observing Project	NAIC, NRAO, Nancy, Goldstone, Tidbinbilla	Ganzhimmelüberwachung und zielgerichtete Suche über 15 Millionen Kanäle mit weltweitem Netzwerk und Antwortmöglichkeit

Register